深度学习精粹与 PyTorch实践

[美] 爱德华·拉夫(Edward Raff) 著

郭 涛 译

清华大学出版社

北 京

北京市版权局著作权合同登记号 图字：01-2023-6160

Edward Raff

Inside Deep Learning：Math, Algorithms, Models

EISBN: 9781617298639

Original English language edition published by Manning Publications, USA © 2022 by Manning Publications. Simplified Chinese-language edition copyright © 2024 by Tsinghua University Press Limited. All rights reserved.

图书在版编目(CIP)数据

深度学习精粹与PyTorch实践 / (美) 爱德华·拉夫
(Edward Raff) 著；郭涛译. -- 北京：清华大学出版
社, 2024. 8. -- ISBN 978-7-302-66911-1

Ⅰ. TP181

中国国家版本馆CIP数据核字第2024Q8T884号

责任编辑：王　军
封面设计：孔祥峰
版式设计：思创景点
责任校对：成凤进
责任印制：杨　艳

出版发行：清华大学出版社
　　　　　网　　　址：https://www.tup.com.cn，https://www.wqxuetang.com
　　　　　地　　　址：北京清华大学学研大厦 A 座　　　　邮　　编：100084
　　　　　社　总　机：010-83470000　　　　　　　　　邮　　购：010-62786544
　　　　　投稿与读者服务：010-62776969，c-service@tup.tsinghua.edu.cn
　　　　　质　量　反　馈：010-62772015，zhiliang@tup.tsinghua.edu.cn
印 装 者：涿州汇美亿浓印刷有限公司
经　　销：全国新华书店
开　　本：170mm×240mm　　　印　　张：32.25　　　字　　数：785 千字
版　　次：2024 年 8 月第 1 版　　　印　　次：2024 年 8 月第 1 次印刷
定　　价：228.00 元

产品编号：096096-01

译 者 序

1. 人工智能改变人类思维模式

人工智能、机器学习和深度学习于近20年得到了巨大的发展，并取得了一系列成果。人工智能(Artificial Intelligence，AI)是计算机科学的一个分支，涉及创建智能的计算机程序，所有表现智能的计算机程序都被认为是人工智能，但并不是所有的人工智能都具有学习能力。机器学习(Machine Learning，ML)是人工智能的一个领域，通过采用从数据中学习的方法来解决智能问题。机器学习主要包括监督学习、无监督学习和强化学习。深度学习(Deep Learning，DL)是机器学习的一个分支，是一种使用多层非线性函数的逼近，通常称为神经网络。可以将深度学习视为一种特定的、具有强大功能和灵活性的机器学习。

2006年，"深度学习"被正式提出，在此之前其已有几十年的发展历史。期间，深度学习历经3次发展浪潮：①20世纪40年代到60年代，深度学习的雏形出现在控制论中；②20世纪80年代到90年代以连接主义为代表；③2006年开始以深度学习之名复兴。从2006年至今，深度学习的发展分为3个方向。①深度学习本身的理论发展，尤其是在卷积神经网络、循环深度学习和对抗神经网络基础上改进的各种模型。②OpenAI公司自2015年成立以来，一直致力于被称为生成式预训练Transformer(Generative Pre-trained Transformers，GPT)的一类模型的研究和开发中。2017年，Google研究人员发表的论文"Attention Is All You Need"中介绍了一种名为Transformer的新架构，该架构的提出正式拉开了大模型和生成式人工智能的序幕。紧接着OpenAI公司的研究人员在其论文"Improving Language Understanding by Generative Pre-Training"中介绍了该模型架构，并将其命名为GPT-1，之后很快在2019年发布了其后续版本GPT-2。目前其最新版本是GPT-4o。研发的典型产品是ChatGPT。③深度学习的另外一个快速发展方向是混合机器学习模型，即深度学习+机器学习范式，例如贝叶斯深度学习、深度强化学习以及多个深度学习形成的集成学习。

深度学习的广泛应用不仅表现在其理论方法得到了长足的发展，还体现出其在生产应用中的落地，解决了实际问题并发挥了价值，例如在计算机视觉、自然语言处理和知识图谱领域。

2. 推荐阅读并选择本书的理由

掌握深度学习存在一定的门槛。首先要求有一定的数理统计基础，其次需要很强的编程能力。对于应用领域的研究人员而言，除了要具备这两个条件，还必须拥有扎实的专业领域知识，这些要求提高了深度学习的学习门槛和成本，很多人不得已止步于该领域的学习和应用深度学习解决实际问题。毕竟，仅深度学习涉及的理论和改进模型便多如牛毛，要在短时间内掌握绝非易事。总而言之，学习深度学习存在以下3个方面的困难：①深度学习涉及的理论难度大，让很多人望而生畏；②深度学习框架繁多，上手难度较大；③理论与代码实践结合困难，理论和实践脱节严重。尽管深度学习存在重重壁垒，但是它前进的步伐并未因此而放缓，各种新的机器学习方法(元学习、迁移学习和集成学习等)骈兴错出，让人应接不暇，不少人对此深感焦虑和恐慌。

那么，有没有克服这些困难的方法呢？当然有。本书正是医治这些焦虑的"良方"，本书不但将深度学习理论、工具和实战相结合，还深入介绍了深度学习基本理论和高级神经网络，包括最常见的卷积神经网络、循环神经网络和对抗神经网络，以及近几年流行的Transformer和迁移学习等机器学习方法。

3. 使用本书的方法

本书一边剖析理论，一边通过流行的PyTorch深度学习框架将其编程实现，旨在将数学讲解、理论方法和代码实现融为一体。本书适合以下读者：①科班出身者(尤其是高年级本科生和研究生)可以将其作为深度学习入门之必读书目，以掌握深度学习的基本理论、方法和代码实现，为学习高级深度学习方法奠定基础。研究人员和工程师可将其当作工具书和案头书，供随时查阅参考；②零基础甚至文科背景人员，建议先行阅读本人翻译的另一本机器学习经典著作——《机器学习图解》(*Grokking Machine Learning*)，该书无一深奥的术语，全凭基本代数知识清晰阐释，即便仅有高中数学基础的人士也可以借之轻松掌握和学习机器学习。读完《机器学习图解》一书具备相应的背景知识后，即可逐章学习本书。但切勿纸上谈兵，最好一边阅读本书，一边动手调试代码，并根据个人的实际情况自定义数据集，结合文献，改进本书源代码，解决问题。

总之，本书是学习高级深度学习的必备图书，若要深刻领悟，读者需要举一反三，深入体会深度学习的精妙之处，而非盲目地照猫画虎，止步于达成结果，而不对其背后的原因和深层次机制进行深入理解和探究。

翻译本书的过程中，我得到了很多人的帮助。在此我想感谢电子科技大学外国语学院的研究生相思思、西南交通大学外国语学院的周宇健、吉林财经大学外国语学院的研究生张煜琪，以及李静女士，感谢他们对本书进行了细致的审校。此外，我还要感谢清华大学出版社的编辑、校对和排版工作人员，感谢他们为了保证本书质量所做的一切。

由于本书涉及的内容广泛、深刻，加上译者翻译水平有限，本书难免存有不足之处，恳请各位读者不吝指正。

译者

2024年1月

译者简介

　　郭涛，主要从事人工智能、现代软件工程、智能空间信息处理与时空大数据挖掘分析等前沿交叉研究。已出版多部译作，包括《机器学习图解》《深度强化学习图解》和《概率图模型原理与应用(第2版)》。

作者简介

　　Edward Raff博士是Booz Allen Hamilton公司的首席科学家，也是战略创新集团机器学习研究团队的共同负责人。他的工作涉及监督内部研究、招聘和培养技术人才、与高校合作伙伴合作以及专门从事高端机器学习的业务开发。Raff博士还协助几位客户开展高级研究。

　　他对机器学习的写作、开发和教学的热情源于他渴望分享自己对机器学习所有领域的热爱。他是Java统计分析工具(Java Statistical Analysis Tool，JSAT)的创建者，JSAT是一个用于在Java中进行快速机器学习的库。他目前带有5名博士生，编写了60多种出版物，并获得了3项最佳论文奖。

推荐序

深度学习代表非凡的技术融合，具体而言，深度学习是在全新的、颠覆性的解决方案、科学技术、算法模型、现实应用、高等数学、计算工具、计算资源以及计算机和数据科学中最优秀的人才的融合下存在并蓬勃发展的。有人会说，神经网络并不新鲜，事实确实如此。也有人会说，早在卷积神经网络引起大家注意之前，计算机视觉就已经存在了，这也是不争的事实。还有人会说，在过去几十年里，机器学习和人工智能已经跌宕起伏、起起落落了很多次。这不过是那些反对者的三连击制胜的帽子戏法而已。事实果真如此吗？我认为："非也！"

利用计算算法解决棘手问题并实现自动化的能力，在深度和广度上都达到了前所未有的水平。以前无望解决的难题现在得以解决，例如，自动驾驶汽车的安全运行、实时对话中的实时语言翻译、通过图灵测试的会话聊天机器人，或者相对容易生成的文本和视觉假象，这些都让我们倍感有趣而又恐惧。如今，先进的数学算法、随处可用的快速计算资源、广泛采用的编码语言，以及无处不在的海量数据的成熟度和可访问性的融合，使得这一切成为可能！

深度学习将众多的工具、技术和人才汇集在一起(这就是融合)，形成了无数不同的现实应用(这是对分化的有效补充)。深度神经网络能够出色地完成复杂数据(图像、视频、音频、文档、口语)中显著特征的简洁自动化编码，我们可以将这种自动化编码称为降维(dimensionality reduction)或解释性特征生成(explanatory feature generation)，然后应用这些隐藏的超模式为来自复杂数据源的决策和行动提供信息。无论挑战是图像理解、语言理解还是语境理解，新的深度学习技术和组件都能在具有大量数据的环境中实现令人兴奋的功能：目标检测和识别、行为检测和识别、异常检测、内容(图像、视频、音频)生成以及相关性(注意力)确定。

这本优秀的图书将带领我们探索深度学习的世界，纵览基础构建块和用于解决数据密集型实际应用中难题的高级模型。本书将以一种深思熟虑且合理的顺序介绍基本概念：机器学习、神经网络、深度网络、深度学习、卷积神经网络和循环神经网络等。整个讲解过程中贯穿了详尽的解释、代码段、示例问题及解决方案、评估技术、练习，以及来自该领域领先研究人员和从业者的宝贵建议。本书的深度和适用性是其他理论书籍无法媲美的，原因在于本书作者亲身设计、开发并向大型咨询机构的客户提供过这些解决方案，并在机器学习和深度学习会议上发表过获奖的学术论文。书中体现的智慧、建议、实用性和基础力量将助推本书成为当前乃至未来数年内的宝贵资源。

　　不同的读者均可在本书中找到深入学习的切入点，例如，想了解反向传播、激活函数或 softmax 等术语(术语将同时以文字和清晰的示例展示)的读者，需要了解 CNN、RNN、LSTM 和 GRU 之间区别的读者，想构建 CNN、RNN、LSTM 和 GRU 的读者，需要深入研究注意力机制、生成式网络、自动编码或迁移学习的读者。如果深度学习是一个建设项目，那么本书将提供你所需的全部内容：基础、构建块、工具、专家建议、最新进展、对信息的解释、清晰的"操作演示"示例以及所构建的最终结果的评估指标。

　　如果拿起了这本书，就会舍不得放下(至少不会在短时间内放下)，因为这确实是一个内容丰富、引人入胜的知识宝库，它涵盖了深度学习的数学、算法和模型。

——Kirk Borne，博士，DataPrime.ai 首席科学官

自　序

我是在本科时开始接触机器学习和深度学习的，当时为了满足外语学习的要求，我前往英国留学一个学期(是的，你没有看错)。在留学期间，我很快就被机器学习的基本理念以及它对许多学科和生活产生积极影响的潜力所吸引，但我懊恼地发现自己并不具备学习这门学科所需的数学知识。

从那时起，我开始强迫自己不断成长和学习，以弥补这些不足，最终获得了该学科的博士学位。我在博思艾伦咨询公司(Booz Allen Hamilton)担任首席科学家，领导多个团队开展ML(Machine Learning，ML)和DL(Deep Learning，DL)研究。我在马里兰大学巴尔的摩郡分校担任客座教授，并指导博士生。我喜欢帮助和指导那些与我怀有同样热忱并乐于接受挑战的人成长，这就是今天这本书的起源。我如何才能帮助我的员工、学生和同事不必承受我所经历的苦痛，更快速、更清晰地获得所需的知识，而少走弯路呢？

本书是我在深度学习方面的知识汇总，涵盖了我希望聘用的理想候选人需要理解的所有关键主题。这些主题领域广泛，能帮助读者立刻着手模式的识别和重用，在任何领域都能游刃有余地工作。对我来说至关重要的是，这本书提供的不仅仅是"用这种模式解决这种问题"的生搬硬套的指导，还深入探讨了为什么以及如何选择不同的模式。希望读者读完本书后，能够理解数学、代码和直觉之间的相互作用是如何建立和发展起来的，从而能够跟上该领域的新发展。

致 谢

我有何德何能，承蒙了如此多人的厚爱；我又是何其有幸，遇到了如此多的机会。对此，我万分感激，却没有足够的时间一一言谢。在此，我要感谢Booz Allen Hamilton咨询公司的许多员工，尤其是David Capen、Drew Farris、Joshua Sullivan和Steven Escaravage；还要感谢我服务过的所有客户，是他们在我人微言轻时仍然给予我足够的信任，并为我营造了一个高效、成长和支持的环境。

感谢在UMBC(马里兰大学巴尔的摩分校)跟我上了三年"Modern and Practical Deep Learning"课的学生们阅读了本书的初稿：你们的反馈极大地提升了本书的质量。感谢我的导师Charles Nicholas给我上了很多课；感谢Ergun Simsek给了我自创课程的自由；感谢许多其他教授、学生和朋友。感谢所有以各种形式向我提供反馈意见并对本书表示赞赏的人们，即使是在本书的早期和不太完善的阶段。你们的声音比你们所知的更有分量，是我冲过终点线不可或缺的动力源泉。

感谢普渡大学的许多教授帮助我在计算机科学和机器学习领域开创了事业，并帮助我思考问题。在这里，我要特别感谢Greg Frederickson、Jennifer Neville、Ananth Grama、Wojciech Szpankowski和Charles Killian。

我与Manning出版社整个团队的合作都非常愉快。我尤其要感谢Frances Lefkowitz，是她不断地督促，助推我走出了写作的舒适区，帮助我真正地提高了本书的写作水平和可读性。

感谢本书的所有评审员：Abdul Basit Hafeez、Adam Słysz、Al Krinker、Andrei Paleyes、Dze Richard Fang、Ganesh Swaminathan、Gherghe Georgios、Guillaume Alleon、Guillermo Alcantara Gonzalez、Gustavo A. Patino、Gustavo Velasco-Hernandez、Izhar Haq、Jeff Neumann、Levi D. McClenny、Luke Kupka、Marc-Philippe Huget、Mohana Krishna、Nicole Königstein、Ninoslav Čerkez、Oliver Korten、Richard Vaughan、Sergio Govoni、Thomas Joseph Heiman、Tiklu Ganguly、Todd Cook、Tony Holdroyd和 Vishwesh Ravi Shrimali。你们的建议使本书变得更好。

最后，我要感谢我的妻子Ashley，感谢她多年来一直听我谈论这个写作过程。我还要感谢我的母亲Beryl和Paul，感谢她们鼓励我勇敢地承担这项艰巨的任务。

前　言

在写这本书时，我曾尝试回忆最初学习之时的情形：哪些内容让我感到困惑和害怕并误导我？是什么帮助我最终掌握了某个概念，让某些代码正常运行，或者意识到没有人知道它的工作原理？然后，我又想到了今天之所知：哪些技术往往最有效，我希望我的员工和学生具备哪些技能？在过去的三年中，我一直在努力将所有这些想法提炼成一本书。为此，我制定了一些贯穿全书的关键策略。

- **大量代码和可视化结果**——整天盯着数字太难了，而且数学非常抽象，难以推理。特别是当你第一次学习时，直观地看到一些数据并观察它随着代码的变化而变化会更容易。本书使用图表来代替密集的表格，我将重点关注数字和图像数据集，在这些数字和数据集中可以查看数据和结果。你在本书中所学的技术还适用于其他类型的数据，如音频或无线电频率，但你并不需要具备独特的背景知识来理解它们。

- **多重解释性**——人工智能是一个诞生自认知科学、电子工程、计算机科学、心理学等的交叉领域。因此，要理解同一种方法，往往有许多不同的视角。为此，我尝试对许多主题，尤其是复杂的主题，进行多种解释或表述，以帮助你更好地理解并选择最有意义的解释。

- **数学对于其他人而言**——如果你能读懂一个新公式并"理解它"，那么你就是一个魔法师。我不是魔法师，我也不觉得你会是。数学对于深入学习和理解非常重要，因此我们会谈论数学，但我会以更易于消化的方式重新表达数学。这包括将公式重写为代码、将公式用颜色编码为描述相同功能的句子、将公式映射为NumPy表达式以及其他策略，以帮助你真正理解底层方法，而不仅仅是理解构建在其之上的代码。

本书读者对象

具备机器学习的基础知识，并且能够轻松使用Python完成任务的人便能够完成本书的阅读。这意味着读者需要熟悉标准的ML概念，如训练与测试性能、过拟合和欠拟合，以及逻辑回归和线性回归、k-means聚类、最近邻搜索和主成分分析(Principal Compoment Analysis，PCA)等简单算法。在阅读本书前，最好已使用过scikit-learn提供的这些工具，并了解生态系统中的其他工具，如NumPy、pandas和通用的面向对象开发。但不需要了解PyTorch，因为本书会讲解，但我鼓励读者在阅读各章时查阅PyTorch文档，以获取相关细节知识。

如果你想了解深度学习背后的奥秘，并开始了解它是如何工作的、何时使用它以及如何自信地使用它，你就应该阅读本书！我试图在展示代码、实际细节和相关知识之间找到一个平衡点，同时融入所需的数学、统计学和理论理解，而这正是你从这个快速发展的领域中脱颖而出并与时俱进所需要的。如果你能坚持下去，会发现每一章都充满挑战，但又收获颇丰。本书的内容应该可以帮助任何初级到中级的ML工程师、数据科学家或研究人员打下坚实的基础。即使是与我共事的资深研究人员也会发现这些内容非常有用，而且我已经在生产中使用了其中的许多代码。我的几位博士生也发现，这些代码有助于在"可用"和"可定制"之间取得平衡，可以节省时间，帮助更快地完成研究。

本书结构安排

本书内容分为两部分，共14章。第 I 部分(第1~6章)侧重于介绍深度学习的基础：编码框架、基本架构类型、不同组件的术语以及构建和训练神经网络的技术。这些基本工具可用于构建更大、更复杂的系统。第 II 部分(第7~14章)讲解了一些新的设计选择或策略。每一章都有助于将深度学习的实用性扩展到一种新的任务或问题，拓宽读者的深度学习能力范围，并提供新的杠杆来调整不同的设计权衡(例如，速度与准确率)。

虽然跳读到听起来与你日常工作特别相关的章节可能很诱人，但这不是一本可以跳读章节的书！本书是按照线性顺序精心编排的。每一章都建立在前一章所介绍的概念或技术的基础上，以帮助读者慢慢加深对这些概念或技术的理解，从而掌握各种技能。

第 I 部分"基础方法"共包含6章内容。

- 第1章讨论PyTorch及其工作原理，并展示如何使用这个框架。
- 第2章介绍最基本的神经网络类型——全连接网络，以及如何在PyTorch中编写代码来训练任意类型的网络。这包括演示全连接网络如何与线性模型相关联。
- 第3章介绍卷积，以及卷积神经网络如何在基于图像的深度学习中占据主导地位。
- 第4章介绍循环神经网络，以及循环神经网络如何编码序列信息、如何用于解决文本分类问题。
- 第5章介绍可应用于任何神经网络的新的训练技术，以在更短的时间内获得更高的准确率，并解释如何实现这一目标。
- 第6章介绍当今常用的现代设计模式，以将神经网络设计知识带入现代。

第 II 部分"构建高级网络"共包含8章内容。

- 第7章介绍自动编码技术，这是一种在没有标签数据的情况下训练神经网络的技术，可以实现无监督学习。

- 第8章介绍图像分割和目标检测，这两种技术可用于在图像中查找多个目标。
- 第9章介绍生成对抗网络，这是一种可以生成合成数据的无监督方法，也是许多现代图像篡改和深度伪造技术的基础。
- 第10章教授如何实现注意力机制，这是网络先验的最新重要进展之一。注意力机制支持深度网络选择性地忽略输入中不相关或不重要的部分。
- 第11章利用注意力构建了开创性的序列到序列模型，并展示了如何利用在生产系统中部署的相同方法来构建English-to-French转换器。
- 第12章通过重新思考网络的设计方式，介绍了一种避免循环网络(源于其缺点)的新策略。其中包括使用transformer架构这一当前最佳自然语言处理工具的基础。
- 第13章介绍迁移学习，这是一种利用在一个数据集上训练的网络来提高另一个数据集性能的方法。它允许使用较少的标签数据，使其成为实际工作中最有用的技巧之一。
- 第14章是本书的最后一章，重温了现代神经网络的一些最基本的组成部分，并力图传授最近发表的、大多数从业人员一无所知的三种技术，以构建更好的模型。

数学符号说明

以下是书中最常用的符号和符号样式，以及它们的对应代码，可以作为快速参考和入门。

符号	含义	代码
x或$x \in \mathbb{R}$	小写字母用于表示单浮点值，$\in \mathbb{R}$明确表示该值为"实数"	`x=3.14`或`x= np.array(3.14)`
$\boldsymbol{x}$或$\boldsymbol{x} \in \mathbb{R}^d$	粗体小写表示d值的向量	`x = np.zeros(d)`
$\boldsymbol{X}$或$\boldsymbol{x} \in \mathbb{R}^{r,c}$	大写表示矩阵或更高阶张量；","分隔的数字/字母的数量使轴的数量明确	`X = np.zeros((r,c))`
$\boldsymbol{X}^{\mathrm{T}}$或$\boldsymbol{x}^{\mathrm{T}}$	表示转置矩阵或向量	`np.transpose(x)` 或 `np.transpose(X)`

$\sum_{i=\text{开始}}^{\text{结束}} f(i)$	表达式或函数$f()$的求和	`result = 0`
		`for i in range(start, end+1):`
		`    result += f(i)`

$\prod_{i=\text{开始}}^{\text{结束}} f(i)$	表达式或函数$f()$的乘积	`result = 1`
		`for i in range(start, end+1):`
		`    result *= f(i)`

$\|x\|_2$	矩阵或张量的2-范数，表示其值的"大小"	`result = 0`
		`for val in x:`
		`    result += val**2`
		`result = np.sqrt(result)`

练习

每章都以一组练习结束，以帮助读者实践所学内容。为了鼓励读者自行解决问题，书中没有提供答案。相反，作者和出版商意在邀请读者在Manning在线平台与其他读者分享和讨论各自的解决方案(https://liveproject.manning.com/project/945)。一旦读者提交了自己的解决方案，就可以看到其他读者提交的解决方案以及作者对哪一个方案是最优解决方案的解读。

关于Google Colab

虽然深度学习确实需要使用GPU才能工作，但是我设计的每一章内容都可以在 Google Colab上运行：这是一个可以支持用户根据个人需要选择免费或便宜使用GPU算力的平台。一个不错的GPU至少要花费600美元，而你完全可以选择借助Google Colab先自学，之后再投资。如果你以前没有使用过Colab，不妨参照附录完成设置，说白了，它就是一个云端的Jupyter notebook。

关于代码下载

书中的源代码可在GitHub上找到，网址为https://github.com/EdwardRaff/Inside-Deep-Learing，也可通过扫描本书封底的二维码进行下载。

关于封面插图

本书的封面插图是"墨西哥印第安人",选自Jacques Grasset de Saint-Sauveur于1797年出版的图集。该图集的每幅插图都由手工精细绘制和上色而成。

当时,很容易通过衣着来辨识人们的居住地、职业或地位。Manning出版社通过用诸如此类的图集作品作为图书封面,将几个世纪前各地区文化生活的丰富多样性还原出来,以此彰显计算机行业具有的创造性和主动性。

目　录

第Ⅰ部分　基础方法

第1章　学习的机制 ·············· 3

1.1　Colab入门 ··············· 7

1.2　张量 ·················· 7

1.3　自动微分 ··············· 15

　　1.3.1　使用导数将损失降至
　　　　　最低 ············· 17

　　1.3.2　使用自动微分计算
　　　　　导数 ············· 18

　　1.3.3　知识整合：使用导数
　　　　　最小化函数 ········· 19

1.4　优化参数 ··············· 21

1.5　加载数据集对象 ··········· 23

1.6　练习 ·················· 26

1.7　小结 ·················· 27

第2章　全连接网络 ·············· 29

2.1　优化神经网络 ············· 30

　　2.1.1　训练神经网络的
　　　　　符号 ············· 30

　　2.1.2　建立线性回归模型 ··· 32

　　2.1.3　训练循环 ········· 32

　　2.1.4　定义数据集 ········ 34

　　2.1.5　定义模型 ········· 36

　　2.1.6　定义损失函数 ······· 37

　　2.1.7　知识整合：在数据上
　　　　　训练线性回归模型 ··· 38

2.2　构建第一个神经网络 ········ 40

　　2.2.1　全连接网络的符号 ··· 40

　　2.2.2　PyTorch中的全连接
　　　　　网络 ············· 41

　　2.2.3　增加非线性 ········ 43

2.3　分类问题 ··············· 46

　　2.3.1　分类简单问题 ······· 46

　　2.3.2　分类损失函数 ······· 48

　　2.3.3　训练分类网络 ······· 51

2.4　更好地训练代码 ··········· 53

　　2.4.1　自定义指标 ········ 53

　　2.4.2　训练和测试阶段 ····· 54

　　2.4.3　保存检查点 ········ 55

　　2.4.4　知识整合：更好的模型
　　　　　训练函数 ·········· 56

2.5　批量训练 ··············· 61

2.6　练习 ·················· 64

2.7　小结 ·················· 65

第3章　卷积神经网络·················· **67**

3.1　空间结构先验信念··········· 68

3.2　什么是卷积··············· 74

　　3.2.1　一维卷积··········· 75

　　3.2.2　二维卷积··········· 76

　　3.2.3　填充············· 77

　　3.2.4　权重共享··········· 78

3.3　卷积如何有益于图像处理··· 79

3.4　付诸实践：我们的第一个
　　　CNN·················· 82

　　3.4.1　使用多个过滤器生成
　　　　　卷积层············ 83

　　3.4.2　每层使用多个过滤器··· 84

　　3.4.3　通过展平将卷积层与
　　　　　线性层混合········· 84

　　3.4.4　第一个CNN的PyTorch
　　　　　代码············· 86

3.5　添加池化以减少对象移动··· 88

3.6　数据增强··············· 93

3.7　练习·················· 97

3.8　小结·················· 97

第4章　循环神经网络·················· **99**

4.1　作为权重共享的循环神经
　　　网络··················100

　　4.1.1　全连接网络的权重
　　　　　共享············ 101

　　4.1.2　随时间共享权重····· 105

4.2　在PyTorch中实现RNN···107

　　4.2.1　一个简单的序列分类
　　　　　问题············ 108

　　4.2.2　嵌入层··········· 112

　　4.2.3　使用最后一个时间步长
　　　　　进行预测········· 114

4.3　通过打包减短训练时间·····119

　　4.3.1　填充和打包······· 120

　　4.3.2　可打包嵌入层······· 122

　　4.3.3　训练批量RNN········122

　　4.3.4　同时打包和解包
　　　　　输入············ 124

4.4　更为复杂的RNN···········125

　　4.4.1　多层············ 126

　　4.4.2　双向RNN·········· 127

4.5　练习··················129

4.6　小结··················130

第5章　现代训练技术·················· **131**

5.1　梯度下降分两部分进行·····132

　　5.1.1　添加学习率调度器···133

　　5.1.2　添加优化器·········134

　　5.1.3　实现优化器和
　　　　　调度器···········135

5.2　学习率调度器············139

　　5.2.1　指数衰减：平滑不稳定
　　　　　训练············ 140

　　5.2.2　步长下降调整：
　　　　　更平滑··········· 143

　　5.2.3　余弦退火：准确率
　　　　　更高但稳定性较差···144

　　5.2.4　验证平台：基于数据的
　　　　　调整············ 147

　　5.2.5　比较调度器········ 151

5.3　更好地利用梯度··········152

　　5.3.1　SGD与动量：适应
　　　　　梯度一致性········ 153

　　5.3.2　Adam：增加动量
　　　　　变化············ 159

　　5.3.3　梯度修剪：避免梯度
　　　　　爆炸············ 162

5.4　使用Optuna进行超参数
　　　优化··················164

　　5.4.1　Optuna··········· 164

5.4.2 使用PyTorch的
Optuna ·············167
5.4.3 使用Optuna修剪
试验 ···············171
5.5 练习 ·····················173
5.6 小结 ·····················174

第6章 通用设计构建块·········**175**
6.1 更好的激活函数 ·········179
6.1.1 梯度消失 ···········179
6.1.2 校正线性单位(ReLU)：
避免梯度消失 ·······181
6.1.3 使用LeakyReLU激活
训练 ···············184
6.2 归一化层：神奇地促进
收敛 ·····················186
6.2.1 归一化层用于何处 ···187
6.2.2 批量归一化 ·········188
6.2.3 使用批量归一化进行
训练 ···············190
6.2.4 层归一化 ···········192

6.2.5 使用层归一化进行
训练 ···············192
6.2.6 使用哪个归一化层 ···195
6.2.7 层归一化的特点 ······195
6.3 跳跃连接：网络设计模式 ···198
6.3.1 实施全连接的跳跃 ···200
6.3.2 实现卷积跳跃 ········203
6.4 1×1卷积：在通道中共享和
重塑信息 ················206
6.5 残差连接 ················208
6.5.1 残差块 ·············208
6.5.2 实现残差块 ········210
6.5.3 残差瓶颈 ···········210
6.5.4 实现残差瓶颈 ·······212
6.6 长短期记忆网络RNN ·······214
6.6.1 RNN：快速回顾 ·····214
6.6.2 LSTM和门控机制 ·····215
6.6.3 LSTM训练 ········217
6.7 练习 ·····················220
6.8 小结 ·····················220

第 II 部分　构建高级网络

第7章 自动编码和自监督·········**225**
7.1 自动编码的工作原理 ·······227
7.1.1 主成分分析是自动
编码器的瓶颈 ·······228
7.1.2 实现PCA ··········229
7.1.3 使用PyTorch实现
PCA ···············232
7.1.4 可视化PCA结果 ·····233
7.1.5 简单的非线性PCA ···235
7.2 设计自动编码神经网络 ·····238
7.2.1 实现自动编码器 ·····239

7.2.2 可视化自动编码器
结果 ···············240
7.3 更大的自动编码器 ··········242
7.4 自动编码器去噪 ············247
7.5 时间序列和序列的自回归
模型 ·····················252
7.5.1 实现char-RNN自回归
文本模型 ···········254
7.5.2 自回归模型是生成
模型 ···············261
7.5.3 随着温度调整采样 ···263

7.5.4　更快地采样 ·········266

7.6　练习 ·····················268

7.7　小结 ·····················269

第8章　目标检测 ············**271**

8.1　图像分割 ···············272

8.1.1　核检测：加载数据 ···273

8.1.2　在PyTorch中表示图像
分割问题 ··········275

8.1.3　建立第一个图像分割
网络 ··············277

8.2　用于扩展图像大小的转置
卷积 ·····················279

8.3　U-Net：查看精细和粗糙的
细节 ·····················284

8.4　带边界框的目标检测 ·······289

8.4.1　Faster R-CNN ·······290

8.4.2　在PyTorch中实现
Faster R-CNN ······295

8.4.3　抑制重叠框 ·······303

8.5　使用预训练的Faster
R-CNN ···················305

8.6　练习 ·····················307

8.7　小结 ·····················308

第9章　生成对抗网络 ········**309**

9.1　理解生成对抗网络 ·········310

9.1.1　损失计算 ·········312

9.1.2　GAN博弈 ·········314

9.1.3　实现第一个GAN·····316

9.2　模式崩溃 ···············324

9.3　Wasserstein GAN：缓解模式
崩溃 ·····················327

9.3.1　WGAN判别器损失···327

9.3.2　WGAN生成器损失···328

9.3.3　实现WGAN ·········329

9.4　卷积GAN ···············334

9.4.1　设计卷积生成器 ·····334

9.4.2　设计卷积判别器 ·····336

9.5　条件GAN ···············339

9.5.1　实现条件GAN·······340

9.5.2　训练条件GAN·······341

9.5.3　使用条件GAN控制
生成 ··············342

9.6　GAN潜在空间概览 ·········343

9.6.1　从Hub获取模型 ·····343

9.6.2　对GAN输出进行
插值 ··············344

9.6.3　标记潜在维度 ·····346

9.7　深度学习中的伦理问题 ·····349

9.8　练习 ·····················350

9.9　小结 ·····················351

第10章　注意力机制 ··········**353**

10.1　注意力机制学习相对输入
重要性 ··················354

10.1.1　训练基线模型 ·····355

10.1.2　注意力机制 ·······357

10.1.3　实现简单的注意力
机制 ············359

10.2　添加上下文 ···········363

10.2.1　点分数 ···········365

10.2.2　总分数 ···········366

10.2.3　附加注意力 ·······367

10.2.4　计算注意力
权重 ············369

10.3　知识整合：一种有上下文
的完整注意力机制·······371

10.4　练习 ·····················375

10.5　小结 ·····················376

第11章　序列到序列 ··········**377**

11.1　序列到序列作为一种去噪
自动编码器 ············378

11.2　机器翻译和数据
加载器·····················380
11.3　序列到序列的输入·······385
11.3.1　自回归法·············386
11.3.2　教师强制法·········386
11.3.3　教师强制法与自
回归法的比较·····387
11.4　序列到序列注意力·······387
11.4.1　实现序列到序列···389
11.4.2　训练和评估·······394
11.5　练习····················400
11.6　小结····················400

第12章　RNN的网络设计替代
方案···················401
12.1　TorchText：处理文本
问题的工具··············402
12.1.1　安装TorchText····402
12.1.2　在TorchText中
加载数据集·······402
12.1.3　定义基线模型·····405
12.2　随时间平均嵌入·········406
12.3　随时间池化和一维
CNN····················413
12.4　位置嵌入为任何模型添加
序列信息··············417
12.4.1　实现位置编码
模块··············421
12.4.2　定义位置编码
模型··············422
12.5　Transformer：大数据的
大模型·················425
12.5.1　多头注意力·······425
12.5.2　transformer模块···430
12.6　练习····················433
12.7　小结····················434

第13章　迁移学习·················435
13.1　迁移模型参数···········436
13.2　迁移学习和使用CNN进行
训练···················440
13.2.1　调整预训练网络···442
13.2.2　预处理预训练的
ResNet··········446
13.2.3　热启动训练·······447
13.2.4　使用冻结权重进行
训练··············449
13.3　用较少的标签学习·······451
13.4　文本预训练············454
13.4.1　带有Hugging Face库
的transformer·····455
13.4.2　无梯度的冻结
权重··············457
13.5　练习····················459
13.6　小结····················460

第14章　高级构件·················461
14.1　池化问题···············462
14.1.1　锯齿损害了平移
不变性···········464
14.1.2　通过模糊实现
抗锯齿···········469
14.1.3　应用抗锯齿池化···473
14.2　改进后的残差块·········476
14.2.1　有效深度·········477
14.2.2　实现ReZero·······478
14.3　混合训练减少过拟合·····481
14.3.1　选择混合率·······483
14.3.2　实现MixUp·······484
14.4　练习····················489
14.5　小结····················489

附录A　设置Colab················491

第I部分

基础方法

深度学习看似很新，但是自动驾驶汽车、计算机个人助手和聊天机器人实则已逐渐渗入人类社会——深度学习的应用和对现实世界的影响似乎在短短不到十年的时间里便从零发展到无处不在。如果你想立即投入其中，学习如何制作自己的自动驾驶扫地机器人，那么本书就可以告诉你猫咪把橡皮筋和袜子藏到哪里去了。

但是如果你真的想了解深度学习，便不能囫囵吞枣。深度学习已有60多年的研究基础，相关的技术已经趋于成熟。你需要学习作为现代深度学习基础的基本技术，然后才能利用这些技术来增长知识。

本书的这一部分通过应用现代框架来实现关键概念和技术。第1章介绍特定的框架PyTorch以及自动微分和优化的核心概念。第2章展示了如何构建第一个简单的深度学习网络。第3章和第4章分别探讨如何扩展网络结构，使其更好地处理图像和文本数据。接下来，第5章和第6章将全面回顾优化以及如何设计网络，将首次学习到的旧风格提升为现代风格。这将揭开网络设计的神秘面纱，助你了解网络设计的原因和改进的方法，并为学习本书第II部分中更高级的设计做好准备。

第<big>**1**</big>章

学习的机制

本章内容

- 使用Google Colab进行编码
- 介绍PyTorch，一个基于张量的深度学习API
- 利用PyTorch的GPU加速功能加快代码运行速度
- 了解作为学习基础的自动微分
- 使用Dataset接口准备数据

深度学习，也称神经网络或人工神经网络，在机器学习质量、准确率和可用性方面取得了巨大进步。10年前曾被认为是不可能的技术现在已被广泛部署，或被认为在技术上已具有可能性。Cortana、Google、Alexa和Siri等数字助手无处不在，它们可以轻松响应人们的口头要求。伴随着为了适应最终部署而进行的改进，自动驾驶汽车已经在道路上行驶了数百万英里。人们终于可以在互联网上辨识猫的照片并对其进行统计。深度学习对所有这些用例以及更多用例的成功至关重要。

本书旨在展示一些目前在深度学习中最常见和最有用的技术，着重讲述如何使用和编码这些网络及其深层工作机制和原委。深入理解问题的本质有助于更好地选择解决问题的最佳方法，并跟上该领域快速发展的步伐。若要充分利用好本书，首先要熟悉Python编程，并对微积分、统计学和线性代数有所了解；具备机器学习(Machine Learning，ML)的经验——不必是专家；在快速介入ML主题之前，要深入了解深度学习的细节。

接下来，一同来深入了解什么是深度学习，以及本书是如何教授深度学习的。深度学习是ML的一个子领域，而ML又是人工智能(Artificial Intelligence，AI)的子领域。(有些人可能会对我的这种分类心生不悦。毕竟，这未免太过于简单化了。)从广义上来说，人们可以将人工智能描述为让计算机做出看起来很聪明的决策。之所以将其界定为"看起来"是因为很难定义什么是聪明或智能；AI应该做出人们认为合理的决定，以及实现具有聪明人倾向的行为。例如，GPS会指引人们如何回家，并使用一些古老的AI技术来工作(这些经典的久经考验的方法有时被称为"好的老式AI"或GOFAI)，选择最快的回家路线就是一个极其智慧的决定。让计算机玩电子游戏是通过使用纯粹的基于AI的方法完成的：只有游戏规则是通过编码完成的，不必向AI演示如何下棋。图1.1显示，AI位于这些领域的最外层。

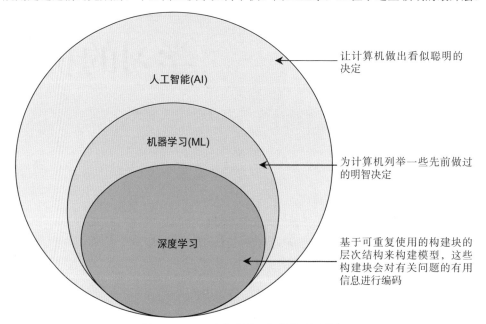

图1.1　AI、ML和深度学习的(简化)层次结构

下面，我们将在ML的帮助下，为AI提供一些先前做过的明智和不那么明智的决策示例。例如，可以将国际象棋大师间博弈的棋局提供给AI学习，以改进国际象棋AI(每场比赛都有一个赢家和一个输家，一些高明的妙手和一些蹩脚的俗手)。这是一个以监督为中心的定义，但关键是我们拥有反映真实世界的数据。

注意：一种常见的说法是"数据即事实"，但这也是一种过于简单化的说法。许多偏差都会影响接收的数据，从而提供一个有偏差的世界观。这正是另一本书的高级主题！

反观之，深度学习并非只是一种算法，而是包含了数百种像搭积木一样的小算法。部分有望成为优秀实践者的人需要知道哪些构建块是可用的，以及哪些构建块可以结合在一起，为问题创建一个更大的模型。每个构建块都为了能够很好地解决某些问题，从而为模型提供有价值的信息。图1.2展示了如何将构建块组合在一起，以应对3种情况。本书的目标之一在于涵盖各种各样的构建块，以便你了解和理解如何将它们用于不同类型的问题。其中一些构建块是通用的("数据是一个序列"可用于任何类型的序列)，而另一些构建块则更具体("数据是一幅图像"仅适用于图像)，这会影响你使用它们的时间和方式。

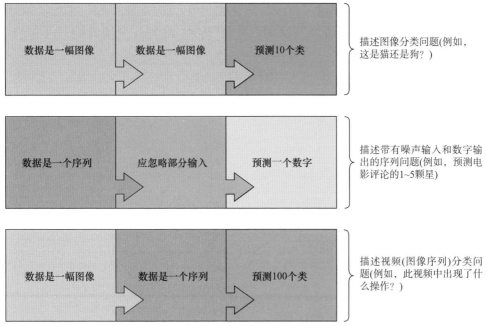

图1.2 深度学习的一个显著特点是利用可重复使用的模块来构建模型。不同的模块适用于不同类型的数据,可以混合搭配以处理不同的问题。第一行展示了如何重复使用相同类型的模块来建立更深层次的模型,从而提高准确率

第一行使用两个"数据是一幅图像"模块来创建深度模型。反复应用模块是深度学习中的深度的来源。增加深度能使模型解决更复杂的问题。通常通过多次叠加同一类型的模块来获得该深度。图中的第二行展示了一个序列问题的示例:例如,文本可以表示为单词序列。但并非所有单词都有意义,因此人们可能希望赋予模型一个模块,帮助它学会忽略某些单词。第三行展示了如何使用了解的模块来描述新的问题。如果希望AI观看视频并预测将要发生的事情(例如,"跑步""网球"或"可爱的小狗攻击"),就可以使用"数据是一幅图像"和"数据是一个序列"模块来创建图像序列——视频。

这些构建块定义了我们的模型,但与在所有ML中一样,我们还需要用到数据和学习机制。当提及学习时,并非是在谈论人类的学习方式。在机器(和深度)学习中,学习是一个机械的过程,它使得模型能够对数据做出明智的预测。这是通过一个称为优化或函数最小化的过程实现的。在看到任何数据之前,模型会返回随机输出,因为所有参数(控制计算内容的数字)都被初始化为随机值。在线性回归等常用工具中,回归系数是参数。通过使用优化数据的模块,即可让模型学习。这一过程在图1.3中得到了全面展示。

本书的大部分章节都将讲解可用于为不同应用程序构建深度学习模型的新构建块。可以将每个模块视为一种(可能非常简单的)算法。这些章节会讨论每个模块的用途,并解释它们的工作原理,以及如何在代码中组合它们以创建新模型。得益于模块的特性,我们可以从简单的任务逐步升级(例如,可以使用非深度ML算法来解决简单的预测问题)过渡到机器翻译等复杂的示例(例如,让计算机将英语翻译为法语)。我们会从20世纪60年代以来

用于训练和构建神经网络的基本思路和方法开始，但使用的却是现代框架。随着阅读的推进，我们会在所学内容的基础上，引入新的模块，扩展旧的模块，或者通过现有模块构建新的模块。

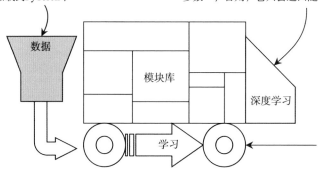

数据是驱动模型学习的"燃料"。我们需要一种方法将其加载到PyTorch中

我们的神经网络是可以根据目标实现汽车移动。它由构建块组成，每个构建块都包含需要正确设置的"权重"或"参数"；否则，它只会返回随机结果

数据

模块库

深度学习

学习

"学习"是调整神经网络的所有参数，使其执行我们关心的任务的过程

图1.3　深度学习的"汽车"。汽车由许多不同的构建块组成，可以使用不同的构建块组合来制造执行不同任务的汽车，不过汽车的开动都需要燃料和轮子。轮子是学习的任务，这是通过一个称为优化的过程来完成的；燃料是数据

这意味着，本书并非是一本针对任何新问题的代码段合集。其目标是帮助你熟悉深度学习研究人员用来描述全新的和改进的模块的语言，以便可以识别新的模块何时有用。数学通常可以简洁地表达复杂的变化，所以我将分享构建块背后的数学原理。

我们不会做很多数学运算，即推导或证明数学，而是会展示数学：给出最后的公式，解释它们的作用，并为其附上有用的直觉。之所以称为直觉，是因为只需要进行简单的数学运算。解释正在发生的事情的高级概念，并说明为什么结果是这样的，这需要具备远远超出之前所要求的数学知识。在展示公式的过程中，我会尽可能穿插相应的PyTorch代码，这样你就可以开始在公式和实现它们的深度学习代码之间建立心智图。

本章首先介绍计算环境：Google Colab。接下来，讨论PyTorch和张量，张量是在PyTorch中表示信息的方式。之后，将深入探讨图形处理单元(Graphic Processing Unit，GPU)的使用(GPU使PyTorch的运行速度更快)和自动微分(Automatic Differentiation)，自动微分是PyTorch用来使神经网络模型学习的"机制"。最后，会快速构建一个数据集对象，以协助PyTorch将数据输入学习过程的模型中。从第2章开始会为"深度学习汽车"提供动力和轮子。此后，便可以专注于深度学习。

这本书为顺序阅读设计。每一章都用到了前面章节中介绍的技术或概念。如果你已经熟悉了某章中的概念，就可以随意跳读到下一章。但是，如果深度学习对你来说是全新的内容，那么我劝你最好还是一次读一章，而不是跳读到那些看似内容更为有趣的章节，因为那些内容很可能包含众多有难度的概念，一步一个脚印会让整个学习过程变得更加轻松。

1.1 Colab入门

我们将在深度学习中使用GPU。不过，这是一种计算要求很高的实践，GPU本质上只是入门级要求，尤其是在处理更大的应用程序时。我一直将深度学习视为工作的一部分，并定期启动需要使用多个GPU训练数天的任务。我的一些研究实验每次运行都可能需要花费一个月的计算时间。

不过，GPU着实太贵了。目前，对于大多数想要开始学习深度学习的人来说，最好的选择是花600美元至1200美元购买高端NVIDIA GTX或Titan GPU。也就是说，需要配置一台带有高端GPU、可扩展/升级的计算机。如果手边没有这种配置的计算机，则可能需要花费1500美元到2500美元来搭建一个好的工作站以安装GPU。仅仅是学习深度学习的成本就出奇之高。

谷歌的Colab(https://colab.research.google.com)能在有限的时间内免费提供GPU。我在本书中设计的每个例子都可以在Colab的时间限制内完成运行。本书的附录中包含Colab的设置说明。一旦完成设置，常见的数据科学和ML工具，如seaborn、matplotlib、tqdm和pandas便已内置并准备就绪。Colab的操作与大家熟悉的Jupyter notebook无异，你可以在单元格中运行代码，并直接在下面生成输出。本书是一个Jupyter notebook，所以你可以运行代码块(如下所示)来获得相同的结果(如果某个代码单元格不是为了运行代码而设计的，我会提示并注明)：

```
import seaborn as sns
import matplotlib.pyplot as plt
import numpy as np
from tqdm.autonotebook import tqdm
import pandas as pd
```

在讲解本书的过程中，我并未重复展示所有的输入，主要是因为这太浪费时间了。下载代码的同时即可在线获取所有输入，下载网址为https://github.com/EdwardRaff/Inside-Deep-Learning。

1.2 张量

深度学习已用于电子表格、音频、图像和文本，但深度学习框架并不使用分类或对象来区分数据类型，而是使用一种数据类型来工作，我们必须将数据转换为这种格式。对于PyTorch来说，这种独特的表达方式是通过一个张量对象来实现的。张量用于表示数据(任何深度学习块的输入/输出)以及控制网络行为的参数。张量对象有两个基本特征：利用GPU进行快速并行计算的能力和自动完成某些微积分(导数)的能力。除了要具备Python的ML经验，最好还应该有同样使用张量概念的NumPy经验。本节将快速回顾张量的概念，并提示PyTorch中的张量与NumPy中的张量的区别，以便为介绍深度学习构建块奠定基础。

我们首先导入torch库并讨论张量，张量也称为n维数组。NumPy和PyTorch都支持创建n维数组。零维数组称为标量，是任何单数(如3.4123)。一维数组是向量(如[1.9, 2.6, 3.1, 4.0, 5.5])，而二维数组是矩阵。标量、向量和矩阵都是张量。事实上，n维数组的任何n值仍然是张量。张量一词指的是n维数组的整体概念。

我们注重张量是因为它是组织许多数据和算法的一大便捷方式。这是PyTorch提供的第一个基础，我们经常将NumPy张量转换为PyTorch张量。图1.4显示了四个张量及其形状和表示形状的数学方法。扩展该模式，四维张量可以写成$(\boldsymbol{B}, \boldsymbol{C}, \boldsymbol{W}, \boldsymbol{H})$或$\mathbb{R}^{\boldsymbol{B},\boldsymbol{C},\boldsymbol{W},\boldsymbol{H}}$。

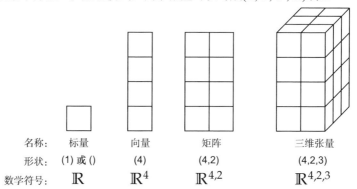

名称:	标量	向量	矩阵	三维张量
形状:	(1) 或 ()	(4)	(4,2)	(4,2,3)
数学符号:	$\mathbb{R}$	$\mathbb{R}^4$	$\mathbb{R}^{4,2}$	$\mathbb{R}^{4,2,3}$

图1.4　张量的示例，从左向右维度或轴增加。标量表示单个值。向量是一个列表值，这也是人们经常思考数据点的方式。矩阵是值的网格，通常用于数据集。三维张量可用于表示序列的数据集

张量维度

在写诸如$(\boldsymbol{B}, \boldsymbol{C}, \boldsymbol{W}, \boldsymbol{H})$张量的维度时，通常会使用单个字母的名称，并在字母后面加上常见的符号或含义。这是一种有用的速记，常用于代码中。后续章节会详细解释大多数维度字母，一些常见的维度字母列举如下:

- $\boldsymbol{B}$——正在使用的批量大小。
- $\boldsymbol{D}$或$\boldsymbol{H}$——隐藏层中神经元/输出的数量(有时使用$\boldsymbol{N}$)。
- $\boldsymbol{C}$——输入中的通道数(例如，将"红、绿、蓝"视为3个通道)或模型可以输出的类/类别数。
- $\boldsymbol{W}$和$\boldsymbol{H}$——图像的宽度和高度(几乎总是与图像通道的"$\boldsymbol{C}$"维度相结合)。
- $\boldsymbol{T}$——序列中的项数(第4章将详细介绍)。

本书使用通用符号将数学符号对应于特定形状的张量。像$\boldsymbol{X}$或$\boldsymbol{Q}$这样的大写字母表示具有两个或更多维度的张量;小写粗体字母，如$\boldsymbol{x}$或$\boldsymbol{h}$用来表示向量;而小写非粗体字母，如x或h则用来表示标量。

在探讨和实现神经网络的过程中，通常会提及更大矩阵中的行或更大向量中的标量。如图1.5所示，这通常被称为分片。因此如果有一个矩阵$\boldsymbol{X}$，便可以用$\boldsymbol{x}_i$来引用$\boldsymbol{X}$的第i行，代码中将其表示为x_i=X[i,:]。如果想引用第i行和第j列，就使用$x_{i,j}$，它不用粗体表示

是因为它是对单个值的引用——其为标量，代码中将其表示为x_ij=X[i,j]。

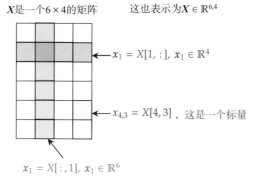

图1.5 可以对张量进行分片，进而从较大的张量中获取子张量。例如，红色表示从较大的矩阵中获取行向量；蓝色表示从矩阵中获取一个列向量。依据张量表示的内容，可以分别处理数据的不同部分

若要使用PyTorch，只需将其作为torch包导入。导入成功后，便可以立即开始创建张量。每次在另一个列表中嵌套一个列表时，都会为PyTorch生成的张量创建一个新的维度：

```
import torch

torch_scalar = torch.tensor(3.14)
torch_vector = torch.tensor([1, 2, 3, 4])
torch_matrix = torch.tensor([[1, 2,],
                             [3, 4,],          你不必像我这样恪守严格
                             [5, 6,],          的格式，这样做仅是为了
                             [7, 8,]])         一目了然、清晰可辨
torch_tensor3d = torch.tensor([
                             [
                             [ 1, 2, 3],
                             [ 4, 5, 6],
                             ],
                             [
                             [ 7, 8, 9],
                             [10, 11, 12],
                             ],
                             [
                             [13, 14, 15],
                             [16, 17, 18],
                             ],
                             [
                             [19, 20, 21],
                             [22, 23, 24],
                             ]
                                 ])
```

如果打印这些张量的形状，便会看到之前所示的相同形状。同样，虽然标量、向量和矩阵是不同的概念，但它们在张量对应的大系统中是统一的。我们之所以关心这一点，是

因为我们使用不同形状的张量来表示不同类型的数据。稍后再讨论这些细节，目前只需专注于PyTorch所提供的用于处理张量的机制：

```
print(torch_scalar.shape)
print(torch_vector.shape)
print(torch_matrix.shape)
print(torch_tensor3d.shape)

torch.Size([])
torch.Size([4])
torch.Size([4, 2])
torch.Size([4, 2, 3])
```

如果你曾在Python中进行过任何ML或科学计算，那么很有可能使用过NumPy库。正如你所期望的，PyTorch支持将NumPy对象转换为其PyTorch所对应的部分。由于两者都将数据表示为张量，因此这是一个十分简单明了的过程。以下两个代码块展示了如何在NumPy中创建随机矩阵，然后将其转换为PyTorch Tensor对象：

```
x_np = np.random.random((4,4))
print(x_np)

[[0.05095622 0.64330091 0.98293797 0.27355789]
 [0.37754388 0.51127555 0.29976254 0.97804978]
 [0.28363853 0.48929802 0.77875258 0.19889717]
 [0.23659932 0.21207824 0.25225453 0.54866766]]

x_pt = torch.tensor(x_np)
print(x_pt)

tensor([[0.0510, 0.6433, 0.9829, 0.2736],
        [0.3775, 0.5113, 0.2998, 0.9780],
        [0.2836, 0.4893, 0.7788, 0.1989],
        [0.2366, 0.2121, 0.2523, 0.5487]], dtype=torch.float64)
```

NumPy和torch都支持多种不同的数据类型。默认情况下，NumPy使用64位浮点，PyTorch默认使用32位浮点。但是，若从NumPy张量中创建PyTorch张量，那么它使用的类型与给定的NumPy张量相同。可以在前面的输出中看到PyTorch明确地列出了dtype = torch.float64，因为它不是默认选项。

我们最关心的深度学习类型是32位浮点、64位整数(Long)和布尔值(即二进制True/False)。大多数操作保持张量类型不变，除非显式创建或将其转换为新类型。为了避免出现类型方面的问题，可以在调用函数时显式指定要创建的张量类型。以下代码使用dtype属性来检查张量中包含的数据类型：

```
print(x_np.dtype, x_pt.dtype)
float64 torch.float64
```

将数据类型强制设为32位浮点

```
x_np = np.asarray(x_np, dtype=np.float32)
x_pt = torch.tensor(x_np, dtype=torch.float32)
print(x_np.dtype, x_pt.dtype)

float32 torch.float32
```

不使用32位浮点或64位整数作为dtype的主要场景是：在某些需要执行逻辑运算(如布尔AND、OR、NOT)的情况下，可以使用逻辑运算来快速创建二进制掩码。

掩码是一个张量，它可以告知另一个张量的哪些部分是有效的。通常在一些更复杂的神经网络中使用掩码，例如，想找到张量中所有大于0.5的值。PyTorch和NumPy都支持使用标准逻辑运算符来检查以下情况：

```
b_np = (x_np > 0.5)
print(b_np)
print(b_np.dtype)

[[False True True False]
 [False True False True]
 [False False True False]
 [False False False True]]
bool

b_pt = (x_pt > 0.5)
print(b_pt)
print(b_pt.dtype)

tensor([[False, True, True, False],
        [False, True, False, True],
        [False, False, True, False],
        [False, False, False, True]])
torch.bool
```

虽然NumPy和PyTorch API并不相同，但它们共享了许多具有相同名称、行为和特性的函数：

```
np.sum(x_np)
```

[13]: 7.117571

```
torch.sum(x_pt)
```

[14]: tensor(7.1176)

虽然许多函数相同，但在实现上并不完全相同，如在行为或所需参数方面可能会略有不同。通常，这些差异是针对PyTorch版本做出的更改，专门针对如何将这些方法用于神经网络的设计和执行。以下是transpose函数的示例，其中PyTorch要求指定要转置的两个维度。NumPy接受了这两个维度，并立即转置它们：

```
np.transpose(x_np)
```

```
[15]: array([[0.05095622, 0.37754387, 0.28363854, 0.23659933],
             [0.6433009, 0.51127553, 0.48929802, 0.21207824],
             [0.982938, 0.29976255, 0.77875257, 0.25225455],
             [0.2735579, 0.97804976, 0.19889717, 0.54866767]], dtype=float32)

      torch.transpose(x_pt, 0, 1)
```

```
[16]: tensor([[0.0510, 0.3775, 0.2836, 0.2366],
              [0.6433, 0.5113, 0.4893, 0.2121],
              [0.9829, 0.2998, 0.7788, 0.2523],
              [0.2736, 0.9780, 0.1989, 0.5487]])
```

PyTorch之所以这样做，是因为人们经常希望为深度学习应用程序转置张量的维度，而NumPy则尽力保持更一般的期望值。如下面的代码所示，可以转置前面提到的torch_tensor3d中的两个维度。最初它的形状是(4,2,3)。如果转置第一和第三维度，即可得到形状为(3,2,4)的张量：

```
print(torch.transpose(torch_tensor3d, 0, 2).shape)

torch.Size([3, 2, 4])
```

由于存在这样的差异，因此当尝试使用自己熟悉的函数，但突然发现它的行为与预期不符时，就应该仔细阅读PyTorch文档：https://pytorch.org/docs/stable/index.html。在使用PyTorch时，应该随时查阅该文档。PyTorch中有许多不同的有用函数，这里不再一一讲解。

PyTorch GPU加速

PyTorch最重要的功能就是使用GPU加速数学计算，而这一点NumPy望尘莫及。GPU是计算机中专门为二维和三维图形设计的硬件，主要用于加速视频(观看高清电影)或玩电子游戏。这与神经网络有什么关系呢？快速制作二维和三维图形所涉及的很多数学知识都以张量为基础，或者至少与张量相关。因此，GPU在快速完成我们想要执行的许多事情方面变得非常擅长。但随着图形和GPU技术的不断发展与强大，人们意识到它们也可用于科学计算和ML。

甚至可以把GPU想象成巨大的张量计算器。在使用神经网络进行任何操作时，几乎都应该使用GPU。这是一个很好的组合，因为神经网络是计算密集型的，而GPU在这些计算类型方面的计算速度很快。如果你想在专业环境中进行深度学习，就应该投资一台配备了强大功能的NVIDIA GPU的计算机。但现在，可以免费使用Colab。

有效使用GPU的诀窍是避免对少量数据进行计算。这是因为计算机的CPU必须首先将数据移到GPU，然后要求GPU执行运算，等待GPU完成后再将结果从GPU中复制回来。这个过程相当缓慢；如果只计算少量数据，那么GPU的使用时长甚至会超过CPU所需的计算时长。

什么算"太小"呢？这完全取决于CPU、GPU和正在进行的运算。如果你担心这个问题,不妨进行一些基准测试,看看使用CPU是否更快。如果是这样,就意味着处理的数据可能太少了。

先用矩阵乘法来测试一下,矩阵乘法是神经网络中常见的基本线性代数运算。如果同时拥有矩阵 $X^{n,m}$ 和 $Y^{m,p}$,可以计算出结果矩阵 $C^{n,p} = X^{n,m}Y^{m,p}$。注意,C 的行数和 X 的行数一样多,列数和 Y 的列数一样多。在构建神经网络时,我们会做很多改变张量形状的操作,就像将两个矩阵相乘时发生的情况一样。这是常见的错误来源,因此在编写代码时应该考虑张量形状。

可以使用 timeit 库:它支持多次运行代码,并可告知运行代码所耗费的时间。接下来创建一个更大的矩阵 X,计算 XX 多次,看看运行它需要多长时间:

```
import timeit
x = torch.rand(2**11, 2**11)
time_cpu = timeit.timeit("x@x", globals=globals(), number=100)
```

运行该代码需要一些时间,但不会太长。在我的计算机上,该代码运行的时长为6.172秒,计算时长存储在 time_cpu 变量中。接下来,如何让PyTorch使用GPU?首先,需要创建一个 device 引用。要求PyTorch使用 torch.device 函数。如果你有NVIDIA GPU,并且CUDA驱动程序安装正确,就应该能够以字符串形式传入"cuda",并获取表示该设备的对象:

```
print("Is CUDA available? : ", torch.cuda.is_available())
device = torch.device("cuda")

Is CUDA available? : True
```

现在已经引用了所要使用的GPU(设备),接下来需要让PyTorch将该对象移到给定的设备。幸运的是,这可以通过简单的 to 函数实现;然后就可以使用与之前相同的代码:

```
x = x.to(device)
time_gpu = timeit.timeit("x@x", globals=globals(), number=100)
```

运行这段代码时,执行100次乘法的时长是0.6191秒,这是一个瞬间的9.97倍加速,属于非常理想的情况,因为矩阵乘法在GPU上非常高效,并且我们创建了一个大矩阵。你可以尝试着缩小矩阵,看看它如何影响加速情况。

注意,只有当涉及的每个对象都在同一设备上时上述方法才会有效。如果运行以下代码,其中变量 x 已移到GPU上,而 y 并未移动(默认情况下在CPU上):

```
x = torch.rand(128, 128).to(device)
y = torch.rand(128, 128)
x*y
```

则最终会收到一条错误消息:

```
RuntimeError: expected device cuda:0 but got device cpu
```

　　错误消息会告知第一个变量在哪个设备上(cuda:0)，而第二个变量在不同的设备上(cpu)。如果将代码改写成y*x，则将看到“expected device cpu but got device cuda:0”的错误消息。每当看到这样的错误提示时，就会出现错误，无法将所有对象移到同一个计算设备。

　　另一件需要注意的事情是如何将PyTorch数据转换回CPU。例如，我们可能希望将张量转换回NumPy数组，以便可以将其传递到Matplotlib或保存到磁盘。PyTorch tensor对象有一个.numpy()方法可以执行此操作，但如果调用x.numpy()，则会出现以下错误：

```
TypeError: can't convert CUDA tensor to numpy. Use Tensor.cpu()
to copy the tensor to host memory first.
```

　　相反，你可以使用方便的快捷函数.cpu()将对象移回CPU，并在CPU中与之正常交互。因此，当你想访问运行结果时，经常会看到类似x.cpu().numpy()的代码。

　　.to()和.cpu()方法使编写突然被GPU加速的代码变得容易。一旦在GPU或类似的计算设备上运行，那么几乎所有PyTorch附带的方法都可以使用，并可以获得不错的加速性能。但有时我们希望将张量和其他PyTorch对象存储在列表、字典或其他标准Python集合中。为了帮助实现这一点，可以定义moveTo函数，用于遍历常见的Python和PyTorch容器，并将所发现的每个对象都移到指定的设备上：

```python
def moveTo(obj, device):
    """
    obj: the python object to move to a device, or to move its
    ➥contents to a device
    device: the compute device to move objects to
    """
    if isinstance(obj, list):
        return [moveTo(x, device) for x in obj]
    elif isinstance(obj, tuple):
        return tuple(moveTo(list(obj), device))
    elif isinstance(obj, set):
        return set(moveTo(list(obj), device))
    elif isinstance(obj, dict):
        to_ret = dict()
        for key, value in obj.items():
            to_ret[moveTo(key, device)] = moveTo(value, device)
        return to_ret
    elif hasattr(obj, "to"):
        return obj.to(device)
    else:
        return obj

some_tensors = [torch.tensor(1), torch.tensor(2)]
print(some_tensors)
print(moveTo(some_tensors, device))
```

```
[tensor(1), tensor(2)]
[tensor(1, device='cuda:0'), tensor(2, device='cuda:0')]
```

第一次打印数组时，我们看到了tensor(1)和tensor(2)；但在使用moveTo函数后，出现了device='cuda:0'。我们不必经常使用这个函数，但如果这样做了，读写代码就会更容易。因此，我们便具备了编写由GPU加速的快速代码的基础知识。

为什么要留意GPU?

使用GPU的根本原因在于提速，也就是让神经网络的训练经历数小时还是数分钟的差别——这还没有考虑超大型网络或庞大的数据集。我已经试图让本书中训练的每一个神经网络在使用GPU时都能在10分钟或更短时间内完成运行，大多数情况下，其运行时长甚至不超过5分钟。这意味着要借助简单问题，并诱导其表现出能代表现实生活的行为。

为什么不是学习现实世界的数据和问题呢？这是因为现实世界的神经网络可能需要花费长达几天或几周的时间来训练。我在日常工作中所做的一些研究甚至可能需要一个月的时长并配合多个GPU来进行训练。我们编写的代码非常好，对于实际任务非常有效，但是等待结果的时间却稍微有点长。

这种长的运算时长也意味着在模型训练的同时，你需要学会充分利用时间来提升工作效率。方法之一是在备用机器上为下一个模型开发新代码，或者在GPU繁忙时使用CPU。虽然你将无法训练它，但却可以推送少量数据以确保不会出现错误。这也是我希望你学习如何将深度学习中使用的数学运算映射到代码的原因：你可以在模型忙碌的训练过程中，阅读有关最新和最好用的深度学习工具的资料，这些工具可能会对你有所帮助。

1.3 自动微分

前面讲解的是PyTorch提供的一个类似于NumPy的API，用于在张量上执行数学运算，其优点是使用GPU(如果可用)执行更快的数学运算。PyTorch提供的第二个重要功能是自动微分：只要使用PyTorch提供的函数，PyTorch就可以自动计算导数(也称为梯度)。本节将讲解这意味着什么，以及自动微分如何与将函数最小化的任务联系起来。1.4节将讲解如何在PyTorch提供的一个简单API中将其全部封装。

你首先可能会想到，"什么是导数，为什么要学习它？"在微积分中，函数$f(x)$的导数可以告知$f(x)$的值的变化快慢。函数$f(x)$的导数可以帮助找到使$f(x)$的值最小的输入x^*。x^*使$f(x)$的值最小意味着无论将z设置为什么值，$f(x^*)$的值都小于或等于$f(z)$。用数学符号来表示就是$f(x^*) \leqslant f(z), \forall x^* \neq z$：

另一种说法是，如果编写了以下代码，就会陷入无限循环的等待中：

```
while f(x_star) <= f(random.uniform(-1e100, 1e100)):
    pass
```

为什么要将函数最小化？本书讨论的所有类型的ML和深度学习都通过定义损失函数来训练神经网络。损失函数以数字和可量化的方式告诉网络，它在处理问题时表现得有多糟糕。因此，如果损失很大，则情况就会很糟糕。高损失值意味着网络未能解决问题，而且表现极差。损失为零，则说明网络完美地解决了问题。通常不允许损失为负数，因为这会让人感到困惑。

阅读与神经网络有关的数学方面的内容时，经常会看到损失函数被定义为$\ell(x)$，其中x是网络的输入，而$\ell(x)$给出了网络所接收到的损失。因此，损失函数返回标量。这一点很重要，因为标量可以进行比较，并确定一个标量比另一个标量大或小，因此其可以明确地标定网络在解决问题时的糟糕程度。通常，导数是针对单个变量而定义的，而网络拥有许多变量(参数)。当得出多个变量对应的导数时，可将该导数称为梯度；可以将导数和单变量的相关经验应用于多变量的梯度。

我们已经说过梯度是有用的，也许你还记得微积分课上关于使用导数和梯度将函数最小化的内容。接下来，就让我们一起回顾一下如何用微积分求函数的最小值。

假设有一个函数为$f(x)=(x-2)^2$。不妨用PyTorch代码定义它，并绘制函数图：

```
def f(x):
    return torch.pow((x-2.0), 2)

x_axis_vals = np.linspace(-7,9,100)
y_axis_vals = f(torch.tensor(x_axis_vals)).numpy()

sns.lineplot(x=x_axis_vals, y=y_axis_vals, label='$f(x)=(x-2)^2$')
```

[22]: <AxesSubplot:>

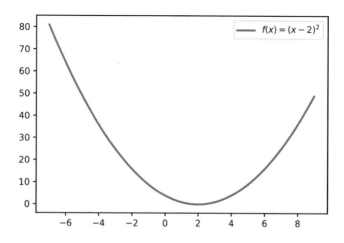

1.3.1 使用导数将损失降至最低

从图中可以清楚地看到，这个函数的最小值出现在 $x=2$ 的位置，即值 $f(2)=0$。但这是一个有意为之的简单问题。假设不能绘制图形，则可以用微积分来求解答案。

将 $f(x)$ 的导数表示为 $f'(x)$，可以得到 $f'(x)=2\cdot x-4$ 的答案(使用微积分)。函数 $f(x^*)$ 的最小值存在于临界点，即 $f'(x)=0$ 的点。因此，可通过求解 x 来找到临界点。在这个例子中，有

$$2\cdot x - 4 = 0$$
$$2\cdot x = 4$$

(两边同时加4)

$$x = 4/2 = 2$$

(两边同时除以2)。

这需要求 $f'(x)=0$ 时该等式的解。PyTorch无法解决这一问题，因为我们将要开发的函数更复杂，而通过这些复杂的函数无法得到精确的答案。但假设当前有一个猜测值 $x^?$，即便我们非常确定这不是使 $f(x)$ 最小的值，仍可以使用 $f'(x^?)$ 来帮助确定如何调整 $x^?$，使它更接近于使 $f(x)$ 最小的值。

如何做到呢? 同时绘制 $f(x)$ 和 $f'(x)$ 的图形:

```
def fP(x):
    return 2*x-4          手动定义f(x)的导数

y_axis_vals_p = fP(torch.tensor(x_axis_vals)).numpy()

sns.lineplot(x=x_axis_vals, y=[0.0]*len(x_axis_vals),
➡label="0", color='black')          在0处绘制黑线，由此可以很容易
                                      地判断某个值是正数还是负数
sns.lineplot(x=x_axis_vals, y=y_axis_vals,
➡label='Function to Minimize $f(x) = (x-2)^2$')
sns.lineplot(x=x_axis_vals, y=y_axis_vals_p,
➡label="Gradient of the function $f'(x)=2 x - 4$")
```

[23]: <AxesSubplot:>

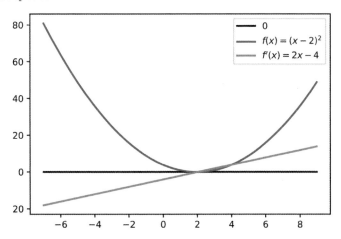

观察橙色的线。当离最小值($x=2$)的左侧较远时，可以看到$f'(x^?)<0$。当位于最小值的右侧时，则反而能得到$f'(x^?)>0$。只有当处于最小值时，才能看到$f'(x^?)=0$。因此，如果$f'(x^?)<0$，则需要增加$x^?$的值；如果$f'(x^?)>0$，则需要减小$x^?$的值。梯度f'的符号告知应该向哪个方向移动以找到最小值。图1.6总结了梯度下降的过程。

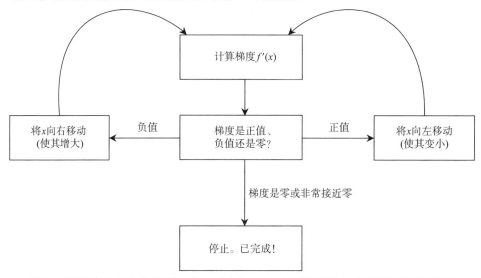

图1.6　使用函数$f(x)$的导数$f'(x)$将函数$f(x)$最小化的过程称为梯度下降，该图展示了如何实现该过程。迭代地计算$f'(x)$，以决定x应更大还是更小，从而使$f(x)$的值尽可能小。当梯度足够接近零时，过程停止。如果你已完成足够多的更新，也可以提前停止："足够近就足够好"对于深度学习来说是正确的，并且几乎不需要完美地将某个函数最小化

我们也在意$f'(x^?)$的大小。因为查看的是一个一维函数，其大小仅意味着$f'(x^?)$的绝对值：如$|f'(x^?)|$。这一数值可以告知距离最小值还有多远。所以$f'(x^?)$的符号(<0或>0)将告知应该向哪个方向移动，$|f'(x^?)|$的大小则告知该移动多远。

这不是巧合，对于任何函数始终都是如此。如果能计算导数，就能找到最小值。你可能会想，"我不太记得微积分了"，或者抱怨我跳过了计算$f'(x)$的步骤。这就是使用**PyTorch**的原因：自动微分会计算$f'(x)$的值。下面将借助$f(x)=(x-2)^2$的小型示例，来看看它的工作原理。

1.3.2　使用自动微分计算导数

既然已经了解了使用导数将函数最小化的概念，那么不妨继续来了解一下在**PyTorch**中实现函数最小化的机制。首先，创建一个将函数最小化的新变量。做法与之前类似，但此时添加了一个新的标志，以便让**PyTorch**跟踪梯度。该值将存储在一个名为grad的变量中，目前该变量还不存在，因为尚未计算任何内容：

```
x = torch.tensor([-3.5], requires_grad=True)
print(x.grad)

None
```

当前并没有梯度。不过，可以先试着计算$f(x)$，看看在设置requires_grad=True后是否有任何变化：

```
value = f(x)
print(value)

tensor([30.2500], grad_fn=<PowBackward0>)
```

现在，若打印返回变量的值，则可以得到略有不同的输出。在第一部分中，打印的值为30.25，这是$f(-3.5)$的对应值。但我们也看到了这个新的grad_fn=<PowBackward0>。一旦让PyTorch开始计算梯度，它就会开始跟踪所做的每一次计算，并使用这些信息来返回和计算所使用的全部梯度，并将requires_grad标志设置为True。

一旦有了单个标量值，就可以让PyTorch返回并使用此信息来计算梯度。使用.back-ward()函数完成这一计算，之后便可以在原始对象中看到梯度：

```
value.backward()
print(x.grad)

tensor([-11.])
```

现在，已经完成了变量x的梯度计算。PyTorch和自动微分的强大之处在于，可以让使用PyTorch函数实现的函数$f(x)$做任何事情。不需要更改为计算x的梯度而编写的代码，PyTorch会处理如何计算的所有细节。

1.3.3 知识整合：使用导数最小化函数

既然PyTorch可以计算梯度，就可以使用PyTorch函数$f(x)$的自动微分功能，以数值方式求出$f(2) = 0$。接下来将首先使用数学符号，然后再用代码描述。

从当前的猜测值开始，$x_{cur} = -3.5$。我随意选择了3.5；在现实生活中，你通常也会选择一个随机值。此处还可以使用x_{prev}跟踪之前的猜测值。由于还没有做任何操作，所以还可以将上一步设置为任何大值(例如，$x_{prev} = x_{cur}$ * 100)。

接下来，比较当前和之前的猜测值是否相似。通过检查是否存在$\|x_{cur} - x_{prev}\|_2 > \epsilon$来进行比较。函数$\|z\|_2$称为范数或2-范数。范数是测量向量和矩阵大小的最常见和最标准的方法。对于一维情况(如本例)，2-范数与绝对值相同。如果没有明确说明所讨论的范数类型，就应该默认将其设为2-范数。值ϵ是指任意小值的常用数学符号。因此，可以这样理解：

现在我们知道 $\|x_{cur}-x_{prev}\|_2>\epsilon$ 是检查猜测值之间是否存在较大 $(>\epsilon)$ 幅度 $(\|\cdot\|_2)$ 变化 $(x_{cur}-x_{prev})$ 的方式。如果这是假的，则 $\|x_{cur}-x_{prev}\|_2\leqslant\epsilon$，这意味着变化很小，因此可以立即停止。一旦停止，就表示接受 x_{cur} 作为答案，x 的值最小化了 $f(x)$。如果不停止，则需要进行新的更优的猜测。

为了得到这个新的猜测值，我们向导数的相反方向移动。如下所示：$x_{cur}=x_{cur}-\eta\cdot f'(x_{cur})$。值 η 被称为学习率，通常是一个小值，如 $\eta=0.1$ 或 $\eta=0.01$。这样做是因为梯度 $f'(x)$ 告知了移动的方向，但只给出了关于所在位置的相对距离。它并没有告知应该朝该方向移动多少距离。由于不知道要移动多少距离，因此可以保守一点，移动得慢一点。图1.7展示了原理。

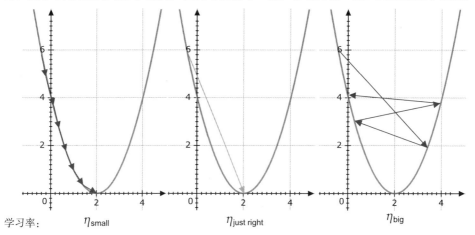

学习率：　　　　η_{small}　　　　　　　　　　$\eta_{just\ right}$　　　　　　　　　　η_{big}

图1.7　学习率 η(也称步长)如何影响学习的3个例子。左边 η 的步长小于所需的步长。左图中，学习率小于所需的步长，但仍能达到最小值，只是实际步长多于所需的步长。如果知道 η 的完美值，就可以将其设置得恰到好处，以最少的步数达到最小值(中间)。右边的 η 值过大，导致发散。永远无法找到解

通过在当前方向上采取较小的步长，便不会"超越"答案而倒回之前的步长。查看前面的函数示例，可以了解这是如何发生的。如果我们的确有 η 的正确最佳值(中间图)，则可以进一步靠近最小值。但是我们不知道这个值是什么。如果采取保守态度，选择的值可能会比所需要的值更小，我们可能会采取更多的步长来找到答案，但最终会找到该值(左图)。如果将学习率设置得太高，则最终可能会跳过解并在其周围跳跃(右图)。

这个数学过程看似非常烦琐，但代码却只有几行。在循环结束时打印 x_{cur} 的值，并且可以看到它等于2.0；PyTorch找到了答案。注意，当定义PyTorch Tensor对象时，它不但有一个子成员 .grad，用于存储该变量的计算梯度，还有一个用于保存基础值的 .data 成员。除非你有特殊理由，否则通常不应访问这些字段中的任何一个。下面将用它们演示自动梯度的原理。

```
x = torch.tensor([-3.5], requires_grad=True)

x_cur = x.clone()
x_prev = x_cur*100    ◄──┤ 将"前一个"解变大，使其有
                         │ 所不同，并开始while循环
```

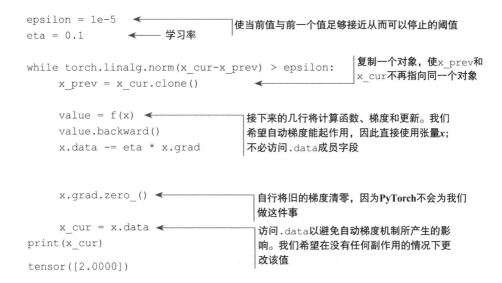

```
epsilon = 1e-5          ←──────────  使当前值与前一个值足够接近从而可以停止的阈值
eta = 0.1               ←────── 学习率

while torch.linalg.norm(x_cur-x_prev) > epsilon:          复制一个对象，使x_prev和
    x_prev = x_cur.clone()          ←───────              x_cur不再指向同一个对象

    value = f(x)          ←───────          接下来的几行将计算函数、梯度和更新。我们
    value.backward()                        希望自动梯度能起作用，因此直接使用张量x；
    x.data -= eta * x.grad                  不必访问.data成员字段

    x.grad.zero_()          ←───────        自行将旧的梯度清零，因为PyTorch不会为我们
                                            做这件事
    x_cur = x.data          ←───────        访问.data以避免自动梯度机制所产生的影
print(x_cur)                                响。我们希望在没有任何副作用的情况下更
                                            改该值
tensor([2.0000])
```

常提及的这种反向传播是什么？

许多图书都是从一种称为反向传播的算法开始讨论深度学习的。这是用于计算神经网络中所有梯度的原始算法的名称。就我个人而言，我认为从反向传播开始学习会令人望而生畏，因为它涉及更多的数学和绘图知识，但又完全由自动微分封装。对于像PyTorch这样的现代框架而言，你不需要了解反向传播的机制就可以开始学习。如果你想了解反向传播以及它如何处理自动微分，我推荐你阅读Andrew W. Trask的著作 *Grokking Deep Learning*(Manning出版社，2019)中的第6章。

1.4　优化参数

刚才进行的步骤(求函数 $f(\cdot)$ 的最小值)叫作优化(optimization)。因为使用损失函数 $\ell(\cdot)$ 来指定网络的目标，所以可以优化 $f(\cdot)$ 以将损失最小化。如果能满足损失 $\ell(\cdot)=0$，则网络已经解决了问题。这就是我们注重优化的原因，也是当今大多数现代神经网络训练的基础。图1.8显示了其简化的工作原理。

由于优化很重要，因此PyTorch包含了两个额外的概念来帮助我们加深理解：参数(parameter)和优化器(optimizer)。模型的 `Parameter` 是一个可以使用 `Optimizer` 来更改以尝试减少损失 $\ell(\cdot)$ 的值，可以使用 `nn.Parameter` 类轻松地将任何张量转换为 `Parameter`。为此，让我们基于最初的猜测值 $x_{cur}=3.5$，重新解决前面的最小化问题 $f(x)=(x-2)^2$。这里要做的第一件事是为 x 的值创建一个 `Parameter` 对象，因为这正是要改变的值：

```
x_param = torch.nn.Parameter(torch.tensor([-3.5]), requires_grad=True)
```

对象x_param现在是nn.Parameter，其作用与张量一样。在PyTorch中，只要可以使用张量，就可以使用Parameter，并且代码能正常工作。不过，现在可以创建Optimizer对象。我们使用的最简单的优化器被称为SGD，它代表随机梯度下降(stochastic gradient descent)。使用gradient这个词是因为我们所使用的是函数的梯度/导数。descent意味着正在最小化函数的值或下降至正在最小化的函数的较低值。第2章将讲解随机(stochastic)部分。

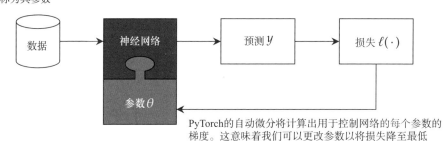

神经网络接收数据并进行预测。所有控制网络运行方式的旋钮都被称为其参数

该损失暗示着网络在优化过程中的糟糕表现。我们想将损失最小化

PyTorch的自动微分将计算出用于控制网络的每个参数的梯度。这意味着我们可以更改参数以将损失降至最低

图1.8　神经网络使用损失 $\ell(\cdot)$ 和优化过程的原理。神经网络由其参数 θ 控制。要想对数据做出有用的预测，需要改变参数。首先计算损失 $\ell(\cdot)$，损失可告知网络的状况有多糟糕。由于我们希望将损失最小化，因此可以使用梯度来更改参数！这使得网络能够做出有用的预测

要使用SGD，需要创建一个包含想调整的Parameter的list的关联对象。我们还可以指定学习率 η 或接受默认值。以下代码指定 η 与原始代码匹配：

```
optimizer = torch.optim.SGD([x_param], lr=eta)
```

现在，可以将之前杂乱的循环重写为更简洁的循环，使其看起来更接近实践中训练神经网络的方式。我们将在优化问题上循环固定的次数，通常称为迭代周期(epochs)。zero_grad方法会对输入的每个参数进行手动清洗。接着计算损失，在损失上调用.backward()，然后要求优化器执行一次.step()优化：

```
for epoch in range(60):
    optimizer.zero_grad()          ◄──── x.grad.zero_()
    loss_incurred = f(x_param)
    loss_incurred.backward()
    optimizer.step()               ◄──── x.data -= eta * x.grad
print(x_param.data)
```

就像之前一样，代码会打印出tensor(2.0000)。当网络中确实存在数以百万计的参数时，这将使我们在本书中的学习之旅变得更加轻松。

你可能会注意到这段代码中的一个显著变化：在达到零梯度之前或者当先前的解与当前解之间的差值非常小时，都不会进行优化。但是，我们正在做一些更愚蠢的事情：执行

固定数量的步长。在深度学习中，很少会出现零损失，并且必须经历长时间的等待才能实现。因此，大多数人选择了其愿意等待的固定数量的迭代周期，然后查看最终的结果。这样，便可以更快地得到答案。

> **为什么选择使用PyTorch？**
>
> 　目前市面上有许多深度学习框架，其中有TensorFlow和Keras，MXNet，以及在PyTorch的基础上构建的fast.ai和新推出的JAX。我认为，相比于大多数其他工具而言，PyTorch更能在"让事情变得容易"和"让事情更轻易达成"之间找到平衡。类似NumPy的函数调用能简化开发，更重要的是，调试也会因此而变得更加容易。虽然PyTorch有诸如Optimizer等不错的抽象，但是在不同的抽象级别之间切换非常轻松。这是PyTorch的另一个很好的功能，当你遇到奇怪的错误或想尝试一个新奇的想法时，它能让调试变得更容易。在经典深度学习任务之外，也可以灵活使用PyTorch。其他平台也有各自的优缺点，但以上正是我选择在本书中使用PyTorch的原因。

1.5　加载数据集对象

　前文讲解了一些基本的PyTorch工具。接下来，将开始训练神经网络。首先需要一些数据。使用ML的通用表示法时，需要一组输入数据X和相关的输出标签y，在PyTorch中可使用Dataset对象来表示这些数据。通过使用此接口，PyTorch提供了高效的加载程序，可以自动使用多个CPU内核来预取数据，并在内存中一次性保留有限数量的数据。首先从scikit-learn中加载一个熟悉的数据集MNIST，并将其从NumPy数组转换为PyTorch适用的形式。

　PyTorch使用Dataset类来表示数据集，它对数据集中有多少项以及如何获取数据集中第n项的信息进行编码，如下所示：

```
from torch.utils.data import Dataset
from sklearn.datasets import fetch_openml

X, y = fetch_openml('mnist_784', version=1, return_X_y=True)
print(X.shape)

(70000, 784)
```

从**https://www.openml.org/d/554**中加载数据

　至此，我们已加载了经典的MNIST数据集，共有70,000行和784个特征。接下来将创建一个简单的Dataset类，以接受X，y作为输入。此时需要定义一个__getitem__方法，以返回数据和标签作为tuple(inputs,outputs)。inputs是我们希望作为输入提供给模型的对象，而outputs用于输出。此外，还需要实现__len__函数，该函数返回数据集的大小：

```
class SimpleDataset(Dataset):
    def __init__(self, X, y):
        super(SimpleDataset, self).__init__()
        self.X = X
        self.y = y

    def __getitem__(self, index):
        inputs = torch.tensor(self.X[index,:], dtype=torch.float32)
        targets = torch.tensor(int(self.y[index]), dtype=torch.int64)
        return inputs, targets

    def __len__(self):
        return self.X.shape[0]
dataset = SimpleDataset(X, y)
```

这个"工作"本来可以在构造函数中完成，但你应该养成习惯，把它放在getitem中

←—— 创建PyTorch数据集

注意，我们仅在构造函数中做了最少量的工作，而把大量的工作移到了__getitem__函数中。这样设计是有意的，这也是你在做深度学习工作时应该效仿的习惯。许多情况下，都需要进行重要环节的预处理、准备和转换，以将数据转换为神经网络可以学习的形式。如果将这些任务放入__getitem__函数中，就可以获益——PyTorch会在等待GPU完成处理其他批的数据时按需执行代码，从而使整个过程在计算上更高效。当处理较大的数据集时，这一点非常重要，因为在数据集中的预处理会事先产生长时间的延迟或需要额外的内存，而仅在需要时进行预处理则可以节省大量存储空间。

注意：你可能会问，为什么要使用int64作为目标的张量类型？如果知道标签在一个较小的范围内，为什么不使用int32甚至int8，或者如果知道没有负值，为什么不使用uint32？答案似乎不那么令人满意，即在任何需要使用int类型的情况下，PyTorch都是硬编码的，只能与int64一起使用，所以只能使用它。同样，当需要使用浮点值时，大多数PyTorch只能兼容float32，因此必须使用float32而不能使用float64或其他类型。虽然有一些例外，但在学习基础知识时，不值得花时间深入研究。

现在我们有了一个简单的数据集对象。它将整个数据集保存在内存中，对于小型数据集而言这么做就可以了，如果是大型数据集则需要进行相应调整，这一内容将放到稍后进行介绍。可以确认的是，该数据集仍然有70,000个示例，每个示例都有784个特征，如前所述，还可以快速确认所实现的数据集大小和索引函数与预期相符：

```
print("Length: ", len(dataset))
example, label = dataset[0]
print("Features: ", example.shape)
print("Label of index 0: ", label)

Length: 70000
Features: torch.Size([784])
Label of index 0: tensor(5)
```

←—— 返回784

　　MNIST是手绘数字的数据集。可以通过将数据重塑为图像来将MNIST可视化，以确认数据加载器正在工作：

```
plt.imshow(example.reshape((28,28)))
```

[34]: <matplotlib.image.AxesImage at 0x7f4721b9fc50>

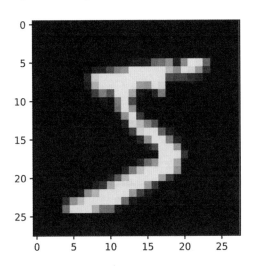

训练数据和测试数据的划分

　　现在，已经将所有数据都放在一个数据集中。然而，要想成为一个优秀的ML从业者，还应该知道如何划分训练数据和测试数据。在某些情况下，应分别创建专门的训练数据集和测试数据集。如果是这种情况，还应该从各自的数据源中创建两个单独的Dataset对象，一个用于训练，另一个用于测试。

　　本例配有一个数据集。PyTorch有一个简单的应用程序，可以将语料库划分成训练部分和测试部分。假设希望20%的数据用于测试，则可以使用random_split方法执行以下操作：

```
train_size = int(len(dataset)*0.8)
test_size = len(dataset)-train_size

train_dataset, test_dataset = torch.utils.data.random_split(dataset,
➥(train_size, test_size))
print("{} examples for training and {} for testing".format(
➥len(train_dataset), len(test_dataset)))

56000 examples for training and 14000 for testing
```

　　现在已经分配好了训练集和测试集。实际上，前60,000份数据是MNIST的标准训练集，后10,000份数据则是标准测试集。不过，此处的重点是展示你自己创建的用于随机划分的函数。

至此，已经讲解了PyTorch提供的所有基本工具：

- 类似NumPy的张量API，支持GPU加速
- 解决优化问题的自动微分
- 数据集的抽象

我们后续的构建工作将在这个基础上进行，并且你可能会注意到这已经开始影响你对神经网络的思考方式。神经网络并不会奇迹般地完成所要求的任务，但一定会尽力用数字方式解决损失函数 $\ell(\cdot)$ 指定的目标。我们需要谨慎定义或选择 $\ell(\cdot)$，因为这将决定算法学习的内容。

1.6　练习

请尝试在本书的Manning出版社在线平台上分享和讨论你的解决方案(https://liveproject.manning.com/project/945)。提交完答案后，你便能够看到其他读者提交的解决方案，并看到作者评选的最佳方案。

1. 编写一系列 `for` 循环来计算 `torch_tensor3d` 中的平均值。

2. 编写索引到 `torch_tensor3d` 的代码，并打印出值13。

3. 为每一个2的幂(直到 2^{11})，即 2^i 或 `2**i`，创建随机矩阵 $X \in \mathbb{R}^{2^i, 2^i}$ (即，`X.shape` 应给出 (`2**i`，`2**i`))。在CPU和GPU上计算 XX (即 `X@X`) 并绘制加速所需的时间。试回答矩阵大小为多少时，CPU比GPU更快？

4. 尝试使用PyTorch来求 $f(x) = (x-2)^2$ 的数值解。试编写代码，求出 $f(x) = \sin(x-2) \cdot (x+2)^2 + \sqrt{|\cos(x)|}$ 的解。你会得到什么答案？

5. 编写一个接收两个输入(x和y)的新函数，其中

$$f(x, y) = \exp(\sin(x)^2) / (x-y)^2 + (x-y)^2$$

使用初始参数值为 $x=0.2$ 和 $y=10$ 的 `Optimizer`。试回答其会收敛至多少？

6. 创建一个通过某条路径来获取libsvm数据集文件的函数 `libsvm2Dataset` (登录 https://www.csie.ntu.edu.tw/cjlin/libsvmtools/datasets/即可查看多个可以下载的对象)，并创建一个新的数据集对象。检查其长度是否正确，并且每行所具有的特征是否都已达到预期数量。

7. **挑战**：使用NumPy的 `memmap` 功能将MNIST数据集写入磁盘。然后创建一个 `MemmapedSimpleDataset`，将mem映射文件作为输入，从磁盘读取矩阵，从而使用 `__getitem__` 方法创建PyTorch张量。试分析这样做很有用的原因。

1.7　小结

- PyTorch使用张量来表示几乎所有的对象，张量是多维数组。
- 利用GPU，PyTorch可以加速使用张量进行的任何操作。
- PyTorch可根据张量的操作来执行自动微分，这意味着它可以计算梯度。
- 可以使用梯度来最小化函数，参数是由梯度改变的值。
- 可以使用损失函数来量化网络在任务中的表现，并使用梯度来实现损失最小化，从而学习网络的参数。
- PyTorch提供了一个Dataset抽象，用来让PyTorch处理一些麻烦的任务，并最大限度地减少内存的使用。

第2章

全连接网络

本章内容

- 在PyTorch中执行训练循环
- 改变回归和分类问题的损失函数
- 实现和训练全连接网络
- 使用较小批量的数据更快地进行训练

我们已了解了PyTorch如何提供张量来表示数据和参数,接下来开始构建第一个神经网络。首先要展示PyTorch中的学习过程。正如第1章中描述的,学习是基于优化原则的:可以计算用来描述网络表现的损失,并使用梯度来最小化损失。这就是网络参数从数据中"学习"的原理,也是许多不同机器学习(Machine Learning,ML)算法的基础。出于这些原因,损失函数的优化是构建PyTorch的基础。因此,为了在PyTorch中实现任何类型的神经网络,我们必须将问题表述为优化问题——记住,这也称为函数最小化(function minimization)。

本章首先学习如何设置这种优化学习方法。这是一个广泛适用的概念,我们编写的代码几乎可用于任何神经网络。这个过程被称为训练循环(training loop),甚至适用于简单的基本ML算法,如线性和逻辑回归。既然我们专注于训练的机制,那么就要从这两个基本算法开始介绍,这样才可以继续关注PyTorch中的训练循环如何用于分类和回归。

进行逻辑/线性回归的权重向量也称为线性层(linear layer)或全连接层(fully connected layer)。这意味着,在PyTorch中,这两者都可以被视为单层模型。由于神经网络可以被描述为一系列的层,因此我们将修改原始的逻辑和线性模型,使其成为成熟的神经网络。如此,你将了解非线性层的重要性,逻辑回归和线性回归如何相互关联,以及两者如何与神经网络相关联。

在掌握了这些训练循环、分类和回归损失函数的概念，并定义了一个全连接神经网络后，我们将学习深度学习的基本概念，这些概念会在你训练的每个模型中重复出现。为了完成本章的学习，我们将把代码重构为一个方便的辅助函数，并了解在称为批量(batches)的小型数据组(而不是使用整个数据集)上进行训练的实用性。

2.1　优化神经网络

第1章使用PyTorch的自动微分(automatic differentiation)功能来优化(读取、最小化)函数。我们定义了一个损失函数来进行最小化，并使用.backward()函数来计算梯度，这可以告知我们如何更改参数以将函数最小化。如果将损失函数的输入设为神经网络，则可以使用完全相同的方法来训练神经网络。这将创建一个称为训练循环(training loop)的过程，该过程包含三个主要部分：训练数据(具有正确答案)、模型和损失函数以及通过梯度进行的更新。这三个部分如图2.1所示。

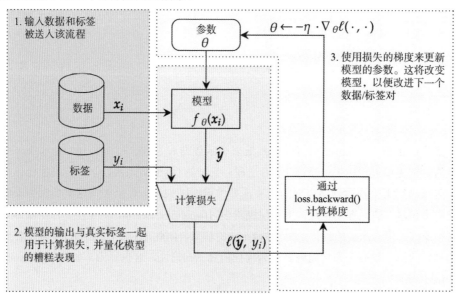

图2.1　在PyTorch中训练模型的三个主要步骤。1. 输入数据驱动学习。2. 使用该模型进行预测，使用损失对预测和真实标签的差异进行评分。3. PyTorch的自动微分被用于更新模型的参数，改善其预测

2.1.1　训练神经网络的符号

在开始之前，先了解一下本书中重复使用的一些标准符号。x表示输入特征，$f()$表示神经网络模型。与x相关的标签用y表示。模型接受x并产生预测$\hat{y}$。用公式表示即为$\hat{y} = f(x)$。这种符号在深度学习论文中被广泛使用，熟悉它可以帮助你了解新方法的进展。

我们的模型需要参数来调整。改变参数允许网络更改其预测以尝试减少损失函数。我们将使用 Θ 抽象地表示模型的所有参数。如果想显式表示，则可以表示为 $\hat{y} = f_{\Theta}(x)$，进而说明模型的预测和行为取决于其参数 Θ 的值。你还将看到 Θ 称为模型的状态(state)。

即使模型已有一种符号和语言来描述，也仍旧需要一种将目标框定为函数最小化问题的方法。为此，我们使用了损失函数(loss function)的概念。损失函数量化了模型在预测真实值 y 这一目标上的表现有多糟糕。如果 y 是目标，且 $\hat{y}$ 是预测，那么便可将损失函数表示为 $\ell(\hat{y}, y)$。

现在已经完全能够抽象地将学习描述为函数最小化问题了。假设有一个包含 N 个示例的训练集，它是通过优化公式 $\min_{\Theta} \sum_{i=1}^{N} \ell(f_{\Theta}(x_i), y_i)$ 来训练的。那么不妨先用语言文字写出这个公式的意思，并对描述相同内容的语言文字和数学公式部分采用相同的颜色编码：

改变参数 θ 以最小化神经网络预测
相对于整个数据集的正确预测的误
差/损失

$$\min_{\theta} \quad \sum_{i=1}^{N} \quad \ell\left(f_{\theta}(x_i), \quad y_i \right)$$

通过查看数学公式的每个片段，不难发现其描述目标的方式，数学函数可用更小的空间表达一个长句子，其对应的代码如下[1]：

```
def F(X, y, f, theta):
    total_loss = 0
    for i in range(N):
        total_loss += loss(f(X[i,:], theta), y[i])
return total_loss
```

求和公式 $\left(\sum_{i=1}^{N} \right)$ 将遍历所有 N 对的输入 (x_i) 和输出 (y_i)，并确定执行 $(\ell(\cdot, \cdot))$ 操作时有多糟糕的量化程度。其提供了一个计算损失但不能将损失最小化的公式。最大的问题是：如何调整 Θ 以实现最小化？

可以通过梯度下降来实现这一点，这就是PyTorch提供自动微分的原因。假设 Θ_k 是我们想要改进的模型的当前状态，那么如何找到下一个状态 Θ_{k+1}，从而有可能减少模型的损失？要求解的公式为：$\Theta_{k+1} = \Theta_k - \eta \cdot \frac{1}{N} \sum_{i=1}^{N} \nabla_{\Theta_k} \ell(f_{\Theta_k}(x_i), y_i)$。同样，用语言文字来表示这个公式，并将其分别映射为数学符号：

---

[1]　在一些ML研究中，一个常见的惯例是：当有一个较大的函数需要优化，且该函数由许多较小项的总损失组成时，则会将较大的函数表示为 F，同时将内部函数表示为 f。这很简单也易于上手，但是我还是更喜欢使用常用的符号(即使它们信息量不大)，以帮助我尽快地熟悉它们。

新参数 θ_{k+1} 等于旧参数 θ_k 减去神经网络预测
误差/损失相关的旧参数相对于整个数据集的
平均正确预测的梯度，并按学习率向下加权：

$$\theta_{k+1} = \theta_k - \eta \cdot \frac{1}{N} \sum_{i=1}^{N} \nabla_{\theta_k} \ell\left(f_{\theta_k}(x_i), \ y_i\right)$$

这个公式展示了梯度下降(gradient descent)的数学过程。其看起来几乎与第1章中优化简单函数所做的操作完全相同。最大的区别是其中新颖的 ∇ 符号。此微分算符 ∇ 用于表示梯度。因为第1章中只有一个参数，所以我们将导数(derivative)和梯度(gradient)这两个术语互换使用。然而现在有一组参数，因此梯度被用作了指代与每个参数有关的导数的术语。如果只想改变参数的选择子集 z，那么可将其写成 ∇_z。这意味着对于每一个参数，∇ 都是一个只有一个值的张量。

梯度(∇)告诉我们如何调整 Θ，就像之前的步骤一样，我们朝着符号的相反方向前进。需要记住一点：PyTorch提供了自动微分。这意味着只要使用PyTorch API和框架，就不必担心如何计算 ∇_Θ，也不必跟踪 Θ 中的一切内容。

所有需要做的就是明确模型 $f(\cdot)$ 的内容，以及损失函数 $\ell(\cdot,\cdot)$ 是什么。其将自行完成几乎所有的工作。为此，可以编写一个函数来执行整个过程。

2.1.2　建立线性回归模型

前面描述的使用梯度下降来训练模型 $f(\cdot)$ 的框架，具有广泛的适用性。图2.1所示的迭代数据并执行这些梯度更新的过程正是训练循环。使用PyTorch和这种方法，可以重新创建许多类型的ML方法，如线性回归和逻辑回归。为此，只需要以正确的方式定义 $f(\cdot)$。在此将首先新建一种基本算法，即线性回归，以此引入PyTorch为我们提供的代码基础结构，以便稍后构建一个更大的神经网络。

首先要做的是确保拥有所有需要的标准导入。这些导入来自PyTorch，其中包括 torch.nn 和 torch.nn.functional，这提供了本书中通篇使用的通用构建块。torch.utils.data 具有处理 Dataset 的工具，而 idlmam 则提供了前几章编写的代码：

```
import torch
import torch.nn as nn
import torch.nn.functional as F
from torch.utils.data import *
from idlmam import *
```

2.1.3　训练循环

现在已有了这些额外的导入，接下来开始编写一个训练循环。假设有一个损失函数

loss_func(ℓ(·,·))，它接受一个prediction(ŷ)和一个target(y)，返回单个分数
来说明model(f(·))的表现如何。我们需要一个迭代器来加载用于训练的训练数据[1]。该
training_loader将向我们提供成对的input及其用于训练的相关label。

图2.2展示了训练循环的步骤。黄色部分展示了在开始训练之前需要完成的对象创建。
我们必须选择能够进行所有计算的设备(通常是GPU)，定义模型 f(·)，并为模型的参数 Θ
创建优化器。红色区域表示循环的开始/重复，这为我们的训练提供了新的数据。蓝色区域
使用当前参数 Θ 来计算模型的预测ŷ和损失ℓ(ŷ,y)。绿色部分接受损失，计算梯度并同时
进行更新从而更改参数 Θ。注意，这些颜色与图2.1中描述的步骤相匹配，但更详细、更全
方位地展示了需要调用的PyTorch函数。

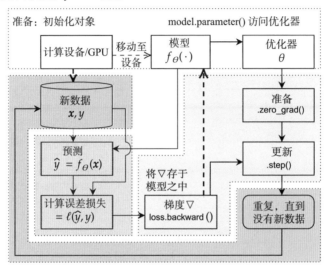

图2.2　训练循环流程图。它包括我们最初描述的在PyTorch中训练模型的三个主要步骤，以及
匹配的颜色编码。全新(不同)之处在于每个训练循环中所重用的对象的初始化。实线区域表示
步骤，虚线箭头表示效果

PyTorch支持编写少量的代码，训练许多不同类型的神经网络。下一个代码块中的
train_simple_network函数遵循图2.2流程中的所有部分。首先，应创建一个
optimizer，接受将被更改的模型的parameters() Θ。然后，我们将模型移到正确的计算
设备，并在一定的epoch内重复优化过程。每个迭代周期意味着使用了每个数据点x_i一次。

每个迭代周期都涉及使用model.train()来将模型置于训练模式。training_
loader以元组(x, y)的形式提供数据，可将这些元组移到同一个计算设备。这些元组上的
内部循环使用zero_grad()来清理优化器状态，然后将inputs传递给model以获得预测
y_hat。loss_fun接受预测y_hat和真实的labels来计算损失，从而描述网络表现的
糟糕程度。最后使用loss.backward()来计算梯度，并使用optimizer执行step()。

1　可以将所有数据保存在一个巨大的数组中，但这种做法并不理想，因为整个数据集始终都会存放在内存
　　中。迭代器可以即时加载数据，从而避免过多地使用内存。当处理的数据集大于计算机内存时，这一点
　　至关重要。

简单训练循环的代码如下：

将模型放置在正确的计算资
源(CPU或GPU)上

黄色步骤在此完成。创建优化器并将模型移到计算设
备。SGD是参数Θ上的随机梯度下降

```
def train_simple_network(model, loss_func, training_loader,
    epochs=20, device="cpu"):
    optimizer = torch.optim.SGD(model.parameters(), lr=0.001)
    model.to(device)

    for epoch in tqdm(range(epochs), desc="Epoch"):
        model = model.train()          ←── 将模型置于训练模式
        running_loss = 0.0

        for inputs, labels in tqdm(training_loader, desc="Batch", leave=False):
            inputs = moveTo(inputs, device)
            labels = moveTo(labels, device)

            optimizer.zero_grad()



            y_hat = model(inputs)



            loss = loss_func(y_hat, labels)          ←── 计算损失

            loss.backward()


            optimizer.step()
            running_loss += loss.item()
```

两个for循环处
理红色步骤，
多次迭代所有
数据(批量)

将一批数据移到正在使
用的设备。这是最后一
个红色步骤

这一行和下一行
执行两个蓝色步
骤。这一行代码
计算 $f_\Theta(x_i)$

第一个黄色步骤：准备优化器。大
多数PyTorch代码首先会进行这一步
骤，以确保一切都处于空白和就绪状
态。PyTorch将梯度存储在可变的数
据结构中，因此需要在使用它之前将
其设置为空白状态。否则，它将具有
来自上一次迭代的旧信息

剩下的两个黄色
步骤计算梯度和
".step()"优化
器。这一行代码
计算 ∇_Θ

更新所有参数 $\Theta_{k+1} = \Theta_k \eta \cdot \nabla_{\Theta_k} \ell(\hat{y}, y)$
获取想要的信息

2.1.4　定义数据集

　　刚刚描述的代码足以训练本书中设计的几乎所有神经网络。现在还需要处理一些数据、网络和损失函数。首先训练一个简单的线性回归(linear regression)模型。你应该记得之前的某某ML课程或训练，要在某个回归问题中预测一个数值。例如，根据汽车的特征(例如，重量(磅)、发动机尺寸、生产年份)预测每加仑英里数(mpg)，显然这就是一个回归问题，因为mpg可能是20、24、33.7，甚至是178.1342或几乎任何数字。

　　这里，我们创建了一个涵盖线性和非线性因素的综合回归问题，并添加了一些噪声以使其更为有趣。因为线性分量很强大，所以线性模型将表现良好，但并不完美：

```
X = np.linspace(0, 20, num=200)        ◀—— 创建一维输入
y = X + np.sin(X)*2 + np.random.normal(size=X.shape)   ◀—— 创建输出
sns.scatterplot(x=X, y=y)
```

[6]: <AxesSubplot:>

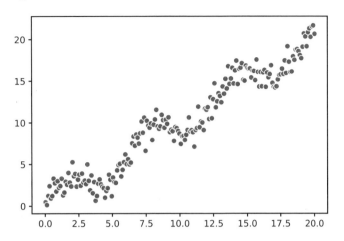

　　至此，我们已经创建了一个简单的基础问题，它具有强大的线性趋势和较小但一致的上下波动。可以使用像这样的基础问题来进行实验，以便可以看到结果，并更直观地了解正在发生的事情。但需要该问题以PyTorch能够理解的形式呈现。下面的代码块会创建一个简单的数据集对象，该对象知晓我们有一个一维问题。训练数据被塑造为$(n,1)$矩阵，其中n是数据点的数量。标签(y)采用类似的形式。若获得一个项，则可获取数据集的正确行，并返回PyTorch tensor对象，其类型为torch.float32，这也是PyTorch中大多数张量对象的默认类型。

　　除了Dataset，还需要一个已由PyTorch实现了的DataLoader。Dataset定义了如何获取任何特定的数据点，而DataLoader则决定要获取哪些数据点。标准方法是一次随机选取一个数据点，以确保模型学习的是数据，而非数据的顺序[1]。PyTorch的DataLoader有很多内置函数，之后会根据需要介绍其中的一些函数，你可以访问以下网址中的文档以了解更多信息：https://pytorch.org/docs/stable/data.html。DataLoader最重要的特点是：其可在模型忙于在GPU上训练的同时，获取下一个数据，因此GPU可以尽其所忙。(这种类型的性能优化通常称为流水线(pipelining)。)

　　代码如下所示：

```
class Simple1DRegressionDataset(Dataset):
    def __init__(self, X, y):
        super(Simple1DRegressionDataset, self).__init__()
        self.X = X.reshape(-1,1)
        self.y = y.reshape(-1,1)
    def __getitem__(self, index):
```

1　有一些数学运算恰好证明了这一点，但我们不需要。

```
         return torch.tensor(self.X[index,:], dtype=torch.float32),
      ↪torch.tensor(self.y[index], dtype=torch.float32)

   def __len__(self):
        return self.X.shape[0]
training_loader = DataLoader(Simple1DRegressionDataset(X, y), shuffle=True)
```

重塑

　　因为整本书都用到了reshape的行为，所以reshape函数的地位十分重要。假设有一个张量，共有6个值。这可能是一个长度为6的向量，一个2×3矩阵，一个3×2矩阵，或者一个三维张量(其中某个维度大小为"1")。只要值的总数保持不变，就可以将张量重新解释为随值的移动而具有不同的形状。下图展示了如何做到这一点。reshape的特殊之处在于，它允许指定除某一维度之外的所有维度，并自动将剩余部分放入未指定的维度。该剩余维度用–1表示；当增加更多维度时，还有更多的方法可以要求NumPy或PyTorch重塑张量。

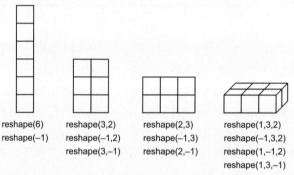

4种不同的张量形状可用于表示相同的6个数值。reshape函数的参数个数与生成的张量中轴的个数相同。如果你知道确切的尺寸，就可以指定它；如果不知道某个轴的尺寸，则可以使用–1表示剩余的位置

　　view函数具有相同的行为。为什么有两个行为相同的函数？因为view使用的内存更少，速度更快，但如果使用不当，就可能引发错误。你将通过PyTorch的更高级用法了解详细信息；但出于简单起见，你可以始终安全地调用reshape。

　　注意：如果张量中总共有N个项，则可以将其重塑为任何全新数量的维度，只要最终的项数总量为N即可。因此，可以将项为N=6的张量变成(3,2)的形状，因为3×2=6。这也意味着如果继续插入大小为1的维度，即可拥有任何数量的总维度。例如，可以通过插入(3,1,1,2,1)将N=6的值转换为具有5个维度的张量，因为3×1×1×2×1=6。

2.1.5   定义模型

　　此时，已成功地创建了一个训练循环和一个Dataset对象来加载数据集。还缺少一个

用于将线性回归算法实现为网络的PyTorch模型。该模型正是图2.2中的模型框，将其隔离后的效果如图2.3所示。

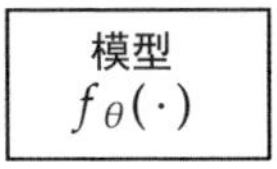

$$\boxed{\begin{array}{c}\text{模型}\\ f_\theta(\cdot)\end{array}}$$

图2.3　模型框表示要训练的神经网络 $f_\Theta(\cdot)$。这可能是一个小型网络，也可能是一个非常复杂的网络。它被封装到一个具有一组参数 Θ 的模型对象中。相同的过程适用于几乎任何网络定义

在这种情况下，定义将要使用的网络非常容易。只需要一个简单的线性函数，且这个线性函数意味着权重矩阵 $\boldsymbol{W}$。将权重矩阵 $\boldsymbol{W}$ 应用于输入 $\boldsymbol{x}$ 就能得到矩阵向量乘积。因此需要一个如下所示的 $f(\cdot)$ 模型：

$$f(\boldsymbol{x}) = \underbrace{\boldsymbol{x}^\top \qquad\qquad \boldsymbol{W}^{d,C}}_{\text{输入和线性层之间的点积/矩阵向量积}} \longleftarrow \begin{array}{l}\text{接受}d\text{个输入并产生}C\text{个}\\\text{输出的线性层/函数}\end{array}$$

向量 $\boldsymbol{x}$ 具有全部 d 个特征(在本例中，$d=1$)，矩阵 $\boldsymbol{W}$ 具有用于描述每个特征的行和描述每个输出的列。此处使用 $\boldsymbol{W}^{d,C}$ 来额外表明这是一个具有 d 行和 C 列的张量。这也是本书使用的一种常用符号，用于精确描述某些目标的形状。由于预测的是单个值，因此这意味着 $C=1$。

但要注意，这个线性函数并不完整。如果 $\boldsymbol{x}=0$，那么 $f(\boldsymbol{x})=0$。这是对模型的一个非常强的约束。相反，这里添加了一个与 $\boldsymbol{x}$ 没有交互作用的偏置项(bias term)$\boldsymbol{b}$：

$$f(\boldsymbol{x}) = \boldsymbol{x}^\top \underbrace{\boldsymbol{W}^{d,C} + \boldsymbol{b}}_{\text{nn.Linear(d,C)}}$$

添加偏置项允许模型根据需要向左或向右移动其解。幸运的是，PyTorch有一个Module模块可实现这样的线性函数，使用nn.Linear(d,C)即可访问。这将创建一个线性层，其中 d 个输入和 C 个输出正好符合我们的需要。

注意：偏置项始终是位于不与其他任何项交互的一侧的 $a+b$。因为几乎总是会使用偏置项，但书写出来又很麻烦，所以经常将其弃之不写，并认为其是隐式存在的。本书中也沿用这种做法，除非另有说明，否则则假设偏置项是隐含的。例如，有三个权重矩阵，那么便假设有三个偏置项，即每个矩阵有一个偏置项。

在PyTorch中，模块是组织现代神经网络设计基本构建块的方式。模块有一个接受输入并产生输出的forward函数(如果我们要构建自己的Module，则需要实现这一点)和一个backward函数(除非有理由干预，否则PyTorch会为我们处理这些问题)。torch.nn包中提供了许多标准模块，我们可以用张量、Parameter和torch.nn.functional对象来构建新的模块。模块也可能包含其他模块，这正是我们构建更大网络的方式。

2.1.6　定义损失函数

如此看来，即便nn.Linear提供模型 $f(\boldsymbol{x})$，仍然需要确定损失函数 ℓ。同样，PyTorch使标准回归问题变得非常简单。假设真实有效值为 y，而预测值为 $\hat{y}=f(\boldsymbol{x})$。那么如何量化 y 和 $\hat{y}$ 之间的差异呢？可以先来看一看它们之间的绝对差异：$\ell(y,\hat{y})=|y-\hat{y}|$。

　　为什么绝对值不同？如果不取绝对值，$\hat{y}<y$将产生正损失，鼓励模型$f(x)$使其预测值更小。但如果$\hat{y}>y$，则$y-\hat{y}$将产生负损失。如果仅用y和$\hat{y}$这样的符号来解释这一点会过于晦涩难懂，不妨尝试插入一些实际值。如果$\hat{y}=100$且$y=1$，那么可以参照如下式子计算损失：$y-\hat{y}=1-100=-99$，即最终损失为-99！负损失很令人困惑(好处是什么？)且会鼓励网络在预测值已经太大的情况下做出更大的预测。我们的目标是$\hat{y}=y$，但由于网络试图将损失降至最低，因此它将学会将$\hat{y}$不切实际地扩大，以此利用负损失。这正是需要损失函数始终返回零或正值的原因。否则，损失将失去意义。记住，损失函数是对误差的惩罚，负的惩罚意味着鼓励。

　　另一种选择是取y和$\hat{y}$之间的平方差：$\ell(y,\hat{y})=(y-\hat{y})^2$。这会再次得到一个只有当$y=\hat{y}$时才为零的函数，并且只有当$y$和$\hat{y}$差距很大时该函数才会增长。

　　这两个选项在PyTorch中都已预先实现。前者称为L1损失，因为它对应于取y和$\hat{y}$之间差异的1-范数(即$\|y-\hat{y}\|_1$)。后者通常被称为均方误差(MSE，也称为L2)损失，是最受欢迎的，因此我们将继续使用它：

损失函数 $\ell(y,\hat{y})$	PyTorch模块
$\|y-\hat{y}\|$	`torch.nn.L1Loss`
$(y-\hat{y})^2$	`torch.nn.MSELoss`

　　在两个损失函数之间进行选择

　　若有两个损失函数，L1和MSE，这两个函数都适用于回归问题，要如何选择呢？在此要直面损失函数之间的细微差别，这是因为PyTorch中的任何一个函数都会给出合理的结果。你只需要知道哪些损失函数适用于哪种类型的问题(如回归与分类)。

　　熟悉数学背后的含义将有助于你做出这些选择。在这种情况下，MSE损失具有平方项，这会使得大的偏差变大(例如，100²将变为10,000)；而L1将差异保持为相同的值(如|100|=100)。因此，如果要解决的问题能接受小的偏差，但无法承受大的偏差，那么MSE损失就可能是更好的选择。如果对于要解决的问题而言，偏差200比偏差100的情况要糟糕一倍，那么L1损失将更有意义。这并不能完美地说明如何在这两个选项中做出选择，但却足以帮助我们做出初步选择。

2.1.7　知识整合：在数据上训练线性回归模型

　　现在已为创建线性回归做好了充分的准备：`Dataset`、`train_simple_network`函数、`loss_func`ℓ和`nn.Linear`模型。下面的代码展示了如何快速设置线性回归并将其传递给函数来训练模型：

```
in_features = 1
out_features = 1
model = nn.Linear(in_features, out_features)
```

```
loss_func = nn.MSELoss()

device = torch.device("cuda")
train_simple_network(model, loss_func, training_loader, device=device)
```

它起作用了吗？我们有受过训练的模型吗？这很容易发现，尤其是因为这是一个一维问题。只需绘制模型对所有数据的预测图即可。我们将使用 with torch.no_grad(): 来获取这些预测的上下文：它会告诉 PyTorch，对于在 no_grad() 模块范围内进行的任何计算，不要计算梯度。我们只希望在训练期间计算梯度。梯度计算需要花费额外的时间和内存，如果想在执行预测后对模型进行更多训练，则会导致错误。因此，好的做法是确保在进行预测时使用 no_grad() 模块。以下代码块使用 no_grad() 获取预测：

模型学到了什么

```
with torch.no_grad():
    Y_pred = model(torch.tensor(X.reshape(-1,1), device=device,
↪dtype=torch.float32)).cpu().numpy()

sns.scatterplot(x=X, y=y, color='blue', label='Data')  ◀──── 数据
sns.lineplot(x=X, y=Y_pred.ravel(), color='red', label='Linear Model')
```

[10]: <AxesSubplot:>

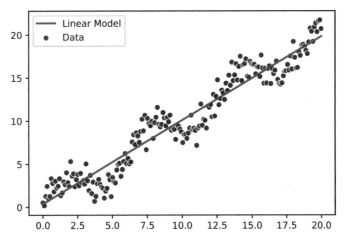

这段代码绘制了网络的结果，并学习到了对一些非线性数据的良好线性拟合。这正是我们对模型的要求，并且结果看起来是正确的。

注意：对新数据进行的预测也称为推理(inference)。这是 ML 从业者(特别是深度学习社区)的常用术语，因为神经网络通常需要 GPU，所以部署模型相对而言更为重要。通常，公司会购买针对推断而设计的 GPU，这些 GPU 具有更少的 RAM，从而更具性价比。

现在，你已经使用了构建神经网络的所有机制和工具。我们描述的每一个组件(包括

一个损失函数 ℓ ，一个用于指定网络的Module，以及训练循环)都可以逐个进行交换，以构建更强大、更复杂的模型。

2.2　构建第一个神经网络

现在已经学完了如何创建训练循环，并使用梯度下降来修改模型，使其学会解决问题。这是将用于本书所有学习的基础框架。为了训练神经网络，只需要替换定义的model对象，诀窍在于知道如何定义这些模型。如果已经很好地定义了神经网络，就能够捕捉和建模数据的非线性部分。对于简单示例而言，除了有更大的线性趋势外，其振荡会更小。

当讨论神经网络和深度学习时，人们通常谈论的是层。层是用来定义model的构建块，大多数PyTorch Module类都有不同的层来完成不同任务。我们刚刚建立的线性回归模型可以被描述为具有输入层(input layer)(输入数据本身)和进行预测的线性层(linear layer)(nn.linear)。

2.2.1　全连接网络的符号

我们的第一个神经网络是一个简单的前馈全连接(feed-forward fully connected)神经网络。之所以称为前馈，是因为前一层的输出是下一层的输入。因此，每一层都有一个输入和一个输出，并按顺序进行连接。而之所以被称为全连接，则是因为每个网络输入都与前一层的所有内容相连接。

接下来，从所谓的隐藏层(hidden layer)开始讲解。输入 x 被认为是输入层(input layer)，$\mathbb{R}^C$ (具有 C 个输出的向量，用于 C 个预测)维度输出被称为输出层(output layer)。在线性回归模型中，基本上只有一个输入层和一个输出层。可以将隐藏层视为夹在输入和输出之间的任何内容。

如何做到这一点？最简单的选择是在输入和输出之间插入另一个矩阵。因此有

$$f(x) = x^\top W^{d \times C}$$

在此添加一个带有新矩阵的第二个层，可以得到下式：

$$f(x) = x^\top W_{(h_1)}^{d \times n} W_{(out)}^{n \times C}$$

注意矩阵维度的新值 n 。这是需要调整和处理的一个新的超参数。这意味着我们可以决定 n 的值应该是多少。它被称为隐藏层大小(hidden layer size)或第一个隐藏层中神经元的数量(number of neurons)。为什么是神经元？

如果将每个中间输出绘制为一个节点，并绘制表示权重的箭头，则可以得到一个网络，如图2.4所示。将输入连接到隐藏节点的线对应于nn.Linear(3,4)层，即矩阵 $W^{3 \times 4}$ 。该矩阵的每一列对应于 $n = 4$ 个神经元之一的输入或该层的输出。每一行都是连接到每个输出的输入。因此，如果想知道从第2个输入到第4个输出的连接强度，就可以索引

W[1,3]。同样，在该图中，从隐藏节点到输出的线是nn.Linear(4,1)层。

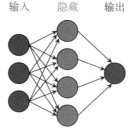

图2.4　一个简单的前馈全连接网络，其中一个输入层有d=3个输入，隐藏层具有n=4个神经元，输出层中有一个输出。连接只直接连接到下一层，每一层中的每个节点都连接到上一层的每个神经元

　　注意，连接节点/神经元的所有箭头只从左向右移动——这是前馈的特性。还要注意，一个层中的每个节点都连接到下一层中的其他节点——这是全连接的属性。

　　这种网络解释的部分灵感来自大脑神经元的工作方式。神经元及其连接的模型如图2.5所示。左边是一个拥有许多树突的神经元，这些树突连接到其他神经元并充当输入。当其他神经元放电时，树突会获得电信号，并将这些信号传送到神经元的细胞核(中心)，然后将所有信号相加。最后，神经元会从轴突发出新的信号。

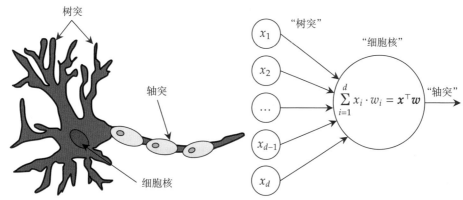

图2.5　生物神经元连接的简化图。与此类似，树突是神经元之间的连接/权重，轴突是神经元向前运动的结果。这是一个不那么严谨的灵感来源，也是对真实神经元工作方式的过度简化

　　警告：虽然神经网络最初受到了神经元在大脑中的连接和连线方式的启发，但不要太高估这种类比。前面的描述是一个非常简化的模型。神经网络的功能与我们所知的大脑在现实中的工作方式差距很大。你应该把它当作一个初级的灵感，而非字面上的类比。

2.2.2　PyTorch中的全连接网络

　　根据这些炫酷的图表，按照只进行一个小的改动的想法，便可以分别插入两个线性层，从而拥有第一个神经网络。这就是nn.Sequential Module发挥作用之处。Module将多个Module的列表或序列作为模块的输入。然后，再以前馈方式运行该序列，使用一个Module的输出作为下一个模块的输入，直到没有更多的Module可用。图2.6展

示了如何在具有三个输入和四个隐藏神经元的简单网络中做到这一点。

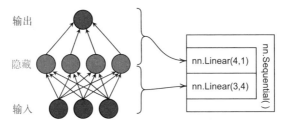

图2.6   将概念性的前馈全连接网络转换为PyTorch模块。nn.Sequential是一个封装器，它包含两
个nn.Linear层。第一个nn.Linear层定义了从输入层到隐藏层的映射，第二个nn.Linear层定义了
从隐藏层到输出层的映射

将其付诸实践很容易，因为我们编写的所有其他代码仍然有效。下面的代码将创建
一个新的简单model，它是两个nn.Linear层的序列。然后，只需将model传入同一个
train_simple_network函数中，像之前一样继续即可。该模型有一个输入、一个输出
和一个包含10个神经元的隐藏层[1]：

```
model = nn.Sequential(              ◄──── 输入"层"是隐含的输入
    nn.Linear(1, 10),               ◄──── 隐藏层
    nn.Linear(10, 1),               ◄──── 输出层
)

train_simple_network(model, loss_func, training_loader)
```

注意：nn.Sequential类提供了在PyTorch中指定神经网络的最简单的方法，我们将
其用于本书中的每个网络！因此，最好了解一下。最终，我们将建立更复杂的网络，但不
能完全将其描述为前馈过程。尽管如此，我们还是会使用nn.Sequential类来帮助构建
可以如此组织的网络子组件。这个类本质上是PyTorch中组织模型的入门工具。

现在，便可以利用拥有隐藏层的神经网络进行推理，看看会得到什么结果。在此使用
与之前完全相同的推理代码，唯一的区别是使用重新设计的model对象。你可能会注意到
我们调用了一个新的NumPy函数ravel()来绘制图形，此函数的作用与在PyTorch张量上
调用reshape(-1)相同，之所以调用它是因为Y_pred的初始形状为$(N, 1)$：

```
with torch.no_grad():
    Y_pred = model(torch.tensor(X.reshape(-1,1),          ◄──── 形状(N, 1)
    ➡dtype=torch.float32)).cpu().numpy()
sns.scatterplot(x=X, y=y, color='blue', label='Data')     ◄──── 数据
sns.lineplot(x=X, y=Y_pred.ravel(), color='red', label='Model') ◄─┐
```

[12]: <AxesSubplot:>   模型学到了什么 ┘

---

1   该大小与图中的神经元不同，因为我需要10个神经元来获得有趣的结果，但10个神经元太多了，无法同
时绘制在一张图片中。绘制具有单个输入而非三个输入的函数也更加容易。但我希望该图会展示所有输
入连接到下一层中的所有项。这是无法避免的前后矛盾，我要为此表示歉意。

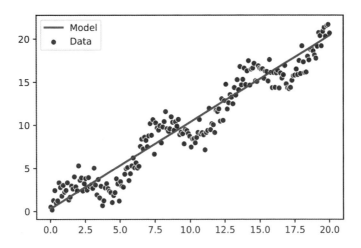

结果是什么？`model` $f(\cdot)$ 更加复杂，需要更长的训练时间，而且没有改进，甚至更糟！只需一点线性代数知识便可以解释为什么会发生这种情况。回想一下我们定义的式子

$$f(\boldsymbol{x}) = \boldsymbol{x}^{\top} \boldsymbol{W}_{(h_1)}^{d,n} \boldsymbol{W}_{(\text{out})}^{n,C}$$

其中，$\boldsymbol{W}_{(h_1)}^{d \times n}$ 是隐藏层。由于有一个特征($d=1$)和10个隐藏单元($n=10$)，因此输出层 $\boldsymbol{W}_{(\text{out})}^{n \times C}$ 中仍然有来自前一层的$n=10$的隐藏单元，以及$C=1$的总输出。但可以简化两个权重矩阵。如果有一个形状为(a,b)的矩阵和形状为(b,c)的另一个矩阵，不妨将它们相乘，即可得到一个形状为(a,c)的新矩阵。这意味着有

$$\boldsymbol{W}_{(h_1)}^{d \times n} \boldsymbol{W}_{(\text{out})}^{n \times C} = \tilde{\boldsymbol{W}}_{d,c}$$

因此有

$$f(\boldsymbol{x}) = \boldsymbol{x}^{\top} \boldsymbol{W}_{(h_1)}^{d \times n} \boldsymbol{W}_{(\text{out})}^{n \times C} = \boldsymbol{x}^{\top} \tilde{\boldsymbol{W}}_{d,c}$$

这相当于我们开始时所使用的线性模型。这表明，添加任意数量的连续线性层等同于仅使用一个线性层。线性运算产生的是线性结果，且通常是冗余的。逐个地放置多个线性层是我在新手或初级从业者编写的代码中看到的常见错误。

2.2.3   增加非线性

为了获得任何好处，需要在每个步骤之间引入非线性。通过在每次线性运算后插入一个非线性函数，可以允许网络构建更复杂的函数。通过这种方式使用的非线性函数被称为激活函数(activation function)。在生物学上有一个类比，神经元将其所有输入以线性的方式相加，并最终激发或激活，从而向大脑中的其他神经元发送信号。

应该使用什么作为激活函数呢？接下来将研究的前两个函数是半正弦曲线 ($\sigma(\cdot)$) 函数和双曲正切(tanh$(\cdot)$)函数，它们是两个最初的激活函数，目前仍在广泛使用。

tanh函数在历史上是一种流行的非线性函数。它将所有内容映射到范围[-1,1]:

$$\tanh(x) = \frac{\sinh x}{\cosh x} = \frac{e^x - e^{-x}}{e^x + e^{-x}}$$

sigmoid函数在历史上是非线性曲线，σ也是最常用的符号。它将所有内容映射到范围[0,1]：

$$\sigma(x) = \frac{e^x}{e^x + 1}$$

接下来快速绘制这些函数的图像。输入位于x轴，激活位于y轴：

```
activation_input = np.linspace(-2, 2, num=200)
tanh_activation = np.tanh(activation_input)
sigmoid_activation = np.exp(activation_input)/(np.exp(activation_input)+1)
sns.lineplot(x=activation_input, y=activation_input,
➡color='black', label="linear")
sns.lineplot(x=activation_input, y=tanh_activation,
➡color='red', label="tanh(x)")
ax = sns.lineplot(x=activation_input, y=sigmoid_activation,
➡color='blue', label="$σ(x)$")
ax.set_xlabel('Input value x')
ax.set_ylabel('Activation')
```

[13]: Text(0, 0.5, 'Activation')

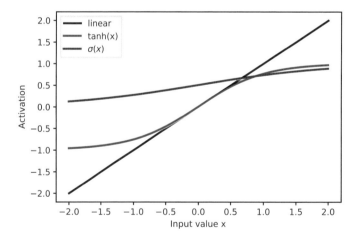

正如前文所述，sigmoid激活($\sigma(x)$)将所有内容映射到最小值为0和最大值为1的范围。tanh函数的范围为从-1到1。注意，在0附近有一个输入范围，tanh函数看起来是线性的，但随后会发散：这是可以的，甚至可能是可取的。从学习的角度看，重要的是tanh($\cdot$)或$\sigma(\cdot)$都不能被线性函数完美拟合。

之后的章节将详细讨论这些函数的属性。现在，先使用tanh函数。接着定义一个符合以下条件的新模型：

$$f(\boldsymbol{x}) = \tanh(\boldsymbol{x}^{\top}\boldsymbol{W}_{d\times n}^{(h_1)})\boldsymbol{W}_{n\times C}^{(\text{out})}$$

并非直接逐个叠加nn.Linear，而是在第一个线性层之后调用tanh函数。使用PyTorch时，我们通常希望以nn.Linear层结束网络。这个模型有两个nn.Linear层，因此使用2–1＝1次激活。这就像添加nn.Tanh节点到序列网络归一化一样简单，PyTorch已构建在序列网络归一化中。接下来看看在训练这个新model时会发生什么：

```
model = nn.Sequential(
    nn.Linear(1, 10),        ←——— 隐藏层
    nn.Tanh(),               ←——— 激活函数
    nn.Linear(10, 1),        ←——— 输出层
)

train_simple_network(model, loss_func, training_loader, epochs=200)

with torch.no_grad():
    Y_pred = model(torch.tensor(X.reshape(-1,1),
    ➥dtype=torch.float32)).cpu().numpy()

sns.scatterplot(x=X, y=y, color='blue', label='Data')    ←——— 数据
sns.lineplot(x=X, y=Y_pred.ravel(), color='red', label='Model') ←┐
```

[15]: <AxesSubplot:>

模型学到了什么

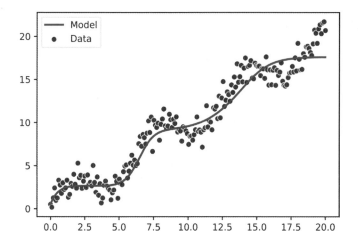

PyTorch中层的结果具有不确定性。这些结果经常会利用硬件特有的优化，而这些优化不但会轻微地改变结果，甚至会在异常情况下在不同的运行中发生变化。PyTorch正在致力于支持更具确定性的行为，但它还不能适用于所有版本，也不能适用于CUDA的所有版本。如果尝试启用该行为，就有可能导致一切工作停止。因此，权衡利弊之后，只能遗憾地选择在每次运行代码时，接受略有不同的结果。

此外，还可以选择将每个实验进行5～15次，并用误差条绘制平均结果，以展示可能发生的变化。但是，这样会让代码样本的运行时间延长5～15倍。为了保持时间的合理性，我选择了只运行一次实验。

可以看到，该网络现在正在学习一个非线性函数，其弯曲部分会移动并适应数据的行为。但这并不完美，尤其是对于图右侧输入x的较大值而言更是如此。还必须训练比以前更多的迭代周期。这也很常见。这就是为什么要在深度学习中大量地使用GPU的部分原因：有更大的模型则意味着每次更新都需要更多的计算；而更大的模型需要更多的更新才能收敛，从而导致训练时间更长。

一般来说，需要学习的函数越复杂，需要进行的训练次数就越多，因此获得的数据也可能会更多。然而，有许多方法可以提高神经网络从数据中学习的质量和速度，本书稍后会详细介绍这些方法。目前的目标仅仅是学习基础知识。

2.3　分类问题

现在已经通过扩展线性回归模型构建了第一个神经网络，但分类问题呢？在这种情况下，输入可能属于C个不同的类别。例如，汽车可以是SUV、轿车、轿跑车或卡车。你可能已经猜到，还需要一个看起来像nn.Linear(n,C)的输出层，其中n是前一层中隐藏单元的数量，C是类/输出的数量。如果输出数量少于C，就很难做出C个预测。

类似于将线性回归转换为非线性回归神经网络的方式，这里也可以将逻辑回归转换为非线性分类网络。回想一下，逻辑回归是分类问题的一种流行算法，它可以找到线性解决方案来尝试分离C个类。

2.3.1　分类简单问题

在建立逻辑模型之前，还需要一个数据集。使用PyTorch时，首先要将数据加载到Dataset对象中，这也是最重要的一步。本例使用scikit-learn中的make_moons类：

```
from sklearn.datasets import make_moons
X, y = make_moons(n_samples=200, noise=0.05)
sns.scatterplot(x=X[:,0], y=X[:,1], hue=y, style=y)
```

[16]: <AxesSubplot:>

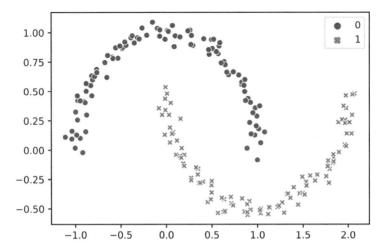

在此，月亮数据集(moons dataset)有$d=2$个输入特征，而散点图可将这两个类展示为圆圈和十字。这是一个很好的基础问题，因为线性分类模型可以很好地分离圆圈和十字，但不能完美地解决问题。

为了让一切变得更为轻松，在此使用内置的`TensorDataset`对象来封装当前数据。只有在能够将所有数据放入RAM中时，这种方法才可以达成。但是如果可以的话，这便是准备数据的最简单方法。你可以先使用自己喜爱的panda或NumPy方法在数据中加载，然后再开始建模。

不过，我们确实做了一个重要的改变。标签向量y现在是一个`torch.long`，而非`torch.float32`。为什么呢？因为标签现在是类，从0开始一直到$C-1$，表示C个不同的类。0.25的类不存在，只允许使用整数！因此，可以使用长数据类型(64位整数)而非浮点值，因为只需要关注整数。例如，如果类分别是`cat`、`bird`和`car`，就可以使用0、1、2来表示这三个类。你可能会意识到这非常接近于独热编码，每个类都有自己的维度。PyTorch为我们做了最后一步，以避免像独热编码那样费力地表示所有不存在的类：

```
classification_dataset = torch.utils.data.TensorDataset(
➥torch.tensor(X, dtype=torch.float32), torch.tensor(y, dtype=torch.long))
training_loader = DataLoader(classification_dataset)
```

现在，与之前一样定义了一个线性分类模型。本例拥有两个特征，并且有两个输出(每个类各一个)，因此模型要稍微大一些。注意，即使目标向量y表示单个整数，网络也有C个显式输出。这是因为标签是绝对的：每个数据点只有一个真正的类。然而，网络必须始终将C个类全部视为潜在选项，并分别对每个类进行预测：

```
in_features = 2
out_features = 2
model = nn.Linear(in_features, out_features)
```

2.3.2　分类损失函数

最大的问题是要使用什么作为损失函数？在解决回归问题时，这是一个很容易回答的问题。此时有两个浮点值输入，可以将其进行减法运算，从而确定两个值之间的距离。

不过当下的情况有所不同。因为需要对 C 个不同的类进行预测，所以现在的预测是 $\hat{y} \in \mathbb{R}^C$，但是标签却是一组整数中的某个值，$y \in \{0, 1, ..., C\text{--}1\}$。如果可以定义一个损失函数 $\ell(\hat{y}, y)$ 来接受预测向量 $\hat{y} \in \mathbb{R}^C$，并将其与正确的类 y 进行比较，便可以重用图2.2中的训练循环和之前定义的神经网络中的所有内容。幸运的是，有这么一个值得详细讨论的函数存在，而它正是本书展开一切讲解的基础。在此之前，先要了解以下两个组成部分：softmax函数和交叉熵，两者的组合通常被称为交叉熵损失(cross-entropy loss)。

虽然很多教程都在乐此不疲地提及"使用交叉熵"，但是并没有解释它是什么，此处先做个延展，讲解交叉熵的原理，以便帮你建立更强健的心智基础。该原理究其本质是：先将一些 C 分数(值可以是任何数字)转换成 C 概率(值必须在0和1之间)，然后根据真实类 y 的概率计算损失。为什么要这样做，在统计学上还尚存争议，你可以自行选择是反复阅读本节还是稍后再回来阅读。

softmax

首先，凭直觉希望 $\hat{y}$ 中具有最大值的维度对应于正确的类标签 y(与使用np.argmax时相同)。如果用数学公式来描述此意，则有：

$$y = \underset{i}{\mathrm{argmax}}\ \hat{y}_i$$
$$\downarrow$$
$$\text{np.argmax}(\hat{y})$$

此外，还希望得到预测是合理的概率。为什么？假设正确的类是 $y = k$，并且已成功地将 $\hat{y}_k$ 作为最大值。这是否正确呢？如果 $\hat{y}_k - \hat{y}_j = 0.00001$ 呢？差异很小，需要采用一种方法告诉模型增大差异。

如果将 $\hat{y}$ 转化为概率，那么它们的总和必须为1。这意味着

$$\sum_{i=0}^{C-1} \hat{y}_i = 1$$
$$\downarrow$$
$$\text{np.sum}(\hat{y})$$

通过这种方式可以知道当 $\hat{y}_k = 1$ 时，模型对其预测具有信心，而 $j \neq k$ 的所有其他值都会导致 $\hat{y}_j = 0$。如果模型没有信心，则可能会看到 $\hat{y}_k = 0.9$；如果完全错误，则 $\hat{y}_k = 0$。$\hat{y}$ 的总和为1，这一约束条件使得结果很容易解释。

但如何确保这一点呢？从最后一个nn.Linear层得到的值可以是任何值，特别是在第一次开始训练且还未教授模型正确操作时。此时可使用soft maximum(或softmax)函数：将所有值都转换为非负数，并确保值的总和为1.0。具有最大值的索引 k 在之后也将具有最大值(即使该值是负数)，只要其他索引都是更小的数。较小的值也会接收较小的非零值。因此softmax会给0, 1,...,C-1中的每个值附上一个位于[0,1]区间的值，以让它们的

总和都为1。

以下公式定义了softmax函数，在数学表达式中将其缩写为"sm"，以增强公式的可阅读性：

第 i 项的概率是第 i 项的得分除以所有

项相加的得分

$$\text{sm}(\boldsymbol{x})_i = \frac{\exp(x_i)}{\sum_{j=1}^{d} \exp(x_j)}$$

可以快速查看在两个不同的向量上调用softmax的结果：

$$\text{sm}(\boldsymbol{x} = [\ 3, \quad \overset{\text{最大}}{\underset{\downarrow}{4}}\ , \quad 1]) = [0.259,\ \overset{\text{最大}}{\underset{\downarrow}{0.705}},\ 0.036\,]$$

$$\text{sm}(\boldsymbol{x} = [\ \overset{\text{最大}}{\underset{\downarrow}{-3}},\ -4,\ -1\,]) = [0.114,\ 0.042,\ \overset{\text{最大}}{\underset{\downarrow}{0.844}}]$$

在第一种情况下，4是最大值，因此它获得了最大的归一化分数0.705。第二种情况–1的值最大，获得了0.844的分数。为什么第二种情形会导致更大的分数，即使–1小于4？因为softmax是相对的，4只比3大1；第二种情况(–1)比–4大3，因为差异更大，所以这种情况得分更高。

为什么叫softmax？

在继续学习之前，很有必要解释一下为什么softmax函数被称为softmax。这是因为可以使用这个分数来计算"soft maximum"，其每个值都为答案的求解做出了贡献。如果取softmax分数和原始值之间的点积，那么其值近似等于最大值。接下来看看这是如何进行的：

$$\text{sm}(\boldsymbol{x} = [\,3,\ 4,\ 1]) = \qquad\qquad [0.259,\ 0.705,\ 0.036]$$
$$\text{sm}(\boldsymbol{x})^{\mathrm{T}}\boldsymbol{x} \qquad = 0.259 \cdot 3 + 0.705 \cdot 4 + 0.036 \cdot 1 = \mathbf{3.633}$$
$$\max_i x_i \qquad\qquad = \qquad\qquad\qquad \mathbf{4}$$
$$\text{sm}(\boldsymbol{x} = [-3, -4, -1]) = \qquad\qquad [0.114, 0.042, 0.844]$$
$$\text{sm}(\boldsymbol{x})^{\mathrm{T}}\boldsymbol{x} \qquad = 0.114 \cdot -3 + 0.042 \cdot -4 + 0.844 \cdot -1 = \mathbf{-1.354}$$
$$\max_i x_i \qquad\qquad = \qquad\qquad\qquad \mathbf{-1}$$

$\text{sm}(\boldsymbol{x})^{\mathrm{T}}\boldsymbol{x}$的值近似于($\approx$)求$\boldsymbol{x}$的最大值。因为每个值都至少为答案的求解做出了一定比例的贡献，所以$\text{sm}(\boldsymbol{x})^{\mathrm{T}}\boldsymbol{x} \leqslant \max_i x_i$也是如此。因此，softmax函数可能很接近，但只有在所有值都相同时才等于最大值。

交叉熵

有了softmax函数，就有了为分类问题定义一个合适的损失函数所需的两大工具之一。另一个工具称作交叉熵损失(cross-entropy loss)。如果有两个概率分布p和q，则它们之间的交叉熵为

> 若你认为平均比特数具有分布q但实际上遵循分布p时，对消息进行编码所需的平均比特数(也就是说，因为你(p)和你的朋友(q)讲的方言不太相同，所以你需要重复讲几遍)等于你希望看到符号i的概率乘以你实际看到i的概率的对数相对于所有你可能会看到的i求和(并对结果取负数，以得到一个正数而非负数)。

$$\ell(p,q) = -\sum_{i=1}^{d} p_i \cdot \log(q_i)$$

为什么是交叉熵？这是一个统计工具，可告知当数据实际上遵循分布p时，如果使用q定义的分布，需要多少额外的信息来编码信息。这是以比特(八分之一字节)为单位测量的，而编码某样消息所需的比特越多，p和q之间的匹配度就越差。这一解释掩盖了交叉熵函数所做工作的部分精确性，但在较高层次上给出了一个直观的想法。交叉熵可以归结为告知两种分布的不同之处。

可将其视为尽量降低成本。想象一下，我们正在为一群人点午餐，预计70%的人会吃鸡肉，30%的人会吃火鸡(见图2.7)。这是预测的分布q。实际上，只有5%的人想要火鸡，而95%的人想要鸡肉。这是真实的分布p。在这种情况下，我们认为预测的火鸡订购数量比实际需要的要多。但是，如果真的按预测的火鸡量点餐，就会缺鸡肉并浪费火鸡。如果我们知道真实的需求，就不会有那么多剩菜了。交叉熵只是量化这些分布的不同程度的一种方法，以对所有内容进行正确的排序。

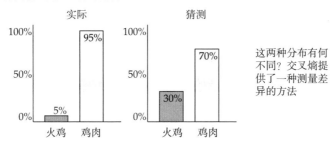

图2.7　有两种不同的分布：左边是真实的分布，右边是预测的分布。为了学习，我们需要一个损失函数来精确地告知这些分布的差异。交叉熵解决了这个问题。在大多数情况下，标签将真实情况定义为一个值为100%的类，其他所有类的值为0%

现在，结合这两种工具，可以得到一个简单的损失函数和方法。首先应用softmax函数(sm(x))，然后计算交叉熵。如果$\hat{y}$是从网络输出的向量，而y是正确的类索引，这将简化为

预测 $\hat{y}$ (又称logits)和正确类 y 之间的损失是正确类的预测概率的负对数(使得"好的"值更小，"坏的"值更大)。

$$\ell(\hat{y}, y) = -\log\left(\ \mathrm{sm}(\hat{y})_y\ \right)$$

这可能看起来有点神秘，但没关系。结果来自简化公式，而推导并不是本书的重点。细节的研究到此已经完成，因为softmax和交叉熵函数在当今的深度学习研究中无处不在，所以你需要付出一些额外的努力来理解它们的作用，这样本书的学习之旅才会变得更轻松。重要的是要知道softmax函数的作用(概率的归一化输入)，以及其可以与交叉熵一起用于量化两个分布(概率数组)的差异度。

之所以使用这个损失函数，是因为它有很强的统计基础和解释能力，能确保将结果解释为概率分布。在使用线性模型的情况下，它产生了众所周知的逻辑回归(logistic regression)算法。

使用softmax和交叉熵是众所周知的标准方法，因此PyTorch将它们集成到了一个单一的损失函数CrossEntropyLoss中，自行执行这两个步骤。这样很好，因为手动实现softmax和交叉熵函数可能会导致出现棘手的数值稳定性问题，且无法像预期那样直接得到结果。

2.3.3　训练分类网络

现在可以训练一个model，看看它的表现如何：

```
loss_func = nn.CrossEntropyLoss()
train_simple_network(model, loss_func, training_loader, epochs=50)
```

通过训练模型，可以将结果可视化。因为这是一个二维函数，所以它比我们之前的回归案例稍微复杂一些。此处可以使用等高线图来展示算法的决策面：深蓝色表示第一类，深红色表示第二类，颜色随着模型置信度的降低和增加而变化。原始数据点分别展示为蓝色和橙色标记：

```
def visualize2DSoftmax(X, y, model, title=None):
    x_min = np.min(X[:,0])-0.5
    x_max = np.max(X[:,0])+0.5
    y_min = np.min(X[:,1])-0.5
    y_max = np.max(X[:,1])+0.5
    xv, yv = np.meshgrid(np.linspace(x_min, x_max, num=20),
        ➡np.linspace(y_min, y_max, num=20), indexing='ij')
    xy_v = np.hstack((xv.reshape(-1,1), yv.reshape(-1,1)))
    with torch.no_grad():
        logits = model(torch.tensor(xy_v, dtype=torch.float32))
```

```
    y_hat = F.softmax(logits, dim=1).numpy()
cs = plt.contourf(xv, yv, y_hat[:,0].reshape(20,20),
➥levels=np.linspace(0,1,num=20), cmap=plt.cm.RdYlBu)
ax = plt.gca()
sns.scatterplot(x=X[:,0], y=X[:,1], hue=y, style=y, ax=ax)
if title is not None:
    ax.set_title(title)
```

```
visualize2DSoftmax(X, y, model)
```

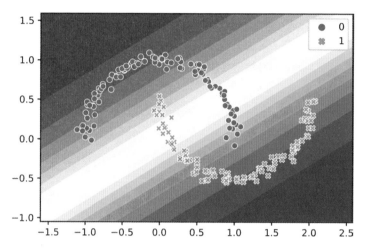

注意：我们调用PyTorch函数F.softmax来执行从原始输出到实际概率分布的转换。通常，我们将进入softmax的值称为logits，将输出 $\hat{y}$ 称为概率，并避免在本书中过多地使用术语"logits"，但你应该熟悉这个术语。当人们讨论实现或方法的具体细节时，通常会提到这个术语。

现在便可以在这些数据上看到模型的结果。总的来说，模型做得还不错：大多数蓝色圆圈位于蓝色区域，大多数红色十字位于红色区域。由于我们的问题无法用线性模型完全解决，因此存在着出现错误的中间地带。

现在我们对回归问题做了同样的处理：添加一个隐藏层来增加神经网络的复杂性。本例中添加了两个隐藏层，以展示操作的简单性。我为两个隐藏层任意选择了 $n=30$ 个隐藏单元：

```
model = nn.Sequential(
    nn.Linear(2, 30),
    nn.Tanh(),
    nn.Linear(30, 30),
    nn.Tanh(),
    nn.Linear(30, 2),
)
train_simple_network(model, loss_func, training_loader, epochs=250)
```

你应该注意到，这些模型开始需要一些时间来训练：当我运行模型时，250个迭代周期需要花费36秒。然而，结果令人满意：如果查看数据图，就会发现模型对于那些明确为圆圈或十字的区域具有更高的置信度。你还可以看到，随着神经网络学习两个类之间的非线性分离，阈值开始弯曲并呈现曲线型：

```
visualize2DSoftmax(X, y, model)
```

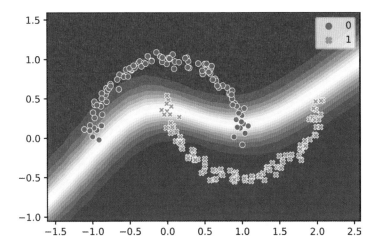

2.4 更好地训练代码

现在已成功地训练了用于回归和分类问题的全连接网络。我们的方法还有很大的改进空间，特别是我们一直在对相同的数据进行视觉训练和评估。这样是不可行的：你永远无法通过在训练数据上测试模型来判断模型在新数据上的工作情况。这让模型有机会通过记忆每个训练数据的答案而非学习基本任务来投机取巧。在处理分类问题时，我们还有另一个问题：最小化交叉熵损失并不是我们真正的目标。我们的目标是最小化误差，但却无法通过可微的方式(运行PyTorch时会使用)来定义误差，因此才使用交叉熵作为代理指标。在分类问题的每个迭代周期之后报告损失是没有帮助的，因为这不是我们的真正目标。

接下来将讨论可以对训练代码进行的一些更改，以提供更鲁棒的工具。像所有优秀的ML从业者一样，我们正在创建和使用一个训练集和一个测试集。我们还将评估其他关注指标，以便在训练时跟踪模型的表现。

2.4.1 自定义指标

如上所述，我们关心的指标(如准确率)可能与用于训练模型的损失(如交叉熵)不同。因为损失函数必须具有可微的性质，而大多数时候，我们的真正目标并不具有这种性质，所以有很多方法可能无法与其完美匹配。通常有两组评分：开发人员和人类理解该问题的指标，以及让网络了解该问题的损失函数。

为了帮助解决这个问题，应修改代码，以便可以在函数中传递代码从而计算来自标签和预测值的不同指标。我们还想知道这些指标在训练和验证数据集中是如何变化的，因此我们将记录多个版本：每种类型的数据集各一个。

为了让本书的学习更轻松，我们的代码将与scikit-learn库提供的大多数指标完全匹配(https://scikit-learn.org/stable/modules/classes.html)。为此，假设我们有一个数组y_true，它包含每个数据点的正确输出标签。我们还需要另一个包含模型预测的数组y_pred。如果执行回归任务，那么每个预测都是标量$\hat{y}$。如果进行分类，则每个预测都是向量$\hat{\boldsymbol{y}}$。

我们需要为用户(即读者)具体说明需要评估的函数以及存储结果的位置。对于评分函数，可使用一个字典score_funcs将指标的名称作为关键字，并将函数引用作为值。如果使用scikit-learn的metrics类所提供的函数(参见https://scikitlearn.org/stable/modules/model_evaluation.html)，则代码为：

```
score_funcs={'Acc':accuracy_score, 'F1': f1_score}
```

这样，只要实现函数score_func(y_ture, y_pred)，就可以指定任意的自定义指标。然后只需要一个位置来存储所计算的分数。在循环的每个迭代周期之后，可以使用另一个字典results，将字符串映射为结果list的键。我们将使用一个列表，以便每个迭代周期都有评分：

```
results[prefix+" loss"].append(np.mean(running_loss))
for name, score_func in score_funcs.items():
    results[prefix+" "+name].append(score_func(y_true, y_pred))
```

如果只使用每个评分函数的name，那么将无法区分对训练集和测试集的评分。这一点很重要，因为如果它们之间存在较大的间隙，则表明过拟合，而较小的间隙则表明欠拟合，所以我们使用prefix来区分train评分和test评分。

注意：如果我们的评估是正确的，就应该只使用验证/测试性能来调整和更改代码、超参数、网络架构等。这是我们需要确保区分训练和验证性能的另一个原因。永远都不能用训练的表现来决定模型的性能。

2.4.2　训练和测试阶段

我们正在修改训练函数，以更好地支持实际情况下的工作，包括支持训练迭代周期(在此可改变模型权重)和测试迭代周期(在此只记录性能表现)。至关重要的是，要保证测试阶段永远不调整模型的权重。

运行一次训练或评估迭代周期时需要大量不同的输入：

- model——运行一个迭代周期的PyTorch Module，可代表模型$f(\cdot)$
- optimizer——更新网络权重的对象，仅当运行训练迭代时才能使用
- data_loader——返回元组(输入, 标签)对的DataLoader对象
- loss_func——损失函数$\ell(\cdot,\cdot)$，它接受两个参数，即model输出$(\hat{\boldsymbol{y}} = f(\boldsymbol{x}))$和

      labels(y)，并返回用于训练的损失

- device——用于执行训练的计算位置
- results——用于存储结果的列表字符串字典，如前所述
- score_funcs——用于评估model性能的评分函数字典，如前所述
- prefix——位于results字典中任何分数的字符串前缀

最后，因为可能需要一段时间来训练神经网络，所以应囊括一个可选的参数desc来为进度条提供一个描述性的字符串。这将为我们提供处理一个迭代周期的函数所需的所有输入，可以给出以下签名：

```
def run_epoch(model, optimizer, data_loader, loss_func, device,
              results, score_funcs, prefix="", desc=None):
```

在该函数开始运行时，需要分配空间来存储结果，如损失、预测和开始计算的时间：

```
running_loss = []
y_true = []
y_pred = []
start = time.time()
```

训练循环看起来与我们目前使用的循环几乎相同。唯一需要改变的是是否使用优化器。可以通过查看model.training标志来检查这一点，如果模型处于训练模式(model=model.train())，则该标志为True；如果模型处于评估/推理模式(model=model.eval())，则该标志为False。可以在每个循环结束时将对损失的backward()调用和optimizer调用封装为if语句：

```
if model.training:
    loss.backward()
    optimizer.step()
    optimizer.zero_grad()
```

最后，需要将labels和预测y_hat分别存储到y_true和y_pred中。这可以通过调用.detach().cpu().numpy()将两者从PyTorch张量转换为Numpy数组来完成。然后，简单地通过使用当前正在处理的标签来extend所有标签的列表：

```
if len(score_funcs) > 0:
    labels = labels.detach().cpu().numpy()   ←
    y_hat = y_hat.detach().cpu().numpy()

    y_true.extend(labels.tolist())   ←
    y_pred.extend(y_hat.tolist())
```

将标签和预测移回CPU以备后用

添加到目前为止的预测

2.4.3 保存检查点

我们要做的最后一项修改是保存最近完成的迭代周期的简单检查点。在PyTorch中，

torch.load和torch.save函数都可用于此目的。虽然使用这些方法的方式不止一种，但建议使用此处所示的字典方法，该方法支持将模型、优化器状态和其他信息全都保存在一个对象中：

```
torch.save({
    'epoch': epoch,
    'model_state_dict': model.state_dict(),
    'optimizer_state_dict': optimizer.state_dict(),
    'results' : results
    }, checkpoint_file)
```

第二个参数checkpoint_file是保存文件的路径。可以将任何可拾取的对象保存到此词典中。在我们的例子中，可以保存训练迭代周期的数量、model状态(权重/参数Θ)以及optimizer使用的任何状态。

需要保存模型，以备之后随时使用，而不必从头开始重新训练。最好在每个迭代周期之后都要记得保存(特别是当你开始训练的网络可能需要花费数周才能完成训练时)。有时，代码可能会在多个迭代周期后失败，或者电源故障可能会中断训练过程。通过在每个迭代周期之后保存模型，便可以做到只从上一个迭代周期恢复训练，而非从头开始训练。

2.4.4 知识整合：更好的模型训练函数

现在，万事俱备，可以构建一个更好的函数来训练神经网络了：不仅是训练在此之前讨论过的网络(如全连接)，还有本书将要讨论的几乎所有网络。此新函数的签名如下所示：

```
def train_simple_network(model, loss_func, train_loader,
    validation_loader=None, score_funcs=None, epochs=50,
    device="cpu", checkpoint_file=None):
```

其中的参数解释如下：
- model——运行一个迭代周期的PyTorch Module，可代表模型$f(\cdot)$
- loss_func——损失函数$\ell(\cdot,\cdot)$，它接受两个参数，即model输出($\hat{y} = f(x)$)和labels(y)，并返回用于训练的损失
- train_loader——返回用于训练模型的元组(输入,标签)对的DataLoader对象
- validation_loader——返回用于评估模型的元组(输入,标签)对的DataLoader对象
- score_funcs——用于评估model性能的评分函数字典，如前所述
- device——用于执行训练的计算位置
- checkpoint_file——指示将模型检查点保存到磁盘位置的字符串

下面将讲解这个新函数的要点，完整版本参考本书附带的**idlmam.py**文件：

```
optimizer = torch.optim.SGD(model.parameters(), lr=0.001)
```
进行记录和设置，准备优化器

将模型放置在正确的计算
资源(CPU或GPU)上

```
model.to(device) ◄──────

for epoch in tqdm(range(epochs), desc="Epoch"):

    model = model.train()    ◄────── 将模型设置为训练模式

    total_train_time += run_epoch(model, optimizer, train_loader,
    ➡loss_func, device, results, score_funcs,
    ➡prefix="train", desc="Training")

    results["total time"].append( total_train_time )
    results["epoch"].append( epoch )
                                              如果checkpoint_file不是
                                              None，则保存检查点
    if test_loader is not None:  ◄──────
        model = model.eval()
        with torch.no_grad():
            run_epoch(model, optimizer, validation_loader, loss_func, device,
            ➡results, score_funcs, prefix="test", desc="Testing")
```

在将模型置于正确模式之后使用run_epoch函数执行训练步骤，并记录训练结果。之后，若给定了validation_loader，则切换到model.eval()模式，并进入with torch.no_grad上下文，以便不会以任何方式更改模型，并可以检查其在保留数据上的性能。这里分别使用前缀"train"和"test"来表示训练和测试运行的结果。

最终，这个新的训练函数会将结果转换为pandas DataFrame，以便稍后访问和查看它时更加便捷：

```
return pd.DataFrame.from_dict(results)
```

这行全新的、改进的代码可用于在月亮数据集之上重新训练模型。因为准确率才是真正关注的重点，所以可以从scikit-learn中导入准确率指标。在此，不妨将F1得分指标涵盖在内，以演示代码如何同时处理两个不同的指标：

```
from sklearn.metrics import accuracy_score
from sklearn.metrics import f1_score
```

接下来还要更好地评估和纳入验证集。由于月亮数据集中的数据是合成的，因此可以很容易地创建一个新的数据集进行验证。与其像以前那样运行200个迭代周期的训练，不如生成一个更大的训练集：

```
X_train, y_train = make_moons(n_samples=8000, noise=0.4)
X_test, y_test = make_moons(n_samples=200, noise=0.4)
train_dataset = TensorDataset(torch.tensor(X_train, dtype=torch.float32),
➡torch.tensor(y_train, dtype=torch.long))
test_dataset = TensorDataset(torch.tensor(X_test, dtype=torch.float32),
➡torch.tensor(y_test, dtype=torch.long))
```

```
training_loader = DataLoader(train_dataset, shuffle=True)
testing_loader = DataLoader(test_dataset)
```

到此，已经具备了再次训练模型所需的一切条件。接下来可以将model.pt作为保存模型结果的位置。需要做的所有工作就是声明一个新的model对象，并调用新的train_simple_network函数：

```
model = nn.Sequential(
    nn.Linear(2, 30),
    nn.Tanh(),
    nn.Linear(30, 30),
    nn.Tanh(),
    nn.Linear(30, 2),
)
results_pd = train_simple_network(model, loss_func, training_loader,
➥epochs=5, validation_loader=testing_loader, checkpoint_file='model.pt',
➥score_funcs={'Acc':accuracy_score,'F1': f1_score})
```

是时候查看一些结果了。首先，会发现可以加载检查点model，而非使用已经训练过的模型。要想加载model，首先需要定义一个全新的model，让其具有与原始模型相同的所有子模块，并且保证它们的大小相同。只有满足以上条件，所有的权重才会匹配。如果保存的模型在第二个隐藏层中有30个神经元，就需要一个包含30个神经元的新模型；否则，神经元的数量太少或太多，都会导致错误。

之所以使用torch.load和torch.save函数，是因为它们提供了map_location参数。这可以解决将模型从数据加载到正确的计算设备的问题。一旦加载到结果字典中，便可以使用load_state_dict函数将原始模型的状态恢复到这个新对象中。然后，便可以将模型应用于数据，并发现得到了相同的结果：

```
model_new = nn.Sequential(
    nn.Linear(2, 30),
    nn.Tanh(),
    nn.Linear(30, 30),
    nn.Tanh(),
    nn.Linear(30, 2),
)

visualize2DSoftmax(X_test, y_test, model_new, title="Initial Model")
plt.show()

checkpoint_dict = torch.load('model.pt', map_location=device)

model_new.load_state_dict(checkpoint_dict['model_state_dict'])

visualize2DSoftmax(X_test, y_test, model_new, title="Loaded Model")
plt.show()
```

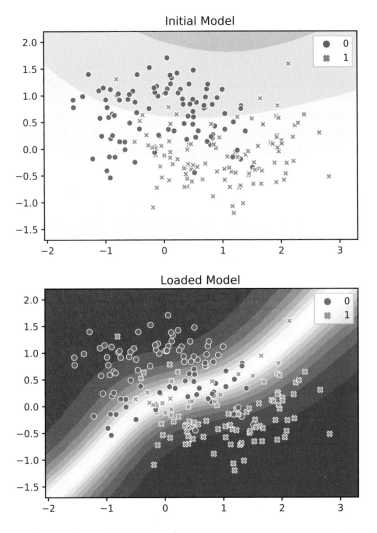

在此可以很容易地看到，初始模型没有给出很好的预测，因为它的权重是随机值且未经训练。如果多次运行代码，就会看到许多略有不同但同样无用的结果。但是在将之前的model状态加载到model_new中之后，便能得到期望的清晰结果。

　　注意：因为之前只进行过预测，所以本例只需加载模型的状态；除非想继续训练，否则不需要优化器。如果确实想继续训练，可以将optimizer.load_state_dict (checkpoint ['optimizer_state_dict'])行添加到代码中。

　　编写的新训练函数用于在每个迭代周期之后返回含有模型信息的pandas DataFrame对象。这可以提供一些有价值的信息，以便轻松进行可视化。例如，可以将训练和验证准确率快速绘制为已完成迭代周期的函数：

```
sns.lineplot(x='epoch', y='train Acc', data=results_pd, label='Train')
sns.lineplot(x='epoch', y='test Acc', data=results_pd, label='Validation')
```

[29]: <AxesSubplot:xlabel='epoch', ylabel='train Acc'>

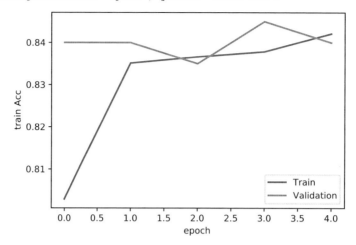

现在不难看出，通过使用更多的数据，模型只用了大约两个迭代周期就在噪声较大的训练数据上达到了顶峰。我们提供了两个评分函数，因此不妨先来看一看F1评分函数，该函数的训练时间以秒为单位。如果想比较两种不同模型的学习速度，则下列函数会更加有用：

```
sns.lineplot(x='total time', y='train F1', data=results_pd, label='Train')
sns.lineplot(x='total time', y='test F1', data=results_pd, label='Test')
```

[30]: <AxesSubplot:xlabel='total time', ylabel='train F1'>

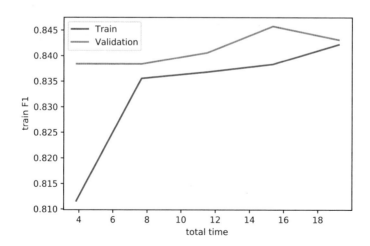

因为F1和准确率这两个类都有相似的行为和均衡的大小，所以F1和准确率为这个简单的数据集给出了非常相似的评分。请注意一个更有趣的趋势，即训练准确率先是增加然后再趋向稳定，而验证准确率则会随着每个训练迭代周期的上下波动而具有更大的不确定

性。这很正常。模型将开始过拟合训练数据，这使得它的性能看起来比较稳定，当它完成学习并开始记忆更具挑战性的数据点时，性能会慢慢提高。因为验证数据是独立的，所以这些对新数据有利或不利的微小变化对于模型来说是未知的，因此它无法进行调整以使它们始终保持正确。我们有必要保留一个单独的验证集或测试集，以便可以看到模型在新数据上的实际表现，而不会产生偏差。

2.5　批量训练

如果查看上一张图的x轴，当将F1评分绘制为训练时间的函数时，你可能会注意到，仅在8,000个数据点上训练一个仅具有$d=2$个特征的模型差不多需要花一分钟的时长。考虑到训练时间过长，如何才有望扩展到更大的数据集呢？

首先需要对批量(batches)数据进行训练。一批数据只是一组更大的数据。假设有以下包含$N=4$个项的数据集：

$$X^{4\times2} = \begin{bmatrix} x_1=[1,2] \\ x_2=[3,4] \\ x_3=[5,6] \\ x_4=[7,8] \end{bmatrix}, \quad y = \begin{bmatrix} 0 \\ 1 \\ 1 \\ 0 \end{bmatrix}$$

当前的代码将在一个迭代周期内执行4次更新：数据集中的每个项各一次。这就是它被称为随机梯度下降(Stochastic Gradient Descent，SGD)的原因。stochastic这个词是一个术语，意思是"随机"，但通常有一些潜在的目的或无形的手来驱动该随机性。SGD这个名字的随机部分源于我们只使用一部分被打乱的数据而非整个数据集来计算梯度。正因为它被打乱了，所以每次都会得到不同的结果。

如果通过模型推送所有N个数据点，并计算整个数据集的损失，则公式$\nabla\sum_{i=1}^{N}\ell(f(x_i),y_i)$就会得到真实的梯度。这也可以通过一次性处理所有数据而非一次处理一个数据，来使训练过程的计算更有效。因此，这也不是将形状为(d)的向量作为输入传递给model $f(\cdot)$，而是传递形状为(N,d)的矩阵。**PyTorch**模块默认专用于这种情况；只需要通过某种方式告知**PyTorch**将数据分组到一个更大的批量中。事实证明，DataLoader具有这一内置功能和可选的batch_size参数。如果未指定值，则默认为batch_size=1。如果将其设置为batch_size=len(train_dataset)，则执行真正的梯度下降：

```
training_loader = DataLoader(train_dataset, batch_size=len(train_dataset),
↪shuffle=True)
testing_loader = DataLoader(test_dataset, batch_size=len(test_dataset))
model_gd = nn.Sequential(
    nn.Linear(2, 30),
    nn.Tanh(),
```

```
        nn.Linear(30, 30),
        nn.Tanh(),
        nn.Linear(30, 2),
    )
results_true_gd = train_simple_network(model_gd, loss_func,
➥training_loader, epochs=5, test_loader=testing_loader,
➥checkpoint_file='model.pt',
➥score_funcs={'Acc':accuracy_score,'F1': f1_score})
```

　　5个迭代周期的训练仅用了不到0.536秒。显然，一次性训练更多数据可从现代GPU所具有的并行性中获益。但如果绘制准确率，就会发现训练梯度下降($B=N$)生成了一个不太准确的模型：

```
sns.lineplot(x='total time', y='test Acc', data=results_pd,
➥label='SGD, B=1')
sns.lineplot(x='total time', y='test Acc', data=results_true_gd,
➥label='GD, B=N')
```

```
[32]: <AxesSubplot:xlabel='total time', ylabel='test Acc'>
```

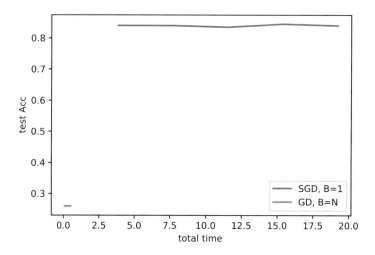

　　下面通过查看一个简单示例来解释为什么会发生这种情况。图2.8展示了我们正在优化的一个函数，如果使用梯度下降(查看所有数据)，便可以采取一系列的步骤来导向正确的方向。但由于每一步的花费都很高昂，因此只能进行几步。此示例展示了我们总共进行了4次更新或4步，对应于4个迭代周期。

　　使用SGD时，可在每个迭代周期执行N次更新，因此可以在固定数量的迭代周期中进行更多次的更新。但由于每次更新时只使用一个数据点的行为具有随机性，所以采取的步长是有噪声的。它们并不总是朝着正确的方向前进。总步数越多，就越接近目标，但代价是增加了运行时间，毕竟这样做就不具备一次性处理所有数据的计算效率。

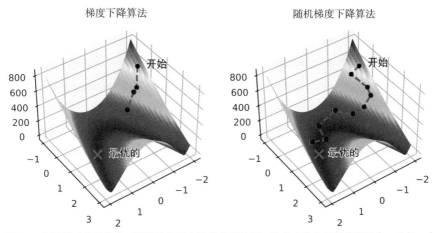

图2.8　左图显示的是梯度下降算法的四个迭代周期数据。这意味着它只能前进四步，但每一步都朝着正确的方向前进。右图中，SGD通过查看一些数据，在每个迭代周期进行多次更新。这意味着每一步都有噪声，而且不总是朝着正确的方向，但通常都是朝着有用的方向，因此SGD往往能在更短的迭代周期内朝着目标取得更大的进展

　　我们在实践中使用的解决方案是在这两个极端之间找到平衡。先是选择一个足够大(但同时也足够小)的批量来更有效地使用GPU，这样便仍然可以在每个迭代周期执行更多更新。使用B表示批量大小；对于大多数应用程序而言，$B \in [32, 256]$是一个不错的选择。另一个好用的方法则是使批量大小尽可能大，以适应GPU内存，并添加更多的训练迭代周期，直到模型收敛。这需要做更多的工作，因为当你开发网络并进行更改时，GPU上可以存储的最大批量大小可能会发生变化。

　　注意：因为我们只使用了验证数据来评估模型的运行情况，而没有更新模型的权重，所以没有对用于验证数据的批量大小进行特别的权衡。可以将批量大小增加到使模型运行速度最快的大小，然后再继续执行。无论用于测试数据的批量大小如何，结果都是相同的。在实践中，为了简单起见，大多数人使用相同的批量大小来训练和测试数据。

　　代码如下：

```
training_loader = DataLoader(train_dataset, batch_size=32, shuffle=True)
model_sgd = nn.Sequential(
    nn.Linear(2, 30),
    nn.Tanh(),
    nn.Linear(30, 30),
    nn.Tanh(),
    nn.Linear(30, 2),
)
results_batched = train_simple_network(model_sgd, loss_func,
➥training_loader, epochs=5, test_loader=testing_loader,
➥checkpoint_file='model.pt',
➥score_funcs={'Acc':accuracy_score,'F1': f1_score})
```

现在，如果将结果绘制为时间的函数，就会看到绿线提供了两个极端的最佳结果。它只运行了1.044秒，但准确率却几乎未变。你会发现，使用这样的批量数据几乎没有缺点，是现代深度学习的首选方法。

```
sns.lineplot(x='total time', y='test Acc', data=results_pd, label='SGD, B=1')
sns.lineplot(x='total time', y='test Acc', data=results_true_gd,
    label='GD, B=N')
sns.lineplot(x='total time', y='test Acc', data=results_batched,
    label='SGD, B=32')
```

[35]: <AxesSubplot:xlabel='total time', ylabel='test Acc'>

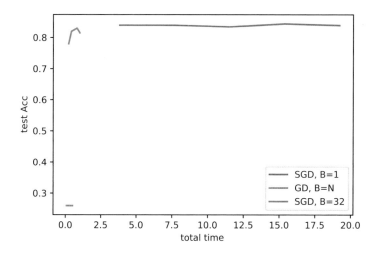

2.6 练习

请尝试在本书的Manning出版社在线平台上分享和讨论你的解决方案(https://liveproject. manning.com/project/945)。提交完答案后，你便能够看到其他读者提交的解决方案，并看到作者评选的最佳方案。

1. 数据的输入范围会对神经网络产生很大影响。这适用于输入和输出，如回归问题。请尝试将scikit-learn的StandardScaler应用于本章开头部分中简单回归问题的目标y，并在此基础上训练新的神经网络。改变输出的比例对模型的预测有益还是无益？

2. 因为曲线下面积(AUC)指标要求y_pred是形状(N)的向量，而非形状(N, 2)的矩阵，所以该指标不遵循scikit-learn中的标准模式。请为AUC编写一个封装函数，使其与我们的train_simple_network函数兼容。

3. 试编写一个新函数resume_simple_network，从磁盘加载checkpoint_file、恢复optimizer和model的状态，并继续训练到指定的总迭代周期数。如果在20个迭代周期时间段后保存模型，并且指定了30个迭代周期，那么它应该只进行10个迭代周期的训练。

4. 在进行实验时，我们可能希望倒回去，尝试不同迭代周期的模型版本，特别是当我们试图确定某些反常行为出现的时间点时。修改train_simple_network函数，以获取新的参数checkpoint_every_x，该参数每x个迭代周期保存一个具有不同文件名的模型版本。这样，你就可以返回并加载一个特定的模型版本，而不用在硬盘中装满每个迭代周期的模型。

5. 深度学习的深度部分是指神经网络中的层数。请尝试在我们用于make_moons分类问题的模型中添加更多层(最多20层)。更多的层会如何影响模型性能？

6. 请尝试改变make_moons分类问题的隐藏层中所使用的神经元数量。它如何影响模型性能？

7. 使用scikit-learn加载威斯康星乳腺癌数据集(https://scikit-learn.org/stable/modules/generated/sklearn.datasets.load_breast_cancer.html)，将其转换为TensorDataset，然后将其划分为80%的数据用于训练，20%的数据用于测试。请尝试为这些数据构建自己的分类神经网络。

8. 我们在批量大小为$B = \{1,32,N\}$的make_moons数据集上看到了结果。试编写一个循环，在同一数据集上为小于N的每个2次幂的批量大小(即，$B = \{2, 4, 8, 16, 32, 64, ...\}$)训练一个新模型，并绘制结果。你注意到准确率和/或训练时间方面的趋势了吗？

2.7　小结

- train_simple_network函数抽象了细节，几乎可以用于任何神经网络。
- CrossEntropyLoss用于分类问题，MSE和L1损失用于回归问题。
- nn.Linear层可用于实现线性和逻辑回归。
- 通过添加更多的nn.Linear层和各层间嵌入的非线性层，全连接网络可以被视为线性和逻辑回归的扩展。
- nn.Sequential Module可用于组织子Module以创建更大的网络。
- 通过在DataLoader中使用batch_size选项，可以在计算效率与优化步长数量之间做出权衡。

第3章

卷积神经网络

本章内容

- 张量如何表示空间数据
- 定义卷积及其用途
- 构建和训练卷积神经网络(Convolutional Neural Network，CNN)
- 添加池以使CNN更鲁棒
- 增强图像数据以提高准确率

卷积神经网络(Convolutional Neural Network，CNN)在振兴神经网络领域的同时，也从2011年和2012年开创了深度学习的新领域。CNN仍然是许多最成功的深度学习应用的核心，包括自动驾驶汽车、智能设备使用的语音识别系统和光学字符识别。所有这些都源于这样一个事实：卷积(convolution)是一种强大而简单的工具，可以帮助人们将与问题有关的信息编码到网络架构的设计中。与专注于构建特征相比，它需要花更多时间来设计网络的架构。

卷积的成功源于其学习空间模式的能力，这使其成为处理任何图像相关数据的默认方法。当对图像应用卷积时，便可以学会检测诸如水平或垂直线、颜色变化或网格模式等的简单模式。当层层叠加卷积时，它们就会在之前的简单卷积的基础上，开始识别更复杂的模式。

本章的目标是学会为新的图像分类问题构建个人CNN所需的所有基础知识。首先，讨论如何将图像表示为神经网络。二维图像是一种重要的结构，本章会将其编码为在张量中组织数据的特定方式。你必须始终关注数据的结构，因为选择与结构匹配的正确架构是提高模型准确率的最佳方式。接下来，我们将揭开卷积的神秘面纱，展示卷积如何检测简单模式，并解释为什么它们对于诸如图像的数据结构来说是一种好方法。然后，我们将创建一个卷积层，它可以替代我们在第2章中使用的nn.Linear层。最后再构建一些卷积神经网络并讨论一些提高其准确率的额外技巧。

3.1　空间结构先验信念

到目前为止，你已经知道了如何构建和训练一个非常简单的神经网络。你所学到的知识适用于任何类型的表格(也称为列表)数据，其中你的数据和特征可以组织在电子表格中。然而，其他算法(例如，随机森林和XGBoost)通常更适合此类数据。如果你只有列表数据，则可能不想使用神经网络。

神经网络真的很有用，当将它们用来强制实行先验信念(prior belief)时，其性能便开始超越其他方法了。"先验信念"这个词的字面意思是：在研究数据/问题/世界的运作方式之前，相信某些事情是真实的[1]。具体来说，深度学习在施加结构先验方面最为成功。通过设计网络，我们传递了一些关于数据内在性质或结构的知识。编码到神经网络中的最常见结构类型是空间相关性(即本章中的图像)和序列关系(如从一天到另一天的天气变化)。图3.1显示了一些需要使用CNN的情况。

列数据：全连接层　　　　　　　　　　　**音频数据：使用一维CNN**　　　　**图像数据：使用二维CNN**

特征 1	特征 2	...	特征 d
1	Yes	...	2
8.2	No	...	5123
7	Yes	...	542

图3.1　列式数据(可以放在电子表格中的数据)应该使用全连接层，因为数据没有结构，而且全连接层不会传递任何先验信念。音频和图像的空间属性与CNN对世界的看法相匹配，因此应该始终使用CNN来处理这些类型的数据。听书很难，所以我们将坚持用图像代替音频

有几种方法可以将我们所知道(或相信)的问题结构编码到神经网络中，而且方法的数量还在不断增加。接下来将讨论在基于图像的世界中占据主导地位的CNN。首先，需要学习PyTorch如何将图像及其结构编码为张量，这样才能理解卷积如何使用这种结构。先前，我们的输入没有结构，数据可以用一个包含N个数据点和D个特征的(N, D)矩阵来表示。我们可以重新排列特征的顺序，但这样做并不会改变数据背后的意义，因为数据的组织结构并不重要。重要的是，如果j列与某个特定特征相对应，就应该始终将该特征的值放在j列(也就是说，只需要保持一致)。

然而，图像是结构化的，像素有顺序。如果打乱了周围的像素，就会从根本上改变图像的意义。事实上，如果你这样做，很可能会得到一个难以理解的图像。图3.2展示了

1　如果你身边有自称贝叶斯主义者的朋友，他们可能会对这个定义不以为然，不过没关系。贝叶斯统计通常涉及先验的更精确定义，相关介绍请参阅http://mng.bz/jjJp (Scott Lynch, 2007)。

其工作原理。

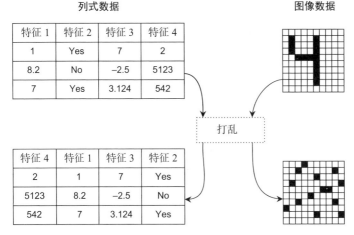

列式数据

特征 1	特征 2	特征 3	特征 4
1	Yes	7	2
8.2	No	−2.5	5123
7	Yes	3.124	542

打乱

特征 4	特征 1	特征 3	特征 2
2	1	7	Yes
5123	8.2	−2.5	No
542	7	3.124	Yes

图像数据

图像具有结构：数据的顺序意味着特定的关系。这就是图像的含义。通过打乱像素，就从根本上改变了数据的性质和意义。数字"4"在打乱后不再是数字。CNN理解彼此接近的值是相互关联的

打乱列的顺序不会影响数据的含义。
这是因为数据没有基本结构

图3.2 打乱数据会破坏数据的结构。左图：对于柱状数据，打乱没有真正的影响，因为数据没有特殊的结构。右图：当一个图像被打乱时，它就不再可识别了。这是图像的结构性质，彼此相邻的像素彼此相关。CNN编码了这一概念：彼此靠近的项具有相关性，这使CNN非常适合处理图像

假设有N个图像，每个图像高度都为H而宽度都为W。起初，可以假设图像数据矩阵的形状为

$$(N, W, H)$$

这是一个三维张量，对于黑白图像来说就足够用了。但是颜色呢？我们需要在表示中添加一些通道(channel)。每个通道具有相同的宽度和高度，但表示不同的感知概念。通常用红、绿、蓝(RGB)通道表示颜色，通过混合红、绿和蓝来创建最终的彩色图像，如图3.3所示。

若要包含颜色，需要为通道的张量添加一个维度

$$(N, C, W, H)$$

现在已经有了一个具有结构的四维张量。所谓的"结构"指的是张量的轴和我们访问数据的顺序具有特定的含义(不能打乱它们)。如果x是一批彩色图像，则x[3,2,0,0]表示"从第4个图像(N=3)获取左上像素(0,0)的蓝色值(C=2)。"或者，可以使用x[3,:,0,0]来获取红色、绿色和蓝色值。这意味着我们正在处理位置i和j处的像素值；我们知道需要访问索引x[:,:,i,j]。更重要的是，我们需要了解右下角的相邻像素，可以使用x[:,:,i+1,j+1]访问该像素。因为输入是结构化的，所以无论i和j的值如何，这都是正确的。卷积使用这种方法，因此当卷积在图像中查看像素位置i, j处时，它还可以考虑相邻像素位置。

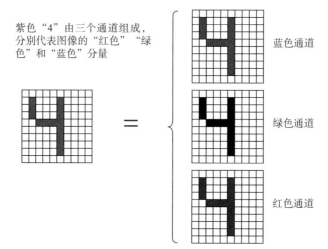

紫色"4"由三个通道组成，分别代表图像的"红色""绿色"和"蓝色"分量

蓝色通道

绿色通道

红色通道

图3.3　彩色图像由三个相同大小的子图像表示，称为通道。每个通道表示不同的概念，最常见的是红色、绿色和蓝色(RGB)。通常，每个通道在不同位置代表不同类型的特征

注意：RGB是最常用的图像标准，但并非唯一标准。其他常用的表示数据的方法包括色调、饱和度和值(HSV)以及青色、洋红色、黄色和关键色(即黑色)(CMYK)。这些标准通常称为颜色空间。

用PyTorch加载MNIST

虽然这有点老套，但接下来仍旧是要使用无处不在的MNIST数据集来探索这一切意味着什么。这是一组从0到9的黑白数字图像；每个图像宽28像素，高28像素。PyTorch在一个名为torchvision的数据包中为该数据集提供了一个方便的加载器。如果你正在使用图像和PyTorch进行任何操作，你肯定希望使用此数据包。虽然MNIST只是一个没有实际意义的问题，但大多数章节都会处理这一问题，因为它支持在几分钟内运行示例，而真正的数据集仅单次运行就需要耗费几个小时甚至几个星期。我设计这些章节的初衷是为了便于你将学到的方法和课程应用到实际问题中。

加载torchvision包，如下所示：

```
import torchvision
from torchvision import transforms
```

接着使用以下代码加载MNIST数据集。第一个参数"./data"告诉PyTorch我们希望存储数据的位置，download=True表示如果数据集不存在，则下载数据集。MNIST具有已经预先定义并划分了的训练数据和测试数据，通过将train标志分别设置为True或False来获得即可：

```
mnist_data_train = torchvision.datasets.MNIST("./data", train=True,
➥download=True)
mnist_data_test = torchvision.datasets.MNIST("./data", train=False,
```

```
download=True)
x_example, y_example = mnist_data_train[0]
type(x_example)
```

[5]: PIL.Image.Image

现在你会注意到返回的数据的type不是张量。之所以得到PIL.Image.Image
(https://pillow.readthedocs.io/en/stable)是因为数据集是图像。需要使用transform将图像
转换为张量，这也正是从torchvision导入transforms包的原因。可以简单地指定
ToTensor转换，将Python图像库(Python Imaging Library，PIL)图像转换为PyTorch张量，
其中最小可能值为0.0，最大值为1.0，因此它已经在我们可以使用的相当好的数值范围内
了。现在重新定义这些数据集对象来实现这一点。只需添加transform=transforms.
ToTensor()到方法调用即可。如下所示，加载训练和测试划分，并打印训练集的第一个
示例的形状：

```
mnist_data_train = torchvision.datasets.MNIST("./data", train=True,
download=True, transform=transforms.ToTensor())
mnist_data_test = torchvision.datasets.MNIST("./data", train=False,
download=True, transform=transforms.ToTensor())
x_example, y_example = mnist_data_train[0]
print(x_cxample.shape)

torch.Size([1, 28, 28])
```

我们从数据集中访问了单个示例，对于$C=1$的通道(黑色和白色)，该示例的形状为
(1,28,28)，宽度和高度为28像素。如果希望将灰度图像的张量表示可视化，imshow希望它
只有宽度和高度(即形状为(W, H))。imshow函数还需要被明确告知使用灰度。为什么？因
为imshow适用于更广泛的科学可视化类别，其中可能需要其他选项，所以有：

```
imshow(x_example[0,:], cmap='gray')
```

[7]: <matplotlib.image.AxesImage at 0x7f6a1fea3090>

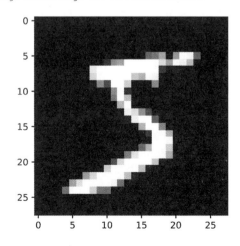

图中的数字很明显是5。既然我们正在学习如何将图像表示为张量，就不妨来做一个彩色版本。如果将同一个数字的三个副本叠加在一起，就会得到一个形状为(3, 28, 28)的张量。因为张量的结构具有意义，所以它会通过获得三个通道而瞬间成为彩色图像。具体的操作如下面的代码所示，它将第一个灰度图像叠加三次并打印出形状：

```
x_as_color = torch.stack([x_example[0,:], x_example[0,:], x_example[0,:]],
➥dim=0)
print(x_as_color.shape)

torch.Size([3, 28, 28])
```

现在让我们可视化该颜色版本。这里需要稍加小心。在PyTorch中，图像表示为(N, C, W, H)[1]，但imshow期望单个图像为(W, H, C)。因此，需要在使用imshow时排列维度。如果张量有r个维度，则permute函数接受r个输入：原始张量的索引0, 1, ..., r-1以我们希望它们出现的新顺序排列。由于图像形状现在为(C, W, H)，因此保持该顺序意味着(0, 1, 2)。我们想让索引0处的通道成为最后一个维度，宽度为第一个维度，高度为第二个维度，即(1, 2, 0)。不妨试试看：

```
imshow(x_as_color.permute(1,2,0))
```

[9]: <matplotlib.image.AxesImage at 0x7f6b681c60d0>

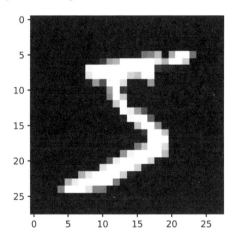

为什么这个彩色图像仍然显示为黑白？因为原始图像是黑白的。我们在红色、绿色和蓝色通道中复制了相同的值，这就是用颜色表示黑白图像的方式。如果将红色和蓝色通道中的值归零，就会得到一个绿色的数字：

```
x_as_color = torch.stack([x_example[0,:], x_example[0,:], x_example[0,:]])
x_as_color[0,:] = 0    ◄——— 没有红色，只留下绿色
x_as_color[2,:] = 0    ◄——— 无蓝色
```

---

1 不同的框架支持不同的排序，出于各种复杂原因，在此不再深入讨论。关注基本的和默认的PyTorch行为即可。

```
imshow(x_as_color.permute(1,2,0))
```

[10]: <matplotlib.image.AxesImage at 0x7f6a1fc8b810>

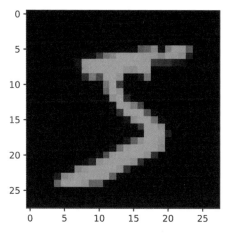

更改此图像的颜色是为了展示：

- 不同通道如何影响数据所表示的内容

- 数据结构表示的含义

为了将以上两点解释清楚，不妨将三个不同的图像叠加成一个彩色图像。我们将重复使用与堆栈中的第一个图像相同的数字5。它将进入红色通道，因此会看到一个红色的5与另外两个分别是绿色和蓝色的数字混合：

```
x1, x2, x3 = mnist_data_train[0], mnist_data_train[1],
➥mnist_data_train[2]  ◀──── 抓取三个图像

x1, x2, x3 = x1[0], x2[0], x3[0]  ◀──── 丢弃标签

x_as_color = torch.stack([x1[0,:], x2[0,:], x3[0,:]], dim=0)
imshow(x_as_color.permute(1,2,0))
```

[11]: <matplotlib.image.AxesImage at 0x7f6a1fc00650>

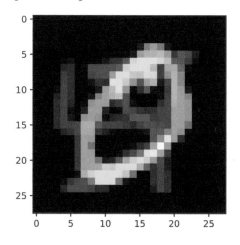

可以看到一个红色5，一个绿色0和一个蓝色4。当两个图像叠加时，因为图像被放置在不同的颜色通道中，所以颜色会混合。例如，在上图的中部，4和5叠加，且出现红色+蓝色=紫色。数据的顺序是有意义的，重新排序就会破坏数据结构。

接下来更细致地分析这个问题。如果打乱某个通道内的数据，会发生什么情况？它的重要结构意义是否相同？让我们再看一次数字5，但随机地打乱张量中的值：

```
rand_order = torch.randperm(x_example.shape[1] * x_example.shape[2])
x_shuffled = x_example.view(-1)[rand_order].view(x_example.shape)
imshow(x_shuffled[0,:], cmap='gray')
```

[12]: <matplotlib.image.AxesImage at 0x7f6a1fb72cd0>

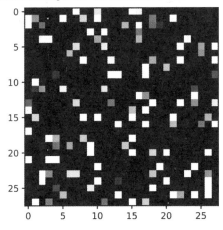

如图所示，这已经完全地改变了图像的含义。不是数字5，什么也不是，真的。一个值及其附近值的位置本质上是该值含义的一部分。一个像素的值无法与其邻近像素的值分离。这就是本章试图捕捉的结构空间先验性(structural spatial prior)。既然我们已经学会了如何用张量表示图像的结构，那么也可以学习用卷积来展示这种结构。

3.2　什么是卷积

现在，数据形状就像一幅图像，该做些什么改变呢？我们想在模型中加入一个先验关系：空间关系(spatial relationship)。卷积编码的先验是：彼此靠近的事物具有相关性，而彼此远离的事物没有相关性。回想3.1节中的数字5图片。选择任何黑色像素：它的大多数相邻像素也是黑色的。选择任何白色像素：它的大多数相邻像素都是白色或白色阴影。这是一种空间相关性。像素在图像的哪个位置出现其实并不重要，因为图像的本质决定了它往往无处不在。

卷积是具有两个输入的数学函数。卷积获取输入图像和过滤器(也称为内核)，并输出新图像。过滤器的目标是从输入中识别某些模式，并在输出中突出显示。卷积可用于对任何具有r维度的张量施加空间先验；简单的例子如图3.4所示。现在，我们只是想了解什么是卷积——我们想知道这是如何在一瞬间实现的。

"图像"是形状为(BatchSize, Channels, *)
的任何张量,其中*可以是任意数量的附
加维度。我们使用简单的二维图像是因为
它很容易"图片化"

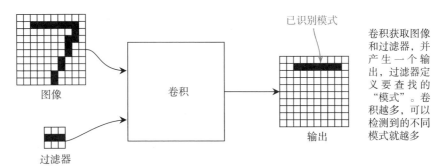

图3.4　卷积示例。通过卷积来组合输入图像和过滤器。输出是一个已更改的新图像。过滤器的
目的是确认或识别输入中的某些模式。在该示例中,过滤器识别数字7顶部的水平线

　　尽管我们一直在谈论图像,但卷积并不仅局限于处理二维数据。为了帮助理解卷积
的工作原理,可以先从一个一维的例子开始,因为这样可以更容易理解数学函数。若理解
了一维卷积,那么很快也能理解用于图像的二维版本。因为我们想创建多层卷积,所以还
将学习填充(padding),这是实现这一目的所必需的步骤。最后,还将讨论权重共享(weight
sharing),这是一种不同的卷积思维方式,将贯穿全书。

3.2.1　一维卷积

　　为了理解卷积的工作原理,先来谈谈一维图像,因为一维图像比二维图像更容易展示
细节。一维图像的形状为(C, W),分别对应一定数量的通道和宽度。此处没有提到高度,
是因为我们谈论的只是一维而非二维。可以为形状为(C, W)的一维输入定义形状为(C, K)的
过滤器。可以选择K的值,也需要C来匹配图像和过滤器。由于通道的数量必须始终匹配,
因此我们将其简称为"大小为K的过滤器"。如果将大小为K的过滤器应用于形状为(C, W)
的输入,就会得到形状为$\left(C, W - 2 \cdot \lfloor K / 2 \rfloor\right)$的输出[1]。先来看看图3.5中的工作原理。

　　从图中可以看到,形状为(1, 6)的输入位于左侧,我们正在应用大小为3的过滤器,其
值为[1, 0, -1]。输出在右侧。箭头方向标示了与空间相关的输入到输出走向。因此,对于
第一个输出-1,只有前三个输入是相关的;输入中没有其他任何因素影响某一具体的输
出。计算它的值需要将前三个输入与内核中的三个值相乘,然后求和。第二组的三个输入
值则用于计算输出的第二个值。注意,过滤器中的三个值始终相同,对应于输入中的每个
位置。以下代码展示了如何在原始的Python中实现这一点:

---

1. $\lfloor x \rfloor$作为下限函数,会舍去小数点后的值:如$\lfloor 9.9 \rfloor = 9$。若为上限函数,则有$\lceil 9.1 \rceil = 10$。

```
filter = [1, 0, -1]
input = [1, 0, 2, -1, 1, 2]
output = []
for i in range(len(input)-len(filter)):      ◄─── 在输入上滑动过滤器
    result = 0
    for j in range(len(filter)):              ◄─── 在此位置应用过滤器
        result += input[i+j]*filter[j]
    output.append(result)                      ◄─── 输出已准备就绪
```

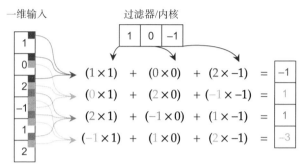

图3.5　一维输入"1, 0, 2, -1, 1, 2"与过滤器"1, 0, -1"卷积。这意味着每获取三个输入项的子序列，就将这些项与过滤器值相乘，然后将结果相加

实际上，我们是在输入的每个位置上滑动过滤器，计算每个位置上的值，并将其存储到输出中。这就是卷积。输出的大小会缩小 $2 \cdot \lfloor 3/2 \rfloor$，因为我们会在输入的边缘处耗尽数值。接下来，将展示如何在二维图像中实现这一功能，然后就能为构建CNN奠定基础了。

3.2.2　二维卷积

当增加张量中的维数 r 时，卷积的概念和其工作方式保持不变：在输入周围滑动过滤器，将过滤器中的值与图像的每个区域相乘，然后求和。这里只需相应地使过滤器形状相匹配即可。以二维图像为例，我们将尝试处理的图像与该二维图像对齐：图3.6引入了 ⊛ 运算符，这意味着卷积的产生。

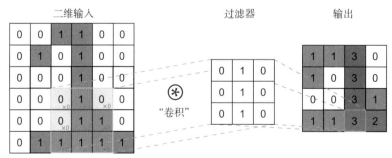

图3.6　数字1与二维过滤器卷积的图像。绿色区域表示当前正在卷积的图像部分，浅蓝色表示来自过滤器的值。橙色显示的是输出结果。通过在整个图像上滑动绿色/橙色区域，可以生成输出结果

　　同样，二维输出是将每个位置乘以过滤器值(成对)并将它们全部相加的结果。输入的突出显示区域用于创建输出中的值。输入单元格的右下角显示的是要相乘的过滤器值。深度学习在大多数情况下都使用正方形过滤器，这意味着过滤器的所有r维都具有相同数量的值。因此，在上图描述的情况下，可将其称为大小为K的二维过滤器，或者将其简称为大小：K。这里的K=3。二维卷积的代码使循环数加倍：

```
filter = [[0, 1, 0], [0, 1, 0], [0, 1, 0]]
input = [[0,0,1,1,0,0],
         [...],
         [0,1,1,1,1,1]
         ]
height, width = len(input), len(input[0])
output = []
for i in range(height-len(filter)):          ◀──── 在行上滑动过滤器
    row_out = []
    for j in range(width-len(filter)):        ◀──── 在列上滑动过滤器
        result = 0
        for k_i in range(len(filter)):        ◀──── 在此位置上应用过滤器
            for k_j in range(len(filter)):
                result += input[i+k_i][j+k_j]*filter[k_i][k_j]

        row_out.append(result)                ◀──── 生成一行输出

    output.append(row_out)    ◀──── 将行添加到最终输出。输出已可以使用
```

　　由于此二维输入的形状为(1, 6, 6)，内核的形状为(1, 3, 3)，因此就是将宽度和高度缩小了 $2 \cdot \lfloor 3/2 \rfloor = 2$。这意味着高度为：6像素-2像素=4像素，同样宽度也为6像素-2像素=4像素。现在所进行的精确操作，正是用于图像分类的CNN的基础。

3.2.3　填充

　　注意，每次应用卷积时，输出都会相对于原始输入变小、变短。这意味着，如果反复使用卷积，最终将一无所获。因为要创建多层卷积，所以这并不是我们想要的结果。大多数现代深度学习的设计实践都会保持输入和输出的大小相同，这样就能更容易地推理出网络的形状，并使其达到理想的深度，而不用担心输入会消失。这种解决方案称作填充(padding)。默认情况下，总是应该使用填充，这样就可以在不改变张量形状的情况下改变架构。图3.7展示了如何对同一二维图像进行填充。

　　我们会在图像周围添加一行/一列假想的"0"，并将图像处理成比实际大小更大的图像。因为是将某个值添加到图像的所有边缘且该值采用0填充，所以这个特殊的例子称为零填充。如果使用大小为K的卷积过滤器，则可以使用填充 $\lfloor K/2 \rfloor$ 来确保输出与输入保持相同的大小。同样，即使高度和宽度可以进行不同程度的填充，但是因为过滤器在每个维度上的大小相同，所以通常每个维度仍旧使用相同的填充量。

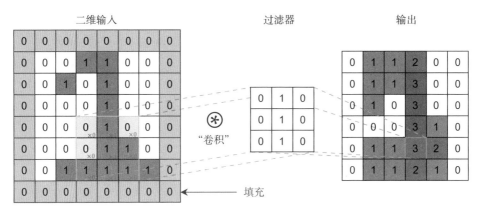

图3.7　该卷积与之前的相同，具有相同的输入和过滤器，但输入用值0填充，以使图像在每个方向上放大一个像素，从而让输出图像具有与原始图像相同的宽度和高度

3.2.4　权重共享

还有另一种思考卷积的方法，它引入了一个称为权重共享(weight sharing)的重要概念。再次回顾一维卷积的情况，因为它更容易编写代码。假设你有一个带参数(或权重) Θ 的神经网络 $f_\Theta(\cdot)$，它接收具有 K 个特征的输入向量 z，$z \in \mathbb{R}^K$。现在假设有一个更大的、具有 $C=1$ 个通道和 D 个特征的输入 x，其中 $D>K$。因为形状 $D \neq K$，即不匹配，所以不能在 x 上使用 $f_\Theta(\cdot)$。

有一种方法可以将网络 $f_\Theta(\cdot)$ 应用于这个更大的数据集，即在输入的分片(slide)之间滑动网络，并共享每个位置的权重 Θ。所需的一些Python伪代码如下所示：

```
x = torch.rand(D)        ←——— 某些输入向量
output = torch.zeros(D-K//2*2)
for i in range(output.shape[0]):
    output[i] = f(x[i:i+K], theta)
```

现在，如果将网络定义为f=nn.Linear(K,1)，便可精确地实现一维卷积。从中可以发现卷积的一些重要属性，以及如何使用它们来设计深度神经网络。现在，我们发现的最主要的事情是卷积是作用于空间之上的线性运算。与第2章的nn.Linear层一样，一个卷积之后跟着另一个卷积其效果等同于一个略有不同的单一卷积。也就是说：

- 不要重复卷积，因为这样做是多余的。
- 在使用卷积后要加入非线性激活函数。

注意：如果有一个大小为(1,3,5)的矩形内核，则输出图像的宽度 $2 \cdot \lfloor 3/2 \rfloor = 2$ 将比输入图像的宽度小。输出图像的高度为 $2 \cdot \lfloor 5/2 \rfloor = 4$，每边去掉两个值。虽然矩形内核可能存在，但很少使用。还请注意，我们一直在使用的内核，其大小为不可被2整除的奇数。这主要是为了表示方便，因为过滤器是使用输入的精确中心来产生每个输出的。与矩形内核一样，过滤器的大小可能是均匀的，但很少使用。

3.3　卷积如何有益于图像处理

我们花了很多时间来讨论什么是卷积。现在该看看卷积的实际应用了。卷积在计算机视觉应用中有着丰富的使用历史；只要选择合适的内核，这个简单的操作就可以定义许多有用的概念。

首先，再次查看MNIST中数字4的特定图像。加载SciPy convolve函数并定义img_indx，以便可以更改正在处理的图像，并查看这些卷积如何在其他输入中发挥作用：

```
from scipy.signal import convolve
img_indx = 58
img = mnist_data_train[img_indx][0][0,:]
plt.imshow(img, vmin=0, vmax=1, cmap='gray')
```

[13]: <matplotlib.image.AxesImage at 0x7f6a1f963b50>

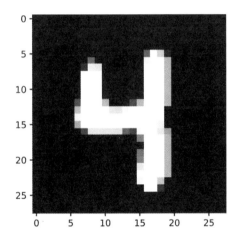

一种常见的计算机视觉操作是模糊图像。模糊包括获取局部平均像素值，并用相邻像素的平均值替换每个像素。这对于消除小的噪点伪影或柔化锐利边缘非常有用。使用模糊内核可以完成该操作，其中

$$图像 \circledast \frac{1}{9}\begin{bmatrix} 1\ 1\ 1 \\ 1\ 1\ 1 \\ 1\ 1\ 1 \end{bmatrix} = 模糊图像$$

可以把这个数学公式直接转换成代码。矩阵是一个np.asarray调用，我们已经加载了图像，并使用convolve函数完成卷积 $\circledast$ 。在展示输出图像时，便得到了数字4的模糊版本：

```
blur_filter = np.asarray([[1,1,1],
                          [1,1,1],
                          [1,1,1]
                          ])/9.0
```

```
blurry_img = convolve(img, blur_filter)
plt.imshow(blurry_img, vmin=0, vmax=1, cmap='gray')
plt.show()
```

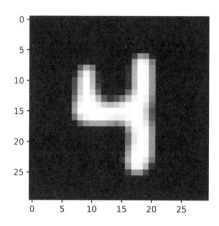

卷积的一个特别常见的应用是进行边缘检测(edge detection)。在任何计算机视觉应用中，最好要弄清楚边缘的位置。它们可以帮助确定道路边缘的位置(若希望车辆一直在车道上行进)或查找对象(易于识别的不同形状的边缘)。模糊版本的数字4的边缘即为数字的轮廓。因此，如果图像局部区域中的所有像素都相同，那么我们希望所有像素都被抵消，从而不产生输出。我们希望只在发生局部变化时才产生输出。同样，这也可以描述为一个内核，在这个内核中，当前像素周围的所有像素都是负值，而中心像素的权重与其所有邻近像素的权重相同：

$$图像 \ \circledast \begin{bmatrix} -1 & -1 & 1 \\ -1 & 8 & -1 \\ -1 & -1 & 1 \end{bmatrix} = 边缘检测图像$$

当像素周围的所有像素都与像素本身不同时，该过滤器就会最大化。一起来看看会发生什么：

可以通过关注像素与其相邻像素之间的差异来找到边缘

```
edge_filter = np.asarray([[-1,-1,-1],  ←
                          [-1, 8,-1],
                          [-1,-1,-1]
                          ])

edge_img = convolve(img, edge_filter)
plt.imshow(edge_img, vmin=0, vmax=1, cmap='gray')
plt.show()
```

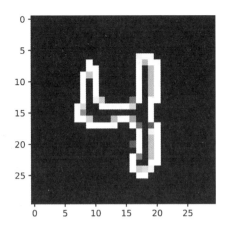

　　不负众望，过滤器找到了数字的边缘。因为边缘是发生变化最多的地方，所以响应只在边缘产生。又因为高中心权重抵消了所有相邻像素，所以数字外部没有任何响应，同样，数字的内部区域也是如此。因此，我们现在已经找到了图像中的所有边缘。

　　我们可能还希望以特定角度来寻找边缘。如果我们将自己约束在一个3×3内核上，那么这样最容易找到水平边缘或垂直边缘。接下来通过使内核值改变过滤器水平方向上的符号，为水平边缘创建一个内核：

$$图像 \circledast \begin{bmatrix} -1 & -1 & 1 \\ 0 & 0 & 0 \\ 1 & 1 & 1 \end{bmatrix} = 水平边缘图像$$

```
h_edge_filter = np.asarray([[-1,-1,-1],    ← 我们只能寻找水平边缘
                            [0, 0,0],
                            [1, 1, 1]
                            ])

h_edge_img = convolve(img, h_edge_filter)
plt.imshow(h_edge_img, vmin=0, vmax=1, cmap='gray')
plt.show()
```

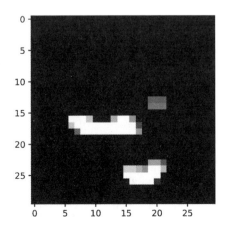

在此只识别了图像的水平边缘，这主要是指数字4的底部条带状。当定义更多有用的内核时，便可以想象如何通过组合过滤器来识别更高级的概念。如果只有垂直过滤器和水平过滤器，将无法对所有10个数字进行分类，但图3.8揭示了如何缩小答案范围。

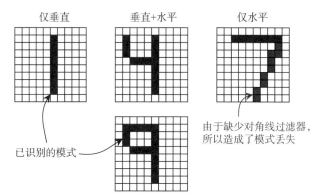

图3.8　只有一个垂直边缘过滤器和一个水平边缘过滤器的示例。如果只有垂直过滤器开启，就只会看到数字1。如果只有水平过滤器开启，就可能会看到数字7，但还需要一个额外的对角线过滤器来帮助确认。如果水平和垂直过滤器都响应，就可以看到数字4或9；如果没有更多的过滤器，就会很难分辨

几十年来，手动设计所有(你可能需要的)过滤器是计算机视觉的重要组成部分。在卷积的基础上进行卷积，还可以识别更复杂的目标：例如，在识别出水平和垂直边缘后，新的过滤器可能会将其作为输入，并在中间寻找一个顶部有水平边缘、侧面有垂直边缘的空白空间。这样就能得到一个类似于O的形状，它能区分9和4。

不过，得益于深度学习，我们不必费心地去想象和测试可能需要的所有过滤器。而是可以直接让神经网络学习过滤器本身。这样，不但省去了劳动密集型过程，内核也针对我们关心的特定问题进行了优化。

3.4　付诸实践：我们的第一个CNN

既然已经讨论了什么是卷积，那么不妨来看看一些数学符号和PyTorch代码。之前已经了解到，可以使用图像 $I \in \mathbb{R}^{C,W,H}$，并使用过滤器 $g \in R^{C,K,K}$ 来应用卷积以获得新的结果图像 $\mathbb{R}^{W',H'}$。用数学公式表示如下：

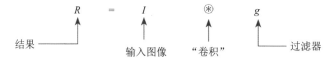

这意味着每个过滤器都会自己查看所有C个输入通道。图3.9展示了使用一维输入的示例，因为这样更容易可视化。

因为输入的形状为(C,W)，所以过滤器的形状为(C,K)。因此，当输入有多个通道时，内核将分别为每个通道设置一个值。这意味着可以使用过滤器对彩色图像进行如下操作：

同时查找"红色水平线，蓝色垂直线，以及非绿色的线"。但这也意味着每应用一个过滤器后，就会得到一个输出。

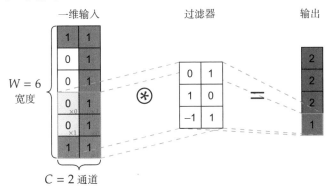

图3.9   具有两个通道的一维卷积的示例。因为有两个通道，所以一维输入看起来像一个矩阵且具有两个轴。过滤器也有两个轴，即每个通道一个轴。该过滤器从上到下滑动，并产生一个输出通道。不管有多少输入通道，一个过滤器始终产生一个输出通道

3.4.1   使用多个过滤器生成卷积层

假设前面的示例需要使用多个过滤器：需要 C_{out} 个不同的过滤器；并假设 C_{in} 表示输入中的通道数。在这种情况下，若有一个张量，能将所有过滤器表示为 $G \in \mathbb{R}^{C_{\text{out}}, C_{\text{in}}, K, K}$，那么当写出 $R = I \circledast G$ 时，便可以得到一个新的结果 $R \in \mathbb{R}^{K, W', H'}$。

如何将这个数学符号转换为一组多个过滤器 G 与输入图像 I 的卷积呢？PyTorch提供了 nn.Conv1d, nn.Conv2d和nn.Conv3d函数用于处理此问题。每个函数都为一维、二维和三维数据实现了卷积层。图3.10展示了某个按部就班的过程中发生的情况。

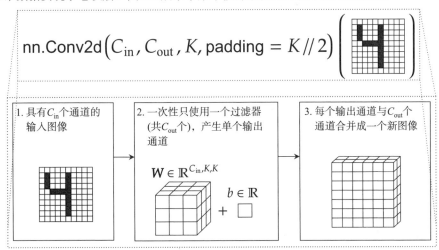

图3.10   nn.Conv2d函数定义了一个卷积层，并分三步工作。首先，它会获取具有 C_{in} 个通道的输入图像。作为构建卷积层的一部分，nn.Conv2d会获取将要使用的过滤器数量：C_{out}。每个过滤器都会应用于该输入，一次只使用一个，再合并结果。因此，输入张量的形状是(B, C_{in}, W, H)，输出张量的形状为$(B, C_{\text{out}}, W, H)$

三种标准卷积大小全都使用了相同的过程：`Conv1d`处理的张量是(批量,通道,宽度)，`Conv2d`处理的是(批量, 通道, 宽度, 高度)，`Cond3d`处理的是(批量,通道,宽度,深度)。输入中的通道数为C_{in}，卷积层由C_{out}个过滤器/内核组成。由于每个过滤器都产生了一个输出通道，因此该层的输出有C_{out}个通道。K值定义了所用内核的大小。

3.4.2 每层使用多个过滤器

为了帮助读者了解该工作原理，接下来将深入探索，详细展示整个过程。图3.11显示了$C_{in}=3$、$C_{out}=2$和$K=3$时输入图像的所有步骤和计算结果。

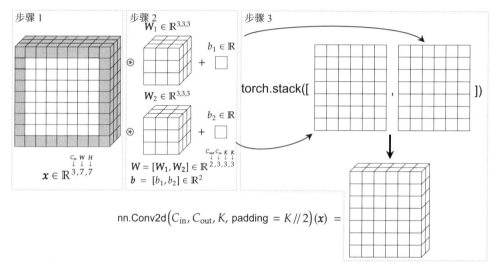

图3.11 展示卷积如何应用于单个图像的多个通道的示例。左图：输入图像，填充显示为红色。中图：两个过滤器W_1和W_2的参数(及其相关的偏置项b_1、b_2)。每个过滤器与输入进行卷积，产生一个通道。右图：将结果叠加，从而创建具有两个通道的新图像，每个通道对应一个过滤器。整个过程由PyTorch `nn.Conv2d`类自行完成

输入图像具有$C_{in}=3$个通道，我们将使用nn.Conv2d(C_in,C_out,3, padding=3//2)(x)=output对其进行处理。由于$C_{out}=2$，这意味着使用两个不同的过滤器来处理输入，因此要为每个位置添加偏置项，并获得两个与原始图像具有相同高度和宽度的结果图像(因为使用了填充)。由于指定了$C_{out}=2$，因此结果被叠加成一个具有两个通道的更大的单个图像。

3.4.3 通过展平将卷积层与线性层混合

拥有一个全连接层时，可为具有n个隐藏单元/神经元的单个隐藏层编写类似于图3.12的内容。我们用来描述具有一个卷积隐藏层的网络的数学符号与此非常相似：

$$f(\boldsymbol{x}) = \tanh\left(\frac{\overset{\text{输入图像}}{\underset{\uparrow}{\boldsymbol{x}_{C_{\text{in}},W,H}}} \circledast \overset{\text{nn.Conv2d}(C_{\text{in}},C_{\text{out}},K)}{\underset{\uparrow}{\boldsymbol{W}^{(h_1)}_{C_{\text{out}},C_{\text{in}},K,K}}} + \boldsymbol{b}^{(h_1)}}{\overset{\text{nn.Linear}(C_{\text{out}}\cdot w\cdot h,C)}{\underset{\uparrow}{\boldsymbol{W}^{(\text{out})}_{(C_{\text{out}}\cdot w\cdot h),C}}} + \boldsymbol{b}^{(\text{out})}}\right)$$

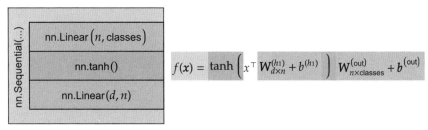

图3.12 全连接网络中的一个隐藏层。左图：与右侧公式匹配的PyTorch模块。相同颜色的模块与公式部分存在映射关系

这个公式乍看起来可能有点令人望而生畏，但如果细细查看，就会发现其实并不难。之所以令人望而生畏，是因为公式中包含了每个张量的形状，并注释了最新nn.Conv2d module发挥作用的位置。正因为包含了形状信息，所以你可以看到不同大小输入的处理过程，如果删除这些额外的细节，它看起来就没那么复杂了：

$$f(\boldsymbol{x}) = \tanh(\boldsymbol{x} \circledast \boldsymbol{W}^{(h_1)} + \boldsymbol{b}^{(h_1)})\boldsymbol{W}^{(\text{out})} + \boldsymbol{b}^{(\text{out})} \tag{3.1}$$

很明显，现在只做出了一点改变，即用卷积(由 $\circledast$ 表示的线性运算)代替点积(由{}ᵀ表示的空间线性运算)。

这几近完美，但有一个问题：卷积的输出形状为(C,W,H)，但我们的线性层($\boldsymbol{W}^{(\text{out})}+\boldsymbol{b}^{(\text{out})}$)期望的是一个将所有三个原始维度合并成一个维度的形状，即$(C \times W \times H)$。本质上，我们需要重塑卷积的输出，从而去除空间解释，这样线性层就可以处理结果并计算一些预测，如图3.13所示。

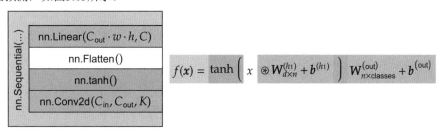

图3.13 卷积网络中的一个隐藏层。左图：与右侧公式匹配的PyTorch模块。相同颜色的模块与公式部分存在映射关系

该操作称为展平，是现代深度学习中的常见操作。前文中的式(3.1)就隐式地使用了这种展平操作。PyTorch提供了一个称为nn.Flatten的模块来进行此操作。我们经常用隐式偏置项将其写成$f(\boldsymbol{x}) = \tanh(\boldsymbol{x} \circledast \boldsymbol{W}^{(h_1)})\boldsymbol{W}^{(\text{out})}$。

3.4.4 第一个CNN的PyTorch代码

最后定义一些代码来训练基于CNN的模型。首先，需要获取CUDA计算设备，并创建DataLoader来加载训练和测试集。在此使用的批量大小B为32：

```
if torch.cuda.is_available():
  device = torch.device("cuda")
else:
  device = torch.device("cpu")

B = 32
mnist_train_loader = DataLoader(mnist_data_train, batch_size=B, shuffle=True)
mnist_test_loader = DataLoader(mnist_data_test, batch_size=B)
```

接下来定义一些变量。同样，因为PyTorch是以批量数据的形式工作的，所以当在PyTorch的上下文中思考时，张量形状是以B开始的；又因为输入由图像组成，所以初始形状是(B, C, W, H)。在此有：$B=32$(因为已经定义过了)并且$C=1$(因为MNIST是黑白的)。可以定义一些辅助变量(如K)来表示过滤器的大小，并且定义filters来表示需要构建的过滤器的数量。

第一个模型是model_linear，因为它只使用nn.Linear层。它首先调用nn.Flatten()。注意代码#(B,C,W,H)—>(B,C*W*H) = (B,D)中添加的特定注释：这用于提醒我们正在使用此操作来更改张量的形状。原始形状(B, C, W, II)位于左侧，新形状$(B, C×W×H)$位于右侧。因为用变量D来表示特征的总数，所以还要包括值的注释，它等于：= (B,D)。编写代码时很容易忘记张量的形状，这是引入错误的最简单的方法之一。当形状被张量改变时，我总会包含这样的注释。

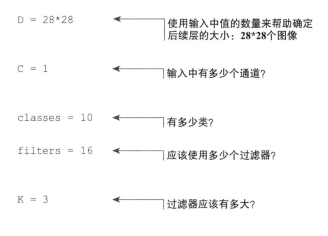

```
D = 28*28          ◄─────  使用输入中值的数量来帮助确定
                           后续层的大小：28*28个图像

C = 1              ◄─────  输入中有多少个通道?

classes = 10       ◄─────  有多少类?

filters = 16       ◄─────  应该使用多少个过滤器?

K = 3              ◄─────  过滤器应该有多大?

model_linear = nn.Sequential   ◄─────  为了方便比较，可以
  nn.Flatten(), # (B, C, W, H) -> (B, C*W*H) = (B,D)    定义一个具有相似复
  nn.Linear(D, 256),                                    杂度的线性模型
  nn.Tanh(),
```

```
    nn.Linear(256, classes),
)
```

简单卷积网络。**Conv2d遵循模式Conv2d(输入通道数，过滤器输出通道数，过滤器大小)**

```
model_cnn = nn.Sequential(
    nn.Conv2d(C, filters, K, padding=K//2),
```

$x \circledast G$

```
    nn.Tanh(),
```

激活函数适用于任何大小的张量

```
    nn.Flatten(),
    nn.Linear(filters*D, classes),
)
```

从**(B, C, W, H)**转换到**(B, D)**，以便可以使用线性层

`model_linear`是一个简单的全连接层，我们可以与之进行比较。第一个CNN由`model_cnn`定义，其中使用nn.Conv2d模块来输入卷积。然后就可以像以前一样应用非线性激活函数tanh。只有当准备好使用nn.Linear层时，才能展平张量，从而将张量减少为对应每个类的一组预测。这就是为什么nn.Flatten()模块只在调用nn.Linear之前出现。

CNN的性能是否优于全连接的模型？让我们来了解一下。我们可以训练CNN和全连接的模型，在测试集上测量准确率，并在每个迭代周期后查看准确率：

```
loss_func = nn.CrossEntropyLoss()
cnn_results = train_simple_network(model_cnn, loss_func,
➥mnist_train_loader, test_loader=mnist_test_loader,
➥score_funcs={'Accuracy': accuracy_score}, device=device, epochs=20)
fc_results = train_simple_network(model_linear, loss_func,
➥mnist_train_loader, test_loader=mnist_test_loader,
➥score_funcs={'Accuracy': accuracy_score}, device=device, epochs=20)
sns.lineplot(x='epoch', y='test Accuracy', data=cnn_results, label='CNN')
sns.lineplot(x='epoch', y='test Accuracy', data=fc_results,
➥label='Fully Connected')
```

[20]: <AxesSubplot:xlabel='epoch', ylabel='test Accuracy'>

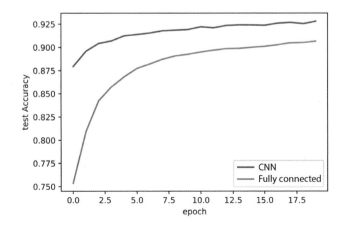

训练CNN的一个迭代周期比训练全连接网络的准确率更高。虽然训练CNN所花的时长增加了1.138倍，但结果很好。为什么它的性能这么好？是因为我们已经通过域的结构(数据由图像组成)给出了关于问题(卷积)的网络信息。这并不意味着CNN总是性能更好：如果关于CNN的假设不真实或不准确，那么CNN就不会表现得很好。记住，卷积传递了一种先验的信念，即位于彼此附近的事物是相关的，但远离彼此的事物是不相关的。

3.5 添加池化以减少对象移动

与前馈网络一样，可以通过叠加更多的层并在其间插入非线性层，来使卷积网络更强大。但在此之前，我们喜欢使用一种称为池化层(pooling layer)的特殊层。

池化有助于解决一种特殊的问题，即没有充分利用数据的空间特性。这乍看起来可能令人困惑：只是通过简单地切换到nn.Conv2d来显著提高准确率，而我们却花了很多时间讨论卷积如何通过在输入上滑动一组权重并在每个位置上应用它们来编码这个空间先验。问题在于，我们最终会转而使用全连接层，而全连接层并不了解数据的空间特性。因此，nn.Linear层学会了在特定的位置寻找值(或对象)。

这对于MNIST来说并不是大问题，因为所有的数字都是对齐的，所以它们位于图像的中心。但想象一下，一个数字与你的图像没有完全对齐。这是一个非常现实的隐患，而池化有助于解决这一问题。下面将从MNIST数据集中快速获取图像，并通过将内容稍微上下移动一个像素来创建两个不同的更改版本：

```
img_indx = 0
img, correct_class = mnist_data_train[img_indx]
img = img[0,:]
img_lr = np.roll(np.roll(img, 1, axis=1), 1, axis=0)      ◀── 移到右下角，然后
img_ul = np.roll(np.roll(img, -1, axis=1), -1, axis=0)          移到左上角

f, axarr = plt.subplots(1,3)      ◀────  绘制图像
axarr[0].imshow(img, cmap='gray')
axarr[1].imshow(img_lr, cmap='gray')
axarr[2].imshow(img_ul, cmap='gray')
plt.show()
```

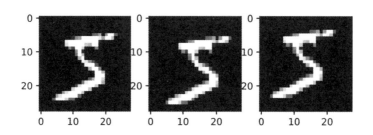

显然，图像的所有三个版本都是同一个数字。将内容向上或向下、向左或向右移动几个像素并不重要。但模型并不知道这一点。如果对不同版本的图像进行分类，就很有可能会出错。

让我们快速将这个模型置于eval()模式，并编写一个函数来获取单个图像的预测。如以下的pred函数所示，它将图像作为输入：

```
model = model_cnn.cpu().eval()  ◄──── 评估模式(因为我们
                                      没有训练)
def pred(model, img):
    with torch.no_grad():       ◄──── 评估时一定要关闭梯度

        w, h = img.shape        ◄──── 查找图像的宽度/高度
      if not isinstance(img, torch.Tensor):
          img = torch.tensor(img)
      x = img.reshape(1,-1,w,h)  ◄──── 将其重塑为(B, C, W, H)

      logits = model(x)         ◄──── 获取logits

      y_hat = F.softmax(logits, dim=1)   ◄──── 将logits转换为概率


    return y_hat.numpy().flatten()   ◄──── 将预测转换为NumPy数组
```

这是一种将模型应用于单个图像的简单方法。PyTorch始终希望内容批量出现，因此要重新塑造输入，以获得批量维度，又因为没有其他图像，所以批量维度等于1。if not is instance检查是一些防御代码，你可以添加这些代码，以确保代码适用于NumPy和PyTorch输入张量。还要记住，我们使用的CrossEntropy损失隐式地处理softmax。因此，当使用CrossEntropy训练模型时，需要调用F.softmax将输出转换为概率。

这样，就可以对所有三个图像进行预测，看看图像的微小变化是否会显著改变网络的预测。记住，每个图像都会因将图像向右下或左上移动一个像素而有所不同。直观地说，我们预计变化不大：

```
img_pred = pred(model, img)
img_lr_pred = pred(model, img_lr)
img_ul_pred = pred(model, img_ul)

print("Org Img Class {} Prob: ".format(correct_class),
➥img_pred[correct_class])
print(vLower Right Img Class {} Prob: ".format(correct_class),
➥img_lr_pred[correct_class])
print("Uper Left Img Class {} Prob: ".format(correct_class),
➥img_ul_pred[correct_class])

Org Img Class 5 Prob: 0.78159285
```

```
Lower Right Img Class 5 Prob: 0.44280732
Uper Left Img Class 5 Prob: 0.31534675
```

显然，我们希望将所有的三个示例都分为同一类。它们本质上是相同的图像，但输出结果却摇摆不定，从相当自信和正确的78.2%下降到错误的31.5%。问题在于，微小的移动或平移都会导致预测结果发生显著变化。

我们想要的是一种称为平移不变性(translation invariance)的特性。保持不变的属性X意味着输出不会因对X的更改而改变。我们不希望平移变化(上移/下移)改变我们的决定，我们希望保持平移不变。

池化可以帮助获得部分平移不变性。具体来说，我们将研究最大池化。什么是最大池化(max pooling)？即与卷积类似，将相同的函数应用于图像中的多个位置。我们通常使用大小均匀的池化过滤器。顾名思义，最大池化就是在图像周围滑动max函数。你可以将其描述为具有内核大小K，这是从中选择最大值的窗口大小。这里的最大区别是，一次性将max函数移动K个像素，而在执行卷积时，一次性仅移动1个像素(见图3.14)。

选择滑动多少像素称为步幅(stride)。默认情况下，从业者倾向于使用stride=1进行卷积，以便评估每个可能的位置。我们使用stride=K进行池化，因此输入将缩小K倍。对于任何操作，如果你对任何(正整数)Z值使用stride=Z，那么每个维度的结果都将缩小一个因子Z。

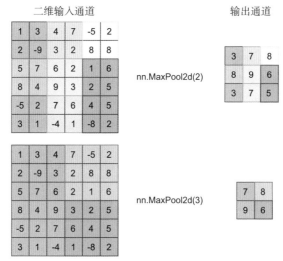

图3.14　K=2(顶部)和K=3(底部)的最大池化示例。输入(左侧)的每个区域都用一种颜色标注，表示参与池化的像素组，输出(右侧)表示从输入区域中选择的值。注意，输出比输入小K倍

池化背后的直观特点在于，它对值的微小变化具有更强的鲁棒性。将图3.14的左上部分的每个值向右移动一个位置，其中，五个输出值不变，这使池化操作将图像平移一个像素时具有较小程度的不变性。虽然这并不完美，但它有助于减少此类更改的影响。如果通过多轮池化来积累这种效果，便可以使其作用更明显。

就像以前一样，PyTorch提供的nn.MaxPool1d，nn.MaxPool2d和nn.MaxPool3d

几乎可以满足你的所有需求。该函数将内核的大小作为输入(这也是步长)。步长为K意味着将每个形状维度的大小都缩小K倍。因此，如果输入的形状为(B, C, W, H)，则nn.MaxPool2d(K)的输出的形状将是$(B, C, W/K, H/K)$。由于C保持不变，因此我们将此简单操作独立应用于每个通道。如果使用2×2过滤器(大多数应用程序的标准)进行最大池化，那么最终会得到四分之一的图像大小(行数的一半，列数的一半)。

具有最大池化的CNN

很容易将池化添加到模型的定义中：只需插入nn.MaxPool2d(2)到nn.Sequential之中。但应该在哪里使用最大池化？首先，探讨应用最大池化的次数。每次应用池化时，都会将宽度(和高度，如果是二维的话)缩小K个因子。因此，n轮池化意味着缩小K^n，这将使图像非常快速地变小。对于MNIST，宽度仅为28像素，因此最多可以进行四轮大小为$K=2$的池化。这是因为五轮池化则有$28/2^5 = 28/32$像素宽，结果小于1像素宽的输出。

进行四轮池化更有意义吗？四轮池化是否更合理？不妨来设想一下，如果这就是要你解决的一个问题。四轮池化意味着将图像缩小到$28/2^4 = 28/16 = 1.75$像素高。如果你猜不出1.75像素代表的数字，那么你的CNN可能也猜不到。直观地缩小数据可以很好地估计适用于大多数问题的最大池化数量。对于高达256像素×256像素的图像，使用两轮或三轮池化是很好的初始下限或估计值。

注意：大多数CNN对应的现代池化应用程序所用到的图像都小于256像素×256像素。这对于使用现代GPU和技术进行处理来说是非常庞大的。实际上，如果图像大于此值，则第一步需要调整它们的大小，从而使其在任何维度上最多具有256像素。如果真的需要以更高的分辨率进行处理，就需要团队中有相关经验的人员，因为在这种规模下处理的技巧具有特殊性，并且通常需要使用非常昂贵的硬件。

每一个池化应用程序都会将图像缩小K倍，这也意味着在每一轮池化之后，网络需要处理的数据变少。如果你正在处理非常大的图像，则池化可以帮助减少训练更大模型所需的时间和训练所需要的内存成本。如果这两个方面都不存在问题，那么通常的做法是在每一轮池化之后将过滤器的数量增加K倍，以便使每一层完成的总计算值保持大致相同(即，在一半的行/列上使用两倍的过滤器，就能达到平衡)。

接下来不妨在MNIST数据上快速尝试一下。以下代码定义了具有多层卷积和两轮最大池化的更深层CNN：

```
model_cnn_pool = nn.Sequential(
    nn.Conv2d(C, filters, 3, padding=3//2),
    nn.Tanh(),
    nn.Conv2d(filters, filters, 3, padding=3//2),
    nn.Tanh(),
    nn.Conv2d(filters, filters, 3, padding=3//2),
```

```
      nn.Tanh(),
      nn.MaxPool2d(2),
      nn.Conv2d(filters, 2*filters, 3, padding=3//2),
      nn.Tanh(),
      nn.Conv2d(2*filters, 2*filters, 3, padding=3//2),
      nn.Tanh(),
      nn.Conv2d(2*filters, 2*filters, 3, padding=3//2),
      nn.Tanh(),
      nn.MaxPool2d(2),

      nn.Flatten(),
      nn.Linear(2*filters*D//(4**2), classes),  ◀
)
```

> 为什么要将线性层中单元的数量减少 4^2 倍？因为将 2×2 网格向下池化为一个值意味着四个值变为一个值，并且我们要重复两次该操作

```
cnn_results_with_pool = train_simple_network(model_cnn_pool, loss_func,
⮑mnist_train_loader, test_loader=mnist_test_loader,
⮑score_funcs={'Accuracy': accuracy_score}, device=device, epochs=20)
```

现在，如果在模型中运行相同的移位测试图像，就应该会看到不同的结果。最大池化并不是解决平移问题最完美的方案，因此图像的每个移位版本的分数仍然会变化，但它们的变化不大。总体上这是一件好事，因为它使模型更能应对现实生活中出现的问题。数据并不总是完全一致的，因此希望使模型能够应对我们预期在实际测试数据中看到的各种问题：

```
model = model_cnn_pool.cpu().eval()
img_pred = pred(model, img)
img_lr_pred = pred(model, img_lr)
img_ul_pred = pred(model, img_ul)

print("Org Img Class {} Prob: ".format(correct_class) ,
⮑img_pred[correct_class])
print("Lower Right Img Class {} Prob: ".format(correct_class) ,
⮑img_lr_pred[correct_class])
print("Uper Left Img Class {} Prob: ".format(correct_class) ,
⮑img_ul_pred[correct_class])

Org Img Class 5 Prob: 0.7068047
Lower Right Img Class 5 Prob: 0.71668524
Uper Left Img Class 5 Prob: 0.7311974
```

最后，可以查看已训练的这个新的且更大的网络的准确率，如下图所示。增加更多的层会使网络花更长的时间收敛，但一旦收敛，准确率可稍加提升：

```
sns.lineplot(x='epoch', y='test Accuracy', data=cnn_results,
⮑label='Simple CNN')
sns.lineplot(x='epoch', y='test Accuracy', data=cnn_results_with_pool,
```

```
        label='CNN w/ Max Pooling')
```

[27]: <AxesSubplot:xlabel='epoch', ylabel='test Accuracy'>

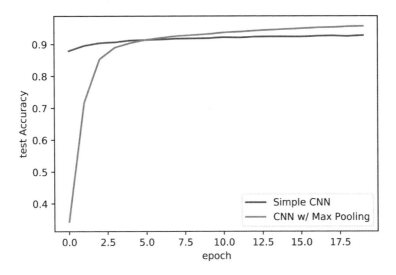

通常，每个迭代周期都会使用更多的层让训练花更长的时间来收敛和处理。这种双重不利因素只能通过使用更多的层(使模型更深)来抵消，这是我们倾向于获得最佳可能准确率的方式。如果你花费更多的迭代周期继续训练这个更深层次的模型，就会看到它继续攀升，比我们使用第一个只包含一个nn.Conv2d层的模型所能达到的高度更高。

警告：采用太多的好方法会使网络过深而无法学习。第5章和第6章将讲解改进的技术，这些技术可以帮助构建多达100到200层的网络，这大概是当今训练网络能保证获得好处的同时所能达到的深度极限了。注意，5到20层通常是很好的层数，深度始终要基于成本计算和收益递减两方面来权衡。

跟随本书继续学习的同时，我们将学习一些更新的、更好的方法，这些方法有助于解决上述问题，并使收敛更快、更好。但是我想带你走上这条更慢、更痛苦的道路，让你明白为什么要开发这些新技术，以及它们解决了什么问题。这种更深入的理解将有助于你在完成本书学习时更好地掌握我们所介绍的更先进的技术。

3.6 数据增强

这可能看起来有些令人扫兴，但你现在已知晓针对新问题开始训练和构建CNN所需的一切操作。在PyTorch中实现CNN需要用nn.Conv2d替换nn.Linental层，然后在结束前再由nn.Flatten进行替换。在实践中应用CNN还有一大秘诀：使用**数据增强**(data augmentation)。总的来说，神经网络需要数据，这意味着当你拥有大量不同的数据时，它们的学习效果将达到最佳。由于获取数据需要时间，因此将通过在真实数据的基础上创建新的虚假数据(fake data)来增强真实数据。

　　这个想法很简单。如果使用二维图像，就可以对图像进行多次变换，这些变换不会改变其内容的含义，但会改变像素。例如，可以将图像旋转几度而不改变内容的含义。PyTorch在torchvision.transforms包中提供了许多变换，下面介绍其中的一些变换：

内置变换采用了一些极端或明显的值，使其影响显而易见

```
sample_transforms = {  ←

    "Rotation": transforms.RandomAffine(degrees=45),
    "Translation": transforms.RandomAffine(degrees=0, translate=(0.1,0.1)),
    "Shear": transforms.RandomAffine(degrees=0, shear=45),
    "RandomCrop": transforms.RandomCrop((20,20)),
    "Horizontal Flip": transforms.RandomHorizontalFlip(p=1.0),
    "Vertical Flip": transforms.RandomVerticalFlip(p=1.0),
    "Perspective": transforms.RandomPerspective(p=1.0),
    "ColorJitter": transforms.ColorJitter(brightness=0.9, contrast=0.9)
}
pil_img = transforms.ToPILImage()(img)  ←  使用变换将Tensor图像转换回PIL图像


f, axarr = plt.subplots(2,4)  ←  绘制每个变换的随机应用


for count, (name, t) in enumerate(sample_transforms.items()):
    row = count % 4
    col = count // 4
    axarr[col,row].imshow(t(pil_img), cmap='gray')
    axarr[col,row].set_title(name)
plt.show()
```

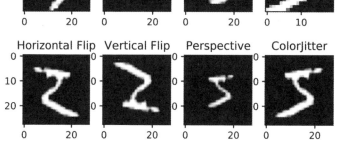

首先要注意的是，变换在大多数情况下都是随机的，每次应用一个变换，都会得到不

同的结果。这些新结果便是增强的数据。例如，degrees＝45表示最大旋转为±45度，应用变换的数量是在该范围内随机选择的值。这样做是为了增加模型所看到的输入的多样性。有些变换并不总是应用自身的参数，而是提供p参数来控制被选择的概率。将这些变换的参数设置为p＝1.0，就一定能看到它们对测试图像有影响。在实际使用中，你可能倾向于选择p＝0.5或p＝0.15的值。同样，是否使用特定值要取决于你的数据。

并非要始终使用所有的变换。但请确保变换保留了数据的本质或含义。例如，MNIST数据集并不适用于水平和垂直翻转：应用于数字9的垂直翻转可能会将其变成6，这会改变图像的含义。选择一组好的变换的最佳方法是将它们应用于数据并亲自查看结果；如果连你也不知道正确答案，那么你的CNN很可能无法识别。

但是，一旦选择了一组你熟悉的变换，那么这将是一种简单而强大的方法，可以用来提高模型的准确率。下面是一个使用Compose变换在更大的流程中创建变换序列的简短示例，可以将其应用于动态增强训练数据。PyTorch提供的所有基于图像的数据集都具有transform参数，因此你可以执行这些更改：

```
train_transform = transforms.Compose([
    transforms.RandomAffine(degrees=5, translate=(0.05, 0.05),
    ➥scale=(0.98, 1.02)),
    transforms.ToTensor(),
])


test_transform = transforms.ToTensor()
mnist_train_t = torchvision.datasets.MNIST("./data", train=True,
➥transform=train_transform)
mnist_test_t = torchvision.datasets.MNIST("./data", train=False,
➥transform=test_transform)
mnist_train_loader_t = DataLoader(mnist_train_t, shuffle=True,
➥batch_size=B, num_workers=5)
mnist_test_loader_t = DataLoader(mnist_test_t, batch_size=B,
➥num_workers=5)
```

注意：DataLoader类中指定了一个新的重要可选参数：num_workers标志控制用于预加载批量训练数据的线程数。当GPU忙于处理一批数据时，每个线程都可以准备下一批数据，以便在GPU处理完成时准备就绪。你应该始终使用此标志，因为它可以帮助你更有效地使用GPU。这对于使用变换的初始阶段来说非常重要，因为CPU必须花费时间处理图像，而这会使得GPU处于闲置等待状态。

现在，可以重新定义用来展示最大池化的相同网络，并调用相同的训练方法。通过定义这些新的数据加载器，数据增强会自动发生。对测试集只使用简单的ToTensor变换，是因为希望测试集具有确定性——这意味着如果在测试集上运行同一模型五次，每次都会得到相同的答案：

```
model_cnn_pool = nn.Sequential(
    nn.Conv2d(C, filters, 3, padding=3//2),
    nn.Tanh(),
    nn.Conv2d(filters, filters, 3, padding=3//2),
    nn.Tanh(),
    nn.Conv2d(filters, filters, 3, padding=3//2),
    nn.Tanh(),
    nn.MaxPool2d(2),
    nn.Conv2d(filters, 2*filters, 3, padding=3//2),
    nn.Tanh(),
    nn.Conv2d(2*filters, 2*filters, 3, padding=3//2),
    nn.Tanh(),
    nn.Conv2d(2*filters, 2*filters, 3, padding=3//2),
    nn.Tanh(),
    nn.MaxPool2d(2),
    nn.Flatten(),
    nn.Linear(2*filters*D//(4**2), classes),
)

cnn_results_with_pool_augmented = train_simple_network(model_cnn_pool,
    loss_func, mnist_train_loader_t, test_loader=mnist_test_loader_t,
    score_funcs={'Accuracy': accuracy_score}, device=device, epochs=20)
```

接下来绘制结果以展示验证准确率方面存在的差异。通过仔细选择增强，可以帮助模型更快地学习并收敛到更佳的解，准确率可以达到96.2%，比之前的95.7%更高：

```
sns.lineplot(x='epoch', y='test Accuracy', data=cnn_results_with_pool,
⇥label='CNN w/ Max Pooling')
sns.lineplot(x='epoch', y='test Accuracy',
⇥data=cnn_results_with_pool_augmented,
⇥label='CNN w/ Max Pooling + Augmentation')
```

[31]: <AxesSubplot:xlabel='epoch', ylabel='test Accuracy'>

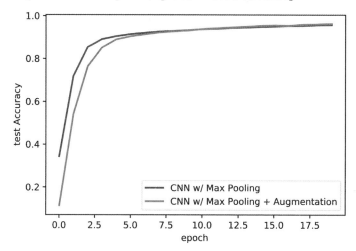

设计良好的数据增强流程与深度学习特征工程相辅相成。如果你做得好，它会对结果产生巨大影响，可谓是一步天堂、一步地狱之别。因为PyTorch使用PIL图像作为基础，所以你还可以编写自定义变换，并将其添加到流程中。其中，你可以导入诸如`scikit-image`等工具，这些工具可以为你提供更高级的计算机视觉变换应用。伴随着我们继续学习如何构建更复杂的网络，以及如何处理比MNIST更复杂的数据集，良好的数据增强所带来的影响也会与日俱增。数据增强还会增加更多迭代周期的训练值。在不进行增强的情况下，每个迭代周期会重复访问完全相同的数据；通过使用数据增强，模型则会看到不同的数据变体，从而帮助它更好地泛化到新数据。我们的20个迭代周期还不足以看到增强带来的全部好处。

尽管良好的数据增强非常重要，但是就算没有它，也不影响你进一步学习深度学习。本书的大部分内容都未使用数据增强：一方面是为了简化示例，没必要解释每个新数据集中数据增强流程的选择；另一方面是因为增强是特定于领域的。适用于图像的增强就仅适用于图像。因此，你需要为音频数据提出一组新的变换，而文本更是执行增强的一大困难领域。本书中介绍的大多数技术都可以应用于相当广泛的一类问题。

3.7　练习

请尝试在本书的Manning出版社在线平台上分享和讨论你的解决方案(https://liveproject.manning.com/project/945)。提交完答案后，你便能够看到其他读者提交的解决方案，并看到作者评选的最佳方案。

注意，这些练习本质上具有探索性目的。目标是让你通过自己的代码和经验来了解和发现与CNN相关的一些常见趋势和特性。

1. 尝试将本章中的所有网络训练40个迭代周期，而非10个迭代周期，会发生什么？

2. 从`torchvision`中加载CIFAR10数据集，并尝试构建自己的CNN。尝试使用2到10层卷积和0到2轮最大池化。什么方法最有效？

3. 检查所提供的变换，并通过目视判断哪个变换对CIFAR10有用。对于CIFAR10，是否有变换对MNIST没有意义？

4. 使用你选择的变换来训练新的CIFAR10模型。这对准确率有什么影响？

5. 尝试改变CIFAR10和MNIST中卷积过滤器的大小。这有什么影响？

6. 创建一个新的自定义`Shuffle`变换，该变换应用与图像中像素相同的固定重新排序。使用此变换对CIFAR10模型有何影响？提示：看看`Lambda`变换是否可以帮助你完成。

3.8　小结

- 为了在PyTorch张量中表示图像，可以使用多个通道，其中通道描述了图像的不同性质(例如，红色、绿色和蓝色通道)。

- 卷积是一种数学运算，它具有一个核(一个小的张量)，并在较大的输入张量中的每个位置上应用一个函数，从而产生输出。这使得卷积在本质上具有空间性。

- 卷积层学习多个不同的内核，从而应用于输入以创建多个输出。

- 卷积不能捕获平移不变性(上移或下移)，但是可以使用池化使模型对平移更加鲁棒。

- 卷积和池化都有一个步幅选项，它决定在图像上滑动时可移动多少像素。

- 当数据具有空间性(如图像)时，可以将先验(卷积具有空间性)嵌入网络中，从而学习更快、更好的解决方案。

- 可以通过选择一组应用于数据的变换来增强训练数据，从而提高模型的准确率。

第4章

循环神经网络

本章内容

- 权重共享和处理序列数据
- 表示深度学习中的序列问题
- 结合RNN和全连接层进行预测
- 通过填充和封装来使用不同长度的序列

第3章展示了如何为特定类型的空间结构(空间局部性)开发神经网络。具体来说，学习了卷积算子如何将先验赋给神经网络，即彼此靠近的项具有相关性，但彼此远离的项没有关系。这使得我们能够构建学习速度更快的神经网络，并为图像分类提供更精准的解决方案。

接下来，要开发能够处理以下新型结构的模型：以特定顺序出现的T项序列。例如，字母a, b, c, d, ……——是具有26个字符的序列。本书中的每一句话都可以看作是一系列词或一系列字符。你可以将每小时的温度作为一个序列来预测未来的温度。只要序列中的每一项都可以表示为向量x，就可以使用基于序列的模型来进行学习。例如，视频可以被视为图像序列；可以使用卷积神经网络(Convolutional Neural Network，CNN)将每个图像变换为向量[1]。

在所有这些情况下，与第3章中的图像和卷积相比，唯一的不同在于结构。序列可以具有可变数量的项。例如，前两个句子的长度可变：分别为18个和8个词。相比之下，图像的宽度和高度总是完全相同的。这对图像没有太大的限制，因为很容易在不改变其含义的情况下调整它们的大小。但不能只"调整"序列的大小，因此需要使用一种方法来处理关于可变长度数据的新问题。

---

1 这是一种真实的模型，但往往需要很长时间来训练。我们不会做那么复杂的例子。

这就是循环神经网络(Recurrent Neural Network，RNN)的用武之地。它们为我们的模型提供了不同的先验：输入遵循顺序，因为顺序很重要。RNN的特别有用之处在于，它们可以处理具有不同序列长度的输入。在谈论序列和RNN时，我们通常将序列称为时间序列(time series)，将序列中的第 i 项称为第 i 个时间步长(通常使用 t 和 i 表示特定项或时间点，我们将同时使用两者)。这是从RNN的角度来看的，RNN以规则的时间间隔处理一系列事件。这个术语很流行，因此我们将用 T 代表时间，以此表示输入序列中的项数。再次使用上一段的前两句话，第一句中 $T=18$ 对应18个词，第二句中 $T=8$ 对应8个词。

我们将在本章借助RNN学习如何为序列分类问题创建网络。示例如下：

- 情绪检测——这一系列单词(例如，一个句子、推特或段落)是否表示积极、消极或中立的印象？例如，我可能会在推特上运行句子检测，以了解人们是否喜欢这本书。
- 车辆维护——汽车可能会存储每日或每周行驶里程、行驶时每升油的行驶公里数、发动机温度等信息。这可以用来预测汽车在未来3、6或12个月内是否需要维护，通常称为预测性维护。
- 天气预报——每天都可以记录下高温、中温、低温、湿度、风速等。然后便可以预测很多事情，比如第二天的气温，有多少人会去购物中心(公司很想知道这一点)，以及交通是否正常、坏或好。

通常，当深入研究深度学习时，人们会发现RNN很难掌握，许多材料都视其为接收序列并输出新序列的神奇黑箱。出于这个原因，我们将仔细探索理解RNN的方法。这是本书中最具挑战性的两个章节之一，如果第一次读起来没有什么收获，不必太在意。RNN本来就是一个很让人费解的概念，我花了几年的时间才对其有所了解。为了帮助你理解本章中的概念，我建议你使用笔和纸自行绘制流程和图形，从 $T=1$ 的序列开始，然后添加第二个和第三个项，依此类推。

在深入探究问题之前，4.1节会慢慢地通过权重共享的概念来定义什么是RNN。这是RNN工作原理的基础，因此可以先行讨论一个简单的全连接网络的权重共享，以理解这个概念，然后再展示如何应用这个概念来生成RNN。一旦有了正确的思路，便可以随着4.2节了解加载序列分类问题的机制，并在PyTorch中定义RNN。PyTorch中RNN的一个常见问题是，你想让训练的序列长度可变，但Tensor对象没有任何灵活性：所有维度必须具有相同的长度。4.3节使用一种称为填充的技术解决了Tensor/序列问题，当批量中的序列具有可变长度时，该技术允许PyTorch正确运行。本章的最后一节，将对RNN进行两次修改，以提高其准确率。

4.1　作为权重共享的循环神经网络

在谈论循环神经网络(Recurrent Neural Network，RNN)这一新话题之前，先进一步谈谈第3章中提到的一个概念：权重共享。为了确保你熟悉这一基本概念，我们先解决一个人为的问题。通过了解该问题，可以在深入研究更复杂的RNN之前展示该过程的机制。图4.1可以快速解释权重共享概念，其在多个位置中重复使用了层这个概念。PyTorch在重复使用层时正确处理了如何对其学习这一棘手的数学问题。

图4.1　权重共享原理概述。方框表示任何类型的神经网络或PyTorch模块。方框具有输入/输出关系，通常每一层网络都是不同的方框。如果多次重复使用同一个方框，就能有效地在多个层之间共享相同的权重

当使用CNN时，卷积运算就像在图像上滑动的单个小型线性网络，将相同的函数应用于每个空间位置。这是CNN的一个隐式属性，可以用下面的这一小段代码来显式展示：

```
x = torch.rand(D)                    ←——— 输入向量
output = torch.zeros(D-K//2*2)
for i in range(output.shape[0]):
    output[i] = f(x[i:i+K], theta)
```

该代码对多个输入重复使用相同的权重 Θ 。我们的CNN则隐式地使用它。为了帮助理解RNN及其工作方式，我们明确地应用了权重共享来展示如何以不同的方式使用RNN。然后，我们可以调整使用权重共享的方式来获得原始RNN算法。

4.1.1　全连接网络的权重共享

假设要为一个分类问题创建一个具有三个隐藏层的全连接网络。图4.2展示了这个网络作为PyTorch模块序列的呈现方式。

为了确保我们正在学习如何将网络定义读写为代码和数学公式，下面将用公式的形式表示同一个网络。图4.2中还引用了线性层W，以便可以相互映射各个部分：

$$f(x) = \tanh(\tanh(\tanh(x^{\mathsf{T}} W_{d \times n}^{(h_1)}) W_{n \times n}^{(h_2)}) W_{n \times n}^{(h_3)}) W_{n \times \text{classes}}^{(\text{out})}$$

我决定用上述公式来表示，并展示每个线性层的形状。根据这个公式，我们有 d 个输入特征，每个隐藏层中有 n 个神经元，并对输出进行分类。这个详述的细节很快就会体现其重要性。接下来为MNIST快速实现此网络：

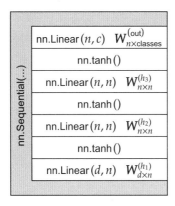 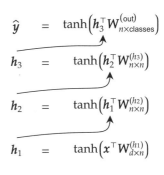

$$\hat{y} = \tanh\left(h_3^\top W_{n \times classes}^{(out)}\right)$$

$$h_3 = \tanh\left(h_2^\top W_{n \times n}^{(h_3)}\right)$$

$$h_2 = \tanh\left(h_1^\top W_{n \times n}^{(h_2)}\right)$$

$$h_1 = \tanh\left(x^\top W_{d \times n}^{(h_1)}\right)$$

图4.2 具有三个隐藏层和一个输出层的简单网络。nn.Sequential层以按照使用顺序(首先在底部，最后在顶部)的封装序列呈现

```
mnist_data_train = torchvision.datasets.MNIST("./data", train=True,
    download=True, transform=transforms.ToTensor())
mnist_data_test = torchvision.datasets.MNIST("./data", train=False,
    download=True, transform=transforms.ToTensor())

mnist_train_loader = DataLoader(mnist_data_train, batch_size=64, shuffle=True)
mnist_test_loader = DataLoader(mnist_data_test, batch_size=64)
```

```
D = 28*28          ◀──── 输入中有多少个值？该值被用于确定后续层的大小
n = 256            ◀──── 隐藏层大小

C = 1              ◀──── 输入中有多少个通道？

classes = 10       ◀──── 有多少类？

model_regular = nn.Sequential(    ◀──── 创建常规模型
    Flatten(),
    nn.Linear(D, n),
    nn.Tanh(),
    nn.Linear(n, n),
    nn.Tanh(),
    nn.Linear(n, n),
    nn.Tanh(),
    nn.Linear(n, classes),
)
```

因为使用了nn.Liner层，所以这是一个简单的全连接模型。为了将其训练为分类问题，这里再次使用了train_simple_network函数。(第2章和第3章已多次提及此。)同前，可以训练这个模型并得到以下结果：

```
loss_func = nn.CrossEntropyLoss()
```

```
regular_results = train_simple_network(model_regular, loss_func,
    mnist_train_loader, test_loader=mnist_test_loader,
    score_funcs={'Accuracy': accuracy_score}, device=device, epochs=10)
```

现在，假设这是一个非常大型的网络，大型到无法拟合所有三个隐藏层 $W_{d\times n}^{(h_1)}$、$W_{n\times n}^{(h_2)}$ 和 $W_{n\times n}^{(h_3)}$ 的权重。但我们真的想要一个带有三个隐藏层的网络。可以选择在某些层之间共享权重，通过简单地用 h_2 替换 h_3 来实现这一点，这等同于定义一个对象并在定义中重复使用该对象两次。图4.3展示了如何使用第二个和第三个隐藏层，因为它们具有相同的形状。

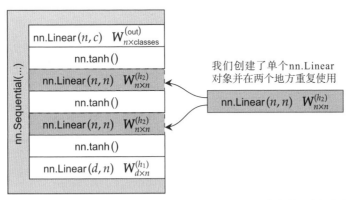

图4.3　具有权重共享的简单前馈网络。在创建nn.Sequential对象之前，我们定义了用作第二和第三隐藏层的单个nn.Linear(n, n)层。PyTorch知道如何使用该设置进行学习，并且第二层和第三层共享相同的权重

在数学上，我们将之前的公式改为以下公式：

$$f(\boldsymbol{x}) = \tanh\left(\tanh\left(\tanh\left(\boldsymbol{x}^{\mathrm{T}} W_{d\times n}^{(h_1)}\right) W_{n\times n}^{(h_2)}\right) W_{n\times n}^{(h_2)}\right) W_{n\times \text{classes}}^{(\text{out})}$$

唯一的变化(采用红色标注)是我们在两个不同的位置中重复使用了权重 $W^{(h_2)}$。这正是重复使用层权重的权重共享。之所以称为"权重共享"，是因为可以假设 $W^{(h_2)}$ 的两种不同用法是在网络中共享相同权重的不同层。如何在PyTorch中实现这一点？很简单，把该线性层视为一个对象，便可以重复使用该层对象。其他则完全一样。

注意：你也可能会听到称为捆绑权重的权重共享。这是同一个概念，只是对同一名称的不同类比：权重捆绑在一起。如果权重的用法略有不同，那么一些人会更倾向于使用权重捆绑这个术语。例如，一个层可以使用 W，而另一层使用转置权重 W^{T}。

下面的代码展示了相同的全连接网络，但权重共享于第二和第三隐藏层。我们将希望共享的nn.Linear层称作名为h_2的对象，并将其插入nn.Sequential列表中两次。因此，h_2被用作第二和第三隐藏层，PyTorch将使用相同的函数来正确地训练网络，不需要进行更改：

```
h_2 = nn.Linear(n, n)    ◀──── 为计划共享的网络创建权重层
model_shared = nn.Sequential(
```

```
nn.Flatten(),
nn.Linear(D, n),
 nn.Tanh(),
 h_2,    ←——— 首次使用
nn.Tanh(),
 h_2,    ←——— 第二次使用：现在共享权重
nn.Tanh(),
nn.Linear(n, classes),
)
```

从编码的角度来看，这段代码的有效性似乎微不足道。这是一个以对象为导向的设计：创建了一个对象，并且该对象被用在了两个地方。但是，将其转换成数学实现并不是一件简单的事情。幸运的是，PyTorch可以替你完成它，同样的训练函数也能很好地处理这一权重共享：

```
shared_results = train_simple_network(model_shared, loss_func,
    mnist_train_loader, test_loader=mnist_test_loader,
    score_funcs={'Accuracy': accuracy_score}, device=device, epochs=10)
```

用上新的权重共享网络后，再绘制两者的验证准确率并进行对比，以了解PyTorch使用共享权重真正学到了什么，以及结果是什么样子：

```
sns.lineplot(x='epoch', y='test Accuracy',    ←——— 绘制结果并进行比较
➥data=regular_results, label='Normal')

sns.lineplot(x='epoch', y='test Accuracy',
➥data=shared_results, label='Shared')
```

[10]: <AxesSubplot:xlabel='epoch', ylabel='test Accuracy'>

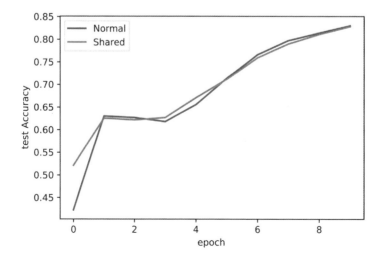

使用权重共享不需要花费更长的训练时间，准确率亦不比原来的低(并非绝对)。内存的使用稍有减少，但并不明显。虽然还有更好的方法可以减少内存的使用，但是鉴于本示例的目的只是为了演示权重共享，在此不再探讨。我们之所以关心权重共享完全是因为它是创建和训练RNN的基础。

4.1.2　随时间共享权重

了解权重共享后，接下来便可以开始学习如何使用它来创建RNN。RNN的目标是只用一个项来概括一系列项中的每个项。该过程如图4.4所示。RNN包含两项：张量h_{t-1}表示到目前为止所看到的一切内容，并按其所看到的顺序排列，而张量x_t则表示序列中的最新项/下一项。RNN结合了之前的总结(h_{t-1})以及最新的信息(x_t)，从而创建了迄今为止所看到的一切内容的全新总结(h_t)。可以使用T个输入后的输出(h_T)对整个T项序列进行预测，因为它表示第T项和前面的每一项。

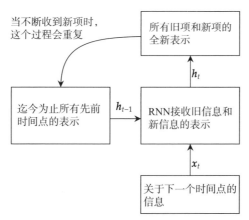

图4.4　RNN流程图。在此使用t来表示当前时间点(序列中的第t项)。RNN接收所有先前内容的单一表示h_{t-1}和关于序列x_t中最新项的信息。RNN将这些信息合并到迄今为止所看到的关于一切内容的全新表示h_t中，并重复该过程，直到处理完所有序列

其思想是，RNN基于输入中的所有项进行循环。要确保已为讨论的所有部分都提供了相应的数学符号：T个总时间单位；T个输入x_1，x_2，…，x_{T-1}，x_T，而非单个输入$x \in \mathbb{R}^d$；每个输入都是相同大小的向量(即$x_j \in \mathbb{R}^d$)。记住，每个x_1，x_2，…，x_{T-1}，x_T都是序列的一个向量表示。例如，天气可以拥有一个向量，其中包含每天的最高、最低和平均温度(x_t=[high,low,mean])，并且每天必须按照自然顺序进行记录(不允许穿越时空)。

那么如何随着时间的推移进行处理呢？假设有一个网络模块A，其中$A(x)=h$，便可以使用权重共享将网络模块A独立地应用于每一项，并得到T个输出，即$h_i=A(x_i)$。最终仅会使用这些输出h中的一个输出作为线性层的输入，但首先需要努力实现RNN。独立应用$A(\cdot)$的简单方法如图4.5所示。

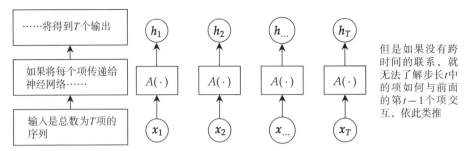

图4.5 使用网络模块A独立处理序列中T个不同输入的单一解决方案。序列x_i中的每一项都独立于其他每个序列进行处理。这种方法无法识别数据的顺序性，因为没有连接x_t和x_{t+1}的路径

随着时间的推移，我们使用权重共享将相同的函数/层$A(\cdot)$应用于每一项，但并未尝试连接信息。若需要RNN函数A同时接收历史信息和输入，则应编写如下代码：

```
history_summary = 0        ←——  h₀
inputs = [...]             ←——  x₁, x₂,..., xₜ
for t in range(T):
    new_summary = RNN(history_summary, inputs[t]) ←—— hₜ = A(hₜ₋₁, xₜ)
    history_summary = new_summary
```

这样，RNN将同时接收旧项和新项。这是通过为A提供一个循环权重来实现的。前面使用h_t来表示时间步长t的结果，因此不妨将其纳入模型中。首先看一下下面这个带有简单注释的公式——这种注释形式常见于论文或网络。花几分钟时间尝试自行解析各部分的内容，这将帮助你提高阅读这种深度学习数学表示的技能：

$$
\underset{\text{历史总结}}{\overset{\text{新的总结}}{h_t}} = A(\underset{\text{历史总结}}{h_{t-1}}, \underset{\text{新的项}}{x_t}) = \tanh(\overset{\text{更新历史总结}}{h_{t-1}^{\mathrm{T}} W_{n\times n}^{\mathrm{prev}}} + \overset{\text{纳入新的信息}}{x_t^{\mathrm{T}} W_{d\times n}^{\mathrm{cur}}})
$$

合并为新的总结

接下来看看这个公式的着重注释版本：

当前向量h_t是迄今为止所看到的所有t项的总结。为了完成该总结，RNN会总结之前看到的所有内容和第t个新项x_t。这可以通过以下方式完成：用一个线性层处理先前的历史总结并且让第二个线性层处理新的输入，然后将它们相互混合。随后应用非线性，形成新的总结h_t。

$$
h_t = A(h_{t-1}, x_t) = \tanh(h_{t-1}^{\mathrm{T}} W_{n\times n}^{\mathrm{prev}} + x_t^{\mathrm{T}} W_{d\times n}^{\mathrm{cur}})
$$

将当前时间步长(x_i)中的第一组权重$(W_{d\times n}^{\mathrm{cur}})$添加到前一时间步长结果$(h_{i-1})$的第二组权重$(W_{n\times n}^{\mathrm{prev}})$之中。通过在每个时间步长中重复使用这个新函数，即可跨时间获取信息。全过程如图4.6所示。

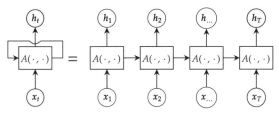

图4.6 网络*A*被定义为接收两个输入：先前的隐藏状态h_{t-1}和当前输入x_t。这使我们能够展开网络并跨时间共享信息，从而有效地处理数据的连续性

这种跨时间共享信息的方法定义了一个基本的RNN。其理念在于，在每个时间步长重复使用相同的函数和权重*A*。在时间步长*t*处，模型从隐藏状态h_{t-1}获取之前的信息。因为h_{t-1}是基于h_{t-2}计算的，所以它具有来自之前两个时间步长的信息。又由于h_{t-2}取决于h_{t-3}，因此前面总共有三个时间步长。继续将其返回到默认值h_0，你可以看到h_{t-1}如何具有来自基于这些时间步长顺序的每个先前时间步长的信息。这就是RNN随时间捕获信息的方式。但是当需要h_0(不存在)时，在时间开始(*i*=1)时又该怎么做呢？通过采用隐式的方法，假设$h_0 = \vec{0}$(即，全为零的向量)即可完美地解决。图4.7清晰地展示了这一过程，通常这被称为：随时间展开RNN。

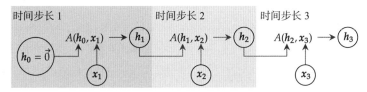

图4.7 对于*T*=3个时间步长而展开RNN的示例。此处明确展示了流程中的每个输入(x_i)和隐藏激活函数(h_i)。初始隐藏状态h_0始终被设置为一个全为零的向量。注意，它现在看起来就像一个前馈模型

注意，它开始看起来貌似全连接的网络了。唯一的区别是其有多个输入x_1，…，x_T，每个时间步长对应一个输入。简单的分类问题可使用最后的激活函数h_T作为预测的结果，因为h_T具有来自之前每个时间步长的信息，并且它是最后一个时间步长。这使得h_T成为唯一具有完整序列信息的时间步长。事实上，我们可以这样展开RNN，这就是为什么我们可以使用相同的算法来训练RNN。展开RNN，以便反复应用相同的函数(权重共享)，只是改变了输入，这正是RNN的本质。

4.2 在PyTorch中实现RNN

现在我们知道了什么是RNN，还需要弄清楚如何在PyTorch中实现RNN。虽然已为实现这一目标提供了大量代码，但你仍然需要自行构建大量代码。与本书中的所有内容一样，第一步是创建一个表示数据并加载数据的 Dataset，然后创建一个使用PyTorch nn.Module类的模型，其中PyTorch nn.Module类获取输入数据并生成预测。

不同的是RNN需要向量，我们使用的大多数数据原本并未使用向量表示，还需要做一些额外的工作来解决这个问题。图4.8展示了实现此功能的步骤。

图4.8　基于长度为T的输入序列进行预测的四个高级步骤。需要创建序列的向量表示，并将该表示传递给RNN以生成T个隐藏状态，然后减少到一个隐藏状态并使用全连接层进行预测

在PyTorch中使用三维的输入来表示RNN的序列数据：

$$(B, T, D)$$

如前所述，B告知批量中要使用多少项(即，多少数据点)。T表示时间步长的总数，D表示每个时间步长有多少个特征。因为时间是用张量对象本身表示的，所以很容易指定模型。

接下来从创建一个多对一的分类问题开始。这是什么意思呢？我们将有很多输入(每个时间步长)，但只有一个输出：试图预测的类标签。

4.2.1　一个简单的序列分类问题

创建模型首先需要数据，这对应于图4.8的步骤一。简单起见，可借用PyTorch RNN教程中的任务(http://mng.bz/nrKK)：标识名称的源语言。例如，"Steven"是一个英文名。注意，这个问题没有完美的解决方案，例如"Frank"可以是英语或德语，因此我们应该预料到由于这些问题和过于简化而引起的一些错误。我们的目标是生成体现图4.9所示过程的代码。

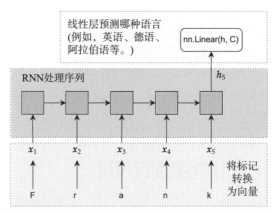

图4.9　对名称的源语言进行分类的RNN过程。名称的单个字符构成了所输入RNN的序列。在此学习如何将每个字符转换为向量，以及如何获得RNN来处理该序列并返回最终激活函数h_T，最后将使用生成预测的线性层

以下代码下载数据集并提取所有文件。完成后，文件夹结构为names/[LANG].txt，其中[LANG]表示语言(也是该问题对应的标签)，文本文件的内容是以该语言表示的名称列表：

```
zip_file_url = "https://download.pytorch.org/tutorial/data.zip"

import requests, zipfile, io
r = requests.get(zip_file_url)
z = zipfile.ZipFile(io.BytesIO(r.content))
z.extractall()
```

由于这个数据集非常小，因此需要将其全部加载到内存中。数据存储在字典namge_language_data中，该字典将语言名称(例如英语)映射到包含所有名称的列表。为了简化流程，unicodeToAscii从每个名称中删除非ASCII字符。字典alphabet包含我们希望看到的所有字符，并将每个项映射到一个唯一的整数，从0开始，依次递增。这很重要。计算机不知道序列中的任何字符或项意味着什么。除非数据自然以数值的形式存在(例如，外部温度)，否则都需要转换步骤。接下来会讲解转换是如何完成的，但需要通过将序列中可能出现的每个唯一项映射到唯一的整数值来标准化这个过程。

代码如下：

```
namge_language_data = {}                    ◄—— 删除UNICODE标记使得智能处理更容易，例如，
                                                 将 "Ślusàrski" 转换为 "Slusarski"
import unicodedata
import string

all_letters = string.ascii_letters + " .,;'"
n_letters = len(all_letters)
alphabet = {}
for i in range(n_letters):
    alphabet[all_letters[i]] = i

def unicodeToAscii(s):          ◄—— 将Unicode字符串转换为纯ASCII
    return ''.join(
        c for c in unicodedata.normalize('NFD', s)
        if unicodedata.category(c) != 'Mn'
        and c in all_letters
    )
                                        循环遍历每种语言，打开zip文件项，
for zip_path in z.namelist():  ◄——      并读取文本文件中的所有行

    if "data/names/" in zip_path and zip_path.endswith(".txt"):
        lang = zip_path[len("data/names/"):-len(".txt")]
        with z.open(zip_path) as myfile:
            lang_names = [unicodeToAscii(line).lower()
                ➡for line in
                ➡str(myfile.read(), encoding='utf-8').strip().split("\ n")]
```

```
        namge_language_data[lang] = lang_names
        print(lang, ": ", len(lang_names))  ←── 打印出每种语言的名称
```

```
Arabic : 2000
Chinese : 268
Czech : 519
Dutch : 297
English : 3668
French : 277
German : 724
Greek : 203
Irish : 232
Italian : 709
Japanese : 991
Korean : 94
Polish : 139
Portuguese : 74
Russian : 9408
Scottish : 100
Spanish : 298
Vietnamese : 73
```

到此已经创建好了一个数据集，你可能会注意到，这个数据集并不平衡：俄语的名称比任何其他语言都多。这是在评估模型时应该注意的问题。

通过将数据加载到内存中，便可以实现一个用来表示数据的Dataset。data列表包含每个名称，labels列表中的关联索引表示名称来自哪种语言。vocabulary字典将每个唯一项映射到一个整数值：

```python
class LanguageNameDataset(Dataset):
    def __init__(self, lang_name_dict, vocabulary):
        self.label_names = [x for x in lang_name_dict.keys()]
        self.data = []
        self.labels = []
        self.vocabulary = vocabulary
        for y, language in enumerate(self.label_names):
            for sample in lang_name_dict[language]:
                self.data.append(sample)
                self.labels.append(y)
    def __len__(self):
        return len(self.data)
    def string2InputVec(self, input_string):
        """
        This method will convert any input string into a vector of long
        ➥values,
        according to the vocabulary used by this object.
        input_string: the string to convert to a tensor
```

```
"""
T = len(input_string)
name_vec = torch.zeros((T), dtype=torch.long)    ←──

for pos, character in enumerate(input_string):   ←──
    name_vec[pos] = self.vocabulary[character]
return name_vec
def __getitem__(self, idx):
    name = self.data[idx]
    label = self.labels[idx]
    label_vec = torch.tensor([label], dtype=torch.long)  ←──

    return self.string2InputVec(name), label
```

创建新的张量
以存储结果

遍历字符串并在张
量中填入适当的值

将正确的类标签转换
为PyTorch的张量

注意：词汇的概念在机器学习和深度学习中很常见。你会经常看到表示词汇的数学符号 Σ。例如，可以用 "cheese" $\in \Sigma$ 来简化提问 "单词cheese在词汇表中吗？"。"blanket" $\notin \Sigma$，则表示词汇表中没有 "blanker" 这个词。还可以用 $|\Sigma|$ 来表示词汇表的大小。

__len__ 函数很直截了当：它用于返回 Dataset 中的数据点总数。第一个有趣的函数是辅助函数 string2InputVec，它接受一个 input_string 并返回一个新的 torch.Tensor 作为输出。张量的长度是 input_string 的字符数，并且它具有 torch.long 类型(也称为 torch.int64)。张量中的值表示 input_string 中存在的唯一标记及其顺序。这为我们提供了 PyTorch 可以使用的基于张量的全新表示。

然后，在 __getitem__ 方法中重复使用 string2InputVec。从 self.data[idx] 成员中抓取原始字符串，并使用 string2InputVec 将其转换为 PyTorch 所需的张量表示。所返回的值是模式(input,output)后面的元组。例如

```
(tensor([10, 7, 14, 20, 17, 24]), 0)
```

表示具有六个字符的名称应被归类为第一类(阿拉伯语)。原始字符串被 string2InputVec 函数转换为整数的张量，以便 PyTorch 能够理解原始字符串。

这样，便可以创建一个新的数据集来确定给定名称的语言。下面的代码段创建了一个训练/测试划分，其中测试划分中有300个项。我们在加载器中使用的批量大小为1(本章后面将讨论这一细微差别)：

```
dataset = LanguageNameDataset(namge_language_data, alphabet)

train_data, test_data = torch.utils.data.random_split(dataset,
➥ (len(dataset)-300, 300))
train_loader = DataLoader(train_data, batch_size=1, shuffle=True)
test_loader = DataLoader(test_data, batch_size=1, shuffle=False)
```

类不平衡的分层抽样

我们的数据集存在类不平衡的问题，目前还没有解决这个问题。当类的比例不均衡时，就会出现这种情况。在这种情况下，模型有时可能会学习简单地重复最常见的分类标签。例如，若你试图预测某人是否患有癌症，通过总是预测"没有癌症"便能建立一个准确率高达99.9%的模型，因为，大多数人在特定时间都没有患癌症。但这种方法对模型而言毫无用处。

解决类不平衡问题是一个特殊的主题领域，我们不再详述。其中一种简单的改进方法是使用分层抽样来创建训练/测试划分。这是一个常见的工具，在scikit-learn (http://mng.bz/v4VM)中可以找到。我们的想法是，在分层抽样中强制保持类别比例。因此，如果原始数据中99%为A，1%为B，则你希望分层后的划分数据具有相同的百分比。如果采用随机抽样，则可能会很容易地得到99.5%的A和0.5%的B。通常情况下，这并不是一个大问题，但类不平衡会严重影响你对模型性能的感知。

加载数据集后，继续在PyTorch中讨论RNN模型的其余部分。

4.2.2 嵌入层

图4.8的步骤1要求将输入序列表示为向量的序列。我们用LanguageNameDataset对象来加载数据，它使用词汇表(Σ)将每个字符/标记(如"Frank")转换为唯一的整数。最后需要使用一种将每个整数映射到对应向量的方法，这是使用嵌入层(embedding layer)完成的。参见图4.10中的较高级别表示。注意，这是深度学习社区中使用的标准术语，你应该熟悉它。

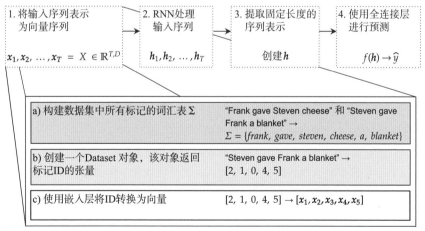

图4.10 子集a)和b)均由我们构建的LanguageNameDataset完成。最后的子集c)由nn.Embedding层完成

嵌入层是用于将每个整数值映射到特定向量表示的查找表。你告诉嵌入层词汇有多大(即，存在多少唯一项)以及你希望输出维度有多大。图4.11从概念层面展示了这个过程的工作原理。

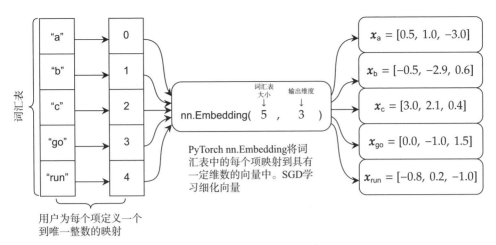

图4.11　嵌入层专用于接收包含五个独特项的词汇表。你必须编写将对象(如字符串)映射为整数的代码。嵌入将每个整数映射到自己的d维向量 $x \in \mathbb{R}^d$

在这个示例中，词汇表同时包含字符和单词。词汇表不需要是纯字符串，只要你能够一致地将项映射到整数值即可。nn.Embedding的第一个参数是5，表示词汇表有五个唯一的项。第二个参数3是输出维度。你应该把这当作nn.Linear层，其中第二个参数告知将存在多少输出。可根据模型需要将相关信息打包到每个向量中来增加或减少输出大小。在大多数应用中，需要针对输出维度的数量尝试使用[64,256]范围内的值。

> **嵌入随处可见！**
>
> 嵌入作为一种概念已在实际工作中得到了广泛应用。将每个单词映射到一个向量，并且尝试预测附近的单词是诸如word2vec (https://en.wikipedia.org/wiki/Word2vec) 和Glove(https://nlp.stanford.edu/projects/glove)等最常用工具的本质作用，这需要深入研究自然语言处理，但我们没有时间探讨。简言之，学习将项表示为向量，以便你可以使用其他工具，这是解决实际问题的有效方法。
>
> 一旦有了嵌入，就可以使用最近邻搜索来实现搜索引擎或"你的意思是什么"功能，将它们放入统一流形逼近与投影(Uniform Manifold Approximation and Projection，UMAP)(https://umap-learn.readthedocs.io/en/latest)进行可视化或者运行你最喜欢的非深度算法来进行一些预测或聚类。在本书的其他部分，我也会注明哪些方法可以用于创建嵌入。

nn.embedding层专用于处理事物的序列。这意味着序列可能会重复。例如，下面的代码段创建了一个新的输入序列，其中$T=5$项，但词汇表中只有3项。这是正常的，因为输入序列[0,1,1,0,2]中有重复项(0和1出现了两次)。embd对象创建之时就具有维度$d=2$，并用于处理输入来创建新的表示x_seq：

```
with torch.no_grad():
    input_sequence = torch.tensor([0, 1, 1, 0, 2], dtype=torch.long)
    embd = nn.Embedding(3, 2)
```

```
    x_seq = embd(input_sequence)

    print(input_sequence.shape, x_seq.shape)
    print(x_seq)

torch.Size([5]) torch.Size([5, 2])
tensor([[ 0.7626,  0.1343],
        [ 1.5189,  0.6567],
        [ 1.5189,  0.6567],
        [ 0.7626,  0.1343],
        [-0.5718,  0.2879]])
```

x_seq是张量表示，目前与所有深度学习的标准工具兼容。注意，它的形状是(5,2)，并填充了随机值——这是因为Embedding层将所有内容初始化为随机值，并且在网络训练过程中，这些值会随着梯度下降而改变。不过，矩阵的第一行和第四行具有相同的值，第二行和第三行也是如此，其原因是输出中的顺序与输入中的顺序相匹配。由"0"所表示的唯一项位于第一位和第四位，因此在两个位置中都使用相同的向量。由"1"表示的唯一项也是如此，它用于表示第二项和第三项。

在处理字符串或任何其他不自然存在的向量内容时，第一步几乎总是要使用嵌入层。这是一种标准工具，用于将这些抽象概念转换为我们可以使用的表示形式，并完成图4.8中的步骤1。

4.2.3　使用最后一个时间步长进行预测

因为PyTorch提供了标准RNN算法的实现，所以在PyTorch中使用RNN的任务非常简单。更棘手的部分是提取RNN处理后的最后一个时间步长h_T。之所以要这样做，是因为最后一个时间步长是唯一一个根据输入顺序携带了来自所有T个输入的信息的步长。这样，便可以使用h_t作为全连接子网络的输入数据的固定长度总结。这是因为无论输入序列长度为多少，h_t都具有相同的形状和大小。因此，如果RNN层有64个神经元，那么h_t将是一个64维的向量，表示为形状为$(B, 64)$的张量。无论序列中只有一个项($T=1$)或是100个项($T=100$)，这都无关紧要；h_t将始终具有形状$(B, 64)$。该过程如图4.12所示。

我们需要构建一个新模块(Module)，该模块提取最后一个时间步长，然后才能在PyTorch中指定RNN架构。PyTorch存储这些信息的方式有一些特殊之处。我们需要知道两件事：层的数量以及模型是否是双向的。这是因为RNN将返回足够的信息，进而从任何层中提取结果，从而使我们能够灵活地实现稍后将讨论的其他模型。本章后面还将讨论双向的含义。

以下代码基于PyTorch文档中的内容，用于从RNN中提取LastTimeStep h_T。根据我们使用的特定RNN(详见第6章)，RNN模块的输出是包含两个张量的元组或具有三个张量的嵌套元组，最后一个时间步长的激活函数存储在元组的第二项中：

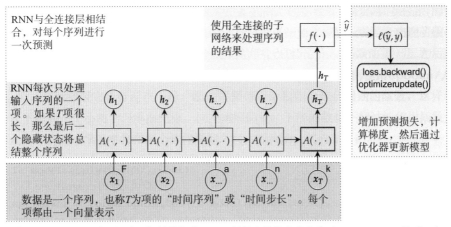

图4.12　应用RNN来预测序列标签的部分。RNN的输出是隐藏状态序列$h_1, h_2, ..., h_T$。最后一个时间步长h_T包含关于整个序列的信息，因此我们希望将其用作整个序列的表示。这样，它就可以进入正常的全连接网络$f(\cdot)$

```
class LastTimeStep(nn.Module):
    """
    A class for extracting the hidden activations of the last time step
    ⇒following
    the output of a PyTorch RNN module.
    """
    def __init__(self, rnn_layers=1, bidirectional=False):
        super(LastTimeStep, self).__init__()
        self.rnn_layers = rnn_layers
        if bidirectional:
            self.num_directions = 2
        else:
            self.num_directions = 1
    def forward(self, input):
        rnn_output = input[0]

        last_step = input[1]

        if(type(last_step) == tuple):
            last_step = last_step[0]
        batch_size = last_step.shape[1]

        last_step = last_step.view(self.rnn_layers,
            self.num_directions, batch_size, -1)

        last_step = last_step[self.rnn_layers-1]

        last_step = last_step.permute(1, 0, 2)

        return last_step.reshape(batch_size, -1)
```

结果是元组(**out**, **h**$_t$)或
元组(**out**,(**h**$_t$, **c**$_t$))

这里是**h**$_t$，为元组中的第一项

根据文档，形状为"(**num_layers*num_directions,batch, hidden_size**)"

重塑形状，使所有项独立

我们想要最后一层的结果

重新排序，使批量优先

将最后两个维度展平为一个维度

PyTorch中RNN的输出是形状为(out, h_T)或(out, (h_T, c_T))的元组。*out*对象包含关于每个时间步长的信息，而h_T仅包含关于最后一个时间步长的所有信息，但包含每个层。因此，可检查第二项是否为tuple，并提取正确的h_T对象。c_T值是一个提取上下文张量，参见第6章讨论的更高级RNN部分。

一旦获得h_T，PyTorch就会将其作为一个已经过flatten()处理的输入提供。可以使用view函数来重塑具有关于层、双向内容(同样，不久后会讨论)、批量大小和隐藏层中神经元数量d的信息的张量。因为需要知道最后一层的结果，所以可以使用索引功能，并接着使用permute函数将批量维度移到前面。

这为我们提供了提取RNN的最后一层所需的信息，因此我们有了实现图4.8中步骤2和步骤3的工具。步骤4是使用全连接层，前面已经学习了如何使用nn.Linear层。以下代码将完成所有四个步骤的工作。nn.Embedding结果的大小为变量D，hidden_nodes是RNN中神经元的数量，classes是我们试图预测的分类的数量(在本应用程序中，即为名称可能来自不同语言的数量)：

```
D = 64
vocab_size = len(all_letters)
hidden_nodes = 256
classes = len(dataset.label_names)

first_rnn = nn.Sequential(
    nn.Embedding(vocab_size, D),          ←——  (B, T) -> (B, T, D)

    nn.RNN(D, hidden_nodes, batch_first=True),  ←——  (B, T, D) -> ( (B,T,D),
                                                                     (S, B, D) )
    LastTimeStep(),      ←——  tanh激活内置于RNN对象中，因此不
                               需要在此处执行。可以获取RNN输出
                               并将其简化为一个项(B, D)

    nn.Linear(hidden_nodes, classes),     ←——  (B, D) -> (B, classes)
)
```

在使用RNN时，经常会遇到同时出现许多复杂的张量形状的情况。出于这个原因，我总是会在每一行上附上注释，指出张量形状如何因每次操作而改变。此时，输入批量正在处理长度最多为*T*的*B*项，因此输入的形状为(*B*, *T*)。nn.Embedding层会将其转换为(*B*, *T*, *D*)的形状，并从嵌入中添加D维度。

只有当指定batch_first=True时，RNN才会接收形状为(*B*, *T*, *D*)的输入。虽然PyTorch的其余部分假定批量优先，但RNN和序列问题通常假定批量维度排在第三位。在之前的实现中，由于不打算涉及低级的技术细节，因此以这种方式形成的张量会使它们变得更快。虽然这种表示顺序仍然可以更快，但当前的差距并没有那么大。因此，我更倾向于使用batch_first选项，以使其与PyTorch的其余部分更加一致。

注意：PyTorch中的RNN类独自应用非线性激活函数。在这种情况下，它们是隐式的。这也是PyTorch的RNN行为不同于框架其他部分的另一种情况。因此，你不应该在之后应用非线性激活函数，因为它已经为你完成了。

RNN返回一个至少有两个张量的元组，但我们的LastTimeStep模块专用于通过从最后一个时间步长中提取h_T来获取元组并返回一个固定长度的向量。由于$h_T \in \mathbb{R}^D$，并且我们正在处理批量中的B项，因此这给我们提供了一个形状为(B, D)的张量。该形状与我们全连接的网络所期望的形状相同。这意味着现在即可使用标准的全连接层。在这种情况下，可以使用一个标准的全连接层来创建一个线性层，从而进行最终预测。这样，我们就可以再次使用train_simple_network函数来训练第一个RNN：

```
loss_func = nn.CrossEntropyLoss()
batch_one_train = train_simple_network(first_rnn, loss_func,
    train_loader, test_loader=test_loader,
    score_funcs={'Accuracy': accuracy_score}, device=device, epochs=5)

sns.lineplot(x='epoch', y='test Accuracy', data=batch_one_train, label='RNN')
```

[19]: <AxesSubplot:xlabel='epoch', ylabel='test Accuracy'>

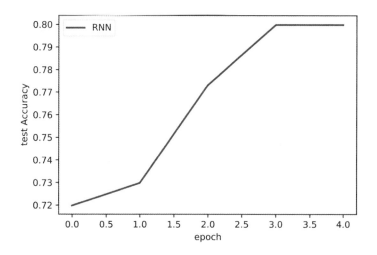

既然已经完成了模型的训练，便可以尝试使用它了。先试着输入几个名称，看看模型如何处理。记住，已将所有名称都转换为小写，因此不要使用任何大写字母：

```
pred_rnn = first_rnn.to("cpu").eval()
with torch.no_grad():
    preds = F.softmax(pred_rnn(
        dataset.string2InputVec("frank").reshape(1,-1)), dim=-1)
    for class_id in range(len(dataset.label_names)):
        print(dataset.label_names[class_id], ":",
            preds[0,class_id].item()*100 , "%")
```

```
Arabic : 0.002683540151338093 %
Chinese : 0.2679025521501899 %
Czech : 10.59301644563675 %
Dutch : 7.299012690782547 %
English : 36.81915104389191 %
French : 0.5335223395377398 %
German : 37.42799460887909 %
Greek : 0.018611310224514455 %
Irish : 0.7783998735249043 %
Italian : 1.1141937226057053 %
Japanese : 0.00488687728648074 %
Korean : 0.421459274366498 %
Polish : 1.1676722206175327 %
Portuguese : 0.08807195699773729 %
Russian : 1.2793921865522861 %
Scottish : 1.6346706077456474 %
Spanish : 0.14639737782999873 %
Vietnamese : 0.40296311490237713 %
```

像"Frank"这样的名称的源语言大概率会被认定为英语和德语,而这两种语言都是合理的答案。Frank是英语中的一个常见名称,起源于德语。你可以自行尝试使用其他名称,看看行为有何不同。这也展示了如何将RNN应用于可变长度的输入。不管输入字符串的长度如何,都可以在最后得到预测,而在前面的全连接或卷积层示例中,输入的大小必须始终相同。这就是我们使用RNN解决这些问题的原因之一。

关于分类和伦理的说明

我们一直在研究的例子过度简化了实际问题。例如,虽然名称不一定来自某一种特定语言,但模型却默认为是这样,因为每个名称都对应一个正确的答案。这是模型简化的一个例子,能极大地减轻建模者的工作量。

这是一个很好的(如果简化了的话)学习示例,但它也提供了一个探讨机器学习伦理问题的好机会。虽然简化假设可能很有用,有助于解决实际问题,但它也可以改变你对问题的看法以及模型的最终用户对世界的看法。因此,你应该关注为什么在建模时要做出这些假设,模型的用途以及如何验证模型。这些通常被称为"模型卡片"。

例如,假设有人想使用我们的语言模型来确定用户的背景,并根据其姓名来更改所显示的内容。这可行吗?可能不行。一个名字可能有多个来源,除了名字和出生地之外,人们还可以通过很多种其他的方式形成个人身份,因此在这种情况下使用这个模型很有可能并不是最好的主意。

另一个常见的入门问题是情绪分类,即你试图确定一个句子或文档是在传达积极、消极还是中立的情绪。这种技术可能是有用和有效的。例如,食品或饮料品牌可能希望监控推特,从而了解人们是否对产品存有负面情绪,以便公司调查潜在的产品故障或不良的客户体验。同时，积极、消极和中立并不是唯一的情绪，一条信息还可以传达更为复杂的想法。要确保你的用户意识到这些限制，并考虑这些类型的选择。如果你想了解更多关于此类决定的伦理和影响，Kate Crawford (https://www.katecrawford.net)是这个领域的专家，她的网站上有一些可访问的阅读资料。

4.3　通过打包减短训练时间

在构建此模型时，我们用到的批量大小为1。这种方法训练模型不太有效。如果将批量大小更改为2，会发生什么？不妨试试看。

你应该会收到一条错误消息。问题在于每个名称的长度不同，因此默认情况下，很难将其表示为一个张量。张量需要所有维度保持一致和相同，但我们的时间维度(在本例中，即每个名称的长度为多少个字符)并不一致。这就是导致错误的原因：存在两个不同长度的序列。

第2章曾提及若能更好地利用GPU的计算资源，对批量数据进行训练可以显著减少训练时间，因此有理由增加批量大小。然而，由于输入的大小不同，似乎无法使用大小为1的低效批量。

这是一个抽象问题，因为从根本上说，没有什么可以阻止RNN处理具有不同时间长度的输入。为了解决这个问题，PyTorch提供了*打包序列抽象*(http://mng.bz/4KYV)。PyTorch中所提供的所有类型的RNN都支持使用此类。

图4.13从概念上展示了当打包六个不同长度的序列时会发生的情况。PyTorch按长度组织它们，并开始将所有序列的第一个时间步长包括在一个时间批量中。随着时间的推移，较短的序列先结束，批量大小减少至未结束的序列数量。

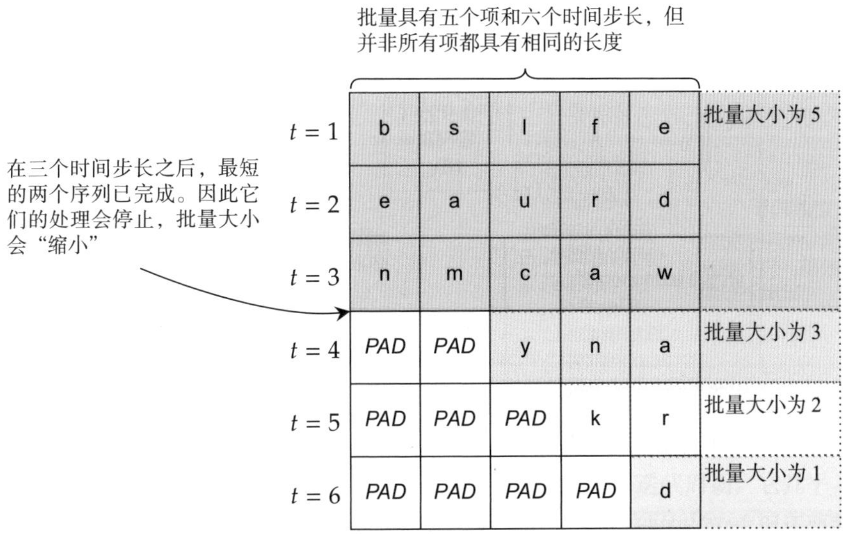

图4.13　打包一批序列长度分别为3、3、4、5和6的五个项的示例。前三个时间步长处理了所有五个序列。在第四步 $t = 4$ 时，两个序列已经处理完，因此可将其舍弃，只在长度≥4的序列上继续批处理。打包按长度来组织数据，进而使其处理快速高效

接着看看这个例子中发生了什么。我们正在尝试训练具有五个名称的批量："ben"
"sam""lucy""frank"和"edward"。打包过程从最短到最长对它们进行了排序。在这
个序列中总共有$T=6$个时间步长，因为"edward"具有六个字符，并且是最长的名称。这
意味着RNN将总共执行六次迭代。现在来看看每一时间步长都会发生什么：

(1) 在第一次迭代中，所有五个项在一个大批量中一起处理。

(2) 所有五个项再次进行批量处理。

(3) 所有五个项都将再次进行处理，前两个项"ben"和"sam"的处理已结束。我们
将从时间步长h_3中记录它们的最终隐藏状态，因为这时它们已经完成了处理。

(4) 只处理具有"lucy""frank"和"edward"三个项的批量，因为前两个项已经处理完
成。PyTorch自适应地将有效批量大小缩小至剩余大小。"lucy"也已完成，其最终状态保存为h_4。

(5) 只处理两个项的批量。"frank"在这个时间步长之后完成，因此h_5被保存为"frank。"

(6) 最后一步只处理一个项"edward"，批量接近尾声，最后一个隐藏状态为h_6。

这样处理可以确保获得每个项的正确的隐藏状态h_T，即使它们具有不同的长度。这也
可以加快PyTorch的处理速度。要想尽可能地进行更高效的批量计算，并根据需要来缩小
批量，则只处理仍然有效的数据。

4.3.1 填充和打包

打包实际上包括两个步骤：填充(使所有内容的长度相同)和打包(存储有关使用填充
数量的信息)。要想实现填充和打包，还需要重写`DataLoader`使用的整理函数(collate
function)。该函数的任务是将大量独立的数据点整理成一个大批量的项。默认的整理函数
可以处理张量，只要所有张量都具有相同的形状即可。我们的数据是一个元组(x_i, y_i)，分
别带有形状(T_i)和(1)。每个项的T_i可能不同，这通常是一个问题，因此需要定义一个名为
`pad_and_pack`的新函数。该过程具有两个步骤，如图4.14所示。

元组列表，其中 $x_i \in \mathbb{R}^{T_i}$

$$\begin{bmatrix} (x_1, y_1) \\ (x_2, y_3) \\ \vdots \\ (x_B, y_B) \end{bmatrix}$$

def pad_and_pack(batch):

1. 存储长度 $L = \begin{bmatrix} \text{len}(x_1), \dots, \text{len}(x_B) \end{bmatrix}$

2. 创建列表 $X = [x_1, x_2, \dots, x_B]$

3. 创建列表 $Y = [y_1, y_2, \dots, y_B]$

4. 从X创建X_{pad}的填充版本

5. 从X_{pad}创建X_{pack}的打包版本

6. 返回元组 (X_{pack}, Y)

图4.14 打包和填充输入的步骤，这样便可以针对不同长度的数据批量训练RNN

输入作为列表对象传递给函数。元组中的每个项都直接来自Dataset类。因此，如果你更改Dataset来执行某些唯一的操作，这就是更新DataLoader从而使用它的方式。在我们的例子中，Dataset返回一个元组(input, output)，因此pad_and_pack函数接受一个元组列表。步骤如下：

(1) 存储每个项的长度。

(2) 只创建输入和输出标签的新列表。

(3) 创建输入列表的填充版本。这使得所有张量大小相同，并在较短的项上附加了一个特殊的标记。PyTorch可以使用pad_sequence函数执行此操作。

(4) 使用PyTorch的pack_padded_sequence函数创建输入的打包版本。这会将填充的版本以及长度列表作为输入，以便函数知道每个项最初的长度。

这是一个高级的概念。以下代码实现了此过程：

```
def pad_and_pack(batch):
    input_tensors = []          ◄──── 将批量输入长度、输入和
    labels = []                        输出组织为单独的列表
    lengths = []
    for x, y in batch:
        input_tensors.append(x)
        labels.append(y)
        lengths.append(x.shape[0])   ◄──── 假设形状为(T, *)
    x_padded = torch.nn.utils.rnn.pad_sequence(   ◄──── 创建输入的填充版本
    ⇒input_tensors, batch_first=False)

    x_packed =          ◄──── 根据填充和长度创建打包版本

    torch.nn.utils.rnn.pack_padded_sequence(x_padded, lengths,
    ⇒batch_first=False, enforce_sorted=False)
    y_batched = torch.as_tensor(labels, dtype=torch.long)   ◄──── 将长度转换为张量

    return x_packed, y_batched   ◄──── 返回打包输入及其标签的元组
```

注意这段代码的两个地方。首先，设置一个可选参数batch_First=False，这是因为输入数据还不具有批量维度，只有长度。如果有一个批量维度，并且它被存储为第一个维度(大多数代码的标准)，就要将该值设置为True。

其次，为打包时间步长使用标志enforce_sorted=False，这是因为我们选择了不按长度对输入批量进行预排序。如果设置enforce_sorted=True，就会得到一个错误，因为输入没有排序。PyTorch的旧版本需要用户自行进行排序，但当前版本能对未排序的输入进行良好的处理。它还可以避免不必要的计算，而且通常同样快速，所以我们选择了这个更简单的选项。

4.3.2　可打包嵌入层

还需要一个额外的项才能构建一个可以批量训练的RNN。事实证明，PyTorch的nn.Embedding层不处理打包输入。我发现创建一个新的封装Module最简单，该Module会在构造函数中接受一个nn.Embedding对象，并修复它以处理打包输入。如下代码所示：

```
class EmbeddingPackable(nn.Module):
    """
    The embedding layer in PyTorch does not support Packed Sequence
    objects.
    This wrapper class will fix that. If a normal input comes in, it will
    use the regular Embedding layer. Otherwise, it will work on the packed
    sequence to return a new Packed sequence of the appropriate result.
    """

    def __init__(self, embd_layer):
        super(EmbeddingPackable, self).__init__()
        self.embd_layer = embd_layer
    def forward(self, input):
        if type(input) == torch.nn.utils.rnn.PackedSequence:
            sequences, lengths =
            torch.nn.utils.rnn.pad_packed_sequence(      ←——— 对输入进行解包
            input.cpu(), batch_first=True)
            sequences = self.embd_layer(sequences.to(    ←——— 嵌入它
            input.data.device))
            return torch.nn.utils.rnn.pack_padded_sequence(  ←——— 将其打包
            sequences, lengths.cpu(),                              为新序列
            batch_first=True, enforce_sorted=False)
    else:
            return self.embd_layer(input)    ←——— 应用于普通的数据
```

第一步，检查输入是否为PackedSequence。如果它被打包，那么只需要先对输入序列进行解包。现在已经有了一个未打包的张量——因为它要么是以未打包的形式提供的，要么需要我们自己解包，所以可以调用保存的原始embd_layer。注意，因为数据是打包的批量，且批量维度是第一个维度，所以必须设置batch_first=True标志。解包提供了原始填充序列以及它们各自的长度。下一行代码对未打包的序列执行标准嵌入，确保将序列移到与原始input.data相同的计算设备上。接着调用pack_padded_sequence再次创建当前嵌入的输入的打包版本。

4.3.3　训练批量RNN

有了EmbeddingPackable模块和新的整理函数pad_and_pack，就可以一次性训练批量数据的RNN。首先，需要创建新的DataLoader对象。这看起来与前面相同，只是

这里指定了可选参数collared_fn=pad_and_pack，因此它使用pad_and_pack函数来创建批量的训练数据：

```
B = 16
train_loader = DataLoader(train_data, batch_size=B, shuffle=True,
    collate_fn=pad_and_pack)
test_loader = DataLoader(test_data, batch_size=B, shuffle=False,
    collate_fn=pad_and_pack)
```

在这种情况下，选择一次使用16个数据点。下一步是定义新的RNN模块。使用nn.Sequential并通过在EmbeddingPackable中构建模型来执行嵌入，使用nn.RNN来创建RNN层，使用LastTimeStep来提取最终隐藏状态，接着使用nn.Linental根据输入来执行分类：

```
rnn_packed = nn.Sequential(
    EmbeddingPackable(nn.Embedding(vocab_size, D)),   ← (B, T) -> (B, T, D)
    nn.RNN(D, hidden_nodes, batch_first=True),        ← (B, T, D) -> ((B,T,D),
    LastTimeStep(),   ← 获取RNN输出并将其              (S, B, D))
                         减少为一项(B, D)

    nn.Linear(hidden_nodes, classes),   ← (B, D) -> (B, classes)
)
rnn_packed.to(device)
```

最后便可训练这个模型。因为已经将所有打包和填充的问题抽象为collate_fn和EmbeddingPackable对象，所以调用train_simple_network即可完成该工作。批量训练也会更加高效，因此我们训练了20个迭代周期，是之前的4倍：

```
packed_train = train_simple_network(rnn_packed, loss_func,
    train_loader, test_loader=test_loader,
    score_funcs={'Accuracy': accuracy_score}, device=device, epochs=20)
```

如果查看这个模型的准确率，不难发现其总体上与使用批量大小为1训练的模型非常相似，但可能稍差一点。对于训练RNN来说，这并非不寻常的行为，随着时间的推移，权重共享和多个输入可能会使学习RNN变得困难。出于这个原因，人们通常会保持RNN的批量大小相对较小，进而提高其性能，但在接下来的两章中，我们将学习有助于解决此问题的技术。

以下是图：

```
sns.lineplot(x='epoch', y='test Accuracy', data=batch_one_train,
    label='RNN: Batch=1')
sns.lineplot(x='epoch', y='test Accuracy', data=packed_train,
    label='RNN:Packed Input')
```

```
[26]: <AxesSubplot:xlabel='epoch', ylabel='test Accuracy'>
```

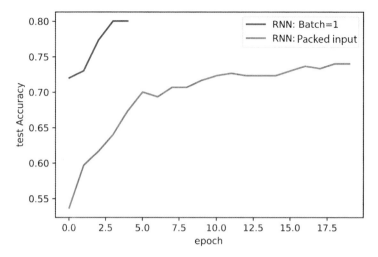

然而，该图将性能视为迭代周期的函数。通过将数据打包成更大的批量，训练速度要快得多。如果将准确率视为等待总时间的函数，打包将变得更有竞争力：

```
sns.lineplot(x='total time', y='test Accuracy', data=batch_one_train,
  label='RNN: Batch=1')
sns.lineplot(x='total time', y='test Accuracy', data=packed_train,
  label='RNN:Packed Input')
```

[27]: <AxesSubplot:xlabel='total time', ylabel='test Accuracy'>

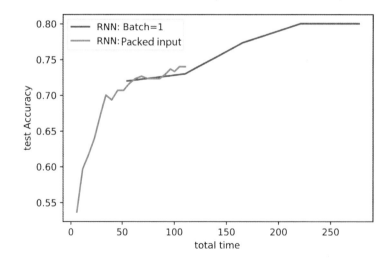

4.3.4　同时打包和解包输入

我们编写代码的方式有一个隐秘但微小的好处，能使代码在不同的情况中更加灵活。RNN层接收打包序列对象或归一化张量。新的EmbeddingPackable也支持这两种类型的输入。我们一直使用的LastTimeStep函数始终会返回一个归一化张量,因为最后一个时间步长被打包没有任何理由或价值。出于这个原因,刚刚编写的相同代码将同时适用于打包和解包的输入。可以通过尝试预测一些新名称的源语言来证实这一点:

```
pred_rnn = rnn_packed.to("cpu").eval()

with torch.no_grad():
    preds = F.softmax(pred_rnn(dataset.string2InputVec(
        "frank").reshape(1,-1)), dim=-1)
    for class_id in range(len(dataset.label_names)):
        print(dataset.label_names[class_id], ":",
            preds[0,class_id].item()*100 , "%")

Arabic : 0.586722744628787 %
Chinese : 0.5682710558176041 %
Czech : 15.79725593328476 %
Dutch : 5.215919017791748 %
English : 42.07158088684082 %
French : 1.7968742176890373 %
German : 13.949412107467651 %
Greek : 0.40299338288605213 %
Irish : 2.425672672688961 %
Italian : 5.216174945235252 %
Japanese : 0.3031977219507098 %
Korean : 0.7202120032161474 %
Polish : 2.772565931081772 %
Portuguese : 0.9149040095508099 %
Russian : 4.370814561843872 %
Scottish : 1.0111995041370392 %
Spanish : 1.2703102082014084 %
Vietnamese : 0.6059217266738415 %
```

这使得在训练(批量数据)和预测(在可能不想等待批量数据的情况下)中重复使用相同的代码变得更加容易。该代码也更容易在其他可能支持或不支持打包输入的代码中重复使用。

这种不一致的支持源于使用RNN和序列时具有的更多复杂性。我们付出了大量额外的努力,使代码能够处理批量数据,而大部分在线代码都没有这么做。当你了解到一种用于训练或使用RNN的新技术时,它可能不像这段代码一样支持打包输入。采用我们的方式编写代码,便可"两全其美":既能使用标准工具进行更快的批量训练,也可与其他没有实现该功能的工具兼容。

4.4 更为复杂的RNN

可以使用更为复杂的RNN:特别是可以生成具有多个层的RNN以及能从左到右和从

右到左处理信息的RNN。这两种变化都提高了RNN模型的准确率。我们要学习的RNN的两个新概念，似乎有点过于复杂，但PyTorch能以最小的代价轻松添加这两个功能。

4.4.1 多层

与我们了解的其他方法一样，你可以叠加RNN的多个层。然而，由于训练RNN具有计算复杂性，PyTorch提供了高度优化的版本。不需要在序列中手动插入多个nn.RNN()调用，而是可以传入一个选项，告诉PyTorch要使用多少层。图4.15展示了具有两个层的RNN的示意图。

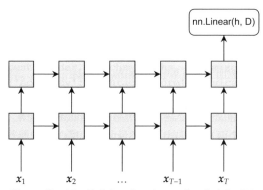

图4.15 具有两个层的RNN的示例。箭头表示从一个RNN单元格连接到另一个。层中具有相同颜色的块共享权重。输入向量从底部输入，最后一个RNN的输出可以到达全连接层，从而产生预测

向RNN添加多个层以重复从同一级别的先前RNN中获取输入的隐藏单元的模式，以及从先前级别获取当前时间步长的结果。如果想要生成一个具有三个循环层的模型，只需要在RNN和LastTimeStep对象中添加num_layers=3：

```
rnn_3layer = nn.Sequential(
    EmbeddingPackable(nn.Embedding(vocab_size, D)),   ← (B, T) -> (B, T, D)
    nn.RNN(D, hidden_nodes, num_layers=3, batch_first=True),   ←
                                      获取RNN输出并将其
                                      减少为一项(B, D)    (B, T, D) ->( (B,T,D),
    LastTimeStep(rnn_layers=3),   ←                     (S, B, D) )

    nn.Linear(hidden_nodes, classes),   ← (B, D) -> (B, classes)
)

rnn_3layer.to(device)
rnn_3layer_results = train_simple_network(rnn_3layer, loss_func,
    train_loader, test_loader=test_loader, lr=0.01,
    score_funcs={'Accuracy': accuracy_score}, device=device, epochs=20,
)
```

绘制三层方法的准确率图显示，通常三层方法表现更好。这也与RNN采用的技巧有

关。我的建议是在架构中使用两到三层递归组件。虽然层数越多效果越好，但成本也会变得很高，而且训练RNN的难度也会影响深度学习的效果。本书后半部分将学习其他更有优势的技术。

以下是图：

```
sns.lineplot(x='epoch', y='test Accuracy', data=packed_train,
    label='RNN: 1-Layer')
sns.lineplot(x='epoch', y='test Accuracy', data=rnn_3layer_results,
    label='RNN: 3-Layer')
```

[30]: <AxesSubplot:xlabel='epoch', ylabel='test Accuracy'>

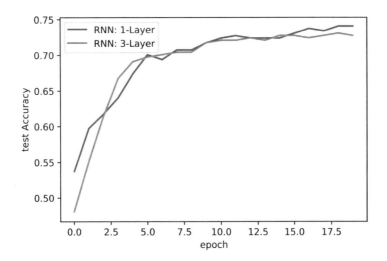

4.4.2　双向RNN

创建双向RNN是更为复杂的改进。你可能已经注意到，我们的RNN总是从左到右处理信息，但这会使学习变得困难。如果需要的信息出现在输入序列的前面，该怎么办？RNN必须确保信息能存于多个时间步长中，其中每个时间步长都是一次"引入噪声"的机会。

要想知道为什么难以长期保留信息，一个好的方法就是想象一个极端的场景。假设RNN层中只有32个神经元，但时间序列却长达10亿步。RNN中的信息完全存在于只有32个值的空间中，这根本不足以在10亿次运算后仍然保持信息的完整性。

为了使RNN更容易从长序列中获得所需的信息，可以让RNN同时在两个方向上遍历输入，并与RNN的下一层共享该信息。这意味着在RNN的第二层中，时间步长1具有关于时间步长T的一些信息。时间信息在RNN中的累积更为均匀，从而使学习更为容易。这种RNN的连接如图4.16所示。

注意，最后一个时间步长现在部分来自序列中最左侧的项和最右侧的项。LastTimeStep函数已经对此进行了处理，这就是我们实现它的原因。它可以让我们无缝地实现这项新功能。

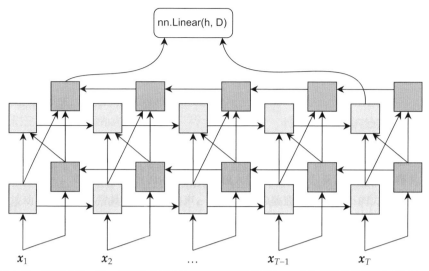

图4.16　双向RNN。每一步的输出都会及时传递给两个RNN：一个从左到右处理输入(绿色)，另一个从右到左处理输出(红色)。组合两个RNN的输出(通过串联)，从而在每个步长中创建一个新项。然后，该项会传递给两个输出

高效、准确地实现双向RNN并非易事。幸运的是，PyTorch再次让其变得简单：只需设置bidirectionao=True标志。不过，要注意的是，当前的最终隐藏状态是原来的两倍，因为我们拥有来自两个方向的最终激活，所以LastTimeStep的值是预期的两倍。只要记得在最后的nn.Linear层中乘以hidden_nodes*2，稍作改动，它仍可正常运行。新代码如下：

```
rnn_3layer_bidir = nn.Sequential(
    EmbeddingPackable(nn.Embedding(vocab_size, D)),     ← (B, T) -> (B, T, D)
    nn.RNN(D, hidden_nodes, num_layers=3,               (B, T, D) -> ((B, T, D),
    ➥batch_first=True, bidirectional=True),              (S, B, D) )
    LastTimeStep(rnn_layers=3, bidirectional=True),     获取RNN输出并将其
                                                        减少为一项(B,D)
    nn.Linear(hidden_nodes*2, classes),                 ← (B, D) -> (B, classes)
)

rnn_3layer_bidir.to(device)
rnn_3layer_bidir_results = train_simple_network(rnn_3layer_bidir,
➥loss_func, train_loader, test_loader=test_loader,
➥score_funcs={'Accuracy': accuracy_score}, device=device,
➥epochs=20, lr=0.01)

sns.lineplot(x='epoch', y='test Accuracy', data=packed_train,
➥label='RNN: 1-Layer')
sns.lineplot(x='epoch', y='test Accuracy', data=rnn_3layer_results,
➥label='RNN: 3-Layer')
sns.lineplot(x='epoch', y='test Accuracy', data=rnn_3layer_bidir_results,
```

```
    label='RNN: 3-Layer BiDir')
```

[32]: <AxesSubplot:xlabel='epoch', ylabel='test Accuracy'>

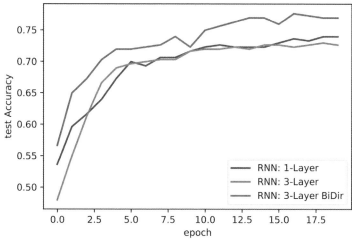

　　结果表明，双向RNN具有明显的优势。应尽可能使用双向RNN，因为它能使网络更容易跨时间学习获取信息。这有助于促进简单问题准确率的提高。但在某些情况下，你不想或不能使用双向版本，这类例子将在本书后面介绍。

4.5   练习

　　请尝试在本书的Manning出版社在线平台上分享和讨论你的解决方案(https://liveproject.manning.com/project/945)。提交完答案后，你便能够看到其他读者提交的解决方案，并看到作者评选的最佳方案。

　　1. 修改`LanguageNameDataset`，使构造函数中的`vocabulary`对象不需要作为参数传入，而是可以从输入数据集中推理。这意味着你需要遍历数据集并创建一个包含所有实际看到的字符的字典。实现这一点的一种方法是创建默认值`vocabulary=None`，并使用`is vocabulary None`以更改行为。

　　2. 更新`LanguageNameDataset`，在构造函数中加入`unicode=False`标志。更改任何需要更改的代码，以便在`unicode=True`时，`LanguageNameDataset`会保留`vocabulary=None`时看到的所有Unicode字符(这取决于练习1)。使用`unicode=True`训练一个新的RNN分类器。这会对结果有什么影响？

　　3. 在构造函数中使用新的`min_count=1`参数更新`LanguageNameDataset`。如果`vocabulary=None`，它应该用一个特殊的"UNK"标记替换出现次数过少的任何字符，进而表示未知值。设置`min_count=300`对词汇表的大小有什么影响，结果会怎样？

　　4. 此任务的原始训练/测试划分是通过随机抽样数据集而创建的。试创建自己的函数来执行分层划分：选择每个类中具有相同比例的测试集。这对你的明显结果有何影响？

5. 使用具有两个隐藏层和一个输出层的全连接网络，替换RNN实现中的最后一个输出层nn.Linear(hidden_node, classes)。这如何影响模型的准确率？

6. 可以使用整理函数来实现有趣的功能。为了更好地了解它是如何工作的，请实现自己的collate_fn，从批量训练数据中删除一半的项。使用该模型的两个迭代周期进行训练与使用普通collate_fn的一个迭代周期进行训练得到的结果一样吗？为什么一样或为什么不一样？

7. 比较以$B = \{1, 2, 4, 8\}$的批量大小训练三层双向RNN五个迭代周期。哪种批量能在速度和准确率之间取得最佳平衡？

4.6　小结

- 循环神经网络(Recurrent Neural Network，RNN)用于处理以序列形式输入的数据(如文本)。
- RNN通过使用权重共享来工作，因此序列中的每个项都重复使用相同的权重。这使它们能够处理可变长度的序列。
- 文本问题需要一个标记词汇表。嵌入层将这些标记转换为RNN输入的向量。
- 隐藏状态被传递到序列的下一步长，并传递到下一层。右上角的隐藏状态(最后一层，正在处理的最后一项)表示整个序列。
- 为了训练批量序列，可将它们填充为具有相同的长度，并使用打包函数，以便只处理输入的有效部分。
- 通过双向处理数据(从左到右和从右到左)，可以提高RNN的准确率。

第**5**章

现代训练技术

本章内容
- 使用学习率调度器改善长期训练
- 使用优化器改善短期训练
- 结合学习率调度器和优化器来改进任何深度模型的结果
- 使用Optuna调优网络超参数

到此，已经学习了神经网络的基础知识和三种类型的架构：全连接神经网络、卷积神经网络和循环神经网络。并且已经用一种称为随机梯度下降(Stochastic Gradient Descent，SGD)的方法对这些网络进行了训练，该方法的使用历史至少可以追溯到20世纪60年代。从那时起，人们发明了学习网络参数的更新的改进方法，如动量和学习率衰减，它们可以在更少的更新中收敛至更好的解，从而改进任何问题对应的神经网络。本章将学习一些在深度学习中最成功、应用最广泛的SGD变体。

如图5.1所示，因为神经网络没有任何限制，所以它们往往会遇到复杂的优化问题，而且会出现许多局部最小值。最小值似乎最大可能地减少了损失，这意味着模型已经学会了，但是综合全局，却发现可能存在其他最小值。并不是所有的局部最小值都"欠佳"；如果一个最小值足够接近全局最小值，仍然很可能得到好的结果。但有些局部最小值并不能提供理想的准确预测模型。因为梯度下降是在"局部"作出决定的，所以一旦遇到局部最小值，就会对这个最小值有多"好"而顿生迷茫，也不知道若要找到一个新的最小值，应该朝哪个方向努力。

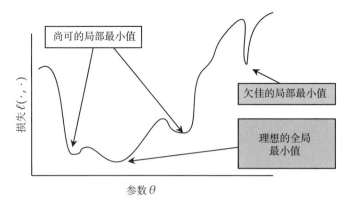

图5.1　神经网络可能遇到的损失情况示例。需要最小化y轴上的损失，但存在很多局部最小值。其中一个全局最小值是最优的解，而另两个局部最小值几乎一样好，欠佳的最小值则不能获得很好的解

　　本章将学习学习率调度器和优化器，它们可以帮助我们更快地找到更好的最小值，从而使神经网络在更少的迭代周期内达到更高的准确率。同样，这适用于你将要训练的每一个网络，并且在现代设计中十分常见。

　　为此，需要对梯度下降进行快速回顾，并了解如何将其分解为两个部分：梯度和学习率调度器。PyTorch对这两个部分都进行了特殊的分类，因此我们编写了一个新的train_network函数，它将取代我们在书中所看到的包含这两个抽象概念的train_simple_network函数。这些新的抽象概念将在5.1节中介绍。然后，我们会补充讲解这些抽象概念的细节及其工作方式，先是了解5.2节中介绍的学习率调度器，再是5.3节中介绍的梯度更新策略。

　　还有一个我们一直忽略的优化问题，那就是如何选择所有这些超参数，如层数、每层神经元的数量等。5.4节将学习如何使用名为Optuna的工具来选择超参数。Optuna具有特殊功能，即使有很多超参数，它也能设置好它们，并避免为尝试选择参数而训练许多不同网络所带来的全部开销。

　　因为本章要解释为什么这些使用梯度的新技术可以减少获得良好解法所需的迭代周期数，所以篇幅略长——同类图书均只会讲解如何使用这些改进方法。这一点很重要，毕竟研究人员一直在不断改进策略，而我们在从最初的SGD过渡到现代方法过程中所做的额外工作将帮助你了解未来改进的潜力，并推理为什么它们会有所帮助。不过，Optuna部分可能看起来很突兀，毕竟其他章节都不讲解该主题，而它可能会妨碍其他技术的学习。但是，Optuna及其调优超参数的方法是深度学习中一项重要的实际技能，有助于提高工作效率，并构建更精确的解。

5.1　梯度下降分两部分进行

　　到目前为止，我们一直在使用和思考将梯度下降作为一个整体的公式和过程来学习。

我们选择了一个损失函数 ℓ 和一个网络架构 f，梯度下降只是用于更新权重。因为想改进梯度下降的工作方式，所以首先需要认识和理解它的两个组成部分。通过认识到这两个组件具有不同的行为，便可以制定策略来改进每一个组件，进而使网络在更少的迭代周期内学习更准确的解。先来快速回顾梯度下降的工作原理。

记住，只有将网络视为一个巨大的函数 $f_\Theta(x)$，深度学习中所做的一切操作才能发挥作用，其中需要使用与 f 的参数 (Θ) 相关的梯度 (∇) 来调整其权重。所以应执行以下操作

$$\Theta_{t+1} = \Theta_t - \eta \cdot \underbrace{\nabla_{\Theta_t} \ell(f_{\Theta_t}(x), y)}_{\text{梯度} g^t}$$

以上被称为梯度下降(gradient descent)，这也是所有现代神经网络训练的基础。然而，在如何执行这一关键步骤方面还有很大的改进空间。因为本节的很多内容都会涉及梯度的讨论，简单起见，可将梯度简写为 g^t。注意，此处有个 t 上标，它看似是序列的一部分。这是因为在学习的过程中，每一批处理的数据都会对应得到一个新的梯度，所以模型会从一系列梯度中进行学习。稍后这一方式的优势便会显现。

该简写清楚地展示了这个过程只有两个部分：梯度 g^t 和学习率 η (如此处所示)。为了改善这一点，只能改变以下两个部分：

新参数 θ_{t+1} 等于旧参数 θ_t 减去
学习率乘以批量上的梯度

$$\theta_{t+1} = \theta_t - \eta \cdot g^t$$

5.1.1　添加学习率调度器

先来讨论一下早期更新公式的问题。首先，学习率 η 存在问题。要为每个训练迭代周期的每个批量选择一个学习率。这可能是一个不合理的预期。打个比方，一列火车从一个城市开往另一个城市。火车并不是全速行驶并在到达目的地后立即停下。相反，火车会在接近目的地时减速。否则，火车就会因惯性而冲过目的地。

因此，可以讨论的第一类改进措施是根据优化过程 (t) 中的进展程度来将学习率 η 改变为函数。将此函数称为 L，并将初始学习率 η_0 和当前迭代时间步长 t 作为输入：

$$\underbrace{\Theta_{t+1}}_{\text{新参数}} = \underbrace{\Theta_t}_{\text{旧参数}} - \underbrace{L(\eta_0, t)}_{\text{学习率调度器}} \cdot \underbrace{g^t}_{\text{梯度}}$$

接下来简要回顾如何定义 $L(\eta_0, t)$ 的细节。现在，重要的是要明白我们已经创建了一个用于改变学习率的抽象概念，这个抽象概念被称为学习率调度器(learning rate schedule)。可以根据需求或问题，用不同的调度器替换 L。在开始用代码展示这一点之前，还需讨论更新公式的第二部分，该部分与 PyTorch 中的学习率调度器 $L(\cdot, \cdot)$ 紧密耦合。

5.1.2　添加优化器

该部分没有一个令人满意的名称；PyTorch称其为优化器，但这个名称似乎有点过于笼统地概述了整个过程。尽管如此，我们还是会使用这个名称，不但因为它是最常见的，也因为它是梯度g'的使用方式。所有的信息和学习都来自g'；它控制着网络学习器的内容和学习的程度。学习率η只是简单地控制我们跟踪信息的速度。不过，梯度g'的表现优异程度仅能与用来训练模型的数据保持一致。如果数据有噪声(而且几乎总是存在)，那么梯度也会有噪声。

图5.2展示了这些噪声梯度及其对学习的影响，以及其他三种情况。一种情况是具有理想的梯度下降路径，但这几乎不存在。另外两种情况会出现真正的问题。例如，假设有时得到的梯度g'太大。在网络中添加数百个层时，就会出现这种情况，这就是常见的梯度爆炸(exploding gradient)问题。从数学上讲，这种情况将是$\| g' \|_2 \to \infty$。如果使用这种梯度，就可能会采取比预期更大的时间步长(即使是很小的η)，这会降低性能，甚至完全阻止学习。相反的情况也会发生；梯度可能太小$\| g' \|_2 \to 0$，从而导致在训练方面没有取得任何进展(即使有很大的η)。这种情况被称为梯度消失(vanishing gradient)，几乎可能出现在任何架构中，在使用$\tanh(\cdot)$和$\sigma(\cdot)$激活函数时尤其常见[1]。在研究这四种情况时，请记住优化也意味着最小化，因此从高值(红色)到低值(绿色)变化的过程实际上就是神经网络"学习"的过程。

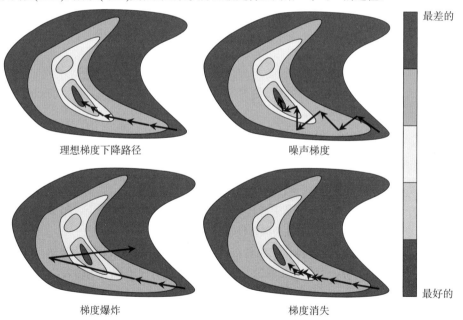

图5.2　一个展示三种梯度下降情况的简单示例。每种情况都是从红色(高值，坏的)到深绿色(低值，好的)变化的二维优化的等高线图。理想的情况是左上角这张图，每个梯度都精确地指向解。右上角的图展示的是导致下降方向不太正确，需要采取更多时间步长的噪声梯度。左下角的图展示的是梯度爆炸，其采取的步长过大，远离了解。右下角的图展示的是梯度消失，其中梯度变得非常小，以至于必须采取更多的时间步长才能得到解

1　第6章将详细介绍。

在这些情况下，单纯地使用原始梯度g'可能会产生误导。同样，我们可能希望引入一个抽象概念，将g'作为输入，并采取更聪明的方法来避免发生这些情况。这个可称为G的函数，会改变梯度，进而优化其性能，并有助于加速学习。现在再次更新公式，可以得到：

新参数θ_{t+1}等于旧参数θ_t减去训练期间调整的学习率(以便按需减速或加速)乘以批量梯度，该梯度由一个试图利用与先前梯度具有全部相似性的函数$G(\cdot)$来处理。

$$\theta_{t+1} = \theta_t - L(\eta_0, t) \cdot G(g^t)$$

现在得到了一个新的梯度下降公式。它具有之前所有的基本组件，外加一些使其更加灵活的额外抽象概念。调整学习率和梯度这两种策略在现代深度学习中无处不在。因此，它们在PyTorch中都有接口。接下来，不妨定义一个我们一直使用的`train_simple_network`函数的新版本，让这两种改进成为可能。接下来，便可以使用这个新的函数来比较新技术的效果，并在以后继续使用它们。

$L(\cdot,\cdot)$ 和 $G(\cdot)$ 之间的相互作用

学习率调度器和梯度更新都用来实现类似的目标，那么为什么两者都需要，而不是只选择一个呢？你可以把它们看作是在两个时间尺度上发挥作用。学习率调度器$L(\cdot,\cdot)$每个迭代周期就会运行一次，以调整全局过程速率。梯度更新函数$G(\cdot)$则运行于每个批量，因此如果有数百万个数据点，就可能会调用$G(\cdot)$数百万次，但最多调用$L(\cdot,\cdot)$几百次。因此，你可以将这些方法视为在长期策略和短期策略之间进行平衡，从而将函数最小化。与生活中的大多数事情一样，与其只关注短期目标或长期目标，不如在期间寻找平衡。

5.1.3　实现优化器和调度器

PyTorch提供了两个接口来实现$L(\cdot,\cdot)$和$G(\cdot)$函数。首先是你已经在使用的`torch.optim.Optimizer`类。到目前为止，我们一直在使用一个简单的SGD优化器。然后开始替换SGD对象，但使用的是使用了相同接口的其他优化器，因此几乎不用修改代码。新的类是`_LRScheduler`，它有多个选项可供选择。只需对`train_simple_network`代码稍作修改即可实现`train_network`函数。图5.3描述了该高级流程，其中只有一个显示为黄色的新步骤，更新步骤略有改动，使用$G(\cdot)$表示我们可以改变梯度的使用方式。

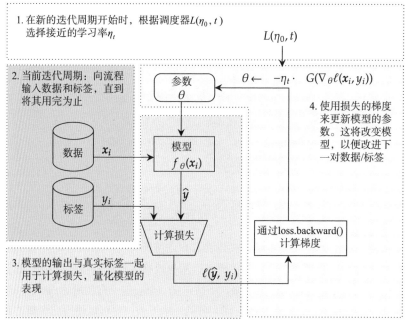

图5.3　新的训练循环流程图。主要变化是黄色显示的全新步骤1，表示有一个学习率调度器 $L(\cdot,\cdot)$。调度器决定了步骤4中流程使用的学习率 η_t。其他所有内容都保持与以前一致

更新训练代码

现在来探讨一下需要对 `train_simple_network` 代码进行的三处修改。首先更改的是函数签名，因此有两个新选项可供使用：优化器和调度器。这里展示了新的签名，`optimizer` 用于 $G(\cdot)$ 而 `lr_schedule` 用于 $L(\cdot,\cdot)$：

```
def train_network(model, loss_func, train_loader, val_loader=None,
➥test_loader=None, score_funcs=None, epochs=50, device="cpu",
➥checkpoint_file=None, optimizer=None, lr_schedule=None):
```

注意，我们将两者均设置为具有None的默认值。明确调度器始终是可选的，你可能需要根据手头的任务来更改所使用的调度器。有些问题只需要几个迭代周期来解决，其他问题则可能需要几百到几千个迭代周期来解决，而这两个因素都会根据你拥有的数据量而变化。出于这些原因，我不喜欢总是使用学习率调度器。我习惯于先不使用它，然后再根据手头的问题有选择性地使用。然而，我们必须始终使用某种优化器。因此，如果没有给出任何优化器，就要添加以下代码，进而使用默认值(本章稍后会介绍其工作原理)：

```
if optimizer == None:
    optimizer = torch.optim.AdamW(model.parameters())
```
← **AdamW是一个很好的默认优化器**

令人惊讶的是，新代码已经完成了一半。不需要对 `run_epoch` 方法进行任何更改，因为按惯例是在每个迭代周期之后而不是在每个批量之后更改学习率(迭代周期由许多批量组成)。因此，在完成 `run_epoch` 函数后，便可以添加以下代码：

```
if lr_schedule is not None:
    if isinstance(lr_schedule, ReduceLROnPlateau):
        lr_schedule.step(val_running_loss)
    else:
        lr_schedule.step()
```

PyTorch的惯例是在每个
迭代周期之后更新学习率

同样，你很快就了解了ReduceLROnPlateau。它是学习率调度器家族中的一个特殊成员，需要额外的参数。然后，只需在每个迭代周期结束时调用step()函数，学习率调度器就会自动更新。你可能会认为这与run_epoch中Optimizer类所使用的方法相同，该方法在批量结束时调用optimizer.step()。这是个有意而为的设计，目的是使两个紧密耦合的类保持一致。你可以在idlmam.py文件的代码中找到完整的函数定义(https://github.com/ EdwardRaff/Inside-Deep-Learning/blob/main/idlmam.py)。

使用新的训练代码

以上就是为一些全新的和改进的学习提供代码所需要做的一切准备。当前已经实现了一个新的加载函数，接下来要训练一个神经网络。在此使用Fashion-MNIST数据集，因为它稍微更具挑战性，同时能保持与原始MNIST语料库相同的大小和形状，这有助于在合理的时间内完成一些测试。

此处，我们加载Fashion-MNIST，定义一个多层全连接网络，然后以与使用旧的train_simple_network方法一样的方式对其进行训练。为此，我们需要通过自行指定SGD优化器来完成更多的工作：

```
epochs = 50          ◄──── 50个迭代周期的训练
B = 256              ◄──── 可观的平均批量大小

train_data = torchvision.datasets.FashionMNIST("./data", train=True,
➥transform=transforms.ToTensor(), download=True)
test_data = torchvision.datasets.FashionMNIST("./data", train=False,
➥transform=transforms.ToTensor(), download=True)

train_loader = DataLoader(train_data, batch_size=B, shuffle=True)
test_loader = DataLoader(test_data, batch_size=B)
```

接下来编写一些更为熟悉的代码，一个具有三个隐藏层的全连接网络：

```
D = 28*28            输入中有多少个值? 使用它来
                     帮助确定后续层的大小
n = 128              ◄──── 隐藏层大小
C = 1                ◄──── 输入中有多少个通道?
classes = 10         ◄──── 有多少类?

fc_model = nn.Sequential(
    nn.Flatten(),
    nn.Linear(D, n),
```

```
    nn.Tanh(),
    nn.Linear(n, n),
    nn.Tanh(),
    nn.Linear(n, n),
    nn.Tanh(),
    nn.Linear(n, classes),
)
```

最后，需要确定默认的起始学习率 η_0。如果没有提供任何类型的学习率调度器 $L(\cdot,\cdot)$，那么 η_0 将用于训练的每个迭代周期。这里将使用 $\eta_0 = 0.1$，它比你通常想要使用的值更"激进"(即"大")。我选择这个更大的值是为了更容易展示我们选择的调度器所带来的影响。在正常使用情况下，不同的优化器倾向于带有不同的首选默认值，但通常最好首先使用 $\eta_0 = 0.001$：

```
eta_0 = 0.1
```

这样做之后，便可以像以前一样定义一个原始且基础的SGD优化器。我们只需要显式调用torch.optim.SGD并通过自身将其传递，你可以在下面的代码中看到。注意，我们在optimizer的构造函数中将默认学习率设置为 η_0。这是PyTorch中的标准过程，我们可能使用的任何LRSchedule对象都将到达optimizer对象以更改学习率：

```
loss_func = nn.CrossEntropyLoss()

fc_results = train_network(fc_model, loss_func, train_loader,
➥test_loader=test_loader, epochs=epochs,
➥optimizer=torch.optim.SGD(fc_model.parameters(), lr=eta_0),
➥score_funcs={'Accuracy': accuracy_score}, device=device)
```

和之前一样，可以使用seaborn并返回fc_results的pandas数据帧来快速绘制结果。下面的代码和输出展示了我们获得的结果类型，这显然是通过更多的训练进行学习的，但偶尔需要对其进行回归分析。这是因为我们的学习率有点过于激进，但这正是你在现实问题中使用非激进学习率($\eta_0 = 0.001$)时经常看到的行为：

```
sns.lineplot(x='epoch', y='test Accuracy', data=fc_results, label='Fully
➥Connected')
```

[12]: <AxesSubplot:xlabel='epoch', ylabel='test Accuracy'>

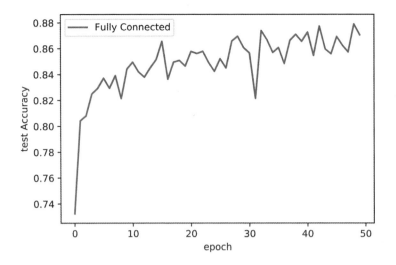

5.2　学习率调度器

现在，继续讨论前面描述的实现调整学习率 $(L(\eta_0,t))$ 的方法。在PyTorch中，这些被称为学习率调度器(learning rate schedulers)，它们将optimizer对象作为输入，因为它们直接改变optimizer对象中所使用的学习率 η。高级方法如图5.4所示。我们唯一需要改变的是 $L(\eta_0,t)$ 在调度器之间切换时使用的式子。

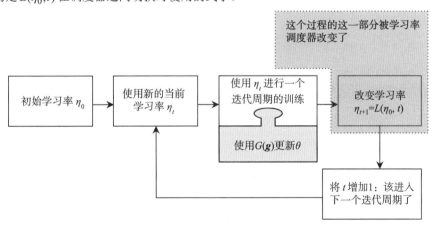

图5.4　每个学习率调度器的一般流程。在训练开始前设置初始值，进行一个迭代周期的训练，然后更改 η_{t+1}，它将被下一个迭代周期使用。梯度优化器 $G(\cdot)$ 在每个迭代周期中被多次使用，并且其运行独立于学习率调度器

要注意的是，我们将讨论四种调整学习率的方法，这四种方法你都要有所了解。这些调度器各有利弊。你可以选择自己的调度器来尝试稳定不一致的训练模型(准确率在迭代周期之间上下波动)，减少训练所需的迭代周期数量，从而节省时间，或者最大化最终模型的准确率。为了确保本书介绍的大部分模型能在合理的时间内运行，我们使用了非常少的训

练迭代(10到50次)。当你在现实生活中处理一个问题时，通常要训练100到500个迭代周期。训练的时间越长，学习率调度器所产生的影响就越大，因为有更多的机会改变学习率。因此，虽然我们在本书的其余部分中可能不会大量使用迭代周期，但你仍然应该加以重视。

首先讨论现代使用的四种最基本的学习率调度器，它们帮助解决的最小化问题，以及如何解决。我们将在直观层面上讨论这些问题，因为与我们在本书中想做的事情相比，证明它们需要更多的数学知识。讲解完这四种方法后，来一场实操比赛，便可比较结果。

5.2.1　指数衰减：平滑不稳定训练

我们讨论的第一种方法可能不是最常见的，但却是最简单的方法之一。它被称为指数衰减率(exponential decay rate)。如果模型的表现不稳定，损失或准确率会大量增加或减少，那么指数衰减率便是一个很好的选择。你可以使用指数衰减来帮助稳定训练并获得更一致的结果。我们选择一个值$0 < \gamma < 1$，该值在每个迭代周期之后乘以我们的学习率。它由以下函数定义，其中t表示当前迭代周期：

$$\underset{\text{当前学习率}}{\eta_t} = L_\gamma(\eta_0, t) = \underset{\text{初始学习率}}{\eta_0} \cdot \underset{\text{衰减率}}{\gamma^t}$$

PyTorch使用torch.optim.lr_scheduler.ExponentialLR类提供此功能。因为我们通常会进行多轮迭代，所以千万确保γ不要设置得过于激进：最好从所期望的最终学习率开始，并将其称为$\eta_{\min}$。然后，若总共训练了T个迭代周期，则可以设置

$$\gamma = \sqrt[T]{\eta_{\min} / \eta_0}$$

以确保选择的值γ达到所期望的最小值，并在整个学习过程中产生效果。

例如，假设初始学习率为$\eta_0 = 0.001$，你希望最小值为$\eta_{\min} = 0.0001$，并且训练了$T = 50$个迭代周期。则需要设置$\gamma \approx 0.91201$。下面的代码模拟了这一过程，并展示了如何编写代码来计算γ：

```
T=50                                            ←———  总迭代周期

epochs_input = np.linspace(0, 50, num=50)       ←———  生成所有 t 值

eta_init = 0.001        ←———  假设初始学习率为 η₀
eta_min = 0.0001        ←———  假设期望的最小学习率为 η_min


gamma = np.power(eta_min/eta_init,1./T)         ←———  计算衰减率 γ


effective_learning_rate = eta_init *
➥np.power(gamma, epochs_input)                  ←———  所有 η_t 值

sns.lineplot(x=epochs_input, y=eta_init, color='red', label="$\eta_0$")
ax = sns.lineplot(x=epochs_input, y=effective_learning_rate, color='blue',
```

```
      label="$\eta_0 \cdot \gamma^t$")
ax.set_xlabel('Epoch')
ax.set_ylabel('Learning Rate')
```

[13]: Text(0, 0.5, 'Learning rate')

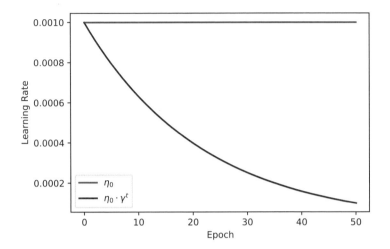

指数衰减率平滑且一致地降低每个迭代周期的学习率。还有很多更高级的方法可以做到这一点。有些学者使用线性衰减 ($\eta_0 / (\gamma \cdot t)$) 而非指数衰减 ($\eta_0 \cdot \gamma^t$)，并且使用多种其他方法实现了相同的目标；没有人能给你一本明确的指导书或一个流程图来帮助你在指数衰减及其相关家族成员之间做出选择。人们都遵循相似的直觉来解释这些方法的工作原理，接下来将详细介绍。

特别是，指数学习率调度器有助于解决接近解但又无法完全匹配解的问题。图5.5展示了这种情况是如何发生的。黑线显示了参数 Θ 从一个时间步长到下一个时间步长的变化轨迹。初始权重是随机的，因此一开始使用的是一组糟糕的权重 Θ。最初，更新会推动我们朝着局部最小值前进。但随着时间的推移，开始在最小值附近跳动——有时比前一步长更接近，有时又离得更远——这导致损耗出现上下波动。

回到之前对火车开往目的地的类比，当离目标很远时，快速行驶就很好，因为它能更快地接近目标。但一旦接近目的地，就应该放慢速度。如果火车站只有100英尺远，而火车每小时行驶100英里，那么火车很快就会驶过火车站。你要让火车开始减速，以便它能到达一个精确的位置，这就是指数学习率的作用；图5.6展示的便是这样一个示例。

使用指数学习率的诀窍是设置最小值 η_{min}。我通常建议它为 η_0 的1/100到1/10。在机器学习中，减少到1/100到1/10是很正常的，这是调度器的主基调。下面的代码展示了如何通过在构建模型时将optimizer作为参数进行传递来创建指数衰减调度器。同时使用第一行代码将学习到的权重重置为随机，这样就不必反复重新指定同一个神经网络了：

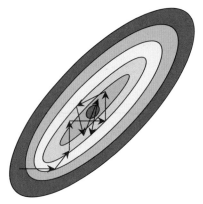

图5.5　指数学习率帮助解决最小化问题的示例。当离解很远时，大的 η 有助于更快地到达正确的区域。但一旦已处于正确的领域，就会因为 η 过大而无法找到最优解。相反，η 总是在不断地突破局部最小值(在这种情况下，它是唯一的最小值，也是全局最小值)

```
fc_model.apply(weight_reset)    ←——  重新随机化模型权重，以便不用再次定义模型


eta_min = 0.0001                ←——  期望的最终学习率 ηmin

gamma_expo = (eta_min/eta_0)**(1/epochs)  ←——  使用 ηmin 来计算 γ

optimizer = torch.optim.SGD(fc_model.parameters(),  ←——  设置优化器
➥lr=eta_0)
scheduler = torch.optim.lr_scheduler.  ←——  选择调度器并传入优化器
➥ExponentialLR(optimizer, gamma_expo)

fc_results_expolr = train_network(fc_model, loss_func, train_loader,
➥test_loader=test_loader, epochs=epochs, optimizer=optimizer,
➥lr_schedule=scheduler, score_funcs={'Accuracy': accuracy_score},
➥device=device)
```

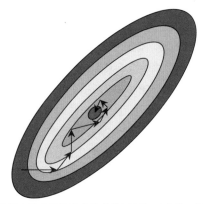

图5.6　每一步长的 η 收缩都会导致优化速度随着接近目标而减慢。这有助于它收敛到局部最小值，而不是围绕其波动

5.2.2　步长下降调整：更平滑

第二种策略是我们刚才讨论的指数衰减的一种特别流行的变体。步长下降法(step drop)具有相同的动机，也有助于稳定学习，但通常在训练后提高准确率。步长下降和指数衰减之间的区别是什么？前者没有不断地稍微调整学习率，而是让学习率在一段时间内保持固定，然后再大幅降低几次，如图5.7所示。

这种方法背后的逻辑是，在优化的早期，我们离解还很远，所以应该尽快进行优化。前 S 个迭代周期以最大速度 η_0 朝着解前进。这(有望)比指数衰减更好，因为指数衰减是立即开始减速，所以会适得其反(至少在开始时)。而步长下降可支持继续以最大速度前进，只需瞬间降低学习率一两次。这样便可以尽可能长时间地以最大速度前进，但最终会减慢速度，从而收敛于解。

也可以用更多数学符号来表示这种策略。如果希望每 S 个迭代周期就降低一次学习率，可得到以下式子

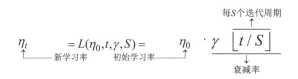

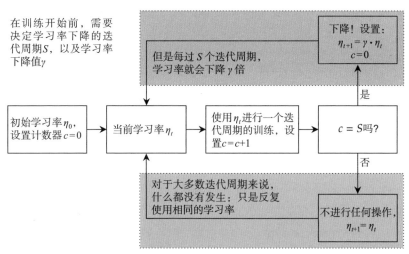

图5.7　步长下降策略要求我们决定初始学习率、衰减因子 γ 和频率 S。每训练 S 个迭代周期，将学习率降低 γ 个因子

如果将这个公式与指数衰减进行比较，就会注意到它们看起来几乎相同，而且有很深刻的联系。如果将步长下降策略设置为舍弃每个迭代周期($S=1$)，就得到 $\gamma^{\lfloor t/1 \rfloor} = \gamma^t$，这正是指数衰减。因此，步长下降策略降低了我们降低学习率的频率，并通过增加所衰减的量来平衡这一频率。

同样的经验法则也适用于从 η_0 到 $\eta_{\min}$ 的1/10到1/100的下降，因此通常将 γ 值设置

为0.1到0.5，并且设置S使得在训练期间仅调整学习率两到三次。同样，PyTorch通过使用
`StepLR`类实现此功能。下面的代码展示了与指数衰减相比，`StepLR`可能具有的形状；可
以看到，它在大多数迭代周期都有较高的学习率，但在训练结束时，学习率较低，持续时
间较长：

`[15]:` `Text(0, 0.5, 'Learning Rate')`

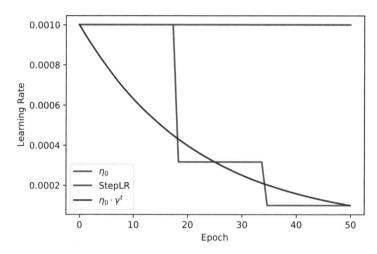

与所有学习率调度器一样，我们在构建模型时传递`optimizer`。如下面的代码所
示，训练时学习率下降了四次，每一次下降的因子均为$\gamma=0.3$。最后一次下降发生在最近
几个迭代周期，总迭代周期更少，这意味着前三个迭代周期更为重要。尽管四次下降等于
学习率减少了$0.3^4 \approx 1/123$，但大多数训练都是以$0.3^3 \approx 1/37$的下降速率(或更少)进行的：

```
fc_model.apply(weight_reset)

optimizer = torch.optim.SGD(fc_model.parameters(), lr=eta_0)
scheduler = torch.optim.lr_scheduler.StepLR(optimizer,
  epochs//4, gamma=0.3)
```

告诉它每四分之一个总迭代周期递减
一个因子γ，所以总共进行四次递减

```
fc_results_steplr = train_network(fc_model, loss_func, train_loader,
  test_loader=test_loader, epochs=epochs, optimizer=optimizer,
  lr_schedule=scheduler, score_funcs={'Accuracy': accuracy_score},
  device=device)
```

5.2.3　余弦退火：准确率更高但稳定性较差

下一个学习率虽然反常但很有效：余弦退火(cosine annealing)。余弦退火具有与指数
衰减和步长学习率不同的逻辑和策略。后两者只会降低学习率，但余弦退火会降低并提高
学习率。这种方法对于获得最佳的可能结果非常有效，但不能提供相同程度的稳定性，因

此它可能无法在性能较差的数据集和网络上使用。

余弦退火也具有初始学习率 η_0 和最小学习率 $\eta_{\min}$；不同之处在于其会在最小和最大学习率之间交替。其数学公式如下，其中 $T_{\max}$ 是循环之间的迭代周期数：

$$
\underset{\substack{\uparrow\\ \text{当前学习率}}}{\eta_t}
\quad = \quad
\underset{\substack{\downarrow\\ \text{最小学习率}}}{\eta_{\min}}
\quad + \quad
\underset{\substack{\downarrow\\ \text{最小和最大学习率之间的差距}}}{(\eta_0 - \eta_{\min})}
\quad \cdot
\underset{\substack{\\ \text{在最小值和最大值之间波动}}}{\frac{1}{2}\left(1 + \cos\left(\frac{t}{T_{\max}} \cdot \pi\right)\right)}
$$

余弦项像余弦函数一样上下波动，我们可以重新调整其余弦值，使其最大值为 η_0 而不是1，最小值为 $\eta_{\min}$ 而不是–1。PyTorch提供了 `CosineAnnealingLR` 类。$T_{\max}$ 值成为模型的新超参数。我喜欢设置 $T_{\max}$，以实现高达10~50次波动下降，并希望总是在下降时结束(通过减速到达目的地)。例如，如果想要 S 次下降，就使用 $T_{\max} = T/(S \cdot 2 - 1)$。以下代码通过设置 $T_{\max} = T/(2 \cdot 2 - 1)$ 展示余弦调度中波动的两次下降：

计算 t 的每个值对应的余弦调度 η_t

```
cos_lr = eta_min +
0.5*(eta_init-eta_min)*(1+np.cos(epochs_input/(T/3.0)*np.pi))
sns.lineplot(x=epochs_input, y=eta_init, color='red', label="$\eta_0$")
sns.lineplot(x=epochs_input, y=cos_lr, color='purple', label="$\cos$")
sns.lineplot(x=epochs_input, y=[eta_init]*18+[eta_init/3.16]*16 +
[eta_init/10]*16, color='green', label="StepLR") %
ax = sns.lineplot(x=epochs_input, y=effective_learning_rate, color='blue',
label="$\eta_0 \cdot \gamma^t$")
ax.set_xlabel('Epoch')
ax.set_ylabel('Learning Rate')
```

```
[17]: Text(0, 0.5, 'Learning Rate')
```

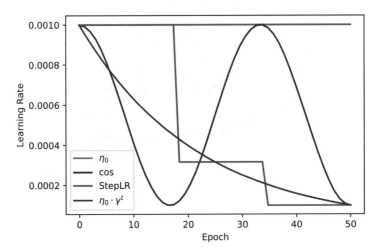

乍一看，这个余弦调度没有意义。为什么要上下浮动学习率呢？记住神经网络不是凸形更有意义。凸函数只有一个局部最小值，每个梯度都会帮助我们找到最优解。若神经网络是凹形的，则会有许多局部最小值，这个解就可能不是最佳解。如果模型首先朝向其中

一个局部最小值，并且只降低学习率，就可能会陷入这个次优区域。

图5.8展示了训练具有多个最小值的神经网络时可能出现的问题。网络从一个糟糕的位置开始(因为初始权重Θ是随机的)，并朝着局部最小值前进。这是一个不错的解，但附近有更好的解。优化很困难，无法知道最小值有多好或有多少，所以最终陷入了次优位置。

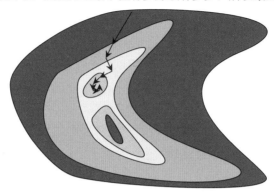

图5.8　如果起点不那么完美(因为它导致了次优最小值)，那么搜索可能会将我们带到次优最小区域(浅绿色)。如果降低学习率，则搜索可能会陷入困境。唯一的解决方法是提高学习率

不过，还有一线希望。通过实验(以及原本不打算讨论的数学难题)，不难发现有一个普遍现象，即在向更好的最小值迈进的过程中存在次优局部最小值(图5.8展示了这一点)。因此，如果先降低再提高学习率η，便可以给模型提供一次机会来绕过当前的局部最小值，并找到一个新的替代最小值。更大的学习率有助于我们进入一个新的更好的区域，而衰减能再次让我们找到更为精确的解。图5.9展示了余弦退火的工作原理。

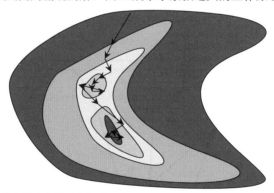

图5.9　梯度下降首先将我们带到次优最小值，但随着学习率的再次提高，又可以跳出这一区域，并找到更好的解。继续围绕更好的解进行搜索，直到余弦调度器再次降低学习率，从而使模型朝着更精确的解收敛

你可能会问，是什么阻止了我们从一个更好的解决方案反弹到一个更糟糕的解决方案。从技术上讲，没有什么能阻止这种情况发生。不过，研究人员已经提出了很多关于神经网络的理论，这些理论让我们相信，从一个好的解中跳出来的可能性不大。这些结果的要点是，梯度下降喜欢找到最低最宽区域作为好的解，优化很难因为解位于宽泛区域而跳

出。这让我们对这个神奇的余弦调度器有了更多信心，根据经验，它在很多任务(图像分类、自然语言处理等)中都表现出色。事实上，余弦退火法如此成功，以至于出现了数十种替代方案。

再次实施此方法的代码与之前的学习率调度器非常相似。此示例使用epochs//3作为T_{max}值，这意味着它执行两次下降。我始终坚持用奇数作为迭代周期的除数，这样学习就会以下降到一个小的学习率而结束。同样重要的是，下降的数量不超过迭代周期数量的四分之一，否则，学习率将在两个迭代周期之间大幅波动。代码如下：

```
fc_model.apply(weight_reset)

optimizer = torch.optim.SGD(fc_model.parameters(), lr=eta_0)
scheduler = torch.optim.lr_scheduler.CosineAnnealingLR(optimizer, epochs//3,
    eta_min=0.0001)
```

告诉余弦向下，然后向上，然后向下(即为3)。如果进行超过10个迭代周期，我会把它推向更高点

```
fc_results_coslr = train_network(fc_model, loss_func, train_loader,
    test_loader=test_loader, epochs=epochs, optimizer=optimizer,
    lr_schedule=scheduler, score_funcs={'Accuracy': accuracy_score},
    device=device)
```

余弦退火适用场景

余弦退火本身是一种高效的学习率调度器，但其最初的设计目的略有不同。回想之前的工作或机器学习训练过程，不难发现集成学习是提高任务预测准确率的一个好方法：训练一组模型，并进行平均预测，以获得最终的、更好的答案。但是训练20到100个神经网络仅为了将它们平均在一起代价过于昂贵。相较之下，余弦退火的优势就特别明显了。与其训练20个模型，不如用余弦退火训练1个模型。每当学习率下降到最低点时，就复制一份这些权重，并将其作为其中的一个模型。因此，如果你想要得到一个20个网络的集成，并且你正在进行T个迭代周期的训练，便可以使用$T_{max} = T/(20 \cdot 2 - 1)$。这会促使学习率正好下降20次。

自PyTorch 1.6发布以来，这一概念的一个更高级的版本被称为随机加权平均(Stochastic Weight Averaging，SWA)(https://pytorch.org/docs/stable/optim.html#stochastic-weight-averaging)。可以使用SWA对每个倾角的参数Θ进行平均，从而提供一个准确率更为接近模型集成的模型。这是难得的两全其美之举，只需花费一个模型的成本和存储空间，就能获得集成的好处。

5.2.4 验证平台：基于数据的调整

到目前为止，我们讨论的学习率调度器都不依赖外部信息。你只需要知道初始学习率

为 η_0，最小学习率为 η_{min} 即可。它们都没有使用有关学习进展情况的信息。但是有哪些信息可以使用，又应该如何使用呢？我们掌握的主要信息是每个训练迭代周期的损失 ℓ，可以将其添加到方法中，从而尽量提高最终模型的准确率。这就是基于停滞的策略的内容，它通常会为最终模型提供尽可能高的准确率。接下来，看一看基线网络fc_model的训练和测试集损失：

```
sns.lineplot(x='epoch', y='test loss',
➥data=fc_results, label='Test Loss')
sns.lineplot(x='epoch', y='train loss',
➥data=fc_results, label='Train Loss')
```

[19]: <AxesSubplot:xlabel='epoch', ylabel='test loss'>

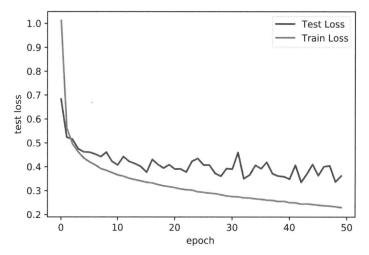

训练损失持续下降，这是正常的，因为神经网络很少欠拟合数据。当模型对一组特定的数据进行训练，并且一次又一次地看到相同的数据(迭代周期就是一次性看到所有的数据)时，模型在预测训练数据的正确答案方面会变得异常好。这是典型的过拟合，根据不同的网络规模，会出现不同程度的过拟合。我们预计训练损失会一直下降，因此这不是有关学习进展情况的良好信息来源。但是，如果观察测试损失，就会发现并不是每个迭代周期都会持续改善。测试损失在某一点后开始稳定或停滞。

如果测试损失已经稳定下来，那将是降低学习率的好时机[1]。如果已经处于最佳位置，那么降低学习率不会有任何影响。如果还在寻找更好的解，那么降低学习率有助于对用来证明指数衰减的相同逻辑进行改进。但现在，我们是根据数据而非固定的任意调度器，在必要时降低学习率。

这是由PyTorch中ReduceLROnPlateau类实现的降低停滞调度器学习率背后的理念。这也是step函数需要最后一次验证损失作为参数传入代码的原因，代码为lr_

---

[1] 如果测试损失开始增加，则表明过拟合更加严重，这是减缓学习的另一个好理由。这有助于减缓过拟合。但在理想情况下，测试损失已经稳定下来。

schedule.step(results["val loss"][-1])。这样，ReduceLROnPlateau类可以将当前损失与最近的损失进行比较。

ReduceLROnPlateau具有三个控制其工作状态的主要参数。首先是patience，它用于告知在降低学习率之前，希望看到多少迭代周期未得到改善。值为10是很常见的，因为你不希望过早降低学习率。相反，你需要一些一致的证据，用于证明在改变速率之前没有取得更多进展。

第二个参数是threshold，它定义了不能算作改进的内容。如果存在任何值低于过去patience迭代周期中出现的最佳损失数量，那么阈值为0则表示正在改善。这可能太过死板了，因为在每一个迭代周期中，损失都可能以微小但毫无意义的数量减少。如果使用0.01的阈值，则损失需要减少1%以上才能算作改善。但这也可能有点过于宽松了：训练了数百个迭代周期后，就会取得缓慢但稳定的改善，降低学习率不太可能加快收敛。要将其设置得恰到好处可能需要付出一些额外努力，因此我们坚持使用默认值0.0001，但如果你想尽可能地提高性能，这个超参数还是值得一试的。

最后一个参数是factor，每次确定达到了平稳期时，都希望通过它来降低学习率 η。这与StepLR类中 γ 的工作方式相同。同样，0.1到0.5范围内的值都是合理的选择。

但是，在使用ReduceLROnPlateau调度器之前，还需要了解一个关键问题：你不能使用测试数据来选择何时改变学习率。这样做会导致过拟合，因为我们使用了有关测试数据的信息来进行决策，然后使用测试数据来评估结果。相反，你需要进行训练、验证和测试划分。正常代码一直使用验证作为测试数据，这是很好的选择，因为我们在训练时所做的决策并没有查看验证数据。图5.10总结了具有此重要细节的ReduceLROnPlateau过程。

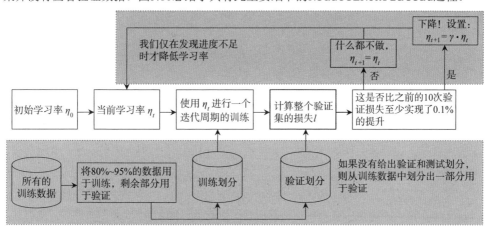

图5.10　基于停滞阶段的学习率调度器策略。底部的红色部分表示我们将一部分训练数据分片以用作验证集。这样做，或者获取一个特殊的验证集和一个测试集，是避免过拟合的必要条件。上半部分(绿色部分)表示的是在验证损失没有减少时只降低学习率 η 的方式

以下代码展示了如何正确执行此操作。首先，使用random_split类创建训练数据的80/20划分。20%的划分将成为验证集，ReduceLROnPlateau使用它来检查是否应该降低学习率；80%的数据用于训练模型参数 Θ。注意对train_network的调用，我们使用

train_loader、val_loader和test_loader来正确设置所有三个组件。在这个模型的结果中，需要确保正在查看测试结果而非验证结果。除了这些谨慎的预防措施，此代码与之前没有太大区别：

```
fc_model.apply(weight_reset)   ←──── 再次重置权重，以
                                      便不必定义新模型


train_sub_set, val_sub_set = torch.utils.data.random_split(train_data,
  ➡[int(len(train_data)*0.8),   ←──── 既然没有明确的验证集和测试集，
  ➡int(len(train_data)*0.2)])          就创建训练和验证子集

                                            为训练和验证子集创建加载
train_sub_loader = DataLoader(train_sub_set,    器。测试加载器保持不变，
  ➡batch_size=B, shuffle=True)                  永远不会更改测试数据
val_sub_loader = DataLoader(val_sub_set, batch_size=B) ◄─────┘


optimizer =torch.optim.SGD(fc_model.parameters(), lr=eta_0)



scheduler =torch.optim.lr_scheduler.ReduceLROnPlateau(  ◄──── 使用gamma=0.2
  ➡optimizer, mode='min', factor=0.2, patience=10)            设置停滞调度器



fc_results_plateau = train_network(fc_model, loss_func, train_loader, ◄──
  ➡val_loader=val_sub_loader, test_loader=test_loader, epochs=epochs,
  ➡optimizer=optimizer, lr_schedule=scheduler, score_funcs={'Accuracy':
  ➡accuracy_score}, device=device)

                                                            训练模型 ──┘
```

不要作茧自缚！

基于停滞的学习率调整是一种非常流行和成功的策略。虽然有关当前模型表现状态的信息可以用于帮助许多问题获得最佳结果，但它也并不适用于所有的场合，因此不能盲目使用。在两种特殊的情况下，ReduceLROnPlateau可能表现不佳，甚至会误导你获得过于自信的结果。

首先是没有太多数据的情况。ReducedeLROnPlateau策略需要训练集和验证集才能工作，而这便减少了学习模型参数所需的数据量。如果仅有100个训练点，那么使用其中的10%到30%进行验证便很难做到。你需要足够的数据来估计参数Θ并判断学习是否已经停滞，如果没有足够的数据，那么这就很可能是一个艰巨的任务。

第二种情况是，当数据严重违反独立同分布(Identically and Independently Distributed, IID)假设时。例如，如果数据包括来自同一个人的多个样本，或包含取决于事件发生日期的事件(例如，如果要预测天气，则无法获得来自未来的数据！)，那么简单地

应用随机划分来创建验证集可能会产生较差的结果。在这种情况下，需要确保训练集、验证集和测试集划分不会相互意外泄漏。以天气为例，你可能希望确保划分仅包含1980年至2004年的训练数据、2005年至2010年的验证数据以及2011年至2016年的测试数据。这样才不会发生意外的时间穿越，而时间穿越是严重的IID违规。

5.2.5　比较调度器

到此，已经训练了四种常见的学习率调度器，接下来比较它们的结果，看看哪种表现最好。结果如下图所示，其中y轴为测试准确率。有些趋势显而易见，值得讨论。普通的SGD确实表现不错，但每个迭代周期都会不断上下波动。我们正在研究的每个学习率调度器都提供了一些好处：

```
sns.lineplot(x='epoch', y='test Accuracy', data=fc_results, label='SGD')
sns.lineplot(x='epoch', y='test Accuracy',
 data=fc_results_expolr, label='+Exponential Decay')
sns.lineplot(x='epoch', y='test Accuracy',
 data=fc_results_steplr, label='+StepLR')
sns.lineplot(x='epoch', y='test Accuracy',
 data=fc_results_coslr, label='+CosineLR')
sns.lineplot(x='epoch', y='test Accuracy',
 data=fc_results_plateau, label='+Plateau')
```

[22]: <AxesSubplot:xlabel='epoch', ylabel='test Accuracy'>

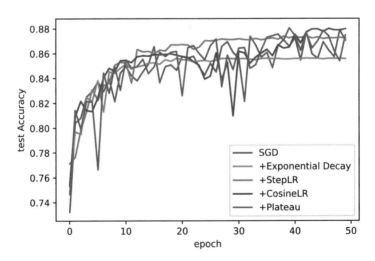

指数衰减具有平滑且一致的好处：从一个迭代周期到另一个迭代周期，它几乎具有相同的表现。但是，它倾向于获得较低的准确率，并且比原始且基础的SGD表现还要稍差一些。但一致性具有一定价值，如果很快结束一个迭代周期，SGD的表现会更糟。

StepLR调度器在表现上与指数调度器非常相似，刚开始时有点粗糙，因为它在训练过程中会快速减速并稳定下来。但最终会达到SGD性能上的高点。

余弦调度器的最终表现更佳，达到了原始SGD、StepLR或指数衰减的最高准确率。大约27个迭代周期后，随着学习率的回升，性能会突然下降；然后当学习率再次下降时，性能便以更高的准确率重新稳定。这就是我建议设置余弦调度器，使其在下降时结束的原因。

停滞方法的表现也很好，在这组测试中的表现位居第二。随着时间的推移，停滞将通过进一步降低学习率而实现自我稳定。使用模型实际运行情况的反馈而非假设表现，有助于提高模型的准确率。

表5.1总结了各种方法的优点和缺点，以及你可能希望使用每种方法的时间。然而没有万全之策，而且每个人都会遇到无法应对的情况。这在很大程度上取决于你的数据，除非你训练数据并找出答案，否则一切都是未知。这正是我喜欢一开始不使用学习率调度器，然后根据发生的情况随机添加其中一个调度器的原因。

表 5.1　4 种调度方案的说明

	指数衰减	StepLR	CosineLR	停滞
优点	结果非常一致。几乎不需要调整	结果一致。几乎不需要调优。通常会提高准确率	通常会提高准确率。高级版本可以显著提高准确率	通常会显著提高准确率并减少迭代周期
缺点	会适度降低最终准确率	当训练超过100个迭代周期时最有用	需要一些参数调优；并不总是有效	并非所有数据都用于训练。过拟合会带来更多风险
何时使用	训练相同的模型，但初始权重不同，可能会产生截然不同的结果。指数衰减可以帮助修复稳定训练	希望以最少的工作量提高最终模型的准确率时	希望在没有太多额外工作的情况下获得最佳性能，而理想情况下有足够的时间进行几次额外的训练	希望在没有太多额外工作的情况下获得最佳性能，而理想情况下拥有大量数据

尽管停滞方法表现出色，但我们不会在本书中使用它。部分原因是它需要额外的代码，当我们试图关注新概念时，这些代码可能会分散我们的注意力。此外，有时我们会以特定的方式设置学习问题，以便你可以看到问题的真实表现，这些问题只需要花费几分钟，而非几个小时或更长时间即可解决，然而停滞方法使设置这些场景变得更加困难。但这些初步结果表明，你应该将它作为一个强大的工具记在心里。

5.3　更好地利用梯度

现在，我们已经学习了几种改变学习率 η 来提高模型学习速度，并允许模型学习更准确的解的方法。通过定义不同的学习率调度器 $L(\cdot,\cdot)$ 来实现这一点，这些调度器着眼于长期，将 $L(\cdot,\cdot)$ 视为设置该学习旅程理想的速度，但短期内绕行、坑洼和其他障碍可能需要改变速度；这就是我们还想用函数 $G(\cdot)$ 修改梯度g的原因。先关注梯度更新方案，再将其与学习率调度器相结合，以获得更好的结果。首先讨论一些广泛的动机，然后深入探讨最常见的方法。这三种方法都使用PyTorch对代码进行了更改(它们是内置的)，可以显著提高模型的准确率。

请记住,我们使用g^t表示正在接收的第t个梯度,从而更新网络。因为我们在批量中进行随机梯度下降,所以这是一个有噪声的梯度。g^t中既有噪声,也有我们没有充分利用的有价值信息。考虑第j个参数的梯度g_j^t。如果每次都得到几乎相同的值呢?从数学上讲,即出现以下这种情况时

$$g_j^t \approx g_j^{t-1} \approx g_j^{t-2} \approx g_j^{t-3} \approx \cdots$$

这告诉我们,第j个参数每次都需要沿相同的方向移动。图5.11展示了这种情况。

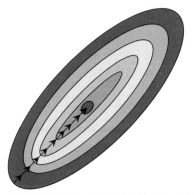

图5.11　梯度值可以反复返回相同值的示例。我们正朝着解的方向前进,但如果使用更大的学习率,则可以更快地实现这一目标

我们不一定想提高学习率 η,因为其他维度可能有不同的表现。每个网络参数都有自己的梯度值,而且网络具有数百万个参数。因此,如果索引j处的梯度始终相同,也许我们应该对索引j增加步长(即,增加学习率 η),并需要确保该操作只针对索引j进行,因为不同索引i的梯度可能不一致。

因此,我们希望获取所有参数的全局学习率 η 和单个学习率 η_j。虽然全局学习率保持固定(除非使用学习率调度器),但我们会让一些算法调整每个 η_j 值,从而尝试提高收敛性。大多数梯度更新方案通过重新缩放梯度g^t来工作,这相当于为每个参数赋予单独的学习率 η_j。

5.3.1　SGD与动量:适应梯度一致性

如果参数j的梯度始终指向同一方向,那么我们希望提高学习率。可以将其描述为希望梯度形成动量。如果一个方向上的梯度继续返回类似的值,那么它应该开始在同一方向上采取越来越大的步长。图5.12展示了动量可以帮助解决的示例问题。

该动量策略是为改善SGD和解决图中所示问题而开发的第一个策略,至今仍被广泛使用。让我们来谈谈其工作原理。

同样,正常梯度更新公式如下所示:

$$\Theta_{t+1} = \Theta_t - \eta \cdot g^t$$

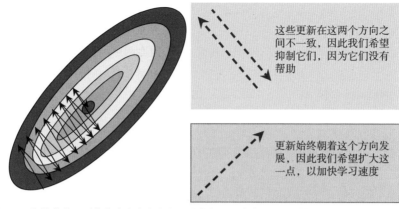

图5.12 初始优化几乎停留在左上方和右下方之间，但它在右上方缓慢而一致地取得进展，从而得出了解。如果能够朝着这个方向建立一些动量，就不需要那么多步骤了

动量概念的初始版本具有动量权重 μ，其值位于(0, 1)范围内(即 $\mu \in (0,1)$)[1]。接下来，我们将添加一个名为ν的速度项来累积动量。因此，速度ν会包含上一个梯度步长的一部分(μ)，如下式所示：

$$\underset{\underset{\boldsymbol{v}^{t+1}}{\uparrow}}{\text{新的动量}} \quad = \quad \underset{\underset{\mu \cdot \boldsymbol{v}^{t}}{\uparrow}}{\text{当前动量的一小部分}} \quad + \quad \underset{\underset{\eta \cdot \boldsymbol{g}^{t}}{\uparrow}}{\text{当前方向}}$$

因为这里的速度取决于之前的速度，所以该式考虑了之前的所有梯度更新。接下来，简单地使用ν代替g来执行梯度更新：

$$\Theta^{t+1} = \Theta^{t} - \nu^{t+1}$$

惊人的收缩史

动量公式很大程度上依赖于一个小于1的值 μ。这是因为它对旧梯度有收缩效应。有一种方法可以研究这一点，就是写出当我们反复施加动量时，公式会发生什么变化。下面详细地写出这个变化。

下面展示了当继续施加动量 μ 时，速度ν会发生什么变化。最左边的一列是新值 Θ，从 Θ_1 开始为初始随机权重。此处还没有获得之前的速度ν，所以什么都没有发生变化。从第二轮开始，可以扩展速度项，如右边式子所示。

$$\Theta_2 = \Theta_1 - \underset{\underset{\text{这是新动量}\nu_1}{\downarrow}}{\underline{(\eta \cdot g_1)}}$$

$$\Theta_3 = \Theta_2 - \underset{\underset{\nu_3}{\downarrow}}{\underline{(\mu \cdot \nu_2 + \eta \cdot g_2)}} = \Theta_2 - \overset{\overset{\text{这是}\mu \cdot \nu_2}{\downarrow}}{\underset{\underset{\nu_3}{\downarrow}}{\underline{(\mu \cdot \eta \cdot g_1 + \eta \cdot g_2)}}}$$

---

1 我认为用 μ 表示动量会令人困惑，但它是最常见的符号，因此我坚持用它，这样你就能学习并适应这种表示方式。

$$\Theta_4 = \Theta_3 - \underbrace{(\mu \cdot v_3 + \eta \cdot g_3)}_{v_4} = \Theta_3 - \underbrace{(\overbrace{\mu^2 \cdot \eta \cdot g_1 + \mu \cdot \eta \cdot g_2}^{\text{这是}\mu \cdot v_3} + \eta \cdot g_3)}_{v_4}$$

$$\Theta_5 = \Theta_4 - \underbrace{(\mu \cdot v_4 + \eta \cdot g_4)}_{v_5} = \Theta_4 - \underbrace{(\overbrace{\mu^3 \cdot \eta \cdot g_1 + \mu^2 \cdot \eta \cdot g_2 + \mu \cdot \eta \cdot g_3}^{\text{这是}\mu \cdot v_4} + \eta \cdot g_4)}_{v_5}$$

注意，每次使用动量进行更新时，之前的每个梯度都会对当前更新产生影响！还要注意，每次施加另一轮的动量时，μ 的指数都会变大。这使得在不断更新时，之前梯度的贡献基本上为零。如果我们使用标准动量 $\mu = 0.9$，那么在进行88次更新后，旧梯度的贡献率将不到其值的0.01%。由于我们经常在每个迭代周期进行数千到数十万次更新，因此这是一个非常短期的影响。

在查看前面公式时你可能会有些担心：如果考虑了所有旧的梯度，要是其中一些梯度不再有用怎么办？这正是保持动量项 $\mu \in (0,1)$ 的原因。如果当前正在进行第 t 个梯度的更新，并且要考虑 k 步长前的旧梯度，那么它的贡献 $\mu^k g^t$ 会很快变小。如果 $\mu = 0.9$，那么40步长前的梯度对当前速度 v 的权重仅为 $0.9^{40} \approx 0.01$。值 μ 会帮助削减旧梯度的影响，以便学习能够适应，并且总是会随着我们朝着相同的方向前进时变大。

该策略是显著提高模型准确率和训练时间的简单方法。它可以解决我们看到的两个问题，图5.13展示了该解决方案。

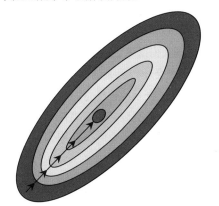
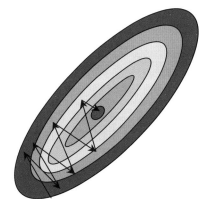

解决简单问题的低学习率　　　　　　　　　　　　解决复杂振荡

图5.13　左图中的动量解决了学习率低的问题。方向是一致的，因此动量会创建并提高有效学习率。右图中的动量持续朝右上角的方向发展，其最初发展较为缓慢。该振荡可能会一直继续，但是到达最小值所需的步长会越来越少

如果想从网络中获得尽可能高的准确率，带有某种动量形式的SGD仍然被认为是最好的选择之一。缺点在于，难以找到 μ 和 η 值的组合，因此要获得绝对最佳结果，需要训练许多模型。5.4节将讨论更为智能的 μ 和 η 值搜索方法。

Nesterov动量：适应不断变化的一致性

第二种动量是存在的并值得一提，因为它在实践中往往表现得更好。这个版本被称为Nesterov动量。

在常规动量中，我们取与当前权重相关的梯度(即g^t)，然后沿梯度和速度的方向移动。如果已经建立了大量的动量，那么在优化过程中很难实现转向。先来看看图5.14中可能出错的基础示例。

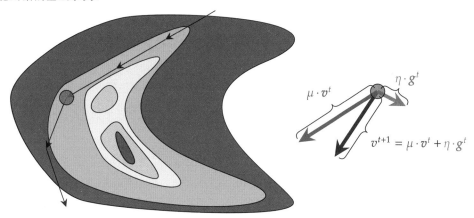

图5.14　假设到达这一点需要很长时间，那么优化器就具有了一个很大的动量(即$\|v\|_2 > 0$)。当到达紫色点时，动量会促使我们绕着所需的区域转向，因为即使在衰减之后，动量也大于梯度。由于动量更大，它承载的权重会更多地指向同一方向而非新的方向

从技术上讲，这个问题表明动量的行为是正确的：动量正在同一方向上携带Θ_{t+1}。但这已经不可取了，且需要几次迭代才能纠正动量并开始接近实际的解。

使用Nesterov动量时，要保持耐心。步长t处的法向动量立即计算新的梯度g^t，并加上速度v^t。Nesterov首先作用于速度，然后在让动量推动我们前进之后计算一个新的梯度。这样，如果我们朝着错误的方向前进，Nesterov就很可能会获得更大的梯度，从而更快地将我们推回正确的方向。如下面的一些公式所示，其中用t'表示耐心等待的步长。

首先，仅根据先前的速度计算$\Theta^{t'}$。我们还没有查看新数据，这意味着如果情况发生变化，这可能是一个糟糕的方向(或者也可能是好的，这并不确定，因为还没有查看数据)：

$$\underset{\text{速度更新参数}}{\underset{\uparrow}{\Theta^{t'}}} \quad = \quad \underset{\text{初始参数}}{\underset{\uparrow}{\Theta^{t}}} \quad - \quad \underset{\text{当前速度的影响}}{\underset{\uparrow}{\mu \cdot v^t}}$$

其次，我们使用修改后的权重$\Theta^{t'}$来查看新数据x。这就像是在窥视不久的将来，以便可以改变或修正如何更新参数的答案。如果速度的方向是正确的，就不会有什么变化。但是如果速度会把我们带向不好的方向，则可以改变方向，从而更快地抵消影响：

$$\underset{\text{更正后的更新}}{\underset{\downarrow}{v^{t+1}}} \quad = \quad \underset{\text{刚刚采用的动量步长}}{\underset{\downarrow}{\mu \cdot v^t}} \quad + \eta \cdot \quad \underset{g^{t'},\ \text{应该如何纠正潜在的糟糕步长}}{\underset{\downarrow}{\nabla_{\Theta^{t'}} f_{\Theta^{t'}}(x)}}$$

最后，使用包含新梯度的新速度再次修改 $\Theta^{t'}$，给出最终更新的权重 Θ^{t+1}：

$$\underset{\text{新参数}}{\Theta^{t+1}} = \underset{\text{初始参数}}{\Theta^t} - \underset{\text{通过“向前看”修正速度}}{v^{t+1}}$$

概括一下：第一个式子仅基于当前速度(没有新批量，也没有新信息)来改变参数 Θ。第二式子使用旧速度和从第一个公式改变 Θ 后的梯度来计算新速度。最后，第三个式子基于这些结果而采取相应的步长。虽然这看起来像是额外的工作，但可以使用一种巧妙的方法来组织它，使其花费与法向动量完全相同的时间(不再深入探讨，因为这有点难)。图5.15展示的是一个Nesterov动量如何影响之前内容的示例。

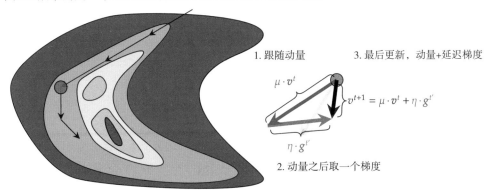

1.跟随动量　　　　　3.最后更新，动量+延迟梯度

$\mu \cdot v^t$

$v^{t+1} = \mu \cdot v^t + \eta \cdot g^{t'}$

$\eta \cdot g^{t'}$

2.动量之后取一个梯度

图5.15　右图显示的是左图上的紫色点的计算更新过程。不是在起点计算 g^t，而是先跟随动量(动量方向有误)。这会导致该新位置处的梯度在正确的方向上变大。综上，会得到一个更接近解的较小步长。原始的标准动量结果采用浅黑色显示

让我们通过另一个场景来进行推理，以锻炼我们应对正在发生的事情的心智模型。试着自己画一张这样的图来跟上学习进度。

考虑到在标准动量示例中，动量是有用的，能支持我们朝着正确的方向前进，并假设我们刚刚达到目标。实现函数的最小值，问题就解决了。但是，我们永远无法确定函数是否达到了最小值，因此还要运行优化过程的下一步。因为已经建立了动量，所以我们即将突破最小值。我们在法向动量中计算梯度——如果找到了解决方案，梯度 $g^t = 0$，那么梯度则没有变化。之后添加上速度 v，它就会带我们离开。

现在，在使用Nesterov动量的条件下思考以下这种情况。我们正在寻找解决方案，首先跟随速度，远离目标。然后再计算梯度，意识到需要朝着相反的方向前进才能向目标挺进。将这两者相加时，它们几乎抵消了(是向前还是向后迈出一小步，这取决于 g^t 和 v 哪个变化的幅度更大)。在一个步长中，我们已经开始改变优化器前进的方向，而法向动量需要采取两个步长。

这就是Nesterov动量通常是动量的首选版本的原因。既然我们已经讨论了这些想法，接下来就可以将它们转化为代码了。如果倾向于使用动量，那么在 SGD 类的支持下，只需将 momentum 标志设置为非零值即可；如果倾向于使用Nesterov动量，则需要设置 nesterov=True。下面的代码使用这两个版本的动量来训练我们的网络。

```
fc_model.apply(weight_reset)

optimizer = torch.optim.SGD(fc_model.parameters(), lr=eta_0,
➥momentum=0.9, nesterov=False)

fc_results_momentum = train_network(fc_model, loss_func, train_loader,
➥test_loader=test_loader, epochs=epochs, optimizer=optimizer,
➥score_funcs={'Accuracy': accuracy_score}, device=device)

fc_model.apply(weight_reset)

optimizer = torch.optim.SGD(fc_model.parameters(), lr=eta_0,
➥momentum=0.9, nesterov=True)

fc_results_Nesterov = train_network(fc_model, loss_func, train_loader,
➥test_loader=test_loader, epochs=epochs, optimizer=optimizer,
➥score_funcs={'Accuracy': accuracy_score}, device=device)
```

SGD与动量的比较

此处我们绘制了普通的SGD和两种动量类型的结果。这两个动量版本的表现都明显更好，学习速度更快，给出的解更准确。但你通常不会看到一个版本的动量比另一个版本的动量表现得更好或更差。虽然Nesterov确实解决了一个真正的问题，但在更多的梯度更新后，法向动量最终会自行修正。尽管如此，我还是更喜欢使用Nesterov类型的动量，因为根据我的经验，如果一个动量比一个动量好得多，那它通常是Nesterov动量：

```
sns.lineplot(x='epoch', y='test Accuracy', data=fc_results, label='SGD')
sns.lineplot(x='epoch', y='test Accuracy', data=fc_results_momentum,
➥label='SGD w/ Momentum')
sns.lineplot(x='epoch', y='test Accuracy', data=fc_results_nestrov,
➥label='SGD w/ Nesterov Momentum')
```

[25]: <AxesSubplot:xlabel='epoch', ylabel='test Accuracy'>

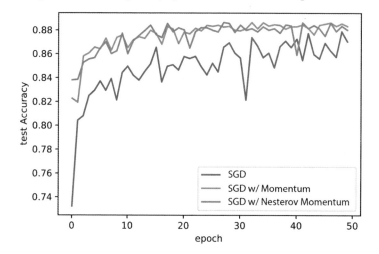

5.3.2　Adam：增加动量变化

当前有一种最流行的优化技术叫自适应矩估计(adaptive moment estimation，Adam)。Adam与刚刚描述过的SGD有着密切的联系。Adam是我目前最喜欢的方法，因为它具有默认的参数，所以不必花时间对其进行调优。但它不适用于具有动量的SGD(法向动量或Nesterov类型的动量)。我们必须重新命名一些术语，以使其在数学上与其他地方的表示一致：速度 v 变为 m，动量权重 μ 变为 β_1。接下来描述Adam的第一步，其中一个主要变化如红色部分所示：

$$\underset{\text{新速度}}{m^t} = \underset{\text{动量}}{\beta_1} \cdot \underset{\text{旧速度}}{m^{t-1}} + (1-\beta_1) \cdot \underset{\text{梯度}}{g^t}$$

以上是动量更新公式，接下来要将当前梯度 g^t 向下加权 $(1-\beta_1)$。这使得 m^t 成为先前速度和当前梯度之间的加权平均值。更具体地说，因为添加了 $(1-\beta_1)$ 项，其现在称为*指数移动平均*(exponential moving average)。之所以叫指数是因为 z 步长前的梯度 g^{t-z} 的指数贡献为 β_1^z，这是一个移动平均值，因为它计算的是一种加权平均值，其中大部分权重都在最近的项上，所以平均值随最近的数据而移动。

既然当下讨论的是动量作为多次更新的平均值或平均梯度，那么也可以讨论梯度的方差。如果一个参数 g_j^t 有很高的方差，就可能不想让它对动量有太大的贡献，因为它很可能会再次改变。如果一个参数 g_j^t 的方差很低，那么这便是一个可靠的前进方向，应该在动量计算中赋予它更多的权重。

为了实现这个想法，可以通过查看平方梯度值进而计算随时间变化的方差信息。通常，我们会在对方差进行平方之前减去平均值，但在目前这种情况下很难做到。所以可以将平方值作为方差的近似值，并时刻牢记其不能提供完美的信息。使用 $\odot$ 来表示两个向量 $(a \odot b = [a_1 \cdot b_1, a_2 \cdot b_2, \cdots])$ 之间的元素乘法，可得出速度 v 对应的方差公式：

$$\underset{\text{新方差速度}}{v^t} = \underset{\text{方差动量}}{\beta_2} \cdot \underset{\text{旧方差速度}}{v^{t-1}} + (1-\beta_2) \cdot \underset{\text{近似方差}}{g^t \odot g^t}$$

保存 m^t 和 v^t，但在使用它们之前还要再进行一次修改。为什么？因为当我们处于优化过程的早期时(这意味着 t 是一个小值)，m^t 和 v^t 会赋予我们平均值和方差的偏差估计。它们是有偏差的，因为它们会被初始化为零(即 $m^0 = v^0 = \vec{0}$)，所以如果只是简单地不加修改地使用它们，那么早期的估计值会太小。

设想当 $t=1$ 时会发生什么。在这种情况下，$m^1 = (1-\beta_1) \cdot g$。真正的平均值只是 g，但我们却将其乘以了一个系数 $1-\beta_1$。要解决这个问题，只需进行如下调整：

$$\hat{m} = \frac{m^t}{1-\beta_1^t}$$

$$\hat{v} = \frac{v^t}{1-\beta_2^t}$$

现在得到的 $\hat{m}$ 和 $\hat{v}$ 的值分别提供了平均值和方差的无偏估计，将它们用于更新权重 Θ：

新参数θ_{t+1}等于旧的参数θ_t减去学习率乘以动量和梯度(这目前看起来是最好的),但是随着时间的推移,我们通过朝着同一方向前进来调优对方向的信任程度。

$$\theta_{t+1} = \theta_t - \eta \cdot \frac{\hat{m}}{\sqrt{\hat{v}} + \epsilon}$$

这是怎么回事?该式子中分子用动量$\eta \cdot \hat{m}$项计算SGD,但现在我们用方差归一化了每个维度。然后,如果一个参数的值本身就有较大的波动,我们就不会很快地将其调整到新的大波动,因为它通常具有很强的噪声。如果一个参数通常具有很小的方差并且非常一致,那么我们就会很快适应任何观察到的变化。项ϵ是一个很小的值,因此永远不会被零整除。

这让你对Adam有了直觉上的理解。原作者建议使用以下值:$\eta = 0.001$、$\beta_1 = 0.9$、$\beta_2 = 0.999$和$\epsilon = 10^{-8}$。

就个人而言,我建议使用Adam或其后代作为任何优化问题的默认选择。为什么?因为它是一个优化器,使用默认值时通常表现良好,不需要进一步修改。它可能无法为你提供最佳性能,但你通常可以通过调整参数来改善结果,但使用默认值通常便能运行良好。如果这些值不起作用,那么其他参数设置通常也不会起作用。

大多数优化器不具备这一特性,或者不具备Adam所展示的特性。例如,SGD对动量和学习率项非常敏感,通常需要进行一些调整来获得常规SGD的良好性能。因为Adam不需要经过这种严苛的调优,所以你不需要做太多的实验来找出有效的结果。因此,你可以保存一个详细的优化过程,直到确定了最终的架构并准备好实现准确率的最终衰减。归根结底,这让Adam成为一个节省时间的好帮手:把时间花在架构设计上,而把优化器的更改留到最后。

其他类型的Adam

Adam算法的原始论文有一个错误,但其提出的算法仍适用于绝大多数问题。此错误更正后的版本称为AdamW,正是本书中使用的默认版本。

Adam的另一个延伸类型是NAdam,其中N表示Nesterov。顾名思义,这个版本将Adam改为使用Nesterov动量而非标准动量。第三种类型是AdaMax,它将Adam中的一些乘法运算替换为max运算,从而提高了算法的数值稳定性。所有这些类型都有利弊,本书将不再详述,不过任何Adam变体的效果都不错。

至此,Adam的相关知识已讲解完毕,接下来将尝试运用它。下面的代码再次重置了我们反复训练的神经网络的权重,但这次使用的是AdamW:

```
fc_model.apply(weight_reset)  ◄── 不必为Adam设置学习率,因为要始终使用默认
                                  值,而Adam对学习率中出现的大变化更敏感
optimizer = torch.optim.AdamW(fc_model.parameters())
```

```
fc_results_adam = train_network(fc_model, loss_func, train_loader,
➥test_loader=test_loader, epochs=epochs, optimizer=optimizer,
➥score_funcs={'Accuracy': accuracy_score}, device=device)
```

接着绘制AdamW以及前面见识过的三个版本的SGD。结果表明，无论采用哪种动量，AdamW的表现都不亚于SGD，但当下跌不那么频繁或剧烈时，AdamW的表现会更稳定一些：

```
sns.lineplot(x='epoch', y='test Accuracy', data=fc_results, label='SGD')
sns.lineplot(x='epoch', y='test Accuracy', data=fc_results_momentum,
➥label='SGD w/ Momentum')
sns.lineplot(x='epoch', y='test Accuracy', data=fc_results_nestrov,
➥label='SGD w/ Nestrov Momentum')
sns.lineplot(x='epoch', y='test Accuracy', data=fc_results_adam,
➥label='AdamW')
```

```
[27]: <AxesSubplot:xlabel='epoch', ylabel='test Accuracy'>
```

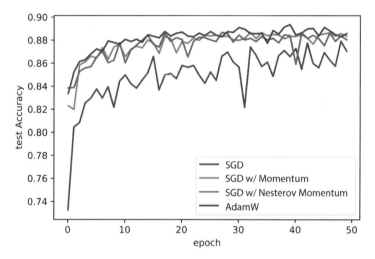

还可以将这些新的优化器与前面学过的学习率调度器相结合。此处，使用Nesterov动量结合余弦退火调度器来训练Adam和SGD：

```
fc_model.apply(weight_reset)
optimizer = torch.optim.AdamW(fc_model.parameters())   ⬅ 带有余弦退火的Adam

scheduler = torch.optim.lr_scheduler.
➥CosineAnnealingLR(optimizer, epochs//3)
fc_results_adam_coslr = train_network(fc_model, loss_func, train_loader,
➥test_loader=test_loader, epochs=epochs, optimizer=optimizer,
➥lr_schedule=scheduler, score_funcs={'Accuracy': accuracy_score},
➥device=device)

fc_model.apply(weight_reset)
```

```
optimizer = torch.optim.SGD(fc_model.parameters(),
    lr=eta_0, momentum=0.9, nesterov=True)  ←——  带有余弦退火的SGD+Nesterov
scheduler = torch.optim.lr_scheduler.
    CosineAnnealingLR(optimizer, epochs//3)
fc_results_nesterov_coslr = train_network(fc_model, loss_func,
    train_loader, test_loader=test_loader, epochs=epochs,
    optimizer=optimizer, lr_schedule=scheduler,
    score_funcs={'Accuracy': accuracy_score}, device=device)
```

接下来，在下面的代码和绘图中比较使用和不使用余弦调度器的结果。它同样再次显现了一个类似的趋势，即增加学习率调度器会提高准确率，而使用AdamW的版本表现稍好：

```
sns.lineplot(x='epoch', y='test Accuracy', data=fc_results_nesterov,
    label='SGD w/ Nesterov')
sns.lineplot(x='epoch', y='test Accuracy', data=fc_results_nesterov_coslr,
    label='SGD w/ Nesterov+CosineLR')
sns.lineplot(x='epoch', y='test Accuracy', data=fc_results_adam,
    label='AdamW')
sns.lineplot(x='epoch', y='test Accuracy', data=fc_results_adam_coslr,
    label='AdamW+CosineLR')
```

[29]: <AxesSubplot:xlabel='epoch', ylabel='test Accuracy'>

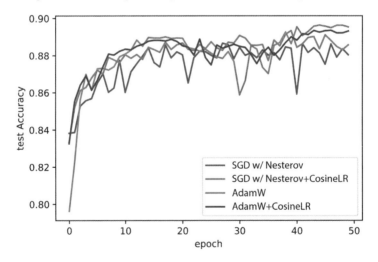

5.3.3　梯度修剪：避免梯度爆炸

下面讨论最后一个技巧，它与Adam和SGD等优化器以及学习率调度器都兼容，被称为梯度修剪(gradient clipping)，可帮助解决梯度爆炸问题。与迄今为止所讨论的所有数学直觉和逻辑不同，梯度修剪非常简单：如果梯度中的任何(绝对)值大于某个阈值z，那么只需将其设置为z的最大值。因此如果使用$z = 5$并且梯度是$g =[1, -2, 1000, 3, -7]$，那么修剪后的梯度就会变为$\text{clip}_5(g)=[1, -2, 5, 3, -5]$。其理念在于，任何大于阈值$z$的值都清楚地表明了梯度变化的方向；但它被设置为一个不合理的距离，因此要强制将其限制在合理的范围内。

下面的代码展示了如何向任何神经网络添加梯度修剪。我们使用model.parameters()函数获取参数Θ，并使用register_hook注册每次使用梯度时执行的回调。在此，只需使用表示梯度的张量grad，并使用返回新版本梯度的clamp函数，其中梯度值的范围为-5~5，具体如下所示：

```
fc_model.apply(weight_reset)

for p in fc_model.parameters():
    p.register_hook(lambda grad: torch.clamp(grad, -5, 5))

optimizer = torch.optim.AdamW(fc_model.parameters())
scheduler = torch.optim.lr_scheduler.CosineAnnealingLR(optimizer, epochs//3)
fc_results_nesterov_coslr_clamp = train_network(fc_model, loss_func,
➥train_loader, test_loader=test_loader, epochs=epochs,
➥optimizer=optimizer, lr_schedule=scheduler,
➥score_funcs={'Accuracy': accuracy_score}, device=device)
```

绘制结果时，你会发现两种方案的测试准确率通常是相同的。在这种情况下，梯度修剪的表现稍微糟糕一点，但它其实可以做得更好。这取决于具体问题：

```
sns.lineplot(x='epoch', y='test Accuracy', data=fc_results_nesterov_coslr,
➥label='AdamW+CosineLR')
sns.lineplot(x='epoch', y='test Accuracy',
➥data=fc_results_nesterov_coslr_clamp, label='AdamW+CosineLR+Clamp')
```

[31]: <AxesSubplot:xlabel='epoch', ylabel='test Accuracy'>

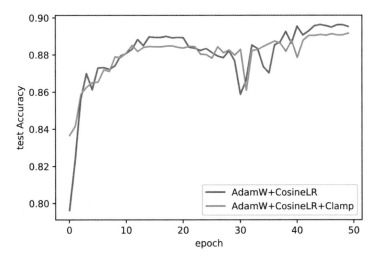

爆炸梯度通常是一个灾难性的问题。如果模型具有梯度爆炸，那么可能是在学习退化解决方案，或者根本不收敛。因为这个数据集和网络没有出现此问题，所以梯度修剪不产生任何效用。

在大多数应用中，除非模型一开始的学习便不佳，否则都不会使用梯度修剪。如果它们正常学习，则可能不会发生梯度爆炸，因此我会专注于其他变化。如果模型不好，那么我会测试梯度修剪，看看这是否会解决问题。如果使用的是循环神经网络，那么我总是会使用梯度修剪，这是因为循环连接往往会导致出现梯度爆炸，这种情况下这就是一个常见的问题。但是，如果你希望始终包含修剪，那么这样做也是同样有效的策略。修剪值为 $z=5$ 或 $z=10$ 非常常见，并且适用于大多数问题。

5.4　使用Optuna进行超参数优化

既然我们已经改进了训练方式，那么本书还会多次重复使用这些技术，因为它们对所有训练的神经网络都有用。到目前为止，我们的改进主要集中于优化梯度。但是超参数是我们想要优化的内容，其中没有任何梯度，例如将要使用的初始学习率 η 和动量项 μ 的值。我们还想优化网络架构：应该使用两层还是三层？每个隐藏层中的神经元数量为多少？

大多数人在机器学习中学习的第一种超参数调优方法都是网格搜索(grid search)。虽然网格搜索很有价值，但由于网格搜索每次只能优化一个或两个变量，并且随着添加的变量增多，其代价也会呈指数级增长。在训练神经网络时，通常至少会有三个需要优化的参数(层数、每层神经元的数量和学习率 η)。若是使用另一种新的方法Optuna来调优超参数，则效果会更好。与网格搜索不同，它需要的决策更少，能找到更好的参数值并处理更多的超参数，并且适应你的计算预算(即，你愿意等待多长时间)。

尽管如此，超参数调优的代价仍然非常高昂，并且这些示例无法在几分钟内运行完，因为它们需要训练数十个模型。在现实世界中，甚至可能有数百个模型。这使得Optuna不适合在稍后的章节中使用，因为我们没有足够的时间，但你需要了解使用Optuna是一项非常重要的技能。

5.4.1　Optuna

我们使用了一个名为Optuna的库来执行更为智能的超参数优化。只要将目标描述为单个数值，Optuna即可与任何框架一同使用。幸运的是，我们的目标是获得准确率或误差，因此可以使用Optuna。Optuna通过使用贝叶斯技术将超参数问题建模为自己的机器学习任务，在超参数优化方面做得更好。我们可以花费一整章(或更多)的时间来讨论Optuna工作原理的技术细节，也可以一言以蔽之：它训练自己的机器学习算法，并根据模型的超参数(特征)来预测模型的准确率(标签)，再根据其预测的良好超参数依次测试新模型，接着训练模型进而了解其性能，添加信息进而改进模型，然后选择新的猜测。不过现在，我们仅关注如何将Optuna作为一种工具使用。

首先，来看看Optuna是如何工作的。与PyTorch类似，它具有一个"按运行定义"的概念。对于Optuna，我们定义了一个想要最小化(或最大化)的函数，它将一个trial对象作为输入。这个trial对象用于获取我们想要调整的每个参数的猜测值，并在最后返回一个分数。返回值是浮点数和整数，就像我们自己使用的数一样，因此很容易使用。图5.16显示了它的工作原理。

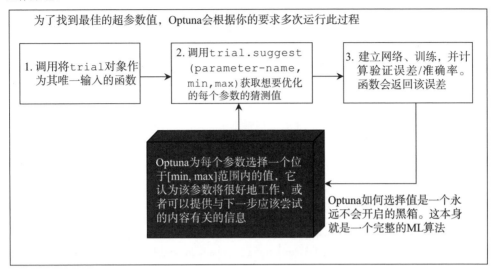

图5.16　你为Optuna提供了一个函数，该函数执行本图中所概述的三个步骤。Optuna使用自己的算法为每个超参数选择值，你可以告诉Optuna如何使用trial.suggest函数；此函数还告知Optuna你想要考虑的最小值和最大值。你告诉Optuna要进行这个过程多少次，并且每进行一次黑箱都会更好地选择新的值来尝试

让我们来看一个想要最小化值的简单函数：$f(x,y) = \mathrm{abs}((x-3)\cdot(y+2))$。很容易看出，当x=3和y=-2时存在一个最小值。但Optuna能解决这个问题吗？首先，导入Optuna库，这是一个简单的pip命令：

```
!pip install optuna
```

现在导入Optuna：

```
import optuna
```

接下来，需要定义被最小化的函数。toyFunc接受trial对象。Optuna通过使用trial对象来计算存在多少个超参数，进而获得每个参数的猜测值。它与suggest_uniform函数一同使用，要求我们提供一系列可能的值(对于任何超参数优化方法，都必须这样做)：

这就是我们需要做的全部工作。现在，可以使用`create_study`函数来创建任务，并调用`optimize`，从而返回希望让Optuna最小化函数的尝试次数：

如果使用direction='maximize'，Optuna将尝试最大化toyFunc返回的值

```
study = optuna.create_study(direction='minimize')
study.optimize(toyFunc, n_trials=100)
```

告诉Optuna将哪个函数最小化，并让它尝试100次

运行以上代码，应该会显示以下一长串输出：

```
Finished trial#12 with value: 2.285 with parameters:
{'x': 0.089, 'y': -2.785}.
Best is trial#9 with value: 0.535.
Finished trial#13 with value: 3.069 with parameters:
{'x': -1.885, 'y': -2.628}.
Best is trial#9 with value: 0.535.
Finished trial#14 with value: 0.018 with parameters:
{'x': -3.183, 'y': -1.997}.
Best is trial#14 with value: 0.018.
```

运行这段代码时，Optuna会得到一个非常精确的答案：$5.04 \cdot 10^{-5}$，非常接近零的真实最小值。它返回的值也接近我们知道的真实答案。可以通过使用`study.best_params`来获取这些信息，其中`study.best_params`包含一个dict对象，该对象将超参数映射到组合值后给出最佳结果：

此字典保存Optuna找到的最佳参数值

```
print(study.best_params)
{'x': 2.984280340674378, 'y': -1.8826725682225192}
```

还可以使用study对象来获取有关所进行的优化过程的信息。因为Optuna使用机器学习来探索参数值的空间，所以它的功能很强大。通过指定参数的最小值和最大值，便能为Optuna提供约束条件——它试图在探索空间以了解其外观和根据当前对空间的理解最小化得分之间取得平衡。

可以使用等高线图来查看示例：

```
fig = optuna.visualization.plot_contour(study)
```

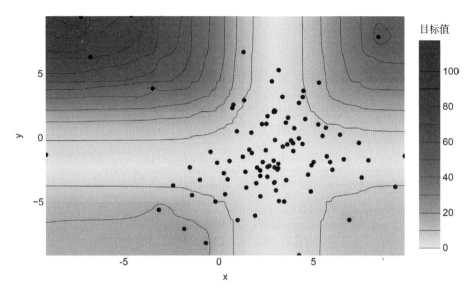

注意，Optuna在测试接近最小值的值时花费了大量精力，而在空间较大的极端区域则很少花费精力。Optuna很快就发现，在空间的这些部分找不到更好的解，于是停止了对这些区域的探索。这样，它就可以花更多时间寻找最优解，并更好地处理多于两个参数的情况。

5.4.2　使用PyTorch的Optuna

现在你已经了解了使用Optuna的所有基本知识；是时候将它与PyTorch结合起来进行一些高级参数搜索了。我们将为Optuna定义一个新函数，以此来优化神经网络。因为在没有任何梯度的情况下进行优化仍然非常困难，并且Optuna并不是万能的，所以不要进行不切实际的操作。但可以使用Optuna来帮助我们做决定。例如，应该在每一层中设有多少个神经元，以及设有多少层？图5.17展示了如何定义函数来实现这一点：

(1) 创建训练/验证划分(使用停滞调度器进行划分)。

(2) 要求Optuna提供三个关键超参数。

(3) 使用参数定义模型。

(4) 计算并返回验证划分的结果。

此处需要注意的一点是，只能使用原始训练数据来创建新的训练和验证划分。为什么？因为我们将多次重复使用验证集，并且不希望过拟合验证数据的细节。

因此，我们创建了一个新的验证集，并将原始验证数据保存到最后。这样，我们只会使用一次真实的验证数据来确定优化网络架构方面的表现。

该函数几乎没有新代码，大部分代码与前几章中用于创建数据加载器、构建网络Module和调用`train_network`函数的代码相同。PyTorch的一些重要变化在于，我们将`disable_tqdm`设置为True，因为Optuna在试图优化的函数中无法很好地处理进度条。

```
def objective(trial):
```

使用各自的加载器来创建训练
和验证划分

t_loader 和 v_loader

这段紫色代码要求Optuna设置三个超参数。注意_int
和 _loguniform，它们改变了样本函数的返回方式。
我们不想要2.5层！

```
n=trial.suggest_int('neurons_per_layer',16,256)
layers=trial.suggest_int('hidden_layers',1,6)
eta_global=trial.suggest_loguniform('learning_rate',1e-5,1e-2)
```

使用以上超参数来定义模型、
学习率调度器和优化器

最后，训练模型并返回最后一个迭代
周期的验证结果

```
results = train_network(fc_model, loss_func, t_loader,
    val_loader=v_loader, epochs=10, optimizer=optimizer,
    lr_schedule=scheduler, score_funcs={'Accuracy': accuracy_score},
    device=device, disable_tqdm=True)
return results['val Accuracy'].iloc[-1]
```

图5.17　定义Optuna可用于优化神经网络训练的objective函数的四个步骤。作为代码显示的
两个最重要的步骤是获取超参数并计算结果

添加动态层数

一开始可能不明显，但我们可以很容易地使用可变层数以及nn.Sequential对象，以适
应Optuna所提供的内容。代码如下：

```
sequential_layers = [        ◄──── 至少有一个接受D输入的隐藏层
    nn.Flatten(), nn.Linear(D, n), nn.Tanh(),
]
```

根据**Optuna**为"layers"参
数提供的内容，添加可变数
量的隐藏层

```
for _ in range(layers-1):  ◄──
    sequential_layers.append( nn.Linear(n, n) )
    sequential_layers.append( nn.Tanh() )
sequential_layers.append( nn.Linear(n, classes) )   ◄──── 输出层
fc_model = nn.Sequential(*sequential_layers)  ◄──
```
将层列表转换为
PyTorch序列模块

以上代码将模型说明分成了几个部分，因此隐藏层的数量是一个用for循环填充的变
量：for_in range(layer-1):。对于小型网络来说，这种方法略显冗长，但同样的代
码却能处理各种不同类型的层，而且如果想添加更多的层，其代码量还会减少。

从Optuna获取建议

其他变化是Optuna通过trial对象提供的不同suggest函数。整数所用的函数为
suggest_int，这对于神经元数量(76.8个神经元没有意义)和层数等链接是有意义的。我
们已经看到了suggest_uniform，它适用于由简单随机范围所覆盖的浮点值(例如动量

项 μ，其值应该在0和1之间)。另一个重要的选项是 `suggest_loguniform`，它给出指数间隔的随机值。你应该将该函数用于按数量级更改的参数，例如学习率(相差10倍的 η =0.001、0.01和0.1)。下一个代码段展示了如何通过指定适当的 `suggest` 函数并提供我们愿意考虑的最小值和最大值，进而从Optuna获得三个超参数建议：

```
n = trial.suggest_int('neurons_per_layer', 16, 256)
layers = trial.suggest_int('hidden_layers', 1, 6)
eta_global = trial.suggest_loguniform('learning_rate', 1e-5, 1e-2)
```

最后，简单地训练我们的网络，并从上一个迭代周期获取验证准确率。你必须记住，这是一个验证划分，并且我们没有使用测试集。应该在找到超参数后才使用测试集，从而确定总体准确率。以下代码搜索此问题对应的超参数：

通常会做50~100次试验，但为了这款笔记本可以在合理的时间范围内运行，我们做的试验次数较少

```
study = optuna.create_study(direction='maximize')
study.optimize(objective, n_trials=10)  ←

print(study.best_params)
```

```
{'neurons_per_layer': 181, 'hidden_layers': 3, 'learning_rate':
0.005154640793181943}
```

你可以看到Optuna选择的参数。现在，已经训练好了网络，还需要练习使用这些信息来训练一个新模型，从而确定你在真实验证集上所获得的最终验证准确率。做完这些就结束了整个超参数优化过程，如图5.18所示。

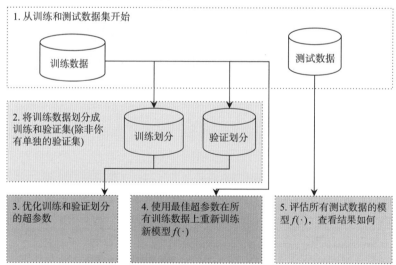

图5.18 正确进行超参数优化所需遵循的所有步骤。合并或跳过其中的一些步骤可能很有诱惑力，但这样做可能会产生关于模型实际性能的误导性结果

可视化Optuna结果

除了查看最终答案，还可以查看Optuna随着时间的推移所取得的进展以及优化过程的其他视图。这样做可以帮助我们建立一些关于"好"参数范围的直觉。在进行新的实验时，这些信息会很有帮助，这样我们就可以希望优化过程更接近真实解，从而减少所需的优化尝试次数。

以下是其中一个最简单的选项：根据已尝试的试验次数来绘制验证准确率(以及单个试验的验证准确率)。顶部的红线表示当前的最优结果，每个蓝点都表示一个实验的结果。如果准确率仍在大幅提高(红线上升)，就有充分的理由增加Optuna运行的试验次数。如果准确率长期稳定，那么便可以减少未来的试验次数：

```
fig = optuna.visualization.plot_optimization_history(study)
fig.show()
```

Optimization History Plot

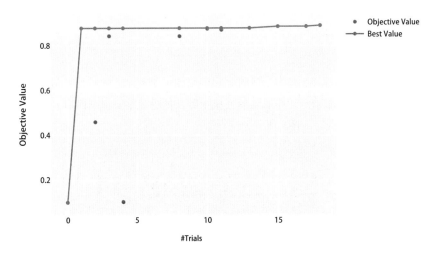

我们可能还想了解每个超参数相对于目标(准确率)的表现。这可以通过分片图来实现。以下示例将为每个超参数绘制散点图，其中目标位于y轴上；点的颜色表示结果来自哪个试验。通过这种方式，可以看到是否有超参数与目标有特别强的关联性，以及Optuna花了多长时间才将其分清。在这个具体的例子适用的大多数情况下，三到六个隐藏层对应的性能表现良好，学习率高于$\eta > 0.001$时的性能也保持良好。这类信息可以帮助我们在未来的试验中缩小搜索范围，甚至删除对目标影响不大的超参数。

这两种方法都有助于Optuna在未来的运行中进行更少的尝试而收敛到解。

代码如下：

```
fig = optuna.visualization.plot_slice(study)
fig.show()
```

Slice Plot

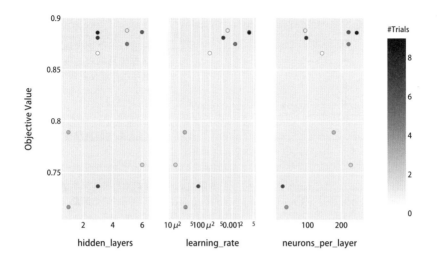

Optuna还可以帮助你了解超参数之间的相互作用。其中，一个选项是plot_contour()函数，它创建网格来展示两个不同超参数的每个组合如何影响结果。另一个选项是plot_parallel_coordinate()函数，它在一个图表中展示每个试验得到的所有结果。这两个图的可读性都不强，需要更多的试验才能生成真正有趣的结果，因此我建议当你有机会对一个模型进行100次试验时，再尝试一下。

5.4.3　使用Optuna修剪试验

在训练神经网络时，Optuna支持的另一个特别有用的功能是早期修剪试验。其理念在于，优化神经网络是一个迭代的过程：在数据集中使用多个迭代周期，并(希望)在每个迭代周期中都有所改进。如果能够在早期优化过程中确定模型不会成功，那么便可以节省大量时间。

假设要测试一组参数，学习从一开始就失败了，最初的几个迭代周期便产生了糟糕的结果。为什么还要继续训练到最后？该模型不太可能一开始表现差而后来成长为表现最好的模型之一。如果向Optuna报告中间结果，那么Optuna可以根据已经完成的试验，剔除看起来较糟糕的试验。

我们可以通过替换def objective(trial):函数中的最后两行代码来实现此功能。不是每10个迭代周期调用train_network一次，而是在一个迭代周期中循环调用其10次。在每个迭代周期之后，使用trial对象的report函数让Optuna知晓当前的情况，并询问Optuna是否应该停止。修订后的代码如下：

```
for epoch in range(10):  ◄──── 为每个迭代周期构建一个自循环
    results = train_network(fc_model, loss_func, t_loader,
    ➡val_loader=v_loader, epochs=1, optimizer=optimizer,
    ➡lr_schedule=scheduler, score_funcs={'Accuracy': accuracy_score},
    ➡device=device, disable_tqdm=True)  ◄────
```
只进行一个迭代周期的训练，但重复使用相同的模型和优化器。这可以持续反复训练同一个模型

```
    cur_accuracy = results['val Accuracy'].iloc[-1]

    trial.report(cur_accuracy, epoch)  ◄──── 让Optuna知晓进展情况


    if trial.should_prune():  ◄──── 询问Optuna这看起来是否毫无希望
        raise optuna.exceptions.TrialPruned()  ◄──── 如果是，停止尝试

return cur_accuracy  ◄──── 结束操作：给出最终答案
```

随着代码的改变，我将使用Optuna进行一项新的试验，故意将神经元数量设置为1(太小)，学习率设置为$\eta=100$(太大)。这将创建一些非常糟糕的很容易被修剪的模型，只是纯粹为了展示这种新的修剪功能。所有这些更改只需要在objective函数中进行：调用相同的create_study和optimize函数，并自动进行修剪。以下代码片段展示了这一点，其中将n_trials设置为20，进而提供了更多的修剪机会，因为这取决于Optuna是否找到了最佳当前模型(在看到好的运行结果以进行比较之前，它不知道坏的运行结果是什么样子)：

```
study2 = optuna.create_study(direction='maximize')
study2.optimize(objectivePrunable, n_trials=20)
```

运行此代码时，当前应该可以看到几个来自Optuna的TrialState.PRUNED日志。当我运行它时，20个试验中的10个被提前修剪。这些模型在被修剪之前经历了多少迭代周期的训练？我们可以让Optuna用中间值来绘制所有试验的结果，进而帮助我们更好地理解这一点。这是通过使用plot_intermediate_values()函数完成的，如下所示：

```
fig = optuna.visualization.plot_intermediate_values(study2)
fig.show()
```

[53]:

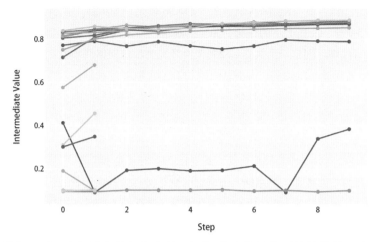

看似所有10项试验都是在数据集中的1个或2个迭代周期后被修剪的。在早期的过程中：Optuna已经将有效试验的数量减少了近一半。我们还看到一些情况，即使"较好的"模型被提前修剪，但表现不佳的模型仍被允许运行直至完成。这是因为修剪是基于Optuna目前见过的最佳模型进行的。早期，Optuna会让坏模型运行直至完成，这是因为它还不知道它们是坏模型。只有经过更多的试验并看到更好的模型后，它才知道原来好的模型可能已经被修剪了。因此，修剪并不能避免所有坏模型，但它可以避免许多坏模型。

仔细查看图表，便可以看到一些Optuna修剪正在分化(变得更糟)的模型的案例，以及一些看起来会有所改善但做得不够好，以至于无法与Optuna已经看到的模型相竞争的案例。这些也是修剪的良好案例，也是Optuna为我们节省时间的部分方式。

注意：虽然Optuna是我最喜欢的工具之一，但本书后面不会再次使用它。这纯粹是从计算方面的考量，因为我想让所有示例都在几分钟内完成运行。Optuna需要训练多个网络，这意味着训练时间成倍增加。仅仅进行10次试验并不算多，但一个在没有使用超参数的情况下需要6分钟完成的示例，在Optuna中则需要一个小时或更长的时间才能完成。不过，工作时绝对应该首选Optuna来帮助你建立神经网络。

5.5　练习

请尝试在本书的Manning出版社在线平台上分享和讨论你的解决方案(https://liveproject.manning.com/project/945)。提交完答案后，你便能够看到其他读者提交的解决方案，并看到作者评选的最佳方案。

1. 修改`train_network`函数以接受`lr_schedule="ReduceLROnPlateau"`作为有效参数。如果`train_network`函数获取了此字符串参数，则应检查是否提供了验证集和测试集，如果提供了，则应适当设置 ReduceLROnPlateau 调度器。

2. 使用 AdamW、具有 Nesterov 动量的 SGD 和批量大小为 $B=1,4,32,64,128$ 的余弦退火调度器重新运行实验。批量大小的变化会如何影响这三种工具的有效性和准确率？

3. 试编写代码，创建一个具有 $n=256$ 个神经元的神经网络和参数来控制网络中隐藏层的数量。然后使用原始 SGD 训练具有 1、6、12 和 24 个隐藏层的网络，再次使用带有余弦退火的 AdamW。这些新优化器如何影响你学习这些更深层次网络的能力？

4. 使用本章中的每个新优化器来重新训练第 4 章中的三层双向 RNN。它们如何影响结果？

5. 在练习 4 的实验中添加梯度修剪。这对 RNN 有利还是有弊？

6. 试编写自己的函数，使用 Optuna 来优化全连接神经网络的参数。完成后，使用这些超参数创建一个新的网络，使用所有训练数据对其进行训练，并在提供的测试集上进行测试。你能在 FashionMNIST 上得到什么结果？与测试集的性能相比，Optuna 对准确率的猜测能提升多少？

7. 重做练习 6，但将隐藏层替换为卷积层，并添加一个新的参数来控制所要执行最大池化的轮数。与练习 6 的结果相比，它在 FashionMNIST 上的表现如何？

5.6   小结

- 梯度下降的两个主要组成部分在于，如何使用梯度(优化器)和如何快速地遵循它们(学习率调度器)。
- 通过使用有关梯度历史的信息，可以提高模型学习的速度。
- 即使梯度非常小，给优化器增加动量也可以进行训练。
- 梯度修剪可以缓解梯度爆炸，即使梯度非常大，也可以进行训练。
- 通过改变学习率，可以简化学习的优化视图，以便进一步改进。
- 除了网格搜索，还可以使用像 Optuna 这样的强大工具来查找神经网络的超参数，例如，层数和神经元数量。
- 通过在每个迭代周期之后检查结果，以便提前修剪坏模型来加速超参数调整过程。

第**6**章

通用设计构建块

本章内容
- 添加新的激活函数
- 插入新层以改进训练
- 跳跃层是一种有用的设计模式
- 将新的激活、层和跳跃组合成比其各部分的总和更为强大的新方法

前面已经学习了三种最常见和最基本的神经网络类型：全连接神经网络、卷积神经网络和循环神经网络。我们通过改变优化器和学习率调度器，改进了所有这些架构，从而进一步改变了我们更新模型参数(权重)的方式，近乎免费地为我们提供了更准确的模型。迄今为止，我们所学到的所有知识都有很强的实用性，能帮助我们了解已经存在了几十年的问题(还在继续)，为学习深度学习语言和一些大型算法的基本构建块打下了良好的基础。

正因为有了这些更好的工具来训练模型，接下来便可以继续学习设计神经网络的新方法。如果没有像Adam那样对学习方法进行改进(参见第5章)，这些新方法中的大多都无法奏效，这也是我们现在才讨论它们的原因！本章中介绍的大多数理念自产生到今天都不到10年，非常实用，但仍在不断发展。再过4年，也许一些理念会被新的概念所取代，不过好在现在我们有一些关于深度学习机制的通用语言，可以研究为什么本章讲解的技术有助于构建更好的模型。任何效果更好的技术很可能都是在解决相同的基础问题，因此这些经验教训具有恒久的意义[1]。

本章介绍目前在生产中使用最广泛的模型训练构建块。出于这个原因，我们会花时间

---

1 阅读20世纪90年代关于神经网络的论文，可以学到很多知识。即使有些知识今天已经不再使用，但过去解决方案的创造性可能会带来很好的启发和用于解决现代问题的直觉。在写这本书时，我正在研究自1995年以来进行的一些被遗忘的工作。

讨论这些新技术有效的原因，这样你就可以学会识别它们背后的逻辑和推理，并开始培养直觉素养，了解如何做出自己的改变。理解这些技术也很重要，因为所开发的许多新方法都是本章讲解的方法的变体。

本章讨论了五种全新的适用于前馈模型的方法和一种RNN改进方法。前五种方法大致会按照其问世顺序介绍，因为每种方法的设计都借鉴了前者——先于自己问世的技术。就个体而言，它们的准确率和训练速度都有提升；但纵观之，每种技术综合性能的提升是要大于单个性能提升之和的。第一种方法是一种称为校正线性单元(Rectified Linear Unit，ReLU)的全新激活函数。然后，我们会在线性/卷积层和非线性激活层之间夹入一个新型归一化层。之后，再讲解两种类型的设计选择，即跳跃连接和1×1卷积，这会重复用到我们学过的层。这就好比醋本身不好吃，但在拥有更多调料的食谱配方中却能出奇惊艳，跳跃连接和1×1卷积结合在一起创建了第五种方法，即残差层。残差层为卷积神经网络的准确率提供了一个最为显著的改进。

最后介绍的是长短期记忆网络(Long Short-Term Memory，LSTM)层，这是一种RNN。我们以前讨论的初始的RNN已不再被广泛使用，毕竟其很难操作，而解释RNN的工作原理相对要容易很多。LSTM已成功应用了20多年，是解释如何将本章中介绍的许多经验教训重新组合为一种新型解决方案的绝佳工具。除此之外，我们还将简要介绍一种"简化"版本的LSTM，这种LSTM对内存的需求稍低，我们将利用它来使模型可以在Colab的低端免费GPU中安全运行。

设置基线

下面的代码之所以再次加载了Fashion-MNIST数据集，是因为虽然使用它对我们来说很难看到改进，但它确实很容易使用，不必等待很长时间就能得到结果。我们将使用此数据集来创建一个基线模型，用于展示可以使用当前方法实现的目标，并与之进行比较，以了解新技术对准确率的影响：

```
train_data = torchvision.datasets.FashionMNIST("./", train=True,
transform=transforms.ToTensor(), download=True)
test_data = torchvision.datasets.FashionMNIST("./", train=True,
transform=transforms.ToTensor(), download=True)

train_loader = DataLoader(train_data, batch_size=128, shuffle=True)
test_loader = DataLoader(test_data, batch_size=128)
```

因为不同类型网络的某些技术代码略有不同，所以本章会为几乎每个示例训练全连接网络和卷积神经网络。你应该比较用于实现全连接模型和CNN模型的代码有何变化，以了解哪些部分与基本思想相关，哪些是我们正在实现的网络类型的相关部分。这有助于未来将这些技术应用于其他模型！

接下来定义一些基本的超参数和细节，本章和本书的后面都将会重复用到这些参数和细节。此处，要通过代码指定特征、全连接层隐藏神经元的数量、卷积网络的通道和过滤器数量以及分类的总数：

```
W, H = 28, 28      ◄─── 图像的宽度和高度是多少?
D = 28*28          ◄─── 输入中有多少个值? 使用该值来帮助确定后续层的大小: 28*28个图像
n = 256            ◄─── 隐藏层大小
C = 1              ◄─── 输入中有多少个通道?

n_filters = 32     ◄─── 每个卷积层有多少个过滤器?

classes = 10       ◄─── 有多少分类?
```

全连接卷积基线

最后，定义模型。与前几章使用的层相比，我们为每个全连接层和CNN添加了更多的层。本章在介绍构建网络的新方法时，会将其与一些更简单的初始模型进行比较。首先，这里会定义全连接网络。因为全连接网络很简单，所以可以很容易地使用列表，并使用*运算符对列表进行解包，从而使相同的代码几乎可以适用于任何数量的隐藏层。在此，可以通过解包一个列表推导式[define_block for_in range(n)]，来创建n层define_block层:

现在，每个剩余的层都具有相同的输入/输出大小，可以通过对列表进行解包来创建它们

```
fc_model = nn.Sequential(
    nn.Flatten(),
    nn.Linear(D, n), nn.Tanh(),      ◄─── 第一个隐藏层
    *[nn.Sequential(nn.Linear(n, n),nn.Tanh()) for _ in range(5)],  ◄───
    nn.Linear(n, classes),
)
```

接下来定义CNN层。其实随着模型创建的深入，还可以编写更好的代码，但目前我们所学到的方法还不足以更深入地了解CNN。因此，只能浅显地认知CNN，简单地进行对比。但是，一旦你了解了本章中介绍的技术，就能够创建更深层次的网络，从而可靠地找出更精确的解! 代码如下:

```
cnn_model = nn.Sequential(
    nn.Conv2d(C, n_filters, 3, padding=1), nn.Tanh(),
    nn.Conv2d(n_filters, n_filters, 3, padding=1), nn.Tanh(),
    nn.Conv2d(n_filters, n_filters, 3, padding=1), nn.Tanh(),
    nn.MaxPool2d((2,2)),
    nn.Conv2d( n_filters, 2*n_filters, 3, padding=1), nn.Tanh(),
    nn.Conv2d(2*n_filters, 2*n_filters, 3, padding=1), nn.Tanh(),
    nn.Conv2d(2*n_filters, 2*n_filters, 3, padding=1), nn.Tanh(),
    nn.MaxPool2d((2,2)),
    nn.Conv2d(2*n_filters, 4*n_filters, 3, padding=1), nn.Tanh(),
    nn.Conv2d(4*n_filters, 4*n_filters, 3, padding=1), nn.Tanh(),
    nn.Flatten(),
    nn.Linear(D*n_filters//4, classes),
)
```

从此，我们开始使用新的`train_network`函数训练所有模型。记住，默认情况下，我们修改此方法是为了使用AdamW优化器，因此不必特别指定：

```
loss_func = nn.CrossEntropyLoss()
fc_results = train_network(fc_model, loss_func, train_loader,
   test_loader=test_loader, epochs=10,
   score_funcs={'Accuracy': accuracy_score}, device=device)
cnn_results = train_network(cnn_model, loss_func, train_loader,
   test_loader=test_loader, epochs=10,
   score_funcs={'Accuracy': accuracy_score}, device=device)
```

最后，做一个小小的改变：一旦在本章中完成了对某些神经网络的使用，便用`del`命令将其删除。如果你运气不好，从Colab获得了一个低端GPU，那么运行这些示例时很可能会耗尽内存。明确告知Python操作完成了，可以收回GPU内存了，就可以避免内存耗尽的麻烦：

```
del fc_model
del cnn_model
```

接下来继续探讨使用seaborn绘制的初始结果(这一步已经非常熟悉了)。目前正在比较两个初始模型的性能以及未来将添加的增强功能。这样，便可以看到这些改进不仅适用于某一种类型的网络。不出所料，CNN的表现比全连接网络要好得多。之所以这样做是因为我们正在处理图像，如第3章所学，卷积层是一种将像素及其关联的"结构先验"编码到网络中的强大方式：

```
sns.lineplot(x='epoch', y='test Accuracy', data=fc_results,
   label='Fully Connected')
sns.lineplot(x='epoch', y='test Accuracy', data=cnn_results,
   label='CNN')
```

[12]: <AxesSubplot:xlabel='epoch', ylabel='test Accuracy'>

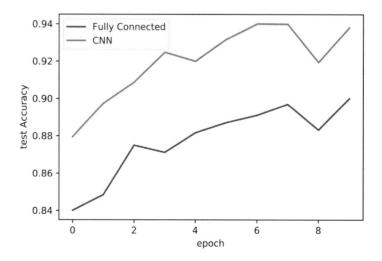

基于此结果，就可以继续本章的学习了！接下来的每一节都会讨论一种新的可用于神经网络中的Module，以及使用它的直觉或理由，并将其应用于基线网络。

6.1　更好的激活函数

全书主要使用 tanh(·) 激活函数，但偶尔也会使用sigmoid函数 $\sigma(\cdot)$。它们是用于神经网络的两个原始激活函数，但并非唯一的选项。目前，身处社区中的我们都不明确知道是什么让一个激活函数比另一个激活函数更好，也没有任何一种选项是应该始终使用的。但是我们已经了解到一些激活函数中通常不可取的用法。 tanh(·) 和 $\sigma(\cdot)$ 都会导致出现一个称为梯度消失的问题。

6.1.1　梯度消失

记住，我们定义的每一个架构都是通过将网络视为一个巨大函数 $f_\Theta(x)$ 来学习的，其中需要使用关于 f 的参数(Θ)的梯度(∇)并根据损失函数 $\ell(\cdot,\cdot)$ 调整其权重。所以，应执行

$$\Theta_{t+1} = \Theta_t - \eta \cdot \nabla_{\Theta_t} f_{\Theta_t}(x)$$

但是如果 $\nabla_\Theta f_\Theta(x)$ 很小呢？如果发生这种情况，Θ 的值几乎不会发生变化，因此也不会学习：

$$\Theta_{t+1} = \Theta_t - \eta \cdot \underbrace{\nabla_{\Theta_t} f_{\Theta_t}(\boldsymbol{x})}_{\approx 0}$$

$$\Theta_{t+1} \approx \Theta_t - \eta \cdot 0 = \Theta_t$$

虽然动量(参见第5章)可以帮助解决这个问题，但如果梯度从一开始就没有消失，那就更好了。这是因为数学告诉我们，如果值太接近零，就会无计可施。

tanh和sigmoid激活函数是如何导致产生这种梯度消失问题的？不妨再次绘制这两个函数：

```
def sigmoid(x):
    return np.exp(x)/(np.exp(x)+1)

activation_input = np.linspace(-5, 5, num=200)
tanh_activation = np.tanh(activation_input)
sigmoid_activation = sigmoid(activation_input)

sns.lineplot(x=activation_input, y=tanh_activation, color='red',
    label="tanh(x)")
sns.lineplot(x=activation_input, y=sigmoid_activation, color='blue',
    label="$σ(x)$")
```

[13]: `<AxesSubplot:>`

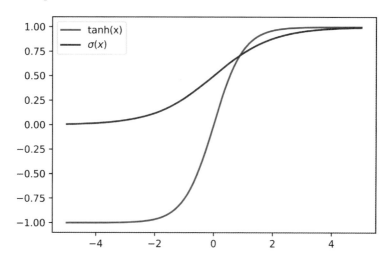

　　两个激活函数都具有一个称为饱和的属性，即当输入不断变化时，激活函数停止变化。对于tanh(·) 和 σ(·)，如果输入x继续变大，则两个激活函数都会在值1.0处饱和。如果激活函数的输入为100，并且输入值加倍，则输出值仍为(几乎)1.0。这就是饱和。这两个激活函数也在图的左侧饱和，因此当输入x变得非常小时，tanh(·) 将在-1.0处饱和，而 σ(·) 将在0处饱和。

　　接下来绘制这些函数的导数，看一下具有一个不理想的结果的饱和：

```
def tanh_deriv(x):
    return 1.0 - np.tanh(x)**2
def sigmoid_derivative(x):
    return sigmoid(x)*(1-sigmoid(x))

tanh_deriv = tanh_deriv(activation_input)
sigmoid_deriv = sigmoid_derivative(activation_input)

sns.lineplot(x=activation_input, y=tanh_deriv, color='red',
    label="tanh'(x)")
sns.lineplot(x=activation_input, y=sigmoid_deriv, color='blue',
    label="$σ'(x)$")
```

[14]: `<AxesSubplot:>`

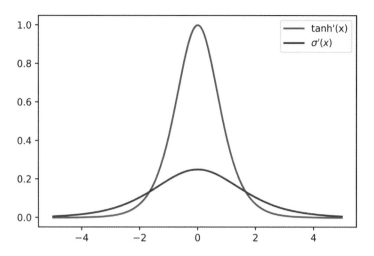

发现图中的问题了吗？当激活函数开始饱和时，其梯度开始消失。任何饱和的激活函数都会发生这种情况。由于权重基于梯度 ∇ 的值而发生变化，如果太多的神经元开始饱和，那么网络就会停止学习。

这并不意味着不该使用 $\tanh(\cdot)$ 和 $\sigma(\cdot)$；在某些情况下，应该使用饱和(本章末尾会提供一个LSTM示例)。如果没有明确的理由来使用饱和，建议避免使用饱和的激活函数，这正是接下来要学习的内容。

注意：饱和激活并非梯度消失的唯一原因。可以(使用 `.grad` 成员变量)通过查看梯度的直方图来检查梯度是否消失。如果使用的是可以饱和的激活函数，那么还可以绘制激活函数的直方图，以检查这是否是梯度消失的原因。例如，如果使用 $\sigma(\cdot)$ 作为激活函数，并且直方图显示50%的激活位于0.01或0.0到1.0之间，则可以判断饱和是问题的根源。

6.1.2　校正线性单位(ReLU)：避免梯度消失

到此已经知晓，默认情况下饱和的激活函数可能不是一个好的激活函数。那么应该用什么来代替？解决此问题的最常见方法是使用称为校正线性单元(Rectified Linear Unit，ReLU)的激活函数[1]，其定义非常简单：

$$\text{ReLU}(x) = \max(0, x)$$

这就是ReLU所做的一切操作。如果输入为正，则返回值不变。如果输入为负，则返回值为零。这似乎令人惊讶，因为我们反复强调了非线性的重要性。但事实证明，几乎任何非线性都足以从中学习。选择这样一个简单的激活函数也会得到一个简单导数：

$$\text{ReLU}'(x) = \begin{cases} 1, & \text{如果 } x > 0 \\ 0, & \text{否则} \end{cases}$$

1　V. Nair and G. E. Hinton, "Rectified linear units improve restricted Boltzmann machines," *Proceedings of the 27th International Conference on Machine Learning*, pp. 807–814, 2010.

　　这就够了。对于一半的可能输入，ReLU的导数都是恒定值。对于大多数用例，简单地使用ReLU激活函数替换 tanh(·) 和 $\sigma(\cdot)$ 将允许模型在更少的迭代周期内收敛到更准确的解决方案。然而，对于非常小的网络，ReLU的性能通常会变差。

　　为什么？ReLU不具有梯度消失，而对于 $x \leq 0$，ReLU没有梯度。如果有很多神经元，其中一些神经元"死亡"并停止激活，那么这便是正常的；但是如果没有足够的额外神经元，这就成了一个严重的问题。这同样可以通过简单的修改来解决：返回其他值，而不是为负输入值返回0。这导致出现了所谓的Leaky ReLU[1]。Leaky ReLU采用"leaking"因子 α，该因子应该很小。通常使用范围为 $\alpha \in [0.01,0.3]$ 中的值，在大多数情况下，特定值的影响相对较小。

　　Leaky ReLU的数学定义是什么？同样，这是一个简单的改变，将负输入值减小到了原来的 α 分之一。这种新的激活函数和导数可以简洁地定义如下：

$$\text{LeakyReLU}(x) = \max(\alpha \cdot x, x)$$

$$\text{LeakyReLU}'(x) = \begin{cases} 1, & \text{如果 } x > 0 \\ \alpha, & \text{否则} \end{cases}$$

用代码表示同样的内容，可以得到：

```
def leaky_relu(x, alpha=0.1):        ←—— 激活函数已转换为代码
    return max(alpha*x, x)
def leaky_reluP(x, alpha=0.1):       ←—— 激活函数的导数，其中x是应用激活函数的原始输入
    if x > 0:
        return 1
    else:
        return alpha
```

　　改进的ReLU造成的直觉是，当 $x \leq 0$ 时，有一个"底线"。由于该"底线"在水平方向上没有变化，因此没有梯度。相反，我们希望底线"leak"，这样它就会发生变化，但变化很慢。哪怕只有一点点变化，便能得到梯度。下面绘制这些激活图，看看它们看起来像什么：

```
activation_input = np.linspace(-5, 5, num=200)
relu_activation = np.maximum(0,activation_input)
leaky_relu_activation = np.maximum(0.3*activation_input,activation_input)

sns.lineplot(x=activation_input, y=tanh_activation, color='red',
➥label="tanh(x) ")
sns.lineplot(x=activation_input, y=sigmoid_activation, color='blue',
➥label="$σ(x)$ ")
sns.lineplot(x=activation_input, y=relu_activation, color='green',
➥label="ReLU(x) ")
sns.lineplot(x=activation_input, y=leaky_relu_activation, color='purple',
➥label="LeakyReLU(x) ")
```

```
[15]: <AxesSubplot:>
```

1　A. L. Maas, A. Y. Hannun, and A. Y. Ng, "Rectifier nonlinearities improve neural network acoustic models," *Proceedings of the 30th International Conference on Machine Learning*, vol. 28, p. 6, 2013.

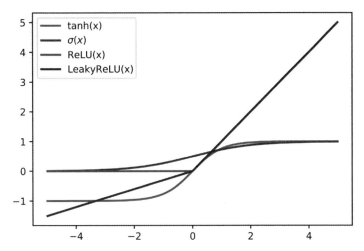

可以看到图右侧随着输入变大，ReLU和LeakyReLU的行为呈线性，只是随着输入的增加而增加。图左侧则随着输入变小，两者仍然保持线性，但ReLU停留在零，而LeakyReLU在减少。两者的非线性都只是改变了直线的斜率，这就足够了。接下来用更多的代码来绘制梯度图：

```
relu deriv = 1.0*(activation_input > 0)
leaky_deriv = 1.0*(activation_input > 0) + 0.3*(activation_input <= 0)

sns.lineplot(x=activation_input, y=tanh_deriv, color='red',
➡label="tanh'(x)")
sns.lineplot(x=activation_input, y=sigmoid_deriv, color='blue',
➡label="$σ'(x)$")
sns.lineplot(x=activation_input, y=relu_deriv, color='green',
➡label="ReLU'(x)")
sns.lineplot(x=activation_input, y=leaky_deriv, color='purple',
➡label="LeakyReLU'(x)")
```

[16]: <AxesSubplot:>

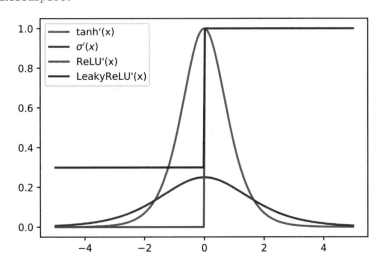

因此，LeakyReLU具有绝对不会自行消失的梯度值，但层之间的交互仍可能导致梯度爆炸或梯度消失。本章稍后会用残差层和LSTM来解决这个问题，但LeakyReLU至少不会像tanh(·)和$\sigma(\cdot)$激活函数那样产生问题。

6.1.3　使用LeakyReLU激活训练

现在，已经了解了为什么要使用LeakyReLU，下面将通过测试其训练过程来了解其表现，看看准确率是否得到了提高。接下来将使用LeakyReLU来训练模型的新版本，我们通常会发现，由于其性能稍好(激活和梯度中缺少硬零)，LeakyReLU等于或优于标准ReLU。首先，定义将要使用的leak率。PyTorch使用$\alpha=0.01$的默认值，这是一个相当保守的值，可以很好地避免正常ReLU出现零梯度。此处使用$\alpha=0.1$，这是我首选的默认值，但这不是一个关键选择：

```
leak_rate = 0.1  ◀  希望LeakyReLU泄漏的量，
                    [0.01，0.3]内的任何值都可以
```

接下来定义两种架构的新版本，只将nn.Tanh()函数更改为nn.LeakyReLU。首先是生成全连接模型，仍然只有5行代码：

```
fc_relu_model = nn.Sequential(
    nn.Flatten(),
    nn.Linear(D, n), nn.LeakyReLU(leak_rate),
    *[nn.Sequential(nn.Linear(n, n), nn.LeakyReLU(leak_rate))
    for _ in range(5)],
    nn.Linear(n, classes),
)
```

CNN模型也可以执行同样的操作，但函数名越来越长，难以输入和读取。先来看看另一种组织代码的方法。定义一个接受每个层的输入和输出大小的cnnLayer函数，并返回Conv2d和激活函数的组合，从而形成一个完整的层。这样，当尝试实现新的想法时，就可以改变这个函数，而其他代码也会随之改变，这样就不必进行大量的编辑工作。还可以添加一些细节，例如自动计算填充大小，使用常见的默认值(如内核大小)，以及保持输出与输入的大小相同：

```
def cnnLayer(in_filters, out_filters=None, kernel_size=3):
    """
    in_filters: how many channels are coming into the layer
    out_filters: how many channels this layer should learn / output, or 'None'
if we want to have the same number of channels as the input.
    kernel_size: how large the kernel should be
    """
    if out_filters is None:
```

```
    out_filters = in_filters    ◄──────┐  这是一种常见模式，因此如果没有要
    padding=kernel_size//2      ◄───────┤  求，就将其作为默认模式进行自动化
                                       ◄───────  填充以保持相同尺寸

    return nn.Sequential(       ◄───────  将层和激活组合成单个单元

        nn.Conv2d(in_filters, out_filters, kernel_size, padding=padding),
        nn.LeakyReLU(leak_rate)
    )
```

现在CNN代码更简洁，更容易阅读。`cnnLayer`函数还简化了对列表的解包，就像我们在全连接模型中所做的那样。以下是通用CNN代码块。忽略对象名称，通过更改`cnnLayer`函数的定义，可以将此代码块重新用于不同样式的CNN隐藏层：

```
cnn_relu_model = nn.Sequential(
    cnnLayer(C, n_filters), cnnLayer(n_filters), cnnLayer(n_filters),
    nn.MaxPool2d((2,2)),
    cnnLayer(n_filters, 2*n_filters),
    cnnLayer(2*n_filters),
    cnnLayer(2*n_filters),
    nn.MaxPool2d((2,2)),
    cnnLayer(2*n_filters, 4*n_filters), cnnLayer(4*n_filters),
    nn.Flatten(),
    nn.Linear(D*n_filters//4, classes),
)
```

到此已经准备好训练这两个模型。与往常一样，PyTorch的模块化设计意味着不需要更改任何其他内容：

```
fc_relu_results = train_network(fc_relu_model, loss_func, train_loader,
➡test_loader=test_loader, epochs=10,
➡score_funcs={'Accuracy': accuracy_score}, device=device)
del fc_relu_model
cnn_relu_results = train_network(cnn_relu_model, loss_func, train_loader,
➡test_loader=test_loader, epochs=10,
➡score_funcs={'Accuracy': accuracy_score}, device=device)
del cnn_relu_model
```

继续将新的`relu_results`与原始的`fc_results`和`cnn_results`进行比较。可以看到，LeakyReLU在CNN和全连接网络上的表现明显优于tanh函数。它不仅更准确，而且在数值计算方面也更出色，更容易实现。用于计算tanh的exp()函数的计算量挺大的，但ReLU只需要进行简单的乘法和max()运算，速度更快。代码如下：

```
sns.lineplot(x='epoch', y='test Accuracy', data=fc_results, label='FC')
sns.lineplot(x='epoch', y='test Accuracy', data=fc_relu_results,
➡label='FC-ReLU')
```

```
sns.lineplot(x='epoch', y='test Accuracy', data=cnn_results,
➥label='CNN')
sns.lineplot(x='epoch', y='test Accuracy', data=cnn_relu_results,
➥label='CNN-ReLU')
```

[22]: <AxesSubplot:xlabel='epoch', ylabel='test Accuracy'>

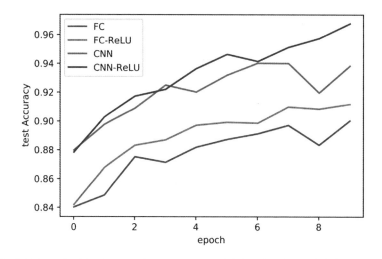

ReLU变体

如此看来，ReLU家族提供了更好的准确率，速度更快，从头开始实现时使用的代码也更少。由于这些原因，ReLU很快成为社区中许多人的默认首选；这是一个很好也很实用的选择，因为它已经在大多数现代神经网络中成功地得到了应用，并且持续了多年。

ReLU激活函数还有许多其他类型，其中一些类型内置在PyTorch中。在此之中有一个PReLU试图了解LeakyReLU的α应该是什么，并将其作为超参数删除。ReLU6引入了人为的饱和度，以应对需要执行这种操作的奇特情况。还有一些ReLU的"平滑"扩展，如CELU、GELU和ELU，则都是为了实现某些特性而衍生出来的。这些只是PyTorch中已有的扩展；网上还有更多的ReLU变体和替代形式(http://mng.bz/VBeX)。因为时间或篇幅的限制，在此将不对其详细介绍，但是要注意的是，从 tanh(·) 到ReLU的改进并没有从ReLU及其leaky变体到这些新变体的差异那么大。如果你想更多地了解其他的激活函数，倒是很值得一试，因为它们确实存在很大的不同。不过，一般来说，将任何ReLU变体作为默认选择都是安全的。

6.2 归一化层：神奇地促进收敛

为了解释归一化层及其工作原理，先来聊聊如何处理归一化一个具有n行和d个特征的普通数据集$X = \{x_1, x_2, \ldots, x_n\}$。在开始将矩阵$X$输入到你最喜欢的ML算法之前，通常应以某种方式归一化或标准化特性。这种方法包括确保值都在[0,1]范围内，或者减去平均值 μ 再除以标准差 σ[1]。你可能之前已经通过去除平均值并除以标准差来进行标准化，毕竟这种操作非常普遍，在此，不妨写出这三个步骤(其中，如果所有的值都相同，那么 ϵ 倾向于采用一个很小的值，如 10^{-15}，从而避免除以零)：

$$\mu = \frac{1}{n}\sum_{i=1}^{n} x_i$$

$$\sigma = \sqrt{\epsilon + \frac{1}{n}\sum_{i=1}^{n}(\boldsymbol{\mu} - \boldsymbol{x}_i)\odot(\boldsymbol{\mu} - \boldsymbol{x}_i)} = \sqrt{\epsilon + \frac{1}{n}\sum_{i=1}^{n}(\boldsymbol{\mu} - \boldsymbol{x}_i)^2}$$

$$\hat{\boldsymbol{X}} = \left\{\cdots, \frac{x_i - \boldsymbol{\mu}}{\sigma}, \cdots\right\}$$

这会导致数据 $\hat{\boldsymbol{X}}$ 的平均值为零，标准差为1。这样做是因为大多数算法对输入数据的规模很敏感。这种规模敏感性意味着，如果将数据集中的每个特征乘以1000，那么它便改变了模型最终学习的内容。通过执行归一化或标准化操作，便能确保数据位于合理的数值范围内(-1到1是一个很好的范围)，从而更方便运行优化算法。

6.2.1　归一化层用于何处

在训练神经网络之前，通常会在将数据传递到网络的第一层之前再次进行归一化或标准化。但是，如果在神经网络的每一层之前应用这个归一化过程呢？这会让网络学习更快吗？如果加入一些额外的细节，那么答案是肯定的！具有归一化层的新网络的架构如图6.1所示。

接着使用 x_i 来表示第 l 层的输入，同样，μ_l 和 σ_l 表示第 l 层输入的平均值和标准差。归一化层应用于每一层，并且有一个额外的技巧：让网络学习如何缩放数据的大小，而非假设平均值为0和标准差为1是最佳选择。形式为：

> 归一化第 l 层的输入，然后让网络学会改变数据的规模(改变标准差)，学会向左/向右移动输入(改变平均值)。

$$\frac{x_l - \mu_l}{\sigma_l}\cdot\gamma_l + \beta_l$$

第一项与之前相同：从数据中去除平均值，然后除以标准差。此处的关键补充是 γ，它可以让网络改变数据的规模，并且 β 可以让网络向左/向右移动数据。由于网络控制 γ 和 β，因此它们作为参数而被学习(因此 γ 和 β 包含在所有参数 Θ 的集合中)。通常会初始化

1　σ可以表示标准差，也可以表示sigmoid激活函数，必须配合使用上下文来进行区分。

$\gamma = \vec{1}$ 和 $\beta = \vec{0}$，以便在开始训练时，每个层都进行简单的标准化。随着训练过程的进行，梯度下降允许根据需要缩放(更改 γ)或改变(更改 β)结果。

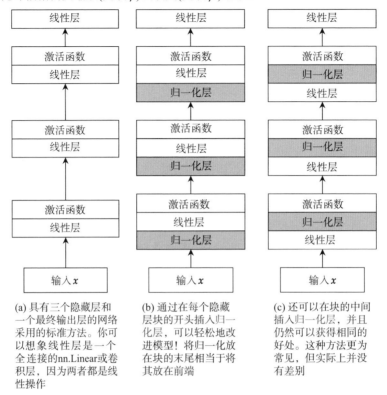

(a) 具有三个隐藏层和一个最终输出层的网络采用的标准方法。你可以想象线性层是一个全连接的nn.Linear或卷积层，因为两者都是线性操作

(b) 通过在每个隐藏层块的开头插入归一化层，可以轻松地改进模型！将归一化放在块的末尾相当于将其放在前端

(c) 还可以在块的中间插入归一化层，并且仍然可以获得相同的好处。这种方法更为常见，但实际上并没有差别

图6.1　具有三个隐藏层和一个输出层的网络的三个版本：(a)目前学习的常规方法；(b)和(c)添加归一化层的两种不同方式

　　归一化层非常成功，我经常将它们描述为"神奇的精灵尘"：将一些归一化层穿插到网络中，它便会突然开始更快地收敛到更准确的解。甚至连根本不会训练的网络也会突然开始学习。接下将讨论使用最广泛的两个归一化层：批量和层[1]。我们在谈及各种类型的同时还会解释何时选择一种类型而非另一种类型(但你几乎应该始终使用某种形式的归一化层)。两种方法之间的唯一区别在于计算每一层的平均值 μ 和标准差 σ；两种方法都使用相同的公式，并遵循图6.1中所示的图表。

6.2.2　批量归一化

　　第一种也是最流行的归一化层类型是批量归一化(batch normalization，BN)。BN的应用取决于不同输入数据的结构。如果使用的是全连接层(PyTorch维度为(B, D))，则要获取批量中B项对应特征值D的平均值和标准差。因此，我们对给定批量中的数据特征进行归一化。这意味着 μ、σ、γ 和 β 的形状为(D)，并且批量中的每个项都通过该批量数据的平均

1　是的，这些名字令人困惑。我也不喜欢它们。

值和标准差进行归一化。

为了明确这一点，先来看看一些假设的Python代码，这些代码基于形状为(B, D)的张量计算μ和σ。这里使用for循环显式地让该过程变得清晰。如果你在实际使用中实现了这一功能，就应该尝试使用诸如torch.sum和torch.mean之类的函数，进而使运行速度更快：

```
B, D = X.shape          ←  这个BN示例使用了显式循环：实际并不会这样编
μ = torch.zeros((D))       写torch代码！对于该示例，X的形状是(B, D)。
σ = torch.zeros((D))

for i in range(B):      ←  检查批量中的每一项
    μ += X[i,:]         ←  平均特征
μ /= B
for i in range(B):      ←  以相同的方式处理标准差
    σ += (X[i,:]- μ)*(X[i,:]- μ)
σ += 1e-5
σ = torch.sqrt(σ)
```

由于BN在张量的批量维度上取平均值，因此BN在训练过程中对批量大小很敏感，不可能在批量大小为1的情况下使用。在推理/预测时使用它也需要一些技巧，因为你不希望预测依赖于其他可用数据！为了解决这个问题，大多数实现都会持续对所有先前看到的批量的平均值和标准差进行运行估计，并在训练完成后对所有预测使用单一估计。PyTorch已经为你处理了这个问题。

如果有形状为(B, C, D)的一维数据呢？本例对批量上的通道进行归一化。这意味着μ、σ、γ和β都具有(C)的形状。这是因为我们希望将通道中的每个D值视为具有相同的性质和结构，因此平均值超过了所有B批量对应通道中的$B \times D$值。然后，再对每个通道中的所有值应用相同的缩放比例γ和移位β。如果有形状为(B, C, W, H)的二维数据呢？与一维情况类似，μ、σ、γ和β的形状为(C)。对于任何z维结构化数据，总能在其对应通道上使用BN。下表总结了应该根据张量形状查找哪些PyTorch模块：

Tensor形状	PyTorch模块
(B, D)	`torch.nn.BatchNorm1d(D)`
(B, C, D)	`torch.nn.BatchNorm1d(C)`
(B, C, W, H)	`torch.nn.BatchNorm2d(C)`
(B, C, W, H, D)	`torch.nn.BatchNorm3d(C)`

如果在推理时将BN应用于输入张量X，那么代码中可能会出现这样的情况：

```
BN = torch.tensor((B, C, W, H))
for j in range(C):
    BN[:,j,:,:] = (X[:,j,:,:]- μ[j]/σ[j])*γ[j] + β[j]
```

6.2.3　使用批量归一化进行训练

为Fashion-MNIST创建数据加载器时，使用的批量大小为128，因此当然可以将BN应用于架构。根据上一个表，在每个全连接网络的nn.Linear层之后添加BatchNorm1d。这便是需要做的唯一改变！接下来在下一个代码段中看看这会是什么样。我将BN放在线性层之后而非之前，是为了匹配大多数人所进行的操作，因此当你在其他代码中阅读此内容时，就会觉得很亲切[1]：

```
fc_bn_model = nn.Sequential(
    nn.Flatten(),
    nn.Linear(D, n), nn.BatchNorm1d(n), nn.LeakyReLU(leak_rate),
    *[nn.Sequential(nn.Linear(n, n), nn.BatchNorm1d(n),
    ➥nn.LeakyReLU(leak_rate)) for _ in range(5)],
    nn.Linear(n, classes),
)
```

正因为组织了CNN，所以才可以在下一个代码块中重新定义cnnLayer函数，以改变其行为。我们要做的就是在CNN的每个nn.Conv2d层之后添加nn.BatchNorm2d。然后运行完全相同的代码来定义cnn_relu_model，不过这次可将其重命名为cnn_bn_model：

```
def cnnLayer(in_filters, out_filters=None, kernel_size=3):


    if out_filters is None:          ◀──┐ 这是一种常见的模式，因此如果没
        out_filters = in_filters     ◀──┘ 有要求，默认进行自动化即可


    padding=kernel_size//2           ◀───── 填充保持相同尺寸



    return nn.Sequential(            ◀───── 将层和激活组合成单个单元

        nn.Conv2d(in_filters, out_filters, kernel_size, padding=padding),

        nn.BatchNorm2d(out_filters), ◀──┐ 唯一的变化是：在卷积
        nn.LeakyReLU(leak_rate)          └ 之后添加**BatchNorm2d**
)
```

接下来是我们熟悉的代码块，用于分别训练基于全连接和CNN模型的新批量归一化：

```
fc_bn_results = train_network(fc_bn_model, loss_func, train_loader,
➥test_loader=test_loader, epochs=10,
➥score_funcs={'Accuracy': accuracy_score}, device=device)
```

---

1 我个人更倾向于将BN放在线性层之前，因为我认为它能更好地跟踪我们的直觉。在我的经验中，也有数千个激活的小众案例，其中位于线性层之前的BN可以表现得更好。但这些都是吹毛求疵的细节。我宁愿告诉你什么是常见的操作，也不愿评价那些吹毛求疵的细节。

```
del fc_bn_model
cnn_bn_results = train_network(cnn_bn_model, loss_func, train_loader,
⮕test_loader=test_loader, epochs=10,
⮕score_funcs={'Accuracy': accuracy_score}, device=device)
del cnn_bn_model
```

下面将展示新网络的结果，并绘制之前添加ReLU激活函数后的最佳结果。同样，可以看到准确率得到了全面提高，特别是对于我们的CNN：

```
sns.lineplot(x='epoch', y='test Accuracy', data=fc_relu_results,
⮕label='FC-ReLU')
sns.lineplot(x='epoch', y='test Accuracy', data=fc_bn_results,
⮕label='FC-ReLU-BN')
sns.lineplot(x='epoch', y='test Accuracy', data=cnn_relu_results,
⮕label='CNN-ReLU')
sns.lineplot(x='epoch', y='test Accuracy', data=cnn_bn_results,
⮕label='CNN-ReLU-BN')
```

[27]: <AxesSubplot:xlabel='epoch', ylabel='test Accuracy'>

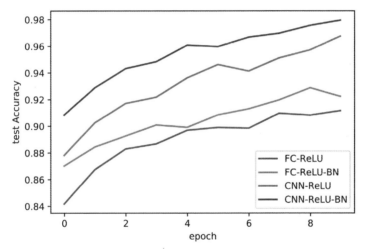

注意：通过观察全连接和基于CNN的模型之间的改进差异，可以推理出全连接的架构正在开始达到其所能达到的最佳效果，而不会变得更大或更深。在当前这并不重要，但我之所以提及它，是想把它作为使用多个模型来推理关于数据的假设的示例。

为什么BN效果这么好？我能给你的最好的直觉就是之前讨论过的逻辑：归一化有助于确保每一层之后的字面数字值都位于一般的"好"范围内；通过γ和β，网络可以精确地决定这个范围的大小。但是，深入了解这种方法有效的原因是深度学习中一个活跃的研究领域！遗憾的是，目前还没有人给出真正明确的答案。

6.2.4　层归一化

另一种流行的归一化方法被(令人困惑地)称为层归一化(layer normalization，LN)，其中我们会查看特征的平均激活而非批量。这意味着批量中的每个示例都会获取自己的 μ 和 σ 值，但共享所学习到的 γ 和 β。同样，可以查看一个带有显式代码的示例来明确这一点：

```
B, D = X.shape                        ◀—— 在这个示例中，X的形状是(B, D)
μ = torch.zeros((B))
σ = torch.zeros((B))
for j in range(D):
    μ += X[:, j]                      ◀—— 注意，这与之前的X[i,:]有所不同
μ /= D
for j in range(D):
    σ += (X[:,j]- μ)*(X[:,j]-μ)       ◀—— 再次从X[i,:]更改
σ += 1e-5
σ = torch.sqrt(σ)
```

LN和BN之间的唯一区别就是求解平均值的方法不同！使用LN，一个批量 B 中有多少个示例并不重要，因此当批量较小时，可以使用LN。

这样，就可以深入到重复的示例中，将这种新方法应用于相同的网络架构。与BN不同，在PyTorch中LN对每种张量形状都有不同的分类，并对所有架构都只有一个分类。这样做的微妙原因与某些类型的问题有关，其中LN比BN更受欢迎，并且需要添加额外的灵活性。

6.2.5　使用层归一化进行训练

nn.LayerNorm类接受一个包含整数列表的参数。如果你正在使用形状为 (B, D) 的张量处理全连接层，则应使用[D]作为列表，它提供nn.LayerNorm([D])作为层构造。此处，可以看到使用LN的全连接网络的代码。对于全连接层，只需将BN替换为LN：

```
fc_ln_model = nn.Sequential(
    nn.Flatten(),
    nn.Linear(D, n), nn.LayerNorm([n]), nn.LeakyReLU(leak_rate),
    *[nn.Sequential(nn.Linear(n, n), nn.LayerNorm([n]),
      ➡nn.LeakyReLU(leak_rate)) for _ in range(5)],
    nn.Linear(n, classes),
)
```

为什么LN需要整数列表？此列表从右到左告诉LN所要平均的值。因此，如果有一个形状为 (B, C, W, H) 的张量对应的二维问题，可以将LN的最后三个维度作为列表[C,W,H]。这涵盖了所有功能，正是我们希望LN归一化的内容。这使得LN对于CNN来说有点棘手，因为我们还需要注意宽度和高度的大小，并且在每次应用最大池化时，它们都会发生变化。

下面是新的 `cnnLayer` 函数，它可以解决这个问题。我们添加了一个 `pool_factor` 参数，用于跟踪应用池化的次数。之后，是一个具有列表 `[out_filters，W//(2**pool_factor),H//(2**pool_factor)]` 的 LN 对象，其中我们根据应用池化的次数来缩小宽度和高度。

注意：这是在卷积层中使用填充的另一个原因。通过填充卷积，使输出具有与输入相同的宽度和高度，这里简化了需要跟踪的内容。现在，需要为每一轮池化除以 2。如果还必须记录卷积的次数，那么代码就会复杂得多。这也会使我们更难改变网络的定义。

代码如下：

```
def cnnLayer(in_filters, out_filters=None, pool_factor=0,kernel_size=3):

    if out_filters is None:              # 这是一种常见的模式，因此如果没
        out_filters = in_filters         #   有要求，默认进行自动化即可

    padding=kernel_size//2               # 填充保持相同尺寸

    return nn.Sequential(                # 将层和激活组合成单个单元

        nn.Conv2d(in_filters, out_filters, kernel_size, padding=padding),
        nn.LayerNorm([out_filters,
        ➡W//(2**pool_factor), H//(2**pool_factor)]),    # 唯一的变化是：卷积后
        nn.LeakyReLU(leak_rate)                          #   切换到 LayerNorm！
)
```

现在有了新的 `cnnLayer` 函数，便可以创建一个使用 LN 的 `cnn_ln_model`。下面的代码展示了创建该模型的过程，因为必须在执行池化之后添加 `pool_factor` 参数：

```
cnn_ln_model = nn.Sequential(
    cnnLayer(C, n_filters),
    cnnLayer(n_filters),
    cnnLayer(n_filters),
    nn.MaxPool2d((2,2)),                 # 已经完成了一轮池化，因此 pool_factor=1

    cnnLayer(n_filters, 2*n_filters, pool_factor=1),
    cnnLayer(2*n_filters, pool_factor=1),
    cnnLayer(2*n_filters, pool_factor=1),
    nn.MaxPool2d((2,2)),                 # 当前已经进行了两轮池化，因此 pool_factor=2

    cnnLayer(2*n_filters, 4*n_filters, pool_factor=2),
    cnnLayer(4*n_filters, pool_factor=2),
    nn.Flatten(),
    nn.Linear(D*n_filters//4, classes),
)
```

虽然工作量大了点，但仍能正常实现。现在便可以训练这两个新模型了：

```
fc_ln_results = train_network(fc_ln_model, loss_func, train_loader,
➥test_loader=test_loader, epochs=10,
➥score_funcs={'Accuracy': accuracy_score}, device=device)
del fc_ln_model
cnn_ln_results = train_network(cnn_ln_model, loss_func, train_loader,
➥test_loader=test_loader, epochs=10,
➥score_funcs={'Accuracy': accuracy_score}, device=device)
del cnn_ln_model
```

用LN、BN和没有归一化层的基于ReLU的模型来绘制结果。魔法精灵尘的能力在LN中似乎没有那么强。对于CNN来说，LN是一种没有归一化的改进，但比BN更差。对于全连接层，LN似乎更适用于非归一化变量：

```
sns.lineplot(x='epoch', y='test Accuracy', data=fc_relu_results,
➥label='FC-ReLU')
sns.lineplot(x='epoch', y='test Accuracy', data=fc_bn_results,
➥label='FC-ReLU-BN')
sns.lineplot(x='epoch', y='test Accuracy', data=cnn_relu_results,
➥label='CNN-ReLU')
sns.lineplot(x='epoch', y='test Accuracy', data=cnn_bn_results,
➥label='CNN-ReLU-BN')
sns.lineplot(x='epoch', y='test Accuracy', data=fc_ln_results,
➥label='FC-ReLU-LN')
sns.lineplot(x='epoch', y='test Accuracy', data=cnn_ln_results,
➥label='CNN-ReLU-LN')
```

```
[32]: <AxesSubplot:xlabel='epoch', ylabel='test Accuracy'>
```

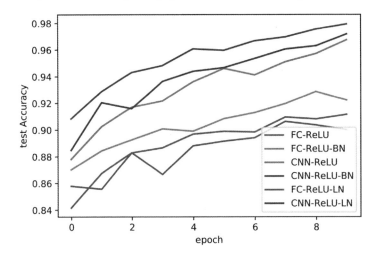

乍一看，LN并没有那么有用。它对应的代码比较笨重，而且在模型的准确率方面表现也不太好。尽管如此，这些笨重的代码确实有其用途。BN实际上只适用于全连接层和

卷积模型，因此PyTorch可以轻松地将其硬编码为两个任务。LN可以对几乎任何架构(例如RNN)都有帮助，并且整数列表明确告诉LN要归一化的内容，允许针对这些不同的情况使用相同的模块。

6.2.6　使用哪个归一化层

虽然归一化层已经存在了几年，但充分理解它们以及何时使用它们仍是一个热门的研究问题。对于非循环神经网络，使用BN是一个好主意，前提是你可以在批量$B \geqslant 64$上进行训练。如果批量不够大，则无法获得对μ和σ的良好估计，结果可能会受到影响。如果你的问题对应于具有较大批量的情况，则BN通常会改善结果，不过也存在一些不适用的情况。因此，如果训练模型很困难，就值得测试一个没有包含BN的模型版本，看看是否处于BN带来阻碍而非提供帮助的反常情况。幸运的是，这些情况很少发生，因此要是我有CNN和大的批量，那么我仍然会选择默认包含BN。

LN在循环架构中特别受欢迎，值得添加到RNN中。每当使用具有权重共享的子网络时，LN都应该是首选：BN的统计数据假设存在一个分布，当进行权重共享时，便会得到多个分布，这可能会产生一些问题。通常LN不会为CNN和全连接网络提供与BN相同的改进水平，但是当使用小批量$B \leqslant 32$时，LN也仍旧有效。扩大网络规模看似能提高性能，但终因内存不足而止步，毕竟内存不足就必须缩减批量大小，从而无法扩人网络，这可能是一个需要考虑的因素。

虽然BN和LN是两个最流行且使用最广泛的归一化层，但它们远不是唯一正在开发和使用的层。持续关注归一化层采用的新方法是有价值的，通常，使用它们更改代码更容易。

6.2.7　层归一化的特点

鉴于LN变得如此重要，我想分享一个更深入的见解，了解是什么使归一化层变得特别不寻常，甚至有时令人迷惑不解。接下来先谈谈网络的强度，或者更确切地说是网络的容量。

我用这些词来表示一个问题或神经网络的复杂程度，有点不严谨[1]。一个好的心智模型是将复杂性看作是随机的或不稳定的，图6.2展示了一些例子。函数越复杂，神经网络就必然越复杂或越强大，这样才能逼近它。

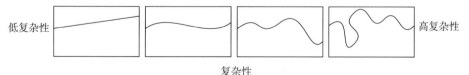

图6.2　可以将函数的复杂性想象为外形的曲折和不稳定。该图在左侧展示了一个具有非常低复杂性的函数(线性)；随着向右移动，复杂性会增加

1　可以定义复杂性或容量的概念，但其实现方法非常复杂，本书不进行详细介绍。

谈论模型时，内容会逐步变得有趣，这是两个不同的因素相互作用的结果：

- 从技术上讲，模型会用容量来代表什么(即，oracle数据库是否会告诉你给定模型具有的完美参数)？
- 优化过程实际学会的是什么？

从第5章中可以看到，我们的优化方法并不完美，因此模型所能学习的内容必然小于或等于它所能代表的内容。每当增加一个额外的层或增加一个层中的神经元的数量时，都会增加网络的容量。

可以把数据拟合不足描述为模型的容量小于我们试图解决的问题的复杂程度。这就好比试图用微波炉来承办一场婚礼：完全没有足够的能力来满足这种情况的需求。图6.3展示了这一点以及两种更重要的情况。第一种情况可能会导致出现过拟合，但这意味着可以解决问题。这很好，因为我们有解决它的工具(例如，使模型变小或添加正则化)。通过随机地标记所有数据点，可以很容易地检查是否处于第二种情况：如果训练损失下降，则模型有足够的能力记忆整个数据集。

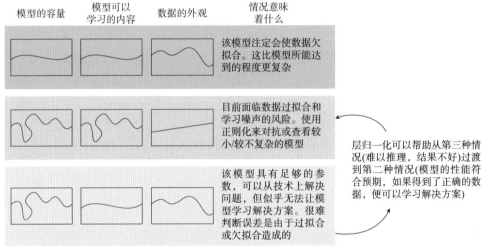

图6.3　指定神经网络时出现的三种常见情况。关注复杂性的相关比较而非显示的确切类型。当模型太小时，第一种情况很常见。当模型变大时，第二种和第三种情况都很常见，但第三种情况更难推理。归一化层有助于从糟糕的第三种情况转到更好的第二种情况

图6.3中的第三种情况最为糟糕，没有任何好的方法来检查这是否正是我们遇到的问题。通常只有在发明了更好的方法时，才会发现这个问题(例如，从使用SGD到使用SGD动量)。归一化层的独特之处在于其不会增加容量，即其表示能力不会改变，但能学习到的内容会增多。

在这方面，归一化层是相当独特的，作为社区的一员，我们仍在努力弄清它们为何如此有效。由于它们不会增加容量，因此许多从业人员和研究人员都对这种行为感到疑惑。如果不需要包含这些归一化层，那就更好了，毕竟它们不会影响容量，不过，目前暂时还离不开这么有效的归一化层。

证明批量归一化不会增加表示能力

归一化层没有给网络增加任何表示能力看似很反常。我们已经添加了一种新的层，而添加更多的层通常会使网络具备表示更复杂功能的能力。那么为什么归一化层不同呢？

可以用一个代数式来回答这个问题！记住，我们说过归一化层采用以下形式表示：

$$\frac{x-\mu}{\sigma}\cdot\gamma+\beta$$

但是x值则是线性层产生的结果。所以可以将其改写为

$$\frac{\left(x^{\top}W+b\right)-\mu}{\sigma}\cdot\gamma+\beta$$

借助代数知识，可以采取以下步骤来简化上式。首先，无论有没有括号，分子中的运算顺序都不会改变，因此可删除括号：

$$\frac{x^{\top}W+b-\mu}{\sigma}\cdot\gamma+\beta$$

再向左移动γ，并将其应用于分子中的项。将偏置项b和平均值μ的两个移位进行分组：

$$\frac{x^{\top}W\cdot\gamma+(b-\mu)\cdot\gamma}{\sigma}+\beta$$

接下来，将每个项分别除以σ：

$$\frac{x^{\top}W\cdot\gamma}{\sigma}+\frac{(b-\mu)\cdot\gamma}{\sigma}+\beta$$

最左边的项涉及$x^{\top}W$的向量矩阵乘积，因此可以将所有与γ和σ的元素顺向运算移到W上，并将x设为下一步进行的运算(结果是一样的)：

$$x^{\top}\left(\frac{W\cdot\gamma}{\sigma}\right)+\frac{(b-\mu)\cdot\gamma}{\sigma}+\beta$$

答案显而易见。这里的情况与第2章和第3章中所讨论的情况相同。归一化是一种线性运算，任何连续的线性运算序列都相当于一个线性运算！BN后面的线性层序列相当于不同的单个nn.Linear层，具有权重$\tilde{W}$+和偏差$\tilde{b}$：

$$x^{\top}\underbrace{\left(\frac{W\cdot\gamma}{\sigma}\right)}_{\tilde{W}}+\underbrace{\frac{(b-\mu)\cdot\gamma}{\sigma}+\beta}_{\tilde{b}}=x^{\top}\tilde{W}+\tilde{b}$$

如果使用卷积层，也会得到同样的结果。这引起了一些深度学习研究人员甚至从业者的恐慌，因为BN是如此有效，但它的作用又是如此巨大，以至于难以抗拒。

6.3　跳跃连接：网络设计模式

到此你已经学会了一些用于改进网络的新模块，接下来继续学习可以融入网络的新设计。第一种称为跳跃连接(skip connection)。常规前馈网络的层输出会直接传递到下一层，跳跃连接亦然，但它不止会"跳过"下一层还可以连接到前一层。有很多方法可以做到这一点，图6.4展示了一些选项。

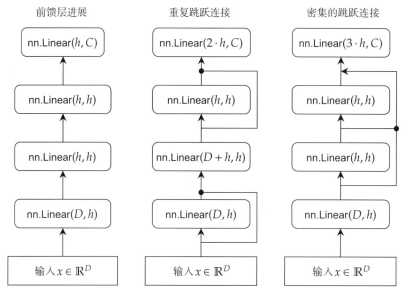

图6.4　最左边的图展示了常规的前馈设计。右侧的两个图展示了实现跳跃连接的两种不同方式。连接上的黑点表示将所有输入的输出串联。简单起见，只展示了线性层，但网络也将包含归一化和激活层

左图是我们一直使用的常规网络。第二个图展示了一种策略，即每隔一层就"跳跃"到下一层。当这种情况发生时，每个第二层的输入数量会根据前两层输入对应的输出大小而增加。其思想在于，图中的所有实心点均表示输出的串联。因此，如果将x和h在图中连接，那么它们将输入到下一层：$[x, h]$。在代码中，这类似于torch.cat([x, h], dim=1)。这样一来，两个输入x和h具有形状(B, D)和(B, H)。我们希望叠加特征，以便结果具有形状$(B, D + H)$。图中的第三个示例展示了跳跃到一个特定层的多个输入，为其提供了三倍的输入。这会导致最终层的输入大小根据进入其中的三个层而增加三倍，所有输出大小都为h。

为什么使用跳跃连接？部分直觉是，跳跃连接可以使优化过程更容易。换句话说，跳跃连接可以缩小网络容量(它可以表示什么)和它可以学习到的内容(它学会表示什么)之间的差距。图6.5突出了这一事实。先来看左侧的常规网络示例。梯度包含学习和调整每个参数所需的信息。左侧图中的第一个隐藏层在获得任何信息之前需要等待其他三个层完成处理并沿梯度传递。每一步都给噪声提供了一个机会，如果层很多，则学习就会变得无效。对于非常深的网络而言，若使用右侧的网络则可使梯度路径减少一半。

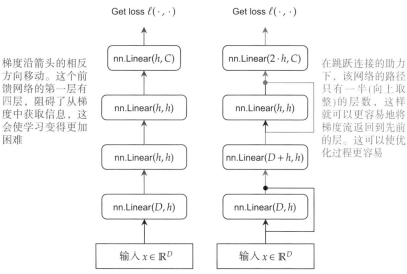

梯度沿箭头的相反方向移动。这个前馈网络的第一层有四层，阻碍了从梯度中获取信息，这会使学习变得更加困难

在跳跃连接的助力下，该网络的路径只有一半(向上取整)的层数，这样就可以更容易地将梯度流返回到先前的层。这可以使优化过程更容易

图6.5   所做的每一项操作都会使网络更加复杂，梯度更加复杂，从而在深度(容量)和可学习性(优化)之间产生权衡。跳跃连接可以创建一条具有更少操作的捷径，并可以使梯度更容易学习。为简单起见，此处只展示了线性层，但也将包含归一化层和激活层

更极端的选择是使用跳跃连接将每个隐藏层连接到输出层，如图6.6所示。每个隐藏层直接从输出层获得一些关于梯度的信息，从而更直接地访问梯度，并且也从较长的路径逐层处理梯度。这种更直接的反馈可以使学习更容易。它对于某些需要使用高级和低级细节的应用也有好处。想象一下，你正试图区分哺乳动物之间的区别：高级的细节(如形状)可以用来轻松分辨鲸鱼和狗，低级的细节(如皮毛的样式)则对于区分狗的种类很重要。

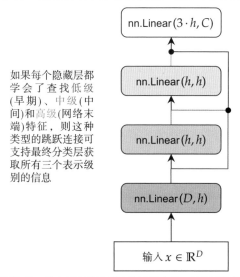

如果每个隐藏层都学会了查找低级(早期)、中级(中间)和高级(网络末端)特征，则这种类型的跳跃连接可支持最终分类层获取所有三个表示级别的信息

图6.6   创建密集的跳跃连接，其中所有连接都连接到输出层，显著缩短了从输出梯度返回到每个层的路径长度。当不同的层学习不同类型的特征时，它也会很有用。简单起见，这里只展示了线性层，但实际网络也将包含归一化和激活层

　　噪声的定义

　　此处以及书中的其他部分都使用了非常宽泛的噪声定义。噪声可以是添加到网络中的文字噪声，也可以是消失或爆炸的梯度，但通常这意味着很难使用它。梯度不是魔法，而是一个不断探索寻找最优选择的过程。

　　假设你正在玩电话游戏，尝试将信息从一个人传向另一个人。电话游戏中的每个人都在努力倾听，并试图将准确的信息传递给下一个人。即便这样，当信息返回到整个电话链的开头时，其往往与之前的内容大相径庭。电话链上的人越多，信息出错的可能性就越大。如果每个人都是网络中的一个隐藏层，那么会遇到与训练网络相同的问题！梯度就是消息，每个隐藏层在试图将消息传递回去时都会改动消息。如果网络太深，那么消息就会在电话游戏中失真从而导致其无法使用。

　　然而，让每一层都直接连接到输出又太过了，最终会使学习问题变得更加困难。想象一下，如果有100个隐藏层，所有这些层都直接连接到输出层，那么这终将变为输出层要处理的巨大输入。也就是说，通过组织具有密集跳跃连接的"块"[1]，这种方法已经被成功使用。

6.3.1　实施全连接的跳跃

　　现在已经学习了跳跃连接，接下来可以在全连接网络中将其实现。本示例展示了如何创建图6.6中所示的第二种跳跃连接样式，其中大量层跳到最后一层。之后，便可以多次重复使用该层，从而每隔一层创建一个具有快捷方式的混合策略，以实现图6.5中所示的第一种样式。

　　图6.7展示了这项工作。每组跳跃连接都构成一个由SkipFC模块定义的块。通过叠加多个块，我们重新创建了图6.6中使用的网络样式。可以使用单个SkipFC(6, D, N)来重新创建图6.5。

　　为此，需要存储隐藏层的列表。在PyTorch中，这应该使用ModuleList类完成。计算机科学家在命名事物时不是很有创造力，所以顾名思义，它是一个只存储Module类类型对象的列表。这很重要，因此PyTorch知道它应该在ModuleList中搜索更多的Module对象。这样，它仍然可以使用自动微分，并使用单个.parameters()函数获取所有参数。

　　下面的PyTorch模块定义了一个用于创建跳跃连接的类。它在密集样式跳跃连接中创建一个更大的多层块，总共包含n_layers层。单独使用它，可以创建密集的网络；将其按顺序使用，则可以创建交错的跳跃连接：

```
class SkipFC(nn.Module):
    def __init__(self, n_layers, in_size, out_size, leak_rate=0.1):
        """
        n_layers: how many hidden layers for this block of dense skip
```

1　最突出的例子是一个名为DenseNet的网络(https://github.com/liuzhuang13/DenseNet)。

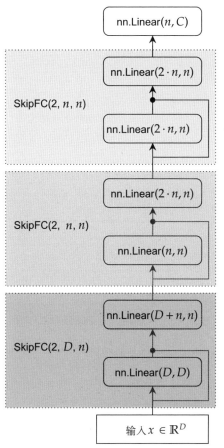

图6.7　为具有跳跃连接的全连接网络定义的架构。每个虚线块表示一个密集连接块，且由我们定义的一个SkipFC对象创建

```
⮕connections
in_size: how many features are coming into this layer
out_size: how many features should be used for the final layer of
⮕this block.
leak_rate: the parameter for the LeakyReLU activation function.
"""

super().__init__()
l = n_layers-1
self.layers = nn.ModuleList([
⮕nn.Linear(in_size*l, out_size) if i == l
⮕else nn.Linear(in_size, in_size)
⮕for i in range(n_layers)])
self.bns = nn.ModuleList([
⮕nn.BatchNorm1d(out_size) if i == l
⮕else nn.BatchNorm1d(in_size)
```

最后一层将以不同的方式处理，因此可获取它的索引，以便在接下来的两行中使用

线性和批量归一化层分别存储在层和**bns**中。列表推导式会在一行中创建所有层。"**if i==l**"支持选择最后一层，这需要使用**out_size**而非**in_size**

使用[:-1]将线性层和归一化层压缩为成对的元组，
以选择每个列表中除最后一项外的所有项

因为我们正在编写自己的
forward函数，而非使用
nn.Sequential，所以可以
多次使用一个激活对象

```
        ➥for i in range(n_layers)])
    self.activation = nn.LeakyReLU(leak_rate)  ◀

    def forward(self, x):                      首先，需要一个位置来存储这个块中每个层
        activations = []    ◀                  (除了最后一层)的激活。所有激活都将作为
                                               最后一层的输入，这就是跳跃的原因！

    ➤   for layer, bn in zip(self.layers[:-1], self.bns[:-1]):
            x = self.activation(bn(layer(x)))
            activations.append( x )
        x = torch.cat(activations, dim=1)  ◀   将激活连接在一起，
                                               作为最后一层的输入

    return self.activation(self.bns[-1](
    ➥self.layers[-1](x)))  ◀    在这个连接的输入上手动使用最后一个
                                线性和批量归一化层，给出结果
```

借助SkipFC类可以轻松创建包含跳跃连接的网络。图6.7展示了如何使用其中三个对象和一个线性层来定义网络，这将在下一段代码中完成。注意，我们仍然在使用nn.Sequential对象来组织所有这些代码，现在以前馈的方式进行；并且非前馈跳跃由SkipFC对象封装。这有助于保持代码更短，更易于阅读和组织。这种将非前馈跳跃部分封装到自定义模块中的方法是我组织自定义网络的首选方法：

```
fc_skip_model = nn.Sequential(
    nn.Flatten(),
    SkipFC(2, D, n),
    SkipFC(2, n, n),
    SkipFC(2, n, n),
    nn.Linear(n, classes),
)

fc_skip_results = train_network(fc_skip_model, loss_func, train_loader,
➥test_loader=test_loader, epochs=10,
➥score_funcs={'Accuracy': accuracy_score}, device=device)
del fc_skip_model
```

完成后便可以看看这个新网络的性能。下面的代码调用seaborn来绘制我们目前所训练的全连接网络。结果充其量只能算中等水平，跳跃连接并不明显比不具有BN的网络更好或更差：

```
sns.lineplot(x='epoch', y='test Accuracy', data=fc_relu_results,
➥label='FC-ReLU')
sns.lineplot(x='epoch', y='test Accuracy', data=fc_bn_results,
```

```
    label='FC-ReLU-BN')
sns.lineplot(x='epoch', y='test Accuracy', data=fc_skip_results,
    label='FC-ReLU-BN-Skip')
```

[35]: <AxesSubplot:xlabel='epoch', ylabel='test Accuracy'>

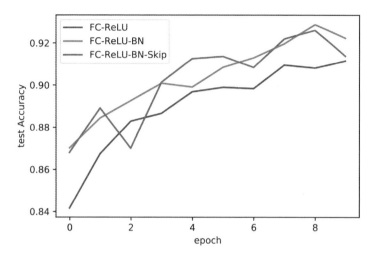

我所解释的关于跳跃连接有助于学习和梯度流的所有内容仍然是正确的，但这并不能说明全部问题。部分问题在于，在发明归一化层来帮助解决同样的问题之前，跳跃连接本身更有效。由于我们的网络都具有BN，因此跳跃连接有点冗余。部分问题在于网络没有那么深，所以差异并不太大。

6.3.2 实现卷积跳跃

跳跃连接应用广泛，除了到目前为止我们所看到的这些情况，还可以对卷积网络重复该练习。此处将快速介绍这一点，因为代码几乎完全相同。之所以重复这一点，是因为在更大的解决方案中，跳跃连接作为一个组件十分重要和普遍。

在以下代码中，我们用新的SkipConv2d类替换SkipFC类。forward函数相同。唯一的区别是，我们为内核大小和填充参数等定义了一些辅助变量，而这些变量对于全连接层来说是不存在的，我们会把lns和bns的内容替换为Conv2d和BatchNorm2d：

```
class SkipConv2d(nn.Module):
    def __init__(self, n_layers, in_channels, out_channels,
        kernel_size=3, leak_rate=0.1):

        super().__init__()
简单辅       l = n_layers-1   ◄──  最后一个卷积将有不同数量的输入和
助值                              输出通道，因此仍然需要使用该索引
        f = (kernel_size, kernel_size)
        pad = (kernel_size-1)//2
```

```
        self.layers = nn.ModuleList([
          nn.Conv2d(in_channels*l, out_channels,
          kernel_size=f, padding=pad) if i == l
          else nn.Conv2d(in_channels, in_channels,
          kernel_size=f, padding=pad)
          for i in range(n_layers)])
        self.bns = nn.ModuleList([
          nn.BatchNorm2d(out_channels) if i == l
          else nn.BatchNorm2d(in_channels)
          for i in range(n_layers)])

        self.activation = nn.LeakyReLU(leak_rate)


    def forward(self, x):
        activations = []

        for layer, bn in zip(self.layers[:-1], self.bns[:-1]):
            x = self.activation(bn(layer(x)))
            activations.append( x )



        x = torch.cat(activations, dim=1)



        return self.activation(self.bns[-1](self.layers[-1](x)))
```

定义使用的层，使用相同的"**if i ＝ ＝ l**"列表推导式来改变最后一层的结构。我们将通过通道合并卷积，因此最后一层的输入和输出通道会发生变化

此代码与**SkipFC**类相同，但值得强调的是最重要的一行可能会发生变化

…是所有激活的串联。张量的形状为(**B, C, W, H**)，这是**PyTorch**中的默认值。但你可以改变这一点，有时人们会使用(**B, W, H, C**)。在此，**C**通道将位于索引**3**而非**1**，因此你可以使用**cat=3**。这也是调整此代码进而使用RNN的方法

接下来可以定义一个使用跳跃连接的CNN模块。但有一个重要的问题：输入只有三个通道。这对网络来说太少了，无法学习到有用的内容。为了解决这个问题，可在开头插入一个没有激活函数的Conv2d层。这在数学意义上显得有些多余，但代码更容易组织，因为SkipConv2d开始构建一组更大的过滤器：

```
cnn_skip_model = nn.Sequential(
    nn.Conv2d(C, n_filters, (3,3), padding=1),
    SkipConv2d(3, n_filters, 2*n_filters),
    nn.MaxPool2d((2,2)),
    nn.LeakyReLU(),
    SkipConv2d(3, 2*n_filters, 4*n_filters),
    nn.MaxPool2d((2,2)),
    SkipConv2d(2, 4*n_filters, 4*n_filters),
    nn.Flatten(),
.   nn.Linear(D*n_filters//4, classes),
)
cnn_skip_results = train_network(cnn_skip_model, loss_func, train_loader,
```

```
test_loader=test_loader, epochs=10,
score_funcs={'Accuracy': accuracy_score}, device=device)
del cnn_skip_model
```

还要注意，不能跳跃MaxPool2d层。池化会改变图像的宽度和高度，如果试图连接两个形状为(*B, C, W, H*)和(*B, C, W/2, H/2*)的张量，则会出现错误，因为轴的大小不同。当连接时，唯一可以有不同大小的张量轴就是正在连接的轴！因此，如果在*C*轴上进行连接(dim=1)，便可以得到(*B, C, W, H*)和(*B, C/2, W, H*)。

下一段代码绘制了跳跃CNN和前一段代码的结果，结果与刚才看到的相同。但重要的是要做这个练习，以确保你对跳跃连接能信手拈来，并了解刚刚看到的两个问题，即需要调整跳跃连接的通道数量，以及跳跃池化层存在的问题(接下来的两节将讨论其中的第一个问题，第二个池化问题很好理解)：

```
sns.lineplot(x='epoch', y='test Accuracy', data=cnn_relu_results,
    label='CNN-ReLU')
sns.lineplot(x='epoch', y='test Accuracy', data=cnn_bn_results,
    label='CNN-ReLU-BN')
sns.lineplot(x='epoch', y='test Accuracy', data=cnn_skip_results,
    label='CNN-ReLU-BN-Skip')
```

[38]: <AxesSubplot:xlabel='epoch', ylabel='test Accuracy'>

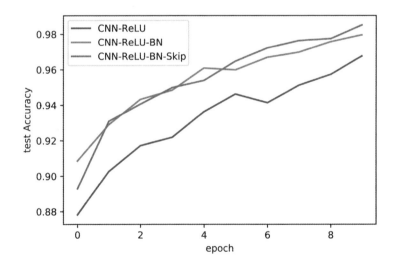

同样，结果也是相当不确定的。在实际操作中，跳跃连接有时会产生很大的差异，但这取决于问题。那么为什么要了解这些呢？结合另一种技巧，跳跃连接构成了一种更强大且通常更成功的技术的基本构建块之一，这种技术称为残差层(residual layer)，更可靠也更有效。但我们需要创建一种更复杂的方法来理解它建立的基础。接着来了解一种可以与跳跃连接相结合的另一种技术，以创建我一直在宣传的"残差层"。

6.4 1×1卷积：在通道中共享和重塑信息

目前只需要使用卷积来捕获空间信息，前面已经说过，卷积的目的是捕获该空间先验，即彼此(空间上)接近的值具有相关性。因此，我们的卷积有一个大小为k的内核，可以捕获关于相邻大小为$\lfloor k/2 \rfloor$的内核的信息。

但如果设置$k=1$呢？这不会给我们提供有关相邻内核的信息，因此也不会捕获任何空间信息。乍一看，这似乎使卷积成为无用的操作。然而，使用卷积来处理这种相邻盲值是有价值的。其一特定的应用在于，因为计算成本较低，可以改变给定层的通道数量。对于基于CNN的跳跃连接的第一层而言，这将是一个更好的选择。我们不想要一个完全隐藏的层；只是希望通道C的数量是一个更方便的值。使用$k=1$通常被称为1×1卷积，这样做比我们使用的常规3×3层卷积快9倍($3^2/1=9$，忽略开销)，并且需要的内存更少。

这样是可行的，因为当执行卷积时，有C_{in}个输入通道和C_{out}个输出通道。因此，$k=1$的卷积不关注空间相邻，而是通过获取C_{in}值的叠加并同时进行处理，从而关注空间通道。可以在图6.8中看到这一点，图中展示了对具有三个通道的图像应用1×1卷积。

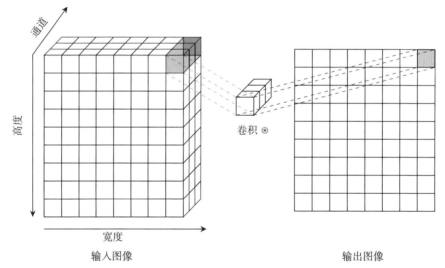

图6.8 应用于图像的1×1卷积示例。中间的过滤器特别细小，因为它的宽度和高度都是1。它只应用于每个像素位置，而不查看任何相邻的像素

本质上，我们正在给网络提供一个新的先验：它应该尝试跨通道共享信息，而不是查看相邻位置。考虑这一点的另一种方式是，如果每个通道都学会了寻找不同类型的模式，那么它就告诉网络关注在这个位置所发现的模式，而不是让它尝试构建新的空间模式。

例如，假设正在处理一个图像，一个通道已学会识别水平边缘、一个通道已学会识别垂直边缘、另一个通道已学会识别45度角的边缘等。如果想让一个通道学会识别任何边缘，可以通过查看通道值来实现(即，是否启动了这些依赖角度的边缘检测过滤器？)而不考虑相邻像素。如果这种识别是有用的，那么$k=1$卷积可以帮助改进学习并降低计算成本！

训练1×1卷积

这样的卷积很容易实现：我们添加了第二个名为infoShareBlock的辅助函数，以及用于批量归一化的cnnLayer函数。这个新函数将输入过滤器的数量作为参数，应用1×1卷积来保持输出的大小，并希望在此过程中进行有用的学习：

```
def infoShareBlock(n_filters):
    return nn.Sequential(
        nn.Conv2d(n_filters, n_filters, (1,1), padding=0),
        nn.BatchNorm2d(n_filters),
        nn.LeakyReLU())
```

下面的代码通过为每个隐藏层块添加一次infoShareBlock来实现新方法。我选择在两轮常规的隐藏层训练之后进行此操作。infoShareBlock成本很低，因此可以随意分布它们。我有时会为网络的每个区域添加一个infoShareBlock(例如，每个池化添加一次)，其他人可能会更规律地添加它们。你可以针对你的问题进行实验，看看它是否有用，并找到有效的方法：

```
cnn_1x1_model = nn.Sequential(
    cnnLayer(C, n_filters),
    cnnLayer(n_filters),
    infoShareBlock(n_filters),        ←── 2x cnnLayers后的第一个信息块
    cnnLayer(n_filters),
    nn.MaxPool2d((2,2)),
    cnnLayer(n_filters, 2*n_filters),
    cnnLayer(2*n_filters),
    infoShareBlock(2*n_filters),
    cnnLayer(2*n_filters),
    nn.MaxPool2d((2,2)),
    cnnLayer(2*n_filters, 4*n_filters),
    cnnLayer(4*n_filters),
    infoShareBlock(4*n_filters),
    nn.Flatten(),
    nn.Linear(D*n_filters//4, classes),
)

cnn_1x1_results = train_network(cnn_1x1_model, loss_func, ←── 训练此模型
➡train_loader, test_loader=test_loader, epochs=10,
➡score_funcs='Accuracy': accuracy_score, device=device)
del cnn_1x1_model
```

当绘制结果时，会发现该方法并没有提高多少准确率。为什么？这里给出的关于信息共享的示例在任何条件下都可以通过使用更大的过滤器来实现。因此，这个过程不一定能让我们学到之前学不到的内容：

```
sns.lineplot(x='epoch', y='test Accuracy', data=cnn_relu_results,
⇨label='CNN-ReLU')
sns.lineplot(x='epoch', y='test Accuracy', data=cnn_bn_results,
⇨label='CNN-ReLU-BN')
sns.lineplot(x='epoch', y='test Accuracy', data=cnn_1x1_results,
⇨label='CNN-ReLU-BN-1x1')
```

[42]: <AxesSubplot:xlabel='epoch', ylabel='test Accuracy'>

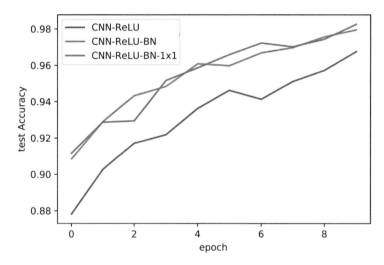

　　虽然1×1卷积运算的运行成本较低,但不能始终使用它们并期望得到更好的结果。它们是一种更具战略意义的工具,需要丰富的经验和直觉才能了解何时值得将它们添加到模型中。如本节开头所述,它们最常见的用途之一是作为一种快速、简单的方法来更改给定层的通道数。这正是它们在下一节中为实现残差层而提供的关键功能。

6.5　残差连接

　　我们已经学习了两种方法,它们本身似乎并不那么有用。有时它们的表现较好,但有时的表现也会较糟糕。但是,如果以正确的方式结合跳跃连接和1×1卷积,就会得到一种称为残差连接的方法,该方法可以更快地收敛到更准确的解决方案。称为"残差连接"的特定设计模式非常流行,在使用全连接或卷积层时,应始终使用它作为指定模型架构的默认方法。本章反复提及了残差连接背后的策略、概念和直觉,相同的内容在书中更是多次出现,残差连接现已成为广泛使用的设计组件,它分为两种类型的连接:标准块和瓶颈变体。

6.5.1　残差块

　　第一种连接类型是残差块(residual block),如图6.9所示。该块是一种跳跃连接,其中两层在末端结合,形成长路径和短路径。然而,在残差块中,短路径不执行任何操作,只是保持输入不变！一旦长路径计算出其结果h，则可以将其添加到输入x以获得最终结果$x+h$。通常，我们会将长路径表示为子网络$F(\cdot)=h$，并且如下描述所有的残差连接：

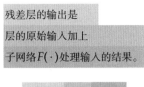

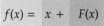

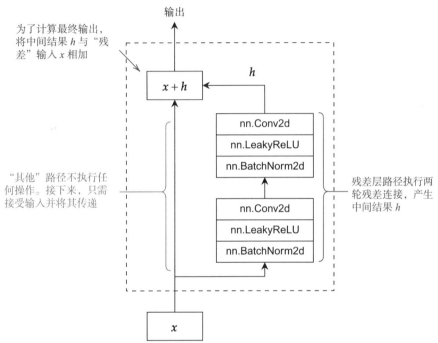

图6.9　残差块架构示例。块的左侧是短路径，它对输入不执行任何操作或更改。块的右侧是残差连接，其通过两轮BN/激活执行跳跃连接以产生中间结果h。输出是输入x和h的和

　　当开始一个接一个地组合多个残差块时，便创建了一个非常有趣的架构。最终结果见图6.10，我们通过网络得到了一条长路径和一条短路径。短路径执行尽可能少的操作以使学习深度架构变得更容易。更少的操作意味着在梯度中出现噪声的机会更少，这使得将有用的梯度反向传播比其他情况更容易。然后，长路径执行实际操作，学习通过跳跃连接(使用加法而非串联)重新添加的复杂度单元。

　　这种残差块可以很容易地转换为全连接的对应块。但是，在处理图像时，更倾向于进行几轮最大池化，以帮助建立一些平移不变性，然后在每一轮池化后将通道数量加倍，从而在网络的每一层完成相同的计算和工作。但残差块要求输入和输出具有完全相同的形状，因为这里使用的是加法而非串联。正如接下来你将很快看到的，这就是瓶颈

层的作用所在。

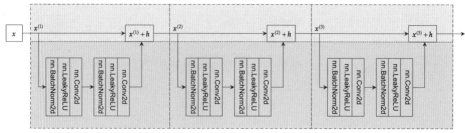

图6.10　具有多层残差块的架构。这将在网络中创建一条长路径和一条短路径。顶部的短路径能使梯度很容易传播回许多层，从而通过避免进行尽可能多的操作来获得更大的深度。长路径完成实际的工作，让网络逐个地学习复杂的功能

6.5.2　实现残差块

上面描述的残差块被称为"E型"，是最受欢迎的残差设置之一。顾名思义，人们已经对每个残差块中的归一化、卷积和层数进行了大量不同的重新排序。它们都能很好地工作，但为了简单起见最好使用E型。注意，可以使用nn.Sequential来组织代码，以帮助维持定义的简单性，并易于检查其正确性：

```
class ResidualBlockE(nn.Module):
    def __init__(self, channels, kernel_size=3, leak_rate=0.1):
        """
        channels: how many channels are in the input/output to this layer
        kernel_size: how large of a filter should we use
        leak_rate: parameter for the LeakyReLU activation function
        """
        super().__init__()
        pad = (kernel_size-1)//2
        self.F = nn.Sequential(
            nn.Conv2d(channels, channels, kernel_size, padding=pad),
            nn.BatchNorm2d(channels),
            nn.LeakyReLU(leak_rate),
            nn.Conv2d(channels, channels, kernel_size, padding=pad),
            nn.BatchNorm2d(channels),
            nn.LeakyReLU(leak_rate),
        )
    def forward(self, x):
        return x + self.F(x)
```

卷积层需要多少填充才能保持输入形状？

定义子网络使用的conv和BN层：只有两个隐藏的conv/BN/激活层

F()具有长路径的所有操作：只需将其添加到输入中

6.5.3　残差瓶颈

残差层是跳跃连接理念的简单扩展，它通过使短路径尽可能少地进行工作来帮助梯

度流并最小化噪声。但池化后我们需要一种方法来处理不同数量的通道。解决方案是使用1×1卷积。可以使用1×1层来做最少的工作，只需改变输入中的通道数量，根据需要来增加或减少通道数量。如图6.11所示，首选方法是创建一个残差瓶颈(residual bottleneck)。短路径仍然很短，没有使用激活函数，只是简单地执行1×1卷积，然后执行BN，将通道的原始数量C更改为所需数量C'。

这种方法被称为瓶颈，因为右边的长路径$F(\cdot)$有三个隐藏层。第一个隐藏层使用另一个1×1卷积来缩小通道C的数量，在中间执行普通隐藏层，然后使用最后的1×1卷积将通道数量恢复到原始计数。瓶颈背后有两个原因和解释。

第一个原因是残差网络原作者的设计选择。他们想让自己的网络更深入，以此提高性能。先收缩瓶颈然后再扩展，以减少参数数量，为添加更多层节省宝贵的GPU内存！原作者使用该方法训练了一个共152层的网络。当时，这是一个非常深的网络，并创下了开创性ImageNet数据集(被研究人员广泛用作基准)结果的新纪录。

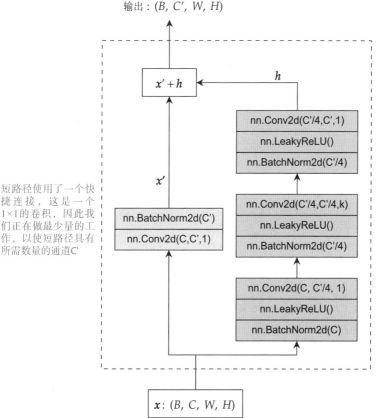

图6.11　瓶颈连接示例，其中输入使用(B, C, W, H)作为输入形状，目标是产生输出形状(B, C', W, H)。短路径必须改变形状，因此使用1×1卷积来完成改变通道数量所需的最少工作。长路径被认为是一个鼓励压缩的瓶颈，因此它从1×1卷积开始减少通道数量，然后是常规卷积，最后是另一个1×1卷积，为了将通道数量扩展到所需大小C'

　　第二个原因借鉴了压缩的概念：使内容变小。机器学习的整个领域都将压缩作为一种工具，使模型学习有趣的内容。其理念在于，如果强制模型减少所用参数的数量，则会强制模型创建更有意义和紧凑的表示。作为一个不那么严谨的类比，想想你如何简单地通过"cat"这三个字母来表述一种特定种类的动物，比如它的特定形状、饮食习惯，甚至更多特性。通过"the orange house cat"(橙色家猫)这寥寥的信息，便能很快地缩小所谈论动物的思维图像。这就是压缩背后的想法：能够压缩意味着存在某种程度的智能。

6.5.4　实现残差瓶颈

　　接下来将残差瓶颈的概念转化为代码。它看起来与ResidualBlockE非常相似。主要区别在于其有两个子网络：第一个是长路径，编码为self.F；短路径获取成员变量self.shortcut。用一个小技巧即可做到这一点：如果瓶颈没有改变通道的数量，就用Identity函数实现它。此函数仅将输入作为输出返回。如果通道的数量发生变化，就用一个小nn.Sequential覆盖定义，依次执行1×1卷积及BN：

```python
class ResidualBottleNeck(nn.Module):
    def __init__(self, in_channels, out_channels,
        kernel_size=3, leak_rate=0.1):

        super().__init__()
        pad = (kernel_size-1)//2        # 卷积层需要多少填充才能保持输入形状？
        bottleneck = max(out_channels//4, in_channels)   # 瓶颈应该更小，是输出的1/4或与输入相当。也可以尝试将max更改为min，这不是什么大问题

        self.F = nn.Sequential(
                nn.BatchNorm2d(in_channels),        # 向下压缩
                nn.LeakyReLU(leak_rate),
                nn.Conv2d(in_channels, bottleneck, 1, padding=0),
                # 定义我们需要的三组BN和卷积层。注意，1×1卷积需要使用padding=0，因为1×1卷积不会改变形状
                nn.BatchNorm2d(bottleneck),         # 归一化层进行全卷积
                nn.LeakyReLU(leak_rate),

                nn.Conv2d(bottleneck, bottleneck, kernel_size, padding=pad),

                nn.BatchNorm2d(bottleneck),         # 展开备份
                nn.LeakyReLU(leak_rate),
                nn.Conv2d(bottleneck, out_channels, 1, padding=0)
        )

        self.shortcut = nn.Identity()     # 默认情况下，快捷方式是标识函数，它只是将输入作为输出返回
        if in_channels != out_channels:   # 如果需要改变形状，可以将快捷方式改为一个带有1×1卷积和BM的小层
                self.shortcut = nn.Sequential(
                    nn.Conv2d(in_channels, out_channels, 1, padding=0),
```

```
                nn.BatchNorm2d(out_channels)
        )

    def forward(self, x):
        return self.shortcut(x) + self.F(x)
```

"shortcut(x)" 扮演 "x" 的角色，要尽可能少做工作，使张量的形状保持不变

现在可以定义残差网络了！很难使其与原始网络完全相同，因为每个残差层也包括两到三轮的层，但下面的定义会合理地接近正确操作。由于网络规模较小，因此在多轮残差块之后添加了LeakyReLU。你不必实现这一点，因为通过残差层的长路径具有激活函数。对于非常深的网络(30多个块)，我建议不包括块之间的激活，而通过所有这些层来帮助获取信息。不过，这并不是一个关键的细节，无论哪种方法都能很好地工作。你可以随时尝试，看看哪种方式最适合你的问题和网络规模。还请注意，将我们自己的块定义为一个模块，可以使用相对较少的代码行指定这个非常复杂的网络：

```
cnn_res_model = nn.Sequential(
    ResidualBottleNeck(C, n_filters),
    nn.LeakyReLU(leak_rate),
    ResidualBlockE(n_filters),
    nn.LeakyReLU(leak_rate),
    nn.MaxPool2d((2,2)),
    ResidualBottleNeck(n_filters, 2*n_filters),
    nn.LeakyReLU(leak_rate),
    ResidualBlockE(2*n_filters),
    nn.LeakyReLU(leak_rate),
    nn.MaxPool2d((2,2)),
    ResidualBottleNeck(2*n_filters, 4*n_filters),
    nn.LeakyReLU(leak_rate),
    ResidualBlockE(4*n_filters),
    nn.LeakyReLU(leak_rate),
    nn.Flatten(),
    nn.Linear(D*n_filters//4, classes),
)
```

瓶颈开始是因为需要更多的通道。在开始实现残差块之前，通常也仅从一个常规的隐藏层开始

在每个残差后插入激活。这是可选的

```
cnn_res_results = train_network(cnn_res_model, loss_func, train_loader,
    ➡test_loader=test_loader, epochs=10,
    ➡score_funcs={'Accuracy': accuracy_score}, device=device)
```

当前，如果绘制结果，那么应该最终看到持续的改进！虽然这个数据集的差异不大，但对于更大、更具挑战性的问题，差异会更大。只是Fashion-MNIST没有太大的改进空间。

我们的准确率达到98%以上，比最初的93%有了显著提高：

```
sns.lineplot(x='epoch', y='test Accuracy', data=cnn_results, label='CNN')
sns.lineplot(x='epoch', y='test Accuracy', data=cnn_relu_results,
    ➡label='CNN-ReLU')
```

```
sns.lineplot(x='epoch', y='test Accuracy', data=cnn_bn_results,
➥label='CNN-ReLU-BN')
sns.lineplot(x='epoch', y='test Accuracy', data=cnn_res_results,
➥label='CNN-ReLU-BN-Res')
```

[47]: <AxesSubplot:xlabel='epoch', ylabel='test Accuracy'>

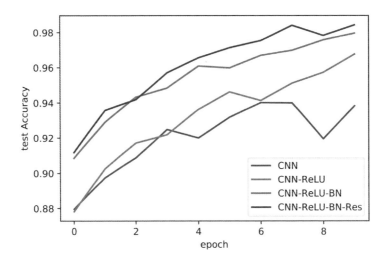

话虽如此，但很难夸大残差连接对现代深度学习的影响，而且你几乎应该始终默认实现残差式网络。你会经常看到人们提到ResNet-X，其中X表示特定残差网络架构中的总层数。这是因为成千上万的研究人员和从业者喜欢以ResNet为基线，添加或删除一些部分，以根据他们的问题进行定制。在许多情况下，使用ResNet时，除了对输出层进行更改，不会对图像分类问题产生任何影响。因此，它应该成为解决实际问题时的常用工具之一。

6.6　长短期记忆网络RNN

第4章描述的RNN在实践中很少使用。众所周知，训练和处理复杂问题非常有挑战性。虽然已经发布了许多不同的RNN变体，但始终有效且久经考验的选择被称为长短期记忆(Long Short-Term Memory，LSTM)网络。LSTM是一种最初于1997年开发的RNN架构。尽管LSTM已经过时(2006年进行了一次小调整)，但它仍然是可用于循环架构的最佳选项之一。

6.6.1　RNN：快速回顾

先快速回忆一下图6.12和式(6.1)中的简单RNN。可以通过将其输入x_t和前一个隐藏状态h_t连接到一个更大的输入中来进行简要描述。它们由nn.Linear层处理，并通过tanh非线性性成为输出：

$$A(\underset{\text{历史总结}}{\boxed{\boldsymbol{h}_{t-1}}}, \underset{\text{新项}}{\boldsymbol{x}_t}) = \overset{\text{新总结}}{\boldsymbol{h}_t} = \tanh(\overset{\text{更新历史总结}}{\boldsymbol{h}_{t-1}^{\top}\boldsymbol{W}_{n\times n}^{\text{prev}}} + \overset{\text{包含新信息}}{\boldsymbol{x}_t^{\top}\boldsymbol{W}_{d\times n}^{\text{cur}}})$$

合并为新总结

$$= \tanh(\overset{\text{torch.cat}([h_{t-1}, x_t])}{[\boldsymbol{h}_{t-1}, \boldsymbol{x}_t]^{\text{T}}} \overset{\text{nn.Linear}}{\boldsymbol{W}_{n+d\times n}})$$

使用一个线性层简化实现

(6.1)

学习RNN的一大挑战在于，随着时间的推移，许多操作都在同一个张量上执行。RNN很难学习如何使用这个有限的空间来从可变数量时间步长的固定大小表示中提取所需的信息，然后将这些信息添加到该表示中。

这个问题类似于残差层解决的问题：当梯度上的操作较少时，它很容易将信息发送回来。如果有一个包含50个时间步长的序列，这就好比试图学习一个具有50个层的网络，同时还有可能产生50个梯度噪声。

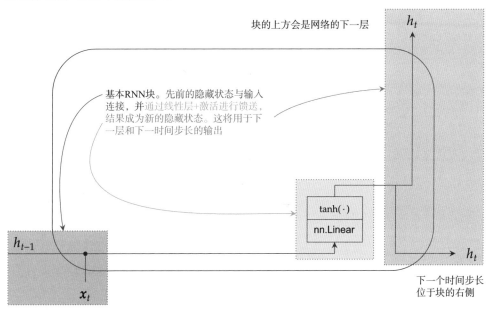

图6.12   第4章中学过的简单RNN。随着时间的推移，信息被捕获在隐藏的激活h_t中，这些激活h_t被馈送到下一个RNN层，并用作任何后续层的输出。小黑点表示连接

6.6.2 LSTM和门控机制

LSTM试图解决的主要问题之一是，很难获得一个将信号带回到许多时间步长的梯度。为了做到这一点，LSTM创建了两组状态：隐藏状态h_t和上下文状态C_t。h_t完成工作并尝试学习复杂函数，而上下文C_t尝试简单地保存有价值的信息供以后使用。你可以认为C_t专注于长期信息，h_t专注于短期信息；因此，才有了长短期记忆这个名称。

LSTM使用一种称作门控的策略来实现此功能。门控机制产生[0,1]范围内的值。这样，如果乘以一个门控的结果，便可以删除所有的内容(门控返回0，任何数与0相乘结果都是0)或允许所有信息通过(门控返回1)。LSTM设计有如下三个门：

- 遗忘门支持忘记上下文C_t中的内容。
- 输入门控制要添加或输入到C_t的内容。
- 输出门是希望在最终输出h_t中包含的上下文C_t的数量。

图6.13展示了各个门在高级别上的呈现。

该门控使用sigmoid(·)和tanh(·)激活函数完成。实现门控机制是一种需要用到饱和的情况，因为需要输出处于非常特定的值范围内，这样才可以创建一个先验，即有些输入需要被允许，有些则需要被阻止。sigmoid激活函数$\sigma(\cdot)$产生范围为[0, 1]的值。如果取另一个值α，并将其与sigmoid的结果相乘，则得到$z = \alpha \cdot \sigma(\cdot)$。如果$\sigma(\cdot) = 0$，那么基本上关闭了$z$上包含关于$\alpha$的任何信息的门。如果$\sigma(\cdot) = 1$，那么可以得到$z = \alpha$，并且基本上让所有信息都通过门。如果值介于两者之间，最终可控制多少包含来自α的信息/内容的流量通过网络。可以在图6.14中看到LSTM如何使用这种门控方法。

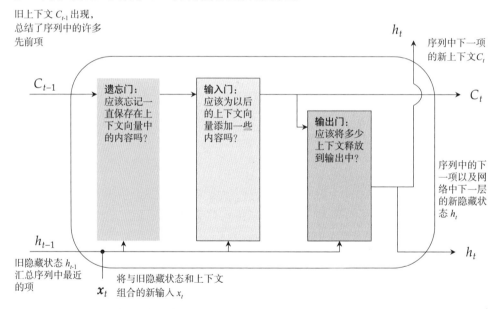

图6.13 LSTM的策略包括三个门，它们按顺序运行，允许短期h_t和长期C_t之间进行交互。遗忘门为红色，输入门为蓝色，输出门为绿色

上下文向量在上半部分，短期隐藏状态在下半部分。该设置具有一些能联想起刚刚学习的残差网络的属性。上下文C_t的作用有点像一条短路径：对其执行的操作很少(而且很简单)，这使得梯度更容易在很长的序列上回流。LSTM的下半部分使用线性层和非线性激活函数进行重提升(如残差路径)，并尝试学习更复杂的函数，这些函数是必要的，但也会使梯度更难反馈到开头。

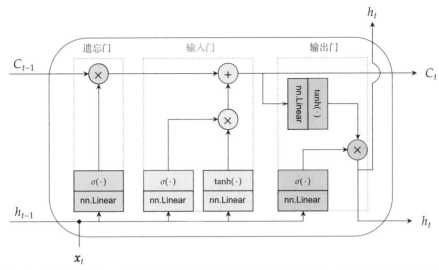

图6.14　该图展示了LSTM的详细操作以及每个门是如何实现和连接的。×表示两个值相乘，＋表示值相加。同样的颜色匹配同样的编码(红色表示遗忘门，蓝色表示输入门，绿色表示输出门)

这种门控和具有长短路径的理念是使LSTM优于我们之前所了解的简单RNN的主要秘诀。就像所有RNN一样，LSTM也会随着时间的推移使用权重共享。因此，我们观察了LSTM单元在一个时间步长中的输入，并且随着时间的推移，相同的权重会被重复用于每一项。

Chris Olah对LSTM的详细描述和解释参见https://colah.github.io/posts/2015-08-Understanding-LSTMs。他还介绍了一些关于窥孔连接的深层细节，这是现代LSTM的标准改进。窥孔背后的理念是将旧的上下文C_{t-1}连接到决定遗忘门和输入门的nn.Linear层中，其理念是在决定遗忘之前，你确实应该知道你将要遗忘什么。同样，将其添加到输入门有助于避免添加已有的冗余信息。按照这个逻辑思路，在最后的nn.Linear层中增加一个窥孔连接，将C_t添加到输出门中，这样做的目的是，在决定是否输出之前，你应该知道你要输出的是什么。

LSTM有很多变体，其还包括一种流行的称为门控循环单元(Gated Recurrent Unit，GRU)的RNN。GRU与LSTM有相同的灵感来源，但它试图让隐藏状态h_t兼任短期和长期存储器。这使得GRU速度更快、内存用量更少、更容易编写代码，这也是我们使用GRU的原因。其缺点是，GRU并不总是像LSTM那样准确。相比之下，带有窥孔连接的LSTM是一种久经考验的方法，很难被超越，人们通常所说的"LSTM"就是指它。

6.6.3　LSTM训练

既然已经讨论了LSTM是什么，那么接着实现并尝试训练它。重新采用第4章中的数据集和问题，其中要试图预测名称可能来自哪种源语言。要做的第一件事是使用相同的代码和LanguageNameDataset类再次设置该问题。简单地说，此处回顾了用于创建数据加载器对象的块：

```
dataset = LanguageNameDataset(namge_language_data, alphabet)  ◄─┐

train_lang_data, test_lang_data = torch.utils.data.random_split(dataset,
    (len(dataset)-300, 300))                                重复使用第
train_lang_loader = DataLoader(train_lang_data, batch_size=32,  4章的代码
    shuffle=True, collate_fn=pad_and_pack)
test_lang_loader = DataLoader(test_lang_data, batch_size=32,
    shuffle=False, collate_fn=pad_and_pack)
```

设置一个新的RNN作为基线。我使用的是三层的RNN，但没有使其成为双向。虽然
双向层有助于解决跨时间获取信息的问题，但我想让这个问题变得更具挑战性，以便更清
楚地了解LSTM的好处：

```
rnn_3layer = nn.Sequential(          ◄─── 简单老式的RNN
    EmbeddingPackable(
        nn.Embedding(len(all_letters), 64)),   ◄─── (B, T) -> (B, T, D)
    nn.RNN(64, n, num_layers=3, batch_first=True),  ◄─── (B, T, D) ->
                                                         ( (B, T, D) , (S, B, D) )

    LastTimeStep(rnn_layers=3),   ◄─── 需要获取RNN输出，并将其缩减为一项(B, D)

    nn.Linear(n, len(namge_language_data)),   ◄─── (B, D) -> (B, classes)
)

for p in rnn_3layer.parameters():  ◄─── 应用梯度修剪以最大化其性能
    p.register_hook(lambda grad: torch.clamp(grad, -5, 5))

rnn_results = train_network(rnn_3layer, loss_func, train_lang_loader,
    test_loader=test_lang_loader,
    score_funcs={'Accuracy': accuracy_score}, device=device, epochs=10)
```

接下来实现LSTM层。由于LSTM是直接构建到PyTorch中的，因此很容易合并。可以
用nn.LSTM替换每个nn.RNN层！这里还重复使用了第4章中的LastTimeStep层：如果
回头看代码，就会知道为什么会有这样的评论："结果要么是元组(out,h_t)，要么是
元组(out,(h_t,c_t))。"这是因为当使用LSTM时，会得到隐藏状态h_t和上下文状
态c_t！第4章中的补充使我们的代码证明了当前使用的LSTM有光明的应用前景。网络的
LSTM版本如下，只需更改一行代码即可实现：

```
                                              (B, T) -> (B, T, D)
lstm_3layer = nn.Sequential(
    EmbeddingPackable(nn.Embedding(len(all_letters), 64)),  ◄─┘

    nn.LSTM(64, n, num_layers=3,  ◄─── nn.RNN变为nn.LSTM，现在升级到LSTM w/
        batch_first=True),             (B, T, D)——>(B, T, D) , (S, B, D))
```

```
        LastTimeStep(rnn_layers=3),
```
⟵ 需要获取RNN输出，并将其缩减为一项**(B, D)**

```
        nn.Linear(n, len(namge_language_data)),
```
⟵ **(B, D) -> (B, classes)**
```
)
```

仍然希望对各种RNN(包括
LSTM)使用梯度修剪

```
for p in lstm_3layer.parameters():
        p.register_hook(lambda grad: torch.clamp(grad, -5, 5))

lstm_results = train_network(lstm_3layer, loss_func, train_lang_loader,
 test_loader=test_lang_loader,
 score_funcs={'Accuracy': accuracy_score}, device=device, epochs=10)
```

如果绘制结果图，那么可以看到LSTM有助于改进RNN。也有一些证据表明，LSTM
在大约四个迭代周期后开始过拟合。如果试图进行真正的训练，可能需要减少神经元的数
量以防止过拟合，或者使用验证步骤来帮助了解需要在四个迭代周期后停止训练：

```
sns.lineplot(x='epoch', y='test Accuracy', data=rnn_results,
 label='RNN: 3-Layer')
sns.lineplot(x='epoch', y='test Accuracy', data=lstm_results,
 label='LSTM: 3-Layer')
```

[53]: <AxesSubplot:xlabel='epoch', ylabel='test Accuracy'>

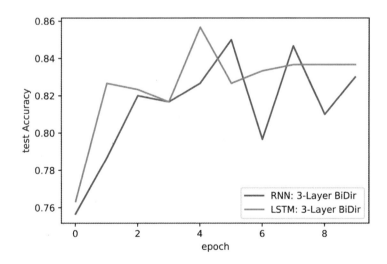

LSTM是为数不多且久经考验的深度学习方法之一，这种方法已经持续存在了几十
年，但没有太大变化。如果需要训练RNN，那么LSTM是一个很好的默认选择。我们提到
的门控循环单元(Gated Recurrent Unit，GRU)也是一个很好的选择，特别是在需要较少计
算资源的情况下。在此不再讨论GRU的细节，但这是对LSTM设计的有意简化：它更简

单，因为它不需要使用上下文状态C_i，而是尝试让隐藏状态h_i承担隐藏状态和上下文状态的双重任务。这种方法对细节的解释比较复杂，但如果你想了解更多信息，我更倾向于查看https://blog.floydhub.com/gru-with-pytorch上的示例。如果你的数据较短、较简单，或者计算能力有限，那么GRU值得一试，因为它所需内存较少。我喜欢使用GRU，因为它的代码更简单一些，且只有隐藏状态，但在某些应用中，LST的性能肯定会更好。你可以使用GRU或LSTM并获得良好的结果，但最好的结果可能来自对LSTM的调优(例如使用Optuna)。

6.7   练习

请尝试在本书的Manning出版社在线平台上分享和讨论你的解决方案(https://liveproject.manning.com/project/945)。提交完答案后，你便能够看到其他读者提交的解决方案，并看到作者评选的最佳方案。

1. 尝试在我们训练的各种CNN中使用nn.PReLU激活函数代替LeakyReLU，它的表现是更好还是更差?

2. 编写一个for循环来训练具有1到20组隐藏层的CNN模型，一次使用BN层，一次不使用BN层。BN如何影响学习更深层次模型的能力?

3. 我们用代数方法证明了一个线性层后跟BN等同于一个线性层。试着用同样的数学方法来证明BN后跟一个线性层也等同于一个不同的线性层。

4. 为全连接的层而非卷积层重新实现ResidualBlockE。使全连接模型使用残差连接是否仍然能提高性能?

5. 编写一个for循环，用ResidualBlockE层的更多组合训练残差模型。残差块是否允许训练更深层次的模型?

6. 尝试创建双向LSTM层。结果更好还是更坏?

7. 尝试使用不同数量的层和神经元来训练各种LSTM和GRU网络，并根据时间进行比较，从而达到期望的准确率水平。你认为每种方法有什么相对的优点或缺点?

6.8   小结

- 称为"校正线性单元"的激活函数族需要较少的迭代周期才能达到更高的准确率。
- 在每个线性层和激活函数之间插入一个归一化层可提供另一种性能提升。
- 批量处理归一化对于大多数问题都很有效，但具有权重共享(如循环架构)和小批量尺寸(大小)。
- 层归一化并不始终那么准确，但几乎是任何网络设计的安全补充。

- 跳跃连接提供了一种不同的策略来组合可通过网络创建长短路径的层。
- 1×1卷积可用于调整卷积层的通道数量。
- 一种称为"残差层"的设计模式支持构建更深层的网络，并通过混合跳跃连接和 1×1卷积来提高准确率。
- tanh(·) 和 $\sigma(\cdot)$ 激活函数对于创建门控机制非常有用，该机制编码了一种新型的先验信息。
- 门控是一种迫使神经元的激活值介于0和1之间，然后将另一层的输出乘以该值的策略。
- 可使用一种称为长短期记忆(LSTM)网络的方法来改进RNN，这是一种谨慎的门控应用。

第 II 部分
构建高级网络

对于像我这样的业余木匠来说，锤子不过是一把钝器，用来把钉子钉进木头里，敲开坚硬的西瓜，在砸向拇指的同时在石膏墙上凿出一些饶有深意和品位的孔洞。然而对于专业木匠来说，锤子却是一个多面手，配合其他工具使用便能打造出精美的家具和艺术品，甚至创造出新的工具。本书的第 I 部分着重介绍工具，旨在把你打造成一名工匠。第 II 部分关注的重点不是新的深度学习方法，而是如何结合所学方法构建出色的新架构以解决不同类型的问题，以及开发用于加快工作速度和扩展用户能力的新工具。

本部分的前几章各侧重一个新的专题任务。第7章讲解如何使用神经网络进行无监督学习。第8章讲解如何对图像进行多种预测，以便可以检测单个目标及其位置。第9章将从无监督学习进阶至生成式模型，在生成式模型中，模型可以创建或更改图像。第10章和第11章相辅相成，讲授如何预测整个序列，以创建一个将文本从英语翻译成法语的模型。

最后三章的主题是回顾和改进。第12章提供了侧重点各异的多个RNN替代方案，以适应迅速成为现代自然语言处理关键技术的Transformer架构。第13章探讨了可以缩短现实问题解决时长并提升准确率的迁移学习技巧。最后，第14章介绍了训练深度神经网络的三项前沿改进，这些改进不仅效果显著，还间接地展示了你的学习历程：从零基础到了解该领域的一些最新进展和研究。

第 **7** 章

自动编码和自监督

本章内容

- 无标签训练
- 自动编码到项目数据
- 用瓶颈约束网络
- 增加噪声以提高性能
- 预测下一个项以创建生成模型

现在你已学习了几种为分类和回归问题指定神经网络的方法。这些都是经典的机器学习问题，其中每个数据点x(例如，水果图片)都对应一个相关的答案y(例如，新鲜或腐烂)。但如果没有标签y呢？有什么有用的学习方法吗？显然这是一个无监督的学习场景。

人们之所以对自监督感兴趣是因为打标签的成本高。通常，获取大量数据很容易，但了解每个数据点内容的工作量却极大。假设有一个情绪分类问题，你试图预测一句话想表达的是积极的想法(例如，"我喜欢我正在读的这本有关深度学习的书。")还是消极的想法(例如，"这本书的作者不幽默。")。阅读句子、做出决定并保存信息并不难，但如果想建立一个好的情绪分类器，则可能需要标注数十万到数百万个句子。你确定要花几天或几周的时间给这么多句子打标签吗？如果能在没有标签的情况下学习，一切将会变得更加容易。

一种在深度学习中越来越常见的无监督学习策略被称为自监督(self-supervision)。自监督底层的思想是使用回归或分类损失函数 ℓ 来学习，并预测输入数据x本身的一些情况。在这些情况下，标签隐含在数据中，并允许使用前面学习过的那些工具。构思巧妙的方法以获得隐性标签是自监督的诀窍。

图7.1展示了自监督采用的三种方式：修复(inpainting)，即模糊部分输入，然后尝试预

测隐含的内容;图像排序(image sorting),将图像划分成多个部分并打乱,然后尝试按正确的顺序重新排列;自动编码(autoencoding),根据输入图像预测输入。可以使用自监督来训练没有标签的模型,然后使用模型所学的知识进行数据聚类,识别有噪声/坏的数据等,或者用较少的数据构建有用的模型(后者详见第13章)。

创建自监督问题的方法有很多,研究人员还在不停地提出更多的新方法。本章将重点介绍一种称为自动编码的特定自监督方法(图7.1中的第三个示例),因为自动编码的关键是根据输入预测输入。最初看来,这个想法似乎很疯狂。当然,对于网络来说,学习返回给定的输入却是一个微不足道的问题。这就像将函数定义为

```
def superUsefulFunction(x):
    return x
```

此处的superUsefulFunction函数将实现一个完美的自动编码器。那么,如果问题如此简单,它又如何起作用呢?这就是在本章中需要学习的内容。诀窍是约束(constrain)网络并为其施加障碍,使其无法学习普通的解决方案。这有点像学校的开卷考试,假设考试共100道题,如果时间充裕,翻阅教材找到答案,然后把它们誊写下来即可。但是如果要求在一小时内作答,就没有时间在书中查找所有内容。相反,只能被迫学习有助于重构所有问题答案的基本概念。约束有助于学习和理解。同样的思想也适用于自动编码器:正因为没有现成的解决方案,网络才被迫学习一些更有用的内容(基本概念)来解决问题。

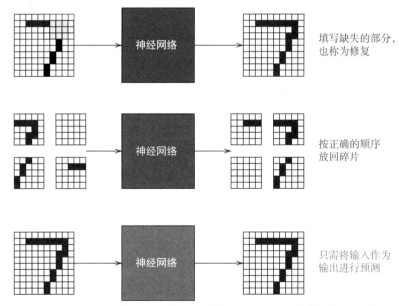

图7.1 三种不同类型的自监督问题:修复、图像排序和自动编码。在每种情况下,都不需要知道图像的内容,因为无论怎样,网络都会尝试预测原始图像。在第一种情况下(红色),随机对图像的一部分进行掩码,并要求网络补充缺失的部分。在第二种情况下,将图像分成碎片后打乱,并要求网络按照正确的顺序将其复原。在最后一种情况下,仅要求网络基于原图像进行自预测

本章会进一步阐释自动编码的概念，展示基本主成分分析(Principal Component Analysis, PCA)作为秘密自动编码器的工作，并在PyTorch版本中对PCA进行小改动，将其改换为完全成熟的自动编码神经网络。当自动编码网络变得更大时，更好地约束它变得愈发重要，这一点将采用去噪(denoising)策略演示。最终这些概念将应用于序列模型，如提供自回归(autoregressive)模型的RNN。

7.1　自动编码的工作原理

首先详细描述一下自动编码的概念。自动编码意味着通常只需学习两个函数/网络：第一个函数为 $f^{in}(x)=z$，它将输入 x 转换为一个新的表示 $z \in \mathbb{R}^{D'}$，第二个函数为 $f^{out}(z)=x$，它将新的表示 z 转换回原始表示。这两个函数分别称为编码器 f^{in} 和解码器 f^{out}，其过程如图7.2所示。在没有使用任何标签的情况下，新的表示 z 的学习方式是以对ML算法友好的紧凑形式来捕获关于数据结构的有用信息。

假设表示 z 以某种方式捕获关于数据 x 的未指定信息。我们不知道 z 应该是什么样子，因为从未观察到它。出于这个原因，z 可成为数据的潜在(latent)表示，因为它对我们来说是不可见的，是从训练模型中显现出来的[1]。

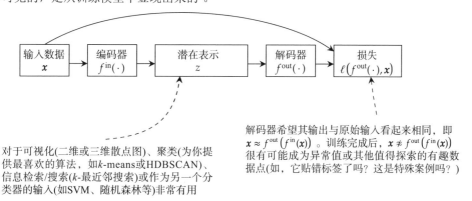

对于可视化(二维或三维散点图)、聚类(为你提供最喜欢的算法，如k-means或HDBSCAN)、信息检索/搜索(k-最近邻搜索)或作为另一个分类器的输入(如SVM、随机森林等)非常有用

解码器希望其输出与原始输入看起来相同，即 $x \approx f^{out}\big(f^{in}(x)\big)$。训练完成后，$x \not\approx f^{out}\big(f^{in}(x)\big)$ 很有可能成为异常值或其他值得探索的有趣数据点(如，它贴错标签了吗？这是特殊案例吗？)

图7.2　自动编码过程。输入经过编码器，编码器产生数据 z 的新表示。表示 z 可用于许多任务，如聚类、搜索甚至分类。解码器尝试根据编码 z 重建原始输入 x

乍一看，这可能很愚蠢。难道不能学习一个不做任何操作仅将输入作为输出返回的函数 f^{in} 吗？问题解决起来相当容易，然而得之既易，则失之亦然。从技术上讲，这满足了所有明确的目标，但却未完成任何事情。这种愚蠢的方式也是我们要尽量避免采用的危险捷径。诀窍是设置问题，不让网络能像这样轻而易举地达到目的。有许多不同的方法能实现这一点，本章将学习其中的两种方法：瓶颈(bottleneck)和去噪(denoising)。这两种方法都通过约束网络来避免其学习简化的解决方案。

1　潜在通常意味着不(容易)可见但确实存在。例如，潜在感染存在，但没有症状，所以你看不到它。但如果不治疗，就会出现症状并愈发明显。

7.1.1　主成分分析是自动编码器的瓶颈

本小节的内容有些难度，但很值得学习。其旨在从经典算法中建立新的视角，帮助用户进一步了解现有工具与深度学习之间的关系。

为了举例说明如何约束网络，使其无法学习简化的superUsefulFunction方法，首先会讨论一个你可能知道但并未察觉的著名算法，它是一个秘密的自动编码器，被称为主成分分析(principle component analysis，PCA)的特征工程和降维技术。

PCA用于将 D 维空间中的特征向量向下转换为较低维度 D'，可以称它为编码器(encoder)。PCA还包括一个很少使用的解码器步骤，在此可以(近似地)转换回原始的 D 维空间。以下公式定义了PCA解决的优化问题，并附有注释：

改变权重 W，以使原始数据和编码数据的解码版本之间的差异尽可能小(请确保编码器捕获尽可能多的数据差异)。

$$\underset{W}{\text{minimize}} \left\| X - XWW^{\mathsf{T}} \right\|_2^2$$

使得 $W^{\mathsf{T}}W = I$

PCA是一种重要且应用广泛的算法，应用时应使用现有的某个实现。PyTorch足够灵活，用户完全可以自行实现PCA。仔细观察公式不难发现PCA是一个回归(regression)问题。怎会如此？先来看一看公式的主要部分，并尝试用深度学习公式再次对其进行注释：

$$\left\| \underset{\substack{\uparrow \\ \text{标签}y\in\mathbb{R}^D}}{X} - X \overset{\overset{\displaystyle f(X)}{\overbrace{\hspace{2.5cm}}}}{\underset{\substack{\uparrow \\ \text{编码器}}}{W}\ \underset{\substack{\uparrow \\ \text{解码器}}}{W^{\mathsf{T}}}} \right\|_2^2$$

此处将权重矩阵 W 看作编码器，将其转置 W^{T} 看作解码器。这意味着PCA使用的是权重共享(还记得第3章和第4章中的这个概念吗？)。原始输入在左边，且具有2-范数($\|\cdot\|_2^2$)，用于计算均方误差损失。式中的"使得"部分是一个约束条件，要求权重矩阵以特定方式运行。接下来，以在神经网络中相同的方式重写这个公式：

改变权重 W，以使原始数据和编码数据的解码版本之间的差异尽可能小(请确保编码器捕获尽可能多的数据差异)。

$$\|W^{\mathsf{T}}W - I\|_2^2 + \sum_{i=1}^{n} \ell\left(\underset{f^{\text{out}}(f^{\text{in}}(x_i))}{\overset{f(x_i)}{\underbrace{\hspace{1.5cm}}}}, \underset{y_i}{\overset{x_i}{\underbrace{\hspace{0.6cm}}}} \right)$$

$\left\| WW^{\mathsf{T}} - I \right\|_2^2$ 是基于"使得"约束条件的正则化惩罚。我个人认为，将PCA重新表达为使用损失函数的自动编码器更有助于理解。更明确的是，我们使用 $f(\cdot)$ 作为包含编码器

$f^{\text{in}}(\cdot)$ 和解码器 $f^{\text{out}}(\cdot)$ 序列的单个网络。

现在，已经将PCA写成了所有数据点的损失函数。我们知道PCA是有效的，如果PCA是一个自动编码器，那么自动编码的想法就不会像最初看起来的那样疯狂。PCA是如何使其工作的呢？由PCA可知，我们让中间表示(intermediate representation)变得过小。记住，PCA做的第一件事是从D维向下到$D'<D$。假设$D=1{,}000{,}000$且$D'=2$。没有一种方法可以在仅仅2个特征中保存100万个特征的足够信息以支持完美地重构输入。因此，PCA的极限就是尽可能地学习最好的2个特征，然后学习一些有用的内容。这是使自动编码工作的主要技巧：将数据推入比开始时更小的表示形式。

7.1.2　实现PCA

接下来继续了解PCA是如何成为自动编码器的。先将其转换为PyTorch代码。首先要定义网络函数$f(x)$，由下式给出。但是如何实现最右边的$W^{\top}$部分呢？

$$f(x) = \underset{\substack{\uparrow \\ \text{输入}}}{x} \quad \underset{\substack{\uparrow \\ \text{nn.Linear}(D, D')}}{W} \quad \underset{\substack{\uparrow \\ ???}}{W^{\top}}$$

我们需要实现的主要技巧是重用PyTorch中nn.Linear层的权重。在此将详细介绍在PyTorch中实现PCA的过程，目的就是证明PCA是自动编码器。一旦实现了PCA，便可以进行一些更改，将其转换为深度自动编码器，类似于第2章中从线性回归转换为神经网络的方式。首先，快速定义一些常量，用于正在处理的特征数量、隐藏层的大小以及需要的其他标准项：

```
D = 28*28       ←——  输入中有多少个值？可以使用
                     该值来帮助确定后续层的大小
n = 2           ←——  隐藏层大小
C = 1           ←——  输入中有多少个通道？
classes = 10    ←——  多少类？
```

接下来，我们实现缺失层来表示$W^{\top}$。我们称这个新层为**转置层**(transpose layer)。为什么？因为我们使用的数学运算称作**转置**(transpose)。由于输入层有一个形状为　　　　　的矩阵和一个偏置向量$\boldsymbol{b} \in \mathbb{R}^{D'}$，因此我们还添加了一些逻辑来为权重转置的层设置自定义偏置项。这意味着$W^{\top} \in \mathbb{R}^{D' \times D}$，但不能真正对$\boldsymbol{b}$进行有意义的转置。因此，如果想要设置偏置项，那么它必须是一个新的独立项。

新模块TransposeLinear如下所示。此类实现Transpose操作$W^{\top}$。要转置的矩阵W必须作为构造函数中的linearLayer传入。这样，便可以在原始nn.Linear层和该层的转置版本之间共享权重。

我们的类扩展了**nn.Module**。所有**PyTorch层都必须对此进行扩展**

```
class TransposeLinear(nn.Module):
    def __init__(self, linearLayer, bias=True):
```

```
"""
linearLayer: is the layer that we want to use the transpose of to
→produce the output of this layer. So the Linear layer represents
→W, and this layer represents W^T. This is accomplished via
→weight sharing by reusing the weights of linearLayer
bias: if True, we will create a new bias term b that is learned
→separately from what is in
linearLayer. If false, we will not use any bias vector.
"""
```

```
super().__init__()
self.weight = linearLayer.weight   ◄──
```
创建新的可变权重以存储对原始权重项的引用

```
if bias:
    self.bias = nn.Parameter(torch.Tensor(
 ──►   linearLayer.weight.shape[1]))
```

Parameter类不能将None作为输入。因此,如果我们希望偏置项存在但可能未使用,则可以使用register_parameter函数来创建它。此处的重点是,无论Module所用的参数是什么,PyTorch总能看到相同的参数

创建新的偏移向量。默认情况下,PyTorch知道如何更新模块和参数。由于张量不属于这两者,Parameter类封装了Tensor类,因此PyTorch知道这个张量中的值需要通过梯度下降来更新

```
    else:
        self.register_parameter('bias', None)   ◄──
```

PyTorch的F目录包含Module使用的许多函数。例如,当给定一个输入(使用权重的转置)和一个偏置(如果没有,它什么都不做)时,线性函数执行线性转换

forward函数接受输入并产生输出

```
def forward(self, x):
    return F.linear(x, self.weight.t(), self.bias)
```

现在已完成了TransposeLinear层,接下来可以实现PCA。首先实现能被分解为编码器部分和解码器部分的架构。因为PyTorch Modules也是由Module构建的,所以可以将编码器和解码器定义为独立的部分,并作为最终模块中的组件。

注意,因为输入是以形状为(B, 1, 28, 28)的图像形式出现的,并且我们使用的是线性层,所以首先需要将输入展平为(B, 28*28)形状的向量。但在解码步骤中,我们希望具有与原始数据相同的形状。可以使用我提供的View层将其转换回来。它的工作方式与张量上的.view和.reshape函数类似,只不过它是作为Module,这是为了使用方便:

```
linearLayer = nn.Linear(D, n, bias=False)   ◄──
```
因为要共享线性层的权重,所以应单独定义它

```
pca_encoder = nn.Sequential(   ◄──
    nn.Flatten(),
    linearLayer,
)
```
编码器展平,然后使用线性层

```
pca_decoder = nn.Sequential(   ◄──
```
解码器使用TransposeLinear层和现在共享的linearLayer对象

```
    TransposeLinear(linearLayer, bias=False),
    View(-1, 1, 28, 28)   ◄──
)
```
将数据形状恢复为原始形式

```
pca_model = nn.Sequential(  ◄────  定义最终的PCA模型，该模型
    pca_encoder,                     具有编码器序列和解码器序列
    pca_decoder
)
```

1. PCA初始化和损失函数

现在已得到了训练这个自动编码器所需的一切。但要使其真正成为PCA，还需要添加 $WW^\top = I$ 约束。该约束的名称为：正交性(orthogonality)。此处不探讨为什么PCA会出现这种情况，但会把它作为一个很好的练习。在正确的位置启动该模型，使用nn.init.orthogonal_函数赋予其一组初始的随机正交权重，仅需要一行代码即可实现：

```
nn.init.orthogonal_(linearLayer.weight)
```

我们不会在训练期间严格执行正交性，因为这样做代码不如想象中的美观。相反，我们采取了一种常见而简单的方法来实现正交性，但对其并不做要求[1]。这是通过将等式 $W^\top W = I$ 转换为惩罚或正则化器 $\left\| WW^\top - I \right\|_2^2$ 来实现的。如果惩罚为0，那么 W 是正交的；如果惩罚为非零，则会增加损失，因此梯度下降将尝试使 W 更具正交性。

这并不难实现。我们使用均方误差(Mean Square Error，MSE)损失函数 $\ell_{MSE}(f(x),x)$ 来训练自监督部分。可以用惩罚损失来增强这个损失函数：

$$\underbrace{\ell_{MSE}(f(\boldsymbol{x}),\boldsymbol{x})}_{\text{请学习成为一个好的自动编码器}} \quad + \quad \underbrace{\ell_{MSE}(\boldsymbol{W}\boldsymbol{W}^\top,\boldsymbol{I})}_{\text{并尝试保持权重正交}}$$

以下代码块执行此操作。作为附加步骤，我们将正则化器的强度降低至0.1，以增强自动编码功能，使其比正交性部分更重要：

作为正则化目标的单位矩阵

```
mse_loss = nn.MSELoss()                  ◄──── 原始损失函数

def mseWithOrthoLoss(x, y):              ◄──── 我们的PCA损失函数
    W = linearLayer.weight               ◄──── 从前面保存的linearLayer
    I = torch.eye(W.shape[0]).to(device)       对象中获取W


    normal_loss = mse_loss(x, y)         ◄──── 计算原始损失 $\ell_{MSE}(f(x),x)$

    regularization_loss = 0.1*mse_loss(torch.mm(W, W.t()), I)

    return normal_loss + regularization_loss  ◄──── 返回两个损失的总和
```

计算正则化惩罚 $\ell_{MSE}(W^\top W,I)$

1　从技术上讲，这意味着未能学习PCA算法，但是正在学习与它非常相似的内容，大同小异而已。

7.1.3　使用PyTorch实现PCA

接下来为MNIST数据集创建一个封装器。为什么？因为默认MNIST数据集将分别为输入和标签返回成对的数据(x, y)。但在这个示例中，因为想尝试从输入中预测输出，所以所有输入都是标签。因此，要扩展PyTorch Dataset类以获取原始元组x, y，并返回元组x, x。这样，代码可以保持元组中的第一项是输入，第二项是所需输出/标签的约定：

```
class AutoEncodeDataset(Dataset):
    """Takes a dataset with (x, y) label pairs and converts it to (x, x) pairs.
    This makes it easy to reuse other code"""

    def __init__(self, dataset):
        self.dataset = dataset

    def __len__(self):
        return len(self.dataset)

    def __getitem__(self, idx):
        x, y = self.dataset.__getitem__(idx)
        return x, x          ◀──── 扔掉原始标签
```

注意：如果你正在为现实世界的问题实现自动编码器，由于标签y未知，因此代码看起来更像x=self.dataset.__getitem__(idx)。然后可以是return x,x。

有了这个AutoEncodeDataset封装器，就可以加载原始的MNIST数据集，用AutoEncodeDataset封装它，并可以开始训练了：

```
train_data = AutoEncodeDataset(torchvision.datasets.MNIST("./", train=True,
    transform=transforms.ToTensor(), download=True))
test_data_xy = torchvision.datasets.MNIST("./", train=False,
    transform=transforms.ToTensor(), download=True)
test_data_xx = AutoEncodeDataset(test_data_xy)

train_loader = DataLoader(train_data, batch_size=128, shuffle=True)
test_loader = DataLoader(test_data_xx, batch_size=128)
```

现在，可以像训练其他神经网络一样训练PCA模型。AutoEncodeDataset使输入也充当了标签，pca_model组合了数据的编码和解码序列，mseWithOrthoLoss实现了PCA特定的损失函数，该函数可以同时满足：(1)使输出看起来像输入$\ell_{MSE}(f(x),x)$；(2)保持PCA期望的正交权重$\left(\left\|\boldsymbol{W}^{\top}\boldsymbol{W}-\boldsymbol{I}\right\|_2^2=0\right)$：

```
train_network(pca_model, mseWithOrthoLoss, train_loader,
    test_loader=test_loader, epochs=10, device=device)
```

7.1.4　可视化PCA结果

你可能已经注意到这里使用了大小为$n=2$的隐藏层。这是有意为之，因为它支持绘制结果，并使得与自动编码器工作原理相关的视觉效果更为理想。这是因为当$n=2$时，可以使用PCA在二维平面中可视化数据。这是一个非常常见的PCA用例。即使使用了更大的目标维度，向下投影数据也可以更快和/或更准确地搜索类似的数据。因此，使用函数获取数据集并将其全部编码到低维空间十分好用。以下函数执行此操作并复制标签，以便查看与MNIST测试数据真实情况的对比结果：

```python
def encode_batch(encoder, dataset_to_encode):
    """
    encoder: the PyTorch network that takes in a dataset and converts it to
    ➥a new dimension
    dataset_to_encode: a PyTorch 'Dataset' object that we want to convert.

    Returns a tuple (projected, labels) where 'projected' is the encoded
    ➥version of the dataset, and 'labels' are the original labels
    ➥provided by the 'dataset_to_encode'
    """
    projected = []                        ◀—— 创建存储结果的空间
    labels = []

    encoder = encoder.eval()              ◀—— 切换到评估模式
    encoder = encoder.cpu()               ◀—— 为简单起见，可切换至CPU模式



    with torch.no_grad():                 ◀—— 因为不想训练，所以使用torch.no_grad！
        for x, y in DataLoader(dataset_to_encode, batch_size=128):
            z = encoder(x.cpu())                    ◀—— 对原始数据进行编码
            projected.append( z.numpy() )           ◀—— 存储编码版本和标签
            labels.append( y.cpu().numpy().ravel() )

    projected = np.vstack(projected)      ◀—— 将结果转换为单个大型NumPy数组

    labels = np.hstack(labels)
    return projected, labels                              ◀—— 返回结果
projected, labels = encode_batch(pca_encoder, test_data_xy)  ◀—— 投影数据
```

目前已经使用encode_batch函数将PCA应用于数据集，并可以使用seaborn绘制结果。这应该看起来像是一个非常熟悉的PCA图：有些类彼此分离，而有些类则聚集在一起。下面的代码有一个奇怪的位：hue=[str(l)for l in labels],hue_order=[str(i)for i in range(10)]，这是为了让绘图更容易阅读。如果使用hue=labels，代码便可以正常工作，但seaborn会赋予所有数字相似的颜色，难以辨识。

通过创建标签字符串(hue = [str(l) for l in labels])可以让seaborn为每个类分别赋予一种不同的颜色，并使用huge_order以期望的顺序绘制类:

```
sns.scatterplot(x=projected[:,0], y=projected[:,1],
➥hue=[str(l) for l in labels],
➥hue_order=[str(i) for i in range(10)], legend=''full'')
```

[15]: <AxesSubplot:>

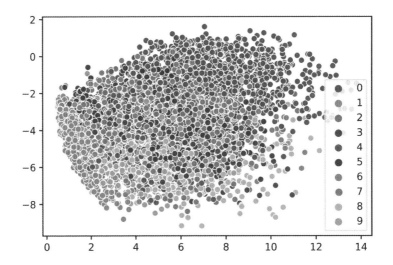

　　看过上图后，我们产生了一些关于编码质量的想法。例如，很容易想到将数字0和数字1与所有其他数字区分开来。不过，其他想法不那么容易想到;在一个真正无监督的场景中，由于不知道真正的标签，因此将无法轻易发现不同的概念。可以借助编码/解码过程来进行判断。如果做得足够好，则输出应该与输入相同。首先，定义一个简单的辅助函数，在左侧绘制原始输入x，在右侧绘制编码的解码版本:

```
def showEncodeDecode(encode_decode, x):
    """
    encode_decode: the PyTorch Module that does the encoding and decoding
    ➥steps at once
    x: the input to plot as is, and after encoding & decoding it
    """
    encode_decode = encode_decode.eval()
    encode_decode = encode_decode.cpu()
    with torch.no_grad():
        x_recon = encode_decode(x.cpu())
    f, axarr = plt.subplots(1,2)
    axarr[0].imshow(x.numpy()[0,:])
    axarr[1].imshow(x_recon.numpy()[0,0,:])
```

切换到评估模式 →

将内容移到CPU，这样就不必考虑设备上的内容，因为此函数对性能不敏感 ←

如果没有训练，它总是no_grad →

使用Matplotlib创建与左侧原始图形并排的绘图 ←

本章将重复使用此函数。首先，来看一看几个不同数字的输入输出组合：

```
showEncodeDecode(pca_model, test_data_xy[0][0])
showEncodeDecode(pca_model, test_data_xy[2][0])
showEncodeDecode(pca_model, test_data_xy[10][0])
```

显示三个数据点的
输入(左)和输出(右)

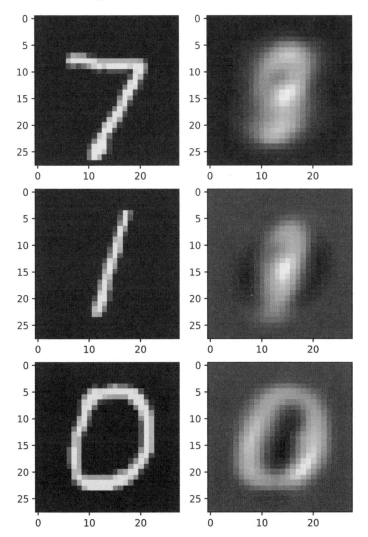

这些结果与基于二维图的预期结果相符。对数字0和数字1进行编码和解码后，它们看起来仍有点像数字1和数字0。看起来不太像数字7……为什么？因为我们正在将784个维度转换为2个维度。这是大量的信息压缩，远远超出了性能较差PCA的合理预期能力范围。

7.1.5　简单的非线性PCA

　　因为PCA是完全线性模型，所以其是可设计的最简单的自动编码器之一。如果我们只添加少许学习的内容，会发生什么？可以添加一个非线性PCA并去除权重共享，从而将其

转变成一个小型的非线性自动编码器。先来看看它的细节:

```python
pca_nonlinear_encode = nn.Sequential(        ←  用Tanh非线性来增强编码器
    nn.Flatten(),
    nn.Linear(D, n),                            唯一真正的变化: 在末
    nn.Tanh(),                              ←   尾添加一个非线性操作
)
                                                解码器具有自己的线性层,
                                                使其看起来更像普通网络
pca_nonlinear_decode = nn.Sequential(   ←
    nn.Linear(n, D),                        ←   为简单起见,不再捆绑权重
    View(-1, 1, 28, 28)

)
pca_nonlinear = nn.Sequential(          ←       将其组合成编码器-解码器函数 $f(\cdot)$
    pca_nonlinear_encode,
    pca_nonlinear_decode
)
```

由于不再在编码器和解码器之间共享权重,所以不关心权重是否为正交。因此,当训练该模型时,使用正常MSE损失:

```python
train_network(pca_nonlinear, mse_loss, train_loader,
    test_loader=test_loader, epochs=10, device=device)
```

以下代码块将再次绘制所有二维编码和三个编码-解码图像,使变化变得直观,以方便更主观地观察模型质量是否更好:

```python
projected, labels = encode_batch(pca_nonlinear_encode, test_data_xy)
sns.scatterplot(x=projected[:,0], y=projected[:,1],
    hue=[str(l) for l in labels],
    hue_order=[str(i) for i in range(10)], legend="full" )
```

[20]: <AxesSubplot:>

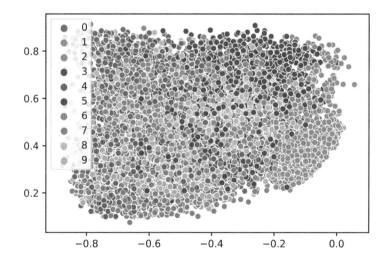

```
showEncodeDecode(pca_nonlinear, test_data_xy[0][0])
showEncodeDecode(pca_nonlinear, test_data_xy[2][0])
showEncodeDecode(pca_nonlinear, test_data_xy[10][0])
```

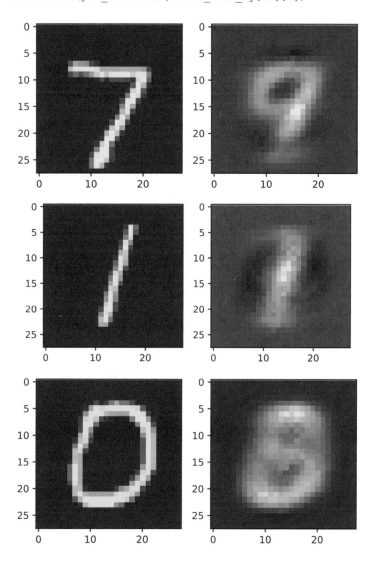

　　总而言之，变化明显，但没有明显的区别。二维图仍然有很多重叠。编码-解码图像中出现了一些伪影：0、1和7在质量上相似，但风格不同。这是什么意思？我们已经将PCA变成了具有一个非线性的自动编码器，并因此修改了PCA算法；因为是在PyTorch中这样做的，所以它在框上训练，并在框外工作。接下来，可以尝试做出更大的改变，以获得更好的结果。作为深度学习的主题，如果通过添加更多的层来使这个模型更深入，就应该能够成功地改进结果。

7.2 设计自动编码神经网络

PCA是一种非常流行的降维和可视化方法,任何使用PCA的情况都可能需要使用自动编码网络。自动编码网络的设计理念与此相同,但我们会让编码器和解码器拥有更大的网络和更多的层,以便它们能够学习更强大和更复杂的编码器和解码器。既然PCA是一个自动编码器,那么若是能够学习更复杂的函数,则自动编码网络可能是一个更准确的选择。

自动编码网络也可用于异常值检测(outlier detection)。因为模型不太可能很好地处理异常值,所以你希望检测异常值,以便手动检查它们。自动编码器可以通过查看其重建输入的效果来检测异常值。如果能够很好地重建输入,那么数据可能看起来像你之前看到的归一化数据。如果不能成功地重建输入,那么数据就可能是不寻常的异常值。图7.3总结了这一过程。你可以使用此方法在训练数据中查找潜在的不良数据点,或验证用户提交的数据(例如,如果某人将其面部图片上传至诊断耳朵感染的应用程序,则应将该面部图片检测为异常值,而不进行诊断)。

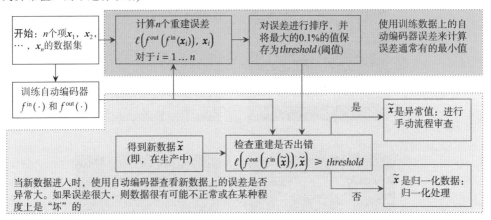

图7.3 自动编码器检测异常值的应用示例。数据集用于训练自动编码器,然后计算所有重建误差。假设0.1%的数据是异常的,那么重建应该是最困难的。如果能找到前0.1%误差的阈值,则可以将该阈值应用于新数据以检测异常值。异常值往往行为异常,最好能区别对待,或者对其进行额外的审查。可以对训练数据或新的测试数据进行异常检测。还可以更改0.1%这一数值以匹配你认为数据集正在发生的情况

继续讨论如何设置基于深度学习的自动编码器。标准的方法是在编码器和解码器之间建立一个对称的架构:保持每个编码器中的层数相同,并按相反的顺序排列(编码器从大到小排列,解码器从小到大排列)。我们还会使用瓶颈式(bottleneck style)编码器,这意味着这些层的神经元逐渐减少,如图7.4所示。

自动编码器不必是对称的。如果自动编码器非对称,效果也会不错。对称纯粹是为了让人们更容易对网络进行思考和推理,以便让信息(例如网络中有多少层、每层有多少神经元等)的决策量减半。

不过,编码器的瓶颈很重要。正如PCA所做的那样,通过向下推至更小的表示,可以

使得网络不可能作弊并学会立即将输入返回为输出这一简化的解决方案。相反，网络必须学会识别高级概念，如"中心有一个圆圈"，这可以用于编码(然后解码)数字6和0。通过学习多个高级概念，网络被迫开始学习有用的表示。

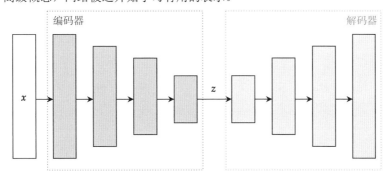

图7.4　标准自动编码器设计示例。输入位于左侧。编码器刚开始时很大，后来隐藏层的大小逐步缩小。由于自动编码器通常是对称的，因此解码器将接收小的表示z，并开始将其扩展回原始大小

注意：自动编码器也可以被视为产生嵌入的一种方式。特别是网络的编码器部分，它是嵌入构造的极好候选。该方法是无监督的，因此不需要使用标签，编码器的低维输出与用于可视化和最近邻搜索的常用工具配合使用效果更好。

7.2.1　实现自动编码器

由于我们已经体会了实现PCA的痛苦，因此当使用这种方式时，自动编码器应该更容易、更直接，这主要是因为它不在层之间共享任何权重，并且不再需要对权重进行正交约束。为简单起见，可以仅关注用于实现自动编码器的全连接网络，其概念是通用的。首先，定义另一个辅助函数getLayer，创建一个放置在网络中的单独的隐藏层，类似于第6章中所做的：

```
def getLayer(in_size, out_size):
    """
    in_size: how many neurons/features are coming into this layer
    out_size: how many neurons/outputs this hidden layer should produce
    """
    return nn.Sequential(          ←———— 将隐藏层的概念"块"
        nn.Linear(in_size, out_size),        组织为Sequential对象
        nn.BatchNorm1d(out_size),
        nn.ReLU())
```

借助于辅助函数，下面的代码显示了使用我们了解的更高级的工具(如批量归一化和ReLU激活函数)实现自动编码器是多么容易。它使用一种简单的策略，通过固定的模式减少每个隐藏层中的神经元数量。在这种情况下，我们将神经元的数量除以2，然后是3，然

后是4，依此类推，直至解码器的最后一层，在那里将直接跳转到目标维度D'。用于减少层数的模式并不那么重要，只要层的大小不断减少即可：

```
auto_encoder = nn.Sequential(        ←──── 除以2、3、4等数字是可以使用的许多模式之一
    nn.Flatten(),
    getLayer(D, D//2),               ←──── 每一层的输出都小于前一层
    getLayer(D//2, D//3),
    getLayer(D//3, D//4),
    nn.Linear(D//4, n),              ←──── 跳到目标维度
)



                                     解码器反向执行相同的
auto_decoder = nn.Sequential(    ←── 层/大小以实现对称
    getLayer(n, D//4),               ←──── 解码器的每一层都会增大
    getLayer(D//4, D//3),
    getLayer(D//3, D//2),

    nn.Linear(D//2, D),
    View(-1, 1, 28, 28)              ←──── 重塑以匹配原始形状
)

auto_encode_decode = nn.Sequential   ←──── 组合成深度自动编码器
    auto_encoder,
    auto_decoder
)
```

一如既往，可以使用完全相同的函数来训练这个网络。继续使用均方误差，这在自动编码器中很常见：

```
train_network(auto_encode_decode, mse_loss, train_loader,
➥test_loader=test_loader, epochs=10, device=device)
```

7.2.2　可视化自动编码器结果

新的自动编码器怎么样？二维图显示了投影维度z中具有更多分离。数字0、6和3与所有其他数字的分离情况非常好。此外，中间区域中有更多的数字，彼此相邻，至少在现有数字中更具连续性和一致性。这些数字在中间区域有不同的归属，而不是模糊混在一起：

```
projected, labels = encode_batch(auto_encoder, test_data_xy)
sns.scatterplot(x=projected[:,0], y=projected[:,1],
➥hue=[str(l) for l in labels],
➥hue_order=[str(i) for i in range(10)], legend="full")
```

```
[25]: <AxesSubplot:>
```

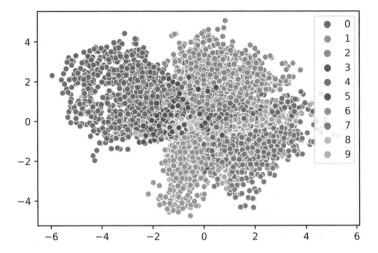

这也是使用自动编码器探索未知数据的一种方法。在不知晓类标签的情况下，我们可能会从这个投影中得出"数据中可能至少有两到四个不同的子群体"的结论。

还可以查看一些有关编码-解码周期的示例。与以前不同，重建现在是清晰的，模糊度大大降低。但这并不完美：数字4通常很难与其他数字分开，重建质量也很差：

```
showEncodeDecode(auto_encode_decode, test_data_xy[0][0])
showEncodeDecode(auto_encode_decode, test_data_xy[2][0])
showEncodeDecode(auto_encode_decode, test_data_xy[6][0])
showEncodeDecode(auto_encode_decode, test_data_xy[23][0])
```

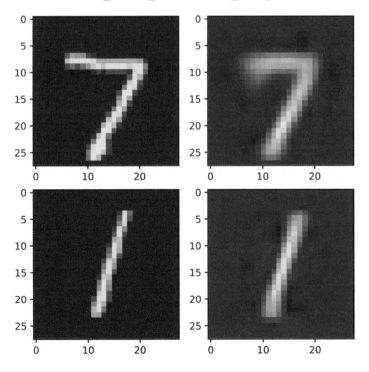

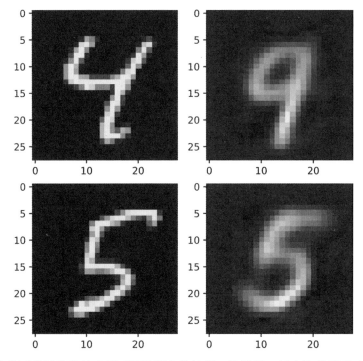

接下来尝试使用代码并查看不同数据点的结果。这样做,便会注意到重建并不总是保持输入的样式。这一点在数字5中更明显:重建比原始输入更平滑、更原始。这是好事还是坏事?

从训练模型的角度看,这是一件坏事。重建与输入不同,其目标在于准确地重建输入。

然而,我们真正的目标并不仅仅是学习根据自身模型来重构输入。而是已经有了输入,要在无须知道数据标签的前提下学习数据的有用表示。从这个角度来看,这种行为是一件好事:它意味着有多个不同的潜在"5"可以作为输入,并映射到相同的"5"重建。从这个意义上讲,在未被明确告知5的概念甚至没有明确的数字存在的情况下,网络已自行了解到有一个规范的或原型的5。

但数字4的示例是一个糟糕的失败案例。由于限制太多,网络重建了一个完全不同的数字:网络被迫缩小到两个维度,并且无法在如此小的空间内了解数据具有的所有复杂性。这意味着要放弃4的概念。与PCA类似,如果你给网络一个更大的瓶颈(使用更多的特征),重建的质量会稳步提高。二维非常适合散点图中的可视化,但对于其他应用程序,可能需要使用更多的特征。(这和ML中的大多数应用一样,都是特定于问题的。你应该确保有一种方法能够测试你的结果以进行比较,然后使用该测试来确定应该使用多少特征。)

7.3 更大的自动编码器

目前为止所做的所有自动编码都是基于向下投影到二维。之前曾提及,这会使问题变得异常复杂。凭直觉可知，若将目标维度尺寸 D' 稍微调大一点，则重建的质量会有所提高。但是，如果目标维度尺寸大于原始输入大小呢？这行得通吗？不妨修改自动编码器来尝试一下，看看会发生什么。在下面的代码块中，只需要在编码器的第一层之后跳到 $D' = 2 \cdot D$，并在整个过程中保持该数量的神经元：

```
auto_encoder_big = nn.Sequential(
    nn.Flatten(),
    getLayer(D, D*2),
    getLayer(D*2, D*2),
    getLayer(D*2, D*2),
    nn.Linear(D*2, D*2),
)

auto_decoder_big = nn.Sequential(
    getLayer(D*2, D*2),
    getLayer(D*2, D*2),
    getLayer(D*2, D*2),
    nn.Linear(D*2, D),
    View(-1, 1, 28, 28)
)

auto_encode_decode_big = nn.Sequential(
    auto_encoder_big,
    auto_decoder_big
)

train_network(auto_encode_decode_big, mse_loss, train_loader,
    test_loader=test_loader, epochs=10, device=device)
```

因为维度过多，所以无法绘制二维图。但仍然可以对数据进行编码/解码比较，以了解新自动编码器的性能。绘制一些示例，很明显会得到非常好的重建，其中包括原始输入的微小细节。例如，下面的7在左上方轻微提升，底部结尾相对较粗，这种现象在重建中也存在。之前被完全破坏的4有很多独特的曲线和样式，也被完整地保留了下来：

```
showEncodeDecode(auto_encode_decode_big, test_data_xy[0][0])
showEncodeDecode(auto_encode_decode_big, test_data_xy[6][0])
showEncodeDecode(auto_encode_decode_big, test_data_xy[10][0])
```

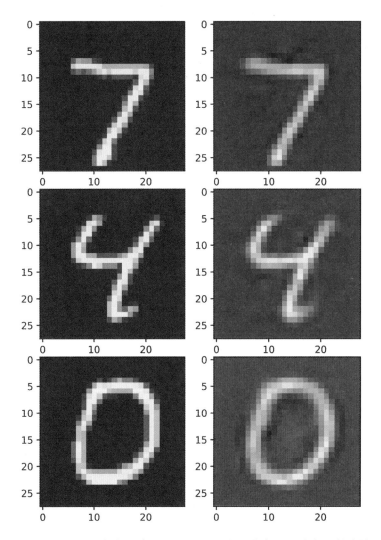

因此问题是，这比前一个自动编码器更好吗？我们学会了一种有用的表达吗？这很难回答，因为我们正在使用输入重建作为网络的损失，但这不是我们真正关心的。我们希望网络学习有用的表示。这是经典无监督学习问题的一个变体：如果目标不明确，那又如何评判呢？

噪声的鲁棒性

为了回答 $D' = 2$ 或 $D' = 2 \cdot D$ 这两个自动编码器哪个更好的问题，我们将在数据中添加一些噪声。为什么？因为直觉告诉我们，如果表示良好，则它应该具有鲁棒性。假设我们使用的干净的数据是一条马路，模型是汽车，那么如果路面平整，汽车就能平稳行驶。但是，如果路面坑坑洼洼且布满裂缝(读取、噪声)呢？一辆好车应仍能轻松驾驶。同理，即便数据中夹带噪声，理想的模型仍然会表现良好。

有很多种不同的方法可以使数据产生噪声。最简单的方法之一是从正态分布中添加噪声。将正态分布表示为 $N(\mu,\sigma)$，其中 μ 是返回的平均值，σ 是标准差。如果 s 是从正态分布采样的值，则将其表示为 $s \sim N(\mu,\sigma)$。

为了使数据有噪声，我们使用PyTorch构造一个表示正态分布的对象，并扰动输入数据，从而得到 $\tilde{x} = x + s$，其中 $s \sim N(\mu,\sigma)$。为了表示正态分布 $N(\mu,\sigma)$，PyTorch提供了 `torch.distributions.Normal` 类：

第一个参数是平均值 μ；
第二个参数是标准差 σ

```
normal = torch.distributions.Normal(0, 0.5)
```

此类有一个执行 $s \sim$ 步骤的sample方法。我们使用 `sample_shape` 参数以表明希望得到一个形状为 `sample_shape` 的张量，并使用此分布中的随机值将其填充。以下函数接受一个输入 x 和与 x 形状相同的样本噪声，以便添加噪声，从而创建噪声样本 $\tilde{x} = x + s$：

```
def addNoise(x, device='cpu'):
    """
    We will use this helper function to add noise to some data.
    x: the data we want to add noise to
    device: the CPU or GPU that the input is located on.
    """
    return x + normal.sample(sample_shape=
    ➥torch.Size(x.shape)).to(device)          ← x + s
```

有了简单的addNoise函数，便可以使用大模型来尝试。有意将噪声设置得相当大，以使模型之间的变化和差异更加明显。输入以下数据后，可看到重建是乱码，且带有多余的行。由于噪声是随机的，因此可以多次运行代码以查看不同版本的重建：

```
showEncodeDecode(auto_encode_decode_big, addNoise(test_data_xy[6][0]))
showEncodeDecode(auto_encode_decode_big, addNoise(test_data_xy[23][0]))
```

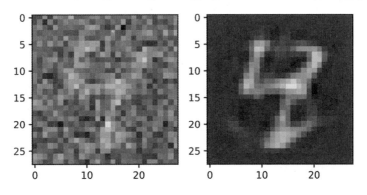

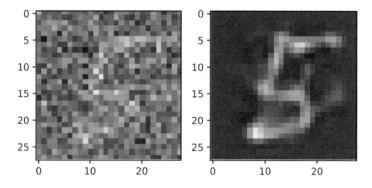

这似乎表明维度为 $D' = 2 \cdot D$ 的大型自动编码器不是很具鲁棒性。如果将相同的噪声数据应用到使用 $D = 2$ 的原始自动编码器，会发生什么？接下来便可以揭晓答案。数字5的重建几乎与之前完全一样：有点模糊，但很明显是数字5：

```
showEncodeDecode(auto_encode_decode, addNoise(test_data_xy[6][0]))
showEncodeDecode(auto_encode_decode, addNoise(test_data_xy[23][0]))
```

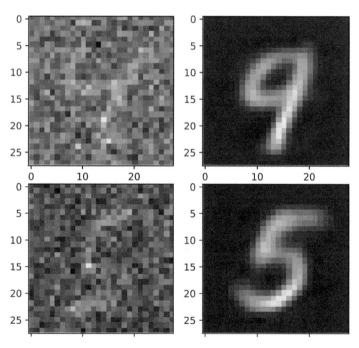

如果多次运行数字4，则有时会从解码器中得到数字4，甚至有时还会得到其他结果。这是因为每一次使用的噪声都不同，二维图显示，数字4与许多其他数字混合在一起。

基于这个实验可知，当使编码维度 D' 更小时，模型会变得更具鲁棒性。如果让编码维度变得非常之大，那么模型就可能很擅长对简单的数据进行重建，但对变化和噪声不太具有鲁棒性。部分原因是当 $D' \geqslant D$ 时，学习一种简单的方法对模型来说很容易。它有足够的能力复制输入，并学会复述所提供的内容。通过用较小的容量 $(D' \leqslant D)$ 约束模型，它可以学习到用于解决任务的唯一方法是创建更紧凑的输入数据表示。理想情况下，你会尝试找到一个维度D'，该维度可在很好地重建数据但使用尽可能小的编码维度之间保持平衡。

7.4　自动编码器去噪

使D'足够小且具有足够的鲁棒性，且使D'足够大以很好地进行重建，平衡这两者十分不易。但可以使用一个技巧，以拥有大的$D'>D$并学习一个具有鲁棒性的模型。诀窍是创建所谓的去噪自动编码器(denoising autoencoder)。去噪自动编码器将噪声添加到编码器的输入，同时仍然期望解码器产生清晰干净的图像。因此，公式从$\ell(f(x),x)$变为$\ell(f(\tilde{x}),x)$。如果这样做，就没有复制输入的简化解决方案，因为我们在将其提供给网络之前会对其进行扰动。网络必须学习如何去除输入的噪声(去噪)，从而允许在获得鲁棒表示的同时使用$D'>D$。

去噪网络有很多实际用途。如果可以生成与现实生活中可能遇到的问题相符合的合成噪声，则可以创建模型，通过使数据更干净来消除噪声并提高准确率。scikit-image等库(https://scikit-image.org)可以使用许多变换来生成有噪声的图像，我个人曾使用过这种方法来改进指纹识别算法[1]。去噪自动编码器的用法如图7.5所示，这也是通常设置去噪自动解码器的方法总结。原始(或有时非常干净的)数据从一开始进入时，就被应用了噪声生成过程。噪声越类似于真实数据中看到的问题就越好。数据的噪声/损坏版本作为自动编码器的输入，但损失是根据原始干净数据计算而得。

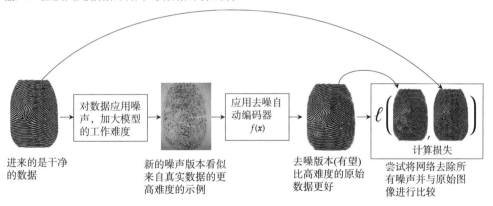

图7.5　指纹图像去噪自动编码器过程。该过程使用了生成超逼真指纹图像的特殊软件，目的是消除噪声，使指纹处理不易出错。使用更简单和不现实的噪声仍然可以获得良好的结果

1　E. Raff, "Neural fingerprint enhancement," *in 17th IEEE International Conference on Machine Learning and Applications (ICMLA)*, 2018, pp. 118–124, https://doi.org/10.1109/ICMLA.2018.00025.

高斯噪声去噪

只需对以前的 `auto_encoder_big` 模型进行一处更改：在编码器子网络的开始处添加一个只在训练时才会将噪声添加到输入的新层。通常的假设是，训练数据是相对干净和准备就绪的，而我们要添加噪声以使其更具鲁棒性。如果之后使用模型，不再对其训练，并希望得到最佳答案，就意味着我们希望得到尽可能干净的数据。在该阶段增加噪声会使过程更加复杂，如果输入已经有噪声，则问题只会更加复杂。

因此我们需要的第一个代码是实现一个新的 `AdditiveGaussNoise` 层。此层接受输入 x。如果正处于训练模式(用 `self.training` 表示)，则应将噪声添加到输入中；否则将其恢复为原状：

```
class AdditiveGaussNoise(nn.Module):      ←   不需要在这个对象的构造
    def __init__(self):                       函数中做任何操作
        super().__init__()
                                          每个PyTorch Module对象都有一个
                                          self.training布尔值，可用于检查是否
    def forward(self, x):         ←       处于训练(True)或评估(False)模式
        if self.training:
            return addNoise(x, device=device)
        else:                     ←   当前训练：返回给定的数据x
            return x
```

接下来，重新定义与之前相同的大型自动编码器，其中 $D' = 2 \cdot D$。唯一的区别是在网络开始处插入 `AdditiveGaussNoise` 层：

```
dnauto_encoder_dropout = nn.Sequential(
    nn.Flatten(),
    AdditiveGaussNoise(),      ←   只添加！希望在这里插入噪声会有所帮助
    getLayer(D, D*2),
    getLayer(D*2, D*2),
    getLayer(D*2, D*2),
    nn.Linear(D*2, D*2),
)

dnauto_decoder_dropout = nn.Sequential(
    getLayer(D*2, D*2),
    getLayer(D*2, D*2),
    getLayer(D*2, D*2),
    nn.Linear(D*2, D),
    View(-1, 1, 28, 28)
)

dnauto_encode_decode_dropout = nn.Sequential(
    dnauto_encoder_dropout,
    dnauto_decoder_dropout
)
```

```
train_network(dnauto_encode_decode_dropout, mse_loss, train_loader,
    test_loader=test_loader, epochs=10, device=device)  ◄──── 训练照常
```

它有多好？接下来，可以看到在有噪声和无噪声时重建的相同数据。新的去噪模型显然是迄今为止开发的所有模型的最佳重建。在这两种情况下，去噪自动编码器都能捕捉到单个数字所具有的大部分风格。但去噪方法仍然忽略了小细节，可能是因为数字太小，以至于模型无法确定它们是样式的真实部分还是噪声的一部分。例如，重建后，数字4底部和数字5顶部的花体部分均丢失了：

```
showEncodeDecode(dnauto_encode_decode_dropout, test_data_xy[6][0])
showEncodeDecode(dnauto_encode_decode_dropout, addNoise(test_data_xy[6][0]))
showEncodeDecode(dnauto_encode_decode_dropout, test_data_xy[23][0])
showEncodeDecode(dnauto_encode_decode_dropout, addNoise(test_data_xy[23][0]))
```

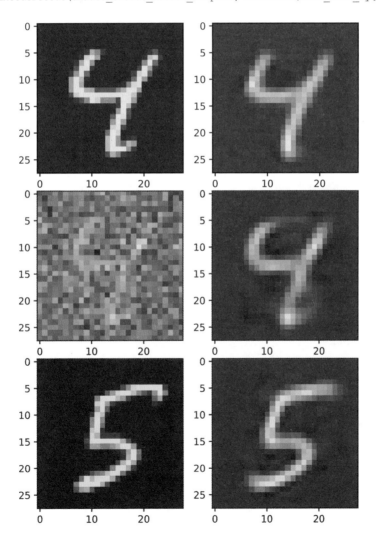

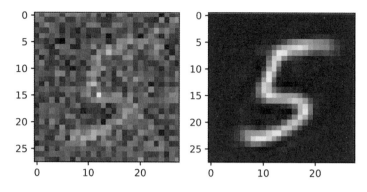

去噪方法常用于训练自动编码器,其在数据中引入自身扰动的技巧被广泛用于构建更准确、更鲁棒的模型。随着你对深度学习和不同应用的了解逐渐加深,你会发现这种方法有很多形式和变形。

除了能帮助用户学习更鲁棒的表示,去噪方法本身也是一个有用的模型。在许多情况下,噪声会自然产生。例如,当执行光学字符识别(Optical Character Recognition,OCR)以将图像转换为可搜索文本时,用户可以从相机损坏、文档损坏(例如,水或咖啡污渍)、照明变化、物体投射阴影等方面获取噪声。许多OCR系统已通过学习添加与现实生活中看到的噪声相似的噪声并要求模型学习而得到了改进。

丢弃去噪

添加高斯噪声可能会很麻烦,因为这需要精确计算要添加多少噪声,而噪声可能会随着数据集的不同而变化。第二种更流行的方法是使用丢弃(dropout)。

丢弃是一个非常简单的想法:在一定概率p下,将任何给定的特征值清零。这迫使网络变得具有鲁棒性,因为它永远不能依赖于任何特定的特征或神经元值,这是由于在%p的时间内特征或值都不存在。丢弃是一种非常流行的正则化器,可以应用于网络的输入和隐藏层。

下面的代码块训练了一个基于丢弃的去噪自动编码器。默认情况下,丢弃使用$p=50\%$,这对于隐藏层来说很合适,但对于输入来说很大。因此,对于输入,可只应用$p=20\%$:

```
dnauto_encoder_dropout = nn.Sequential(
    nn.Flatten(),
    nn.Dropout(p=0.2),          ←———  对于输入,通常只降低
    getLayer(D, D*2),                  5%到20%的值
    nn.Dropout(),
    getLayer(D*2, D*2),
    nn.Dropout(),               ←———  默认情况下,丢弃使用
    getLayer(D*2, D*2),                50%的概率将值清零
    nn.Dropout(),
    nn.Linear(D*2, D*2)
)

dnauto_decoder_dropout = nn.Sequential(
    getLayer(D*2, D*2),
```

```
    nn.Dropout(),
    getLayer(D*2, D*2),
    nn.Dropout(),
    getLayer(D*2, D*2),
    nn.Dropout(),
    nn.Linear(D*2, D),
    View(-1, 1, 28, 28)
)

dnauto_encode_decode_dropout = nn.Sequential(
    dnauto_encoder_dropout,
    dnauto_decoder_dropout
)
train_network(dnauto_encode_decode_dropout, mse_loss,      ⟵  训练照常
⇥train_loader, test_loader=test_loader, epochs=10,
⇥device=device)
```

现在模型已经训练好了，接下来将其应用于一些测试数据。丢弃可以激发出很大程度的鲁棒性，可以通过将其应用于丢弃噪声和高斯噪声来展示这一点。网络从未见过高斯噪声，但这并不能阻止自动编码器忠实地进行准确的重建：

```
showEncodeDecode(dnauto_encode_decode_dropout,
⇥test_data_xy[6][0])                                        ⟵  清除数据
showEncodeDecode(dnauto_encode_decode_dropout,
⇥addNoise(test_data_xy[6][0]))                              ⟵  高斯噪声
showEncodeDecode(dnauto_encode_decode_dropout,
⇥nn.Dropout()(test_data_xy[6][0]))                          ⟵  丢弃噪声
```

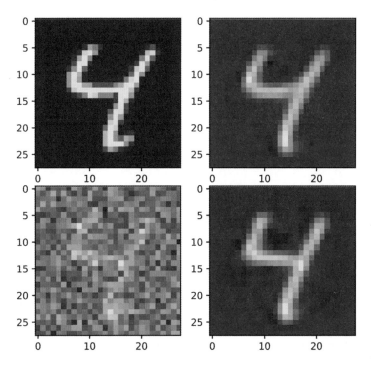

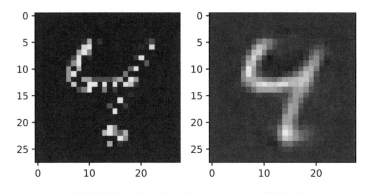

丢弃的兴衰

丢弃的起源可以追溯到2008年的去噪自动编码器[1]，但其只应用于输入。后来，丢弃逐渐发展成一种更通用的正则化器[2]，并在神经网络作为一个领域和研究领域的重生中发挥了重要作用。

和大多数正则化器一样，丢弃的目标是提高泛化能力，减少过拟合。在这一点上，它表现得很好，其工作原理简单明了。多年来，丢弃一直是获取优异结果的重要保证，离开它就几乎不可能建立网络。丢弃仍然是一个正则化器，很有用处，但又不像以前那样随处可见。到目前为止，我们所学的工具，如归一化层、更好的优化器和残差连接，帮助我们认识了丢弃的大部分优点。

使用丢弃并不是一件坏事，我用"丢弃的衰败"来形容这一点未免有些夸张。随着时间的推移，这种方法已经不再流行。究其原因，我认为是(但未经证实)：首先，它训练起来比较慢，需要大量随机数并增加内存，而现在，人们可以在没有这些成本开支的情况下得到相仿的效果。第二，丢弃在训练和测试中的应用有所不同。训练过程中会失去约50%的神经元，使网络有效地变小。但在验证过程中，却能得到100%的神经元。这有些让人困惑，即测试性能看起来比训练性能更好，这是因为训练和测试的评估方式不同。(从技术上讲，批量归一化也是如此，但反过来并不常见。)我认为，人们是因为成本略低和结果导致困惑程度较低，而选择了其他方法。也就是说，当无法确定什么有效、什么无效时，丢弃仍然是用作新架构中正则化器的默认好选择。

7.5　时间序列和序列的自回归模型

自动编码方法非常适用于图像、信号，甚至具有表格数据的全连接模型。但如果数据是序列问题呢？特别是当数据是用离散标记表示的语言时，就很难给字母或单词之类的内

1　P. Vincent, H. Larochelle, Y. Bengio, and P.A. Manzagol, "Extracting and composing robust features with denoising autoencoders," in *Proceedings of the 25th International Conference on Machine Learning*, New York: Association for Computing Machinery, 2008, pp. 1096–1103, https://doi.org/10.1145/1390156.1390294.

2　N. Srivastava, G. Hinton, A. Krizhevsky, I. Sutskever, and R. Salakhutdinov, "Dropout: a simple way to prevent neural networks from overfitting," *The Journal of Machine Learning Research*, vol. 15, no. 1, pp. 1929-1958, 2014.

容添加有意义的噪声。相反，却可以使用自回归模型(autoregressive model)，这是一种专门为时间序列问题设计的方法。

自回归模型基本上可用于所有可能使用自动编码的应用程序。可以使用自回归模型学习的表示作为另一个不理解序列的ML算法的输入。例如，可以基于本书的书评训练一个自回归模型，然后使用聚类算法(如k-means或HDBSCAN)对这些评论进行聚类处理[1]。由于这些算法不会本能地将文本作为输入，因此自回归模型是快速扩展你喜爱的ML工具能力范围的一种好方法。

假设数据有t个步骤：$x_1, x_2, \ldots, x_{t-1}, x_t$。自回归模型的目标是在给出序列中所有先前项的情况下预测x_{t+1}。它的数学表示方法为$\mathbb{P}(x_{t+1} \mid x_1, x_2, \ldots, x_t)$，即

假设前面的t-1项可见，那么序列中第t项的概率(预测)是多少?

$$\mathbb{P}\left(x_t \mid x_{t-1}, x_{t-2}, \ldots, x_1 \right)$$

自回归方法仍然是一种自监督的形式，因为首先序列中包含数据的下一项是其中一个微不足道的组成部分。如果把句子"This is a sentence"当作一个字符序列，那么根据定义可知，T是第一项，h是第二项，i是第三项，依此类推。

图7.6说明了高级别的自回归模型的工作方式。基于序列的模型在绿色块中显示，并接受输入x_i。因此，第i步的预测为$\hat{x}_i$。然后，使用损失函数ℓ计算当前预测$\hat{x}_i$和下一个输入x_{i+1}之间的损失$\ell(\hat{x}_i, x_{i+1})$。因此，具有T个时间步长的输入对应T-1个损失计算：最后一个时间步长T不能用作输入，因为没有第T+1项可与之进行比较。

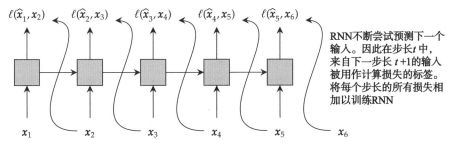

RNN不断尝试预测下一个输入。因此在步长t中，来自下一步长t+1的输入被用作计算损失的标签。将每个步长的所有损失相加以训练RNN

序列中的每一项都按照正确的顺序依次逐个处理。训练时，未来输入(t+1)用作当前输入(t)的标签

图7.6 自回归设置示例。输入位于底部，输出位于顶部。对于输入x_i，自回归模型的预测为$\hat{x}_i$，标签$y_i = x_{i+1}$

根据这张图的外观，你可能已经猜到，我们将使用循环神经网络来实现自回归模型。RNN对于像这样的基于序列的问题非常有用。与以前使用RNN相比，此处最大的变化是我们将在每一步，而不仅仅是最后一步进行预测。

---

1 如果想用文本数据最大化结果，则应该查找"主题建模"算法。这是深度主题模型，但已超出本书的讨论范围。也就是说，我曾见有人成功地使用过这种自回归方法，它能比主题模型更灵活地处理新的情况和数据类型。

Andrej Karpathy推广的一类自回归模型(http://karpathy.github.io)称为char-RNN(字符RNN)。这是一种自回归方法,其中输入/输出是字符,我们将展示一种在某些莎士比亚文本数据上实现char-RNN模型的简单方法。

注意:虽然RNN是用于自回归模型的一种合适且通用的架构,但双向RNN并不是。这是因为自回归模型正在对未来的情况进行预测。如果使用双向模型,则将获得序列中有关未来内容的信息,而知道未来就等同于作弊!当想要对整个序列进行预测时,双向RNN是有用的,但现在只是对输入进行预测,只需要执行单向策略,以确保模型不会偷看其不应该看到的信息。

7.5.1　实现char-RNN自回归文本模型

首先需要准备数据。Andrej Karpathy在网上分享了莎士比亚的一些文本,可先将其下载。本文中大约有100,000个字符,可将数据存储在一个名为`shakespear_100k`的变量中,然后使用此数据集来展示训练自回归模型的过程及其生成能力:

```
from io import BytesIO
from zipfile import ZipFile
from urllib.request import urlopen
import re

all_data = []
resp = urlopen(
 "https://cs.stanford.edu/people/karpathy/char-rnn/shakespear.txt")
shakespear_100k = resp.read()
shakespear_100k = shakespear_100k.decode('utf-8').lower()
```

接着,构建此数据集中所有字符的词汇表Σ。此处可做出的更改,是不使用`lower()`函数将所有内容转换为小写。在探索深度学习的过程中,这些早期决策对于模型最终使用的方式及其效能都很重要。因此,你应该学会将这样的选择视为决策。我选择使用全部小写的数据,因此,词汇表变小了。这虽然降低了任务的难度,但同时也意味着模型无法学习有关大写字母的知识。

代码如下:

```
vocab2indx = {}                              ◄──── 词汇表Σ
for char in shakespear_100k:
    if char not in vocab2indx:               ◄──── 将每个新字符添加到词汇表中
        vocab2indx[char] = len(vocab2indx)
```
基于当前词汇
大小设置索引

```
indx2vocab = {}                              ◄──── 从索引返回到原始字符的有用代码
for k, v in vocab2indx.items():              ◄──── 遍历所有键-值对,并使用逆映射创建字典
```

```
    indx2vocab[v] = k
print("Vocab Size: ", len(vocab2indx))
print("Total Characters:", len(shakespear_100k))

Vocab Size: 36
Total Characters: 99993
```

接下来，采用一种非常简单的方法构建自回归数据集。既然字符取自莎士比亚的戏剧，那么长序列中的最初字符便有100,000个。将该序列分成足够长的块，就几乎可以保证每个块都包含几个完整的句子。通过索引到位置start并抓取文本片段[start:start+chunk_size]即可获得每个块。由于数据集是自回归的，因此标签是从下一个字符开始的标记。这可以通过抓取一个移位的新分片[start+1:start+1+chunk_size]来完成，如图7.7所示。

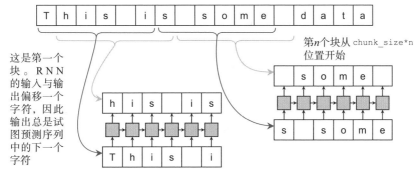

图7.7　红色表示抓取输入，黄色表示输出，输入和输出均使用六个字符块。这使得为模型创建数据集很容易，其中每个批量都具有相同的长度，从而简化了代码并确保了最大的GPU利用率(不需要对填充的输入/输出进行任何操作)

以下代码将使用上述策略，根据大型文本语料库实现自回归问题的数据集。因为这里使用的块比大多数文档都小，因此可以假设语料库是一个长字符串，并且可以将多个文件连接到一个长串中。虽然这为模型设置了从任一随机位置(也许是一个单词的中段)开始学习的障碍，但也使得实现所有代码变得很容易：

```
class AutoRegressiveDataset(Dataset):
    """
    Creates an autoregressive dataset from one single, long, source
    ➥sequence by breaking it up into "chunks".
    """

    def __init__(self, large_string, max_chunk=500):
        """
        large_string: the original long source sequence that chunks will
        ➥be extracted from
        max_chunk: the maximum allowed size of any chunk.
        """
```

```
        self.doc = large_string
        self.max_chunk = max_chunk

    def __len__(self):
        return (len(self.doc)-1) // self.max_chunk

    def __getitem__(self, idx):
        start = idx*self.max_chunk

        sub_string = self.doc[start:start+self.max_chunk]
        x = [vocab2indx[c] for c in sub_string]
        sub_string = self.doc[start+1:start+self.max_chunk+1]
        y = [vocab2indx[c] for c in sub_string]
        return torch.tensor(x, dtype=torch.int64), torch.tensor(y,
            dtype=torch.int64)
```

项数是字符数除以块大小

计算第**idx**个块的起始位置

抓取输入子字符串

根据词汇表将子字符串转换为整数

每次仅移动1位来抓取标签子字符串

基于词汇表将标签子字符串转换为整数

　　现在到了最棘手的部分：实现自回归RNN模型。为此，需要使用门控递归单元(Gated Recurrent Unit，GRU)而非长短期记忆网络(Long Short-Term Memory，LSTM)，因为GRU只有隐藏状态h_t，没有任何上下文状态c_t，所以代码会更容易阅读。我们实现的高级策略如图7.8所示。

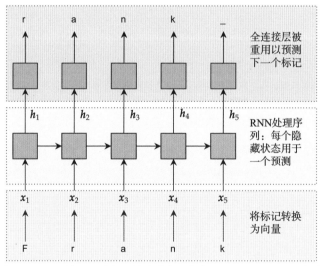

图7.8　自回归RNN设计。输入(从底部开始)为黄色，其中nn.Embedding层将每个字符转换为向量。这些向量被送入一个用绿色表示的RNN层，该层依次处理每个字符。然后，一组全连接层独立地(通过权重共享)处理每个RNN隐藏状态h_t，以对下一个标记进行预测

1. 定义自回归构造函数

　　我们的构造函数采用了一些熟悉的参数。若想了解词汇表num_embeddings的大小、嵌入层embd_size中的维数、每个隐藏层hidden_size中的神经元数量以及RNN层layers=1时的状态，可以执行以下代码：

```
class AutoRegressive(nn.Module):

    def __init__(self, num_embeddings, embd_size, hidden_size, layers=1):
        super(AutoRegressive, self).__init__()
        self.hidden_size = hidden_size
        self.embd = nn.Embedding(num_embeddings, embd_size)
```

对架构的第一个主要更改是不使用归一化的nn.GRU模块。归一化的nn.RNN、nn.LSTM和nn.GRU模块一次接受所有时间步长，并一次返回所有输出。可以使用这些模型来实现自回归模型，此次将使用nn.GRUCell模块。GRUCell一次处理一个项对应的序列。这比较慢，但可以更容易地处理具有未知且可变长度的输入。图7.9总结了这种方法。一旦完成了模型的训练，Cell类将非常有用，不过其也有不足之处——之后将解释为什么要这样做。

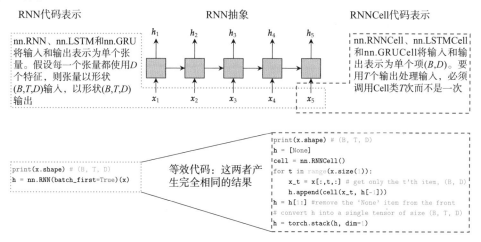

图7.9　显示PyTorch中RNN和cell类之间主要差异的示例。左：归一化的RNN在单次操作中处理整个序列，处理速度更快，但需要同时提供所有数据。右：Cell类一次处理一个项，没有所有可用的输入时其会变得更慢，但更容易使用

如果想要获取RNN的多个layers，就必须手动指定并亲自运行指定层。可以使用ModuleList指定组中的多个模块。这意味着self.embd后的初始代码如下：

```
self.layers = nn.ModuleList([nn.GRUCell(embd_size, hidden_size)] +
    [nn.GRUCell(hidden_size, hidden_size) for i in range(layers-1)])
self.norms = nn.ModuleList(
    [nn.LayerNorm(hidden_size) for i in range(layers)])
```

将GRUCell层的归一化分为两部分。首先是第一层的项列表，因为它必须从embd_size输入遍历到hidden_size输出。其次是所有剩余的层，使用[nn.GRUCell(hidden_size, hidden_ssize) for i in range(layers-1)]，因为这些层中的每一个都具有相同的输入和输出大小。有趣的是，我还使每个RNN结果都包含了一个LayerNorm归一化层。

构造函数中最不需要的是紫色层，紫色层接受隐藏状态 h_t 并为类输出预测。这是由一个全连接的小型网络完成的：

```
self.pred_class = nn.Sequential(
    nn.Linear(hidden_size, hidden_size),      ← (B, *, D)
    nn.LeakyReLU(),
    nn.LayerNorm(hidden_size),                ← (B, *, D)
    nn.Linear(hidden_size, num_embeddings)    ← (B, *, D) -> (B, *, VocabSize)
)
```

注意，我们将此模块的一个组件定义为整个网络。这将有助于划分设计，并使代码更易于阅读。如果想返回并更改从隐藏RNN状态变为预测的子网络，可以只更改 pred_class 对象，其余代码将正常运行。

2. 实现自回归forward函数

模块的 forward 函数将组织规划由其他两个辅助函数完成的工作。首先，将输入标记嵌入到它们的向量形式中，因为这可以一次完成。因为我们使用的是GRUCell类，所以需要自行跟踪隐藏状态。因此，我们使用 initHiddenStates(B) 函数为每个GRU层创建初始隐藏状态 $h_0 = \vec{0}$。然后，使用 for 循环获取 t 项中的每一个，并使用 step 函数逐一处理，该函数接受输入 x_t 和GRU隐藏状态 h_prevs 的列表。GRU隐藏状态存储在 last_activations 列表中，以获取每个时间步长的预测。最后，可通过将结果叠加在一起返回单个张量：

```
def forward(self, input):                 ← 输入应为(B, T)
    B = input.size(0)                     ← 批量大小是多少
    T = input.size(1)                     ← 最大时间步长是多少


    x = self.embd(input)                  ← (B, T, D)

    h_prevs = self.initHiddenStates(B)    ← 初始隐藏状态

    last_activations = []
    for t in range(T):
        x_in = x[:,t,:]                   ← (B, D)
        last_activations.append(self.step(x_in, h_prevs))

last_activations = torch.stack(last_activations, dim=1)    ← (B, T, D)

return last_activations
```

initHiddenStates 易于实现。我们可以用 torch.zeros 函数创建所有零值的张量。只需要使用参数B来表示批量的大小，就可以从对象的成员中获取 hidden_size 和 layers 数：

```
def initHiddenStates(self, B):
    """

    Creates an initial hidden state list for the RNN layers.

    B: the batch size for the hidden states.
    """
    return [torch.zeros(B, self.hidden_size, device=device)
        for _ in range(len(self.layers))]
```

step函数稍微复杂一些。首先检查输入的形状，如果它只有一个维度，则可以假设需要嵌入标记值来生成向量。然后检查隐藏状态h_prevs，若没有提供，则使用initHiddenStates将其初始化。这两个步骤都是很好的防御性代码步骤，以确保函数可以通用并避免出现错误：

```
def step(self, x_in, h_prevs=None):
    """
    x_in: the input for this current time step and has shape (B)
    if the values need to be embedded, and (B, D) if they
    have already been embedded.

    h_prevs: a list of hidden state tensors each with shape
     (B, self.hidden_size) for each layer in the network.
    These contain the current hidden state of the RNN layers
    and will be updated by this call.
    """

    if len(x_in.shape) == 1:          ◄─── 准备所有三个参数，使
                                          其成为最终形式。首先
        x_in = self.embd(x_in)         ◄─── 是(B)；需要将其嵌入
                                          接下来是(B, D)

    if h_prevs is None:
        h_prevs = self.initHiddenStates(x_in.shape[0])

    for l in range(len(self.layers)):  ◄─── 处理输入
        h_prev = h_prevs[l]
        h = self.norms[l](self.layers[l](x_in, h_prev))  ◄─── 使用以前的隐藏状
                                                             态推入当前输入
        h_prevs[l] = h
        x_in = h
    return self.pred_class(x_in)       ◄─── 对标记进行预测
```

在这些防御性编码步骤之后，只需遍历层的数量并处理结果。x_in是层的输入，它被传递到当前层self.layers[l]，然后是归一化层self.norms[l]。之后，存储新的隐藏状态h_prevs[l]=h并设置x_in=h，以便下一层可以处理其输入。一旦循环完成，x_in就得到了最后一个RNN层的结果，因此可以直接将其反馈给self.pred_class对象，接着从RNN隐藏状态转到关于下一个字符的预测。

线性图层随时间变化的快捷方式

你可能会注意到代码中关于(B,D)张量形状的注释。这是因为nn.Linear层使用了一个特殊的技巧，允许它们同时独立地应用于多个输入。我们一直在形状为(B, D)的张量上使用线性模型，线性模型可以接受D个输入并返回D′个输出。所以这是一个从(B, D)转换到(B, D′)的过程。如果一个序列中有T个项，则得到(B, T, D)形状的张量。将线性模型简单地应用于每个时间步长需要使用for循环，如下所示：

```
def applyLinearLayerOverTime(x):
    results = []          ←——  存储每个步长结果的位置
    B, T, D = x.shape
    for t in range(T):
        results.append(linearLayer(x[:,t,:]))   ←——  获取每个步长的结果
    return torch.stack(results, dim=0).view(B, T, -1) ←——  将所有内容叠加到
                                                            一个张量中，并正
                                                            确塑造其形状
```

此处的代码量比理想的要多，而且由于其中包含for循环，运行速度会更慢。PyTorch有一个简单的技巧，即不管轴的数量是多少，nn.Linear层都会被应用于张量的最后一个轴。这意味着可以用linearLayer替换整个函数，从而得到完全相同的结果。这会使得代码更少，速度更快。这样，任何全连接的网络都可以在单个时间步长或时间步群组上使用，而无须执行任何特殊操作。尽管如此，仍推荐保留像(B,D)和(B,T,D)这样的注释，以便可以提醒自己如何使用网络。

定义了模型后，就几乎大功告成了。接下来，以shakespear_100k数据为输入快速创建新的AutoRegressiveDataset，并使用适当的批量大小生成数据加载器。同时，创建具有32维嵌入、128个隐藏神经元和2个GRU层的自回归模型。此处使用了梯度裁剪，因为RNN对这个问题很敏感：

```
autoRegData = AutoRegressiveDataset(shakespear_100k, max_chunk=250)
autoReg_loader = DataLoader(autoRegData, batch_size=128, shuffle=True)

autoReg_model = AutoRegressive(len(vocab2indx), 32, 128, layers=2)
autoReg_model = autoReg_model.to(device)

for p in autoReg_model.parameters():
    p.register_hook(lambda grad: torch.clamp(grad, -2, 2))
```

3. 实现自回归损失函数

最后讲解的是损失函数ℓ。我们在每一步都进行预测，因此希望使用适用于分类问题的CrossEntropyLoss。然而，我们需要计算多个损失，每个时间步长对应一个。可以通过编写自己的损失函数CrossEntLossTime来解决这个问题，该函数计算每个步长的交叉熵。与forward函数类似，我们对每个预测x[:,t,:]和相应的标签y[:,t]进行分

片，以便分别得到预测与标签的标准(*B*, *C*)和(*B*)形状，并且可以直接调用CrossEntro-pyLoss。然后，将每个时间步长的损失相加，以获得要返回的单个总损失：

```
def CrossEntLossTime(x, y):
    """
    x: output with shape (B, T, V)
    y: labels with shape (B, T)
    """
    cel = nn.CrossEntropyLoss()

    T = x.size(1)

    loss = 0

    for t in range(T):                        ◀── 针对序列中的每个项…
        loss += cel(x[:,t,:], y[:,t])         ◀── …计算预测误差之和

return loss
```

现在终于可以训练我们的自回归模型了。使用相同的train_network函数，但传入新的CrossEntLossTime函数作为损失函数ℓ，然后一切都可以正常工作了：

```
train_network(autoReg_model, CrossEntLossTime, autoReg_loader, epochs=100,
➥device=device)
```

7.5.2　自回归模型是生成模型

还剩下最后一个细节，这个细节非常直观，不需要解释。自回归模型不仅是自监督的，也属于生成模型(generative model)这一类。这意味着其可以生成新的类似其训练原始数据的数据。为此，可将模型切换到eval模式，并创建一个张量采样来存储生成的输出。从模型生成的任何输出都可以称为样本(sample)，另一个很酷的做法则是将生成该样本的过程称为采样(sampling)(这是一个很好的术语，需要牢记)：

```
autoReg_model = autoReg_model.eval()
sampling = torch.zeros((1, 500), dtype=torch.int64, device=device)
```

通常，要想从自回归模型中采样，需要给模型提供一个种子(seed)。种子是模型给出的一些原始文本；模型需要对下一个步长做出预测。如下所示的是设置种子的代码，其中"EMILIA:"是初始种子，这好比角色Emilia在剧中要讲的话：

```
seed = "EMILIA:".lower()
cur_len = len(seed)
sampling[0,0:cur_len] = torch.tensor([vocab2indx[x] for x in seed])
```

自回归模型的采样过程如图7.10所示。种子作为初始输入传递给模型，我们忽略了所做的预测。这是因为我们的种子正在帮助构建RNN的隐藏状态*h*，其中包含关于每个先前

输入的信息。一旦处理完整个种子，就没有更多的输入了。当种子用完输入后，使用模型$\hat{x}_t$的前一个输出作为下一个时间步长$t+1$的输入。这是可能的，因为自回归模型已经学会了预测下一个步长。如果它在这方面做得很好，则它的预测可以用作输入，我们最终会在这个过程中生成新的序列。

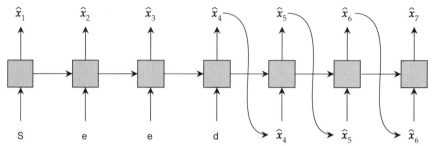

当使用已训练的自回归模型(即"测试")时，当前输出(t)将被用作未来输入($t+1$)。根据是在训练还是在测试自回归模型，使用方法会有所改变

图7.10　给模型提供一个种子，并忽略所做的预测。一旦种子用完，便使用时间步长t的预测作为下一步长$t+1$的输入

　　但如何将预测用作输入？我们的模型正在预测将每个不同字符作为下一个可能输出的可能性。但是下一个输入应该是一个特定的字符。这可通过基于模型的输出概率对预测进行采样来实现。因此，如果预测字符a成为下一个输出的概率为100%，模型将返回a。如果输出a的概率为80%，b的概率为10%，c的概率为10%，则可能会选择a作为下一个输出，但也可以选择b或c。如下代码便是如此：

```
for i in tqdm(range(cur_len, sampling.size(1))):
    with torch.no_grad():
        h = autoReg_model(sampling[:,0:i])      ←── 处理所有先前项
        h = h[:,-1,:]                            ←── 抓取最后一个时间步长
        h = F.softmax(h, dim=1)                  ←── 得出概率
        next_tokens = torch.multinomial(h, 1)    ←── 采样下一个预测
        sampling[:,i] = next_tokens              ←── 设置下一个预测
        cur_len += 1                             ←── 将长度增加1
```

　　注意：自回归模型可以同自动编码器一样很好地嵌入。前一段代码中的隐藏状态h可以用作一个嵌入，它总结了迄今为止处理的整个序列。这是从单词嵌入转向句子或段落嵌入的好方法。

　　现在得到了预测的新序列，但它的性能如何呢？这就是我们使用indx2vocab dict保存从标记到词汇表的逆映射的原因：可以使用它将每个整数映射回一个字符，然后将它们连接(join)在一起从而创建输出。以下代码将生成样本转换回我们可以阅读的文本：

```
s = [indx2vocab[x] for x in sampling.cpu().numpy().flatten()]
print("".join(s))
```

```
emilia:
to hen the words tractass of nan wand,
no bear to the groung, iftink sand'd sack,
i will ciscling
bronino:
if this,
so you you may well you and surck, of wife where sooner you.

corforesrale:
where here of his not but rost lighter'd therefore latien ever
un'd
but master your brutures warry:
why,
thou do i mus shooth and,
rity see! more mill of cirfer put,
and her me harrof of that thy restration stucied the bear:
and quicutiand courth, for sillaniages:
so lobate thy trues not very repist
```

你应该已经注意到生成的输出。虽然它看起来有点像莎士比亚的风格，但很快就变得凌乱不堪了。这是因为在经过数据的每一步训练后，我们都会离真实数据(real data)越来越远，导致我们的模型会做出不切实际的选择，从而成为错误，并对未来的预测产生负面影响。因此，生成的内容越长，预测质量就越差。

7.5.3　随着温度调整采样

该模型很少为任何标记给出概率为零，这意味着我们最终选择的下一个标记将会不正确或不现实。如果你99%确定下一个字符应该是a，那为什么要给模型1%的机会来选择可能错误的字符？为了使得模型符合最可能的预测，可以在预测生成过程中添加温度。temperature是一个标量，在计算softmax以生成概率之前，可将模型的预测除以该标量。如图7.11所示，可以将温度推至极值，如无穷高或零。温度无穷高的东西会导致产生均匀随机行为(非我们想要)，而温度为零的东西会被冻结，并反复返回相同的(最有可能的)东西(也非我们想要)。

> 将温度参数添加到计算中只需将每个logit值z(logit值就是输入到exp函数的值)除以一个特定值。
>
> $$\mathbb{P}(\text{BBQ}) = \frac{\exp\left(z_{BBQ} / temp\right)}{\exp\left(z_{Seafood} / temp\right) + \exp\left(z_{BBQ} / temp\right) + \exp\left(z_{Pasta} / temp\right)}$$

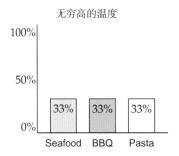

无穷高的温度

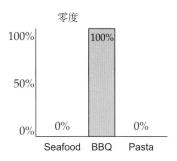

零度

如果一切都是极热状态，就似一堆沸腾的水原子在周围弹跳，状态是完全随机的

如果温度为零，则像一块冰冻的冰块。它是坚实和均匀的：你每次看它都是同一个结果。毫无随机性可言

$$\approx \frac{\dfrac{\exp(z_{BBQ}/\infty)}{\exp(z_{Seafood}/\infty) + \exp(z_{BBQ}/\infty) + \exp(z_{Pasta}/\infty)}}{\dfrac{\exp(z_{BBQ} \cdot 0)}{\exp(z_{Seafood} \cdot 0) + \exp(z_{BBQ} \cdot 0) + \exp(z_{Pasta} \cdot 0)}}$$

$$= \frac{1}{1+1+1} = 1/3,\ 即均匀随机$$

图7.11　Edward打算吃什么食物？如果温度设置得很高，Edward的选择将是随机的，无论初始概率是多少。如果温度在零度或接近零度，Edward总是会选择BBQ，因为这比任何其他选择都更有可能。更高温度＝更高随机性，但不允许出现负温度

我们可以不使用这些极端值，而是专注于如何通过使温度值略大于或小于1.0来增加一个小的影响。默认值temperature=1.0不会导致概率发生变化，因此与我们已经做的操作相同：计算原始概率，并根据这些概率对预测进行采样。但如果使用temperature<1，那么原本有更大可能性被选择的项(如BBQ)将获得更大的优势并增加它们被选择的可能性(想一想，"富人会变得更富有")。如果使temperatur>1，则最终会以最初较高的概率为代价，给较低概率的项提供更多的选择机会。图7.12以我的下一餐为例，总结了温度对选择的影响。

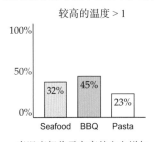

较高的温度 > 1

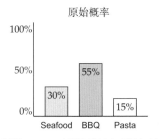

原始概率

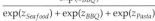

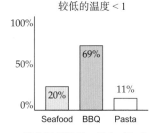

较低的温度 < 1

当温度朝着无穷高的方向增加时，就会朝着每一个选择机会均等的方向收敛。这意味着高概率下降，低概率上升

根据softmax函数计算每个项的初始概率。原始分数或logits值是该函数的输入。所以 $\mathbb{P}(BBQ) =$
$$\frac{\exp(z_{BBQ})}{\exp(z_{Seafood}) + \exp(z_{BBQ}) + \exp(z_{Pasta})}$$

随着温度降低，最有可能选择的项的概率增加。最终，具有最高原始概率的项将保证被选中

图7.12　温度如何影响选择下一餐的可能性示例。我最喜欢默认设置——吃BBQ，因为它很好吃。提高温度会激发多样性，如果达到极端最低温度(零度)，最终会随机选择每一项。降低温度会降低多样性，最终在极端高的可能"温度"(趋近于无穷大)下，只会选择最可能的原始项

在实践中，值0.75是一个很好的默认值[1](我通常在低端看到0.65，在高端看到0.8)，因为在保持了多样性的同时又避免了挑选原本不太可能选择的食物(例如，BBQ是我最喜欢的食物组，但食物有一些多样性更好且更现实)。以下代码将温度添加到采样过程中：

```
cur_len = len(seed)
temperature = 0.75          ←──── 主要补充：控制温
                                  度和采样行为
for i in tqdm(range(cur_len, sampling.size(1))):
    with torch.no_grad():
        h = autoReg_model(sampling[:,0:i])
        h = h[:,-1,:]                           ←──── 抓取最后一个时间步长
        h = F.softmax(h/temperature, dim=1)     ←──── 得出概率
        next_tokens = torch.multinomial(h, 1)
        sampling[:,i] = next_tokens
cur_len += 1
```

为什么温度被称为“温度”？

应该用一壶水来做类比，温度就是水的温度。如果温度很高，水就开始沸腾，水的原子会反弹到随机位置。随着温度降低，水开始结冰，原子以有组织的方式保持静止。高温=混沌(读取,随机)，低温则表示静止(读取,非随机)。

如果打印预测，应该能看到一些看似更合理的结果。这并不完美，更大的模型和更多的训练迭代周期有助于改善这一点。但添加temperature是帮助控制预测生成过程的常见技巧：

```
s = [indx2vocab[x] for x in sampling.cpu().numpy().flatten()]
print("".join(s))

emilia:
therefore good i am to she prainns siefurers.

king ford:
beor come, sir, i chaed
to me, the was the strong arl and the boy fear mabber lord,,
coull some a clock dightle eyes, agaary must her was flord but the hear fall
the cousion a tarm:
i am a varstiend the her apper the service no that you shall give yet somantion,
and lord, and commind cure, i why had they helbook.

mark ars:
who her throw true in go speect proves of the wrong and further gooland, before
but i am so are berether, i
```

因此你可能会想，为什么不进一步降低温度呢？难道我们不应该总是希望遵循最有可能生成的预测吗？这就引出了一些深层次的问题，即评估生成模型和自回归模型的难度，

1　即适用于文本生成的默认值。其他任务可能需要你调节温度以选择更优的值。

特别是当输入是类似于人类文本的内容时，这一点从一开始就不是可预测的。如果我告诉你我可以完美地预测别人会说什么，你就会心生怀疑。这怎么可能？我们应该始终对模型采用相同的标准。如果我们总是选择最可能生成的预测，就相当于我们假设了模型可以完美地预测一个人接下来会说什么。可通过将温度设置为非常低的值来尝试，如0.05：

```
cur_len = len(seed)
temperature = 0.05          ◄——  非常低的温度：几乎总
                                 是选择最可能的项
for i in tqdm(range(cur_len, sampling.size(1))):
    with torch.no_grad():
        h = autoReg_model(sampling[:,0:i])
        h = h[:,-1,:]                            ◄——  抓取最后一个时间步长
        h = F.softmax(h/temperature, dim=1)      ◄——  得出概率
        next_tokens = torch.multinomial(h, 1)
        sampling[:,i] = next_tokens

        cur_len += 1
s = [indx2vocab[x] for x in sampling.cpu().numpy().flatten()]
print("".join(s))

emilia:
i will straight the shall shall shall be the with the shall shall shall shall
be the with the shall be the with the shall shall shall be the shall shall
shall she shall shall shall shall shall be the with the shall shall shall
shall be the shall be the shall shall shall shall shall shall shall be
the prove the will so see and the shall be the will the shall shall
shall shall shall be the with the shall shall shall shall be the shall be the
with the shall shall shall be the wi
```

模型变得极度重复。当你选择最可能出现的标记作为下一个标记时，通常就会发生这种情况；该模型会一次又一次地选择最常见的单词/标记的序列。

高温替代品

调节温度只是以更真实的方式选择生成输出的许多可能技术之一。每种方法都有利弊，但你应该注意以下三种方法：波束搜索、top-*k*采样和核采样。Hugging Face 的优秀人士发表了一篇很好的博客文章，从高层次介绍了这些内容，参见 https://huggingface.co/blog/how-to-generate。

7.5.4　更快地采样

你可能已经注意到，采样过程需要花费45～50秒的时间来生成500个字符，但是每个迭代周期内仅需几秒钟便可训练100,000多个字符。这是因为每次在进行预测时，都需要将生成的整个序列重新输入模型中，以获得下一个预测。使用大写的O意味着正在做$O(n^2)$复杂度的操作以生成一个长度为$O(n)$的序列。

逐步处理序列的GRUCell可以简化这个问题的解决方案。将for循环分成两个部分，每个部分都直接使用step函数，而非模块的forward函数。第一个循环将种子推入模型，更新显式创建的一组隐藏状态h_prevs。之后，可以编写一个新的循环，用于生成新的内容，并在采样下一个字符后调用step函数更新模型。此过程显示在以下代码中：

```python
seed = "EMILIA:".lower()          ← 设置种子和用于存
cur_len = len(seed)                 储生成内容的位置

sampling = torch.zeros((1, 500), dtype=torch.int64, device=device)
sampling[0,0:cur_len] = torch.tensor([vocab2indx[x] for x in seed])

temperature = 0.75   ←  选择温度值
with torch.no_grad():                              ← 初始化隐藏状态
    h_prevs = autoReg_model.initHiddenStates(1)      以避免重复工作
    for i in range(cur_len):                       ← 推动种子进入模型
        h = autoReg_model.step(sampling[:,i], h_prevs=h_prevs)
    for i in tqdm(range(cur_len, sampling.size(1))):   ← 一次生成一个字符的新文本
        h = F.softmax(h/temperature, dim=1)    ←  得出概率
        next_tokens = torch.multinomial(h, 1)
        sampling[:,i] = next_tokens                    ← 现在只将新样本推入模型
        cur_len += 1
        h = autoReg_model.step(sampling[:,i], h_prevs=h_prevs)
```

这段新代码的运行时长不到一秒钟。快了很多，而且我们想要生成的序列越长，它就越快，因为它具有大写O表示的更好的复杂度$O(n)$来生成$O(n)$标记。接下来，打印生成的结果，可以看到其预测质量与之前相同：

```python
s = [indx2vocab[x] for x in sampling.cpu().numpy().flatten()]
print("".join(s))
```

```
emilia:
a-to her hand by hath the stake my pouse of we to more should there had the
would break fot his good, and me in deserved
to not days all the wead his to king; her fair the bear so word blatter with
my hath thy hamber--

king dige:
it the recuse.

mark:
wey, he to o hath a griec, and could would there you honour fail;
have at i would straigh his boy:
coursiener:
and to refore so marry fords like i seep a party. or thee your honour great
way we the may her with all the more ampiled my porn
```

至此，你已了解了自动编码器和自回归模型的所有基础知识，这两种相关方法的基本思想相同：使用输入数据作为目标输出。这些技术特别强大，可以模拟/替换昂贵的仿真(让网络学会预测下一步会发生什么)，清洗有噪声的数据(注入真实的噪声并学习如何去除它)，并以通用方法训练有用的模型而不需要标记任何数据。在第13章学习如何进行迁移学习时，这项技术将变得极其重要，它支持你使用无标签的数据来改进有标签的小型数据集生成的结果。

7.6　练习

请尝试在本书的Manning出版社在线平台上分享和讨论你的解决方案(https://liveproject.manning.com/project/945)。提交完答案后，你便能够看到其他读者提交的解决方案，并看到作者评选的最佳方案。

1. 创建不包含数字9和5的新版本MNIST数据集，并在此数据集上训练一个自动编码器。然后在测试数据集上运行自动编码器，并记录10个数字中每个数字的平均误差(MSE)。你能在结果中看到任何模式吗？自动编码器能否将9和5识别为异常值？

2. 训练目标尺寸为$D'=64$维的瓶颈式自动编码器。然后使用k-means(https://scikit-learn.org/stable/modules/clustering.html#k-means)在MNIST的原始版本和使用$D'=64$维编码的版本上创建$k=10$个聚类。使用scikit-slearn的同质性评分(http://mng.bz/nYQV)以评估这些聚类。哪种方法效果更好：原始图像的k-means还是编码表示的k-means？

3. 使用去噪方法实现去噪卷积网络。可以不进行任何池化操作来实现，以便输入保持相同的大小。

4. 有时人们会通过在编码器和解码器之间共享权重来训练深度自动编码器。尝试实现一个深度瓶颈自动编码器，它将TransposeLinear层用于解码器的所有层。当MNIST中只有$n=1,024$、8,192、32,768和所有60,000个样本时，试比较权重共享网络与非权重共享网络。

5. **挑战**：训练MNIST的非对称去噪自动编码器，其中编码器是全连接网络，解码器是卷积网络。提示：你需要使用View层结束编码器，该视图层将形状从(B, D)更改为$(B, C, 28, 28)$，其中D是编码器最后一个nn.LinearLayer层中的神经元数，且$D = C \cdot 28 \cdot 28$。这个网络的结果看起来比本章中的全连接网络更好还是更差，你认为混合架构对结果有何影响？

6. **挑战**：将MNIST数据集重塑为像素序列，并在像素上训练自回归模型。这需要使用实值输入和输出，因此你不会使用nn.Embedding层，并需要切换到使用MSE损失函数。训练后，尝试根据此自回归像素模型生成多个数字。

7. 将自回归模型中的GRUCells转换为LSTMCells，并训练新模型。你认为哪一个模型生成的输出更好？

8. `AutoRegressiveDataset` 可以在句子中间开始输入，因为它仅简单地获取输入的子序列。编写一个新版本，只在新行的开头选择序列的开头(即，在回车'\n'之后)，然后返回下一个 `max_chunk` 字符 (如果块之间有一些重叠也可以)。在此新版本的数据集上训练模型。你认为它会改变所生成输出的特性吗?

9. 在训练句子的自回归模型后，使用 `LastTimeStep` 类提取用于表示每个句子的特征向量。然后将这些向量输入到你最喜欢的聚类算法中，看看是否可以找到任何具有类似风格或类型的句子组。注意: 你可能需要对更少的句子进行子采样，以使聚类算法运行得更快。

7.7　小结

- 自监督是一种训练神经网络的方法，该方法需要使用部分输入作为试图预测的标签。
- 自监督被认为是无监督的，因为它可以应用于任何数据，不需要任何类型的过程或人工来手动标记数据。
- 自动编码是最流行的自监督形式之一。它的工作原理是让网络将输入预测为输出，但以某种方式约束网络，使其无法简单地返回原始输入。
- 两个流行的约束分别是迫使维度在向外扩展之前收缩的瓶颈设计，以及在将输入提供给网络之前对其进行修改，但网络仍然必须预测未修改的输出的去噪方法。
- 如果存在序列问题，就可以使用自回归模型查看序列中的每个先前输入，以预测下一个输入。
- 自回归方法具有生成式的优点，这意味着可以从模型中创建合成数据!

第8章

目标检测

本章内容

- 预测每个像素
- 使用图像分割
- 用转置卷积放大图像
- 使用边界框与Faster R-CNN进行目标检测
- 过滤结果以减少误报

假设你想建立一个用于统计公园里鸟类品种的系统，你架设了一台相机对准天空拍照，想了解所拍摄照片中每只鸟的品种名称。但如果照片中没有鸟呢？或者只有1只？或是12只呢？为了应对各种情况，首先需要识别图像中的鸟，然后对每只鸟进行分类。这个两阶段(two-step)过程被称为目标检测(object detection)，它有多种形式。广义上讲，它们都涉及识别图像的子成分。因此，该系统不像我们的模型到目前为止所做的那样，为每张图像生成一个预测，而是根据一张图像生成多个预测。

即使通过使用数据增强、更好的优化器和残差网络进行改进，我们之前建立的图像分类模型都假设图像属于所需类别。这意味着图像内容与训练数据相匹配。例如，MNIST模型假设图像总是包含0到9中的一个数字；普通CNN模型根本没有图像可以为空或有多个数字的概念。为了处理这些情况，我们的模型需要能够检测单个图像中包含的内容，以及这些内容在该图像中的位置。目标检测是这个问题的处理方法。

本章将讲解两种用于目标检测任务的方法。首先讨论图像分割(image segmentation)的细节，这是一种代价高但更简单的方法。类似于第7章中自回归模型对序列中的每个项进行预测的方式，图像分割也会对图像中的每个像素进行预测。图像分割代价巨大，因为需要有人标记图像中的每个像素。结果的有效性、实现分割模型的容易程度以及需要该级别细节的应用程序通常可以证明复杂度高具有合理性。为了改进图像分割，需要学习一种转置(transposed)卷积运算，该运算支持消除池化的收缩效应，以便池化发挥积极作用，并仍然在每个像素处进行预测。由此，我们构建了一个称为U-Net的基础架构，它已成为图像分割的实际设计方法。

　　本章的后半部分将从逐个像素预测转向可变数量的预测。这是通过使用一个不太精确但标签成本也较低的方法完成的：基于边界框(bounding box)的目标检测。边界框标签是大小刚好够捕获图像中整个目标的框。这更容易标记：只需在目标周围单击并拖动一个框(有时很粗糙)。但是，有效的目标检测模型很难实现，训练成本也很高。由于从零开始实现目标检测非常困难，因此不妨直接学习使用PyTorch中内置的基于区域提议(region proposal)的检测器。区域提议方法应用广泛且便于使用，因此本章将详细介绍其工作原理，并逐步推广至其他方法。本章会略过具体实现的细节，如果你想了解更多信息，可详见我提供的参考。

8.1　图像分割

　　图像分割是一种在图像中查找目标的简单方法。图像分割是一个分类问题，但我们没有(像MNIST那样)对整个图像进行分类，而是对每个像素进行分类。因此，200像素×200像素的图像将具有200×200＝40,000个分类。图像分割任务中的类通常是我们可以检测到的不同类型的目标。例如，图8.1中以一匹马、一个人和一些汽车作为类目标。

　　我们的目标是生成真实数据，其中每个像素都被分类为人、马、车或背景。我们有一个具有四个唯一类的分类问题，恰好一个输入就涉及进行多个预测。因此，如果有一个128像素×128像素的图像，则有$128^2＝16,384$个分类要执行。

输入　　　　　　　　　　　　　　　　标签

图8.1　PASCAL VOC 2012数据集的输入图像示例(左侧)，具有分段的人工标注的"正确"标签(右侧)。每个像素都被赋予了一个类，默认的"无类"(no class)或"背景"(background)类被赋予了不属于标记对象的像素

能够成功地分割图像，即可以执行目标检测。在图8.1中，可以找到人物目标(连成一体的粉色像素)，以确定人物是否存在于图像中以及他们在图像中的位置。分割本身也可以是目标。例如，医学[1]大夫可能希望在细胞活检图像中识别肿瘤细胞的百分比，以确定某人的癌症进展情况(百分比变大意味着癌症正在恶性发展；百分比变小意味着癌症范围在缩小，正在进行治疗)。医学研究中的另一项常见任务是手动标记图像中不同类型细胞的数量，并使用细胞类型的相对数量来确定患者的整体健康状况或其他医学特性。在这些任务中，我们不仅仅想知道目标在哪里：我们还想精确地知道它们有多大以及它们在图像中的相对比例。

图像分割任务是使用卷积神经网络的绝佳机会。CNN的设计理念是为输入的局部区域产生局部输出。因此，我们设计图像分割网络的策略也将使用卷积层作为输出层，而不是像以前那样使用nn.Linear层。当我们设计一个只包含卷积层(除了非线性和归一化层)的网络时，我们称该网络为全卷积(fully convolutional)网络[2]。

8.1.1　核检测：加载数据

本节将以2018年Data Science Bowl的数据(https://www.kaggle.com/c/data-science-bowl-2018)为例介绍图像分割。这场比赛的目标是检测细胞核及其大小，这里只分割图像。先下载这个数据集，为这个问题设置一个Dataset类，然后指定一个全卷积网络来预测整个图像。下载并解压缩数据，所有文件都位于stage1/train文件夹中。

数据被分放在了多个路径下。解压缩后，如果存在路径/文件夹：data0，则显微镜下的细胞图像可以在路径data0/images/some_file_name.png中找到。图像中的每个核都对应data0/mass/name_i.png下的一个文件。Dataset对象加载此文件后，就可以开始检测了。为了使检测过程变得简单，可以在Dataset类中进行一些归一化和准备工作。删除这些图像附带的alpha通道(通常用于透明图像)，按照PyTorch的喜好将通道重新排序为第一维度，并计算每个输入的标签。准备这些数据的方法如图8.2所示。

如图8.2所示，子目录中的所有图像大小完全相同，但目录之间的图像大小不同。为简单起见，可将所有图像的大小调整为256像素×256像素。这样，就不必担心需要填充图像以使其大小相同。建立标签时，需要使用一个形状相同的图像，0表示无类，1表示有核。可以通过将每个图像转换为称为掩码(mask)的二进制值数组来实现这一点，其中1=True=有核。然后，可以对掩码进行逻辑or运算，得到一个最终的掩码，该掩码在有核的每个像素上值都为1。

1　之所以使用“医学”这个限定词，纯粹是为了自圆其说：我也算是一名大夫，只不过并不是特别有用。但总有一天，飞机上也会发生机器学习紧急情况，那时我就派上用场了！

2　有些人认为被称为全卷积的模型就不能使用池化层。我不这么认为。通常，任何只使用卷积而没有使用nn.Linear层(或一些其他非卷积层，如RNN)的网络就可以称为全卷积。

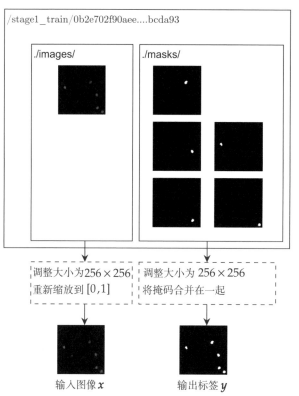

/stage1_train/0b2e702f90aee....bcda93

./images/

./masks/

数据集被分放到文件夹中，每个文件夹都是一个数据点。images文件夹包含一个图像，即输入。masks文件夹包含一个图像(二进制存在/不存在)，显示每单个核的位置

__getitem__函数将每个文件夹转换为输入/输出元组(x,y)。使用"或"运算合并所有掩码会创建一个包含所有细胞核的单独掩码，以适用于我们的图像分割任务

调整大小为256×256 重新缩放到[0,1]

调整大小为256×256 将掩码合并在一起

输入图像 x

输出标签 y

图8.2　这是我们处理Data Science Bowl数据以进行图像分割的实例。根目录下的每个文件夹都有几个子文件夹：一个包含一个图像的images文件夹(我知道，这很令人困惑)和一个包含每个细胞核的二进制掩码的masks文件夹。为进行目标检测(稍后讨论)，掩码都被分开了，因此可将其全部合并到一个图像中，以标识掩码所在的位置(数字1)和不在的位置(数字0)

以下代码是2018年Data Science Bowl数据集使用的类。我们的Dataset类会遍历每个掩码，并使用or将它们合并在一起，从而得到一个单独的掩码，显示包含目标的每个像素。这是在__getitem__中完成的，它会返回一个元组，其中包含输入图像以及我们要预测的掩码(即，包含细胞核的所有像素)：

```
class DSB2018(Dataset):
    """Dataset class for the 2018 Data Science Bowl."""
    def __init__(self, paths):
        """paths: a list of paths to every image folder in the dataset"""
        self.paths = paths
    def __len__(self):
        return len(self.paths)
    def __getitem__(self, idx):
        img_path = glob(self.paths[idx] + "/images/*")[0]
        mask_imgs = glob(self.paths[idx] + "/masks/*")
        img = imread(img_path)[:,:,0:3]
```

每个图像路径中只有一个图像，因此在末尾使用[0]获取找到的第一个图像

但是在每个掩码路径中有多个掩码图像

图像形状为(W, H, 4)。最后一个维度是未使用的alpha通道。修剪alpha得到(W, H, 3)

我们希望这是(3, *W*, *H*),即PyTorch的归一化形状

```
img = np.moveaxis(img, -1, 0)
img = img/255.0
```

图像的最后一步：将其重新缩放到范围[0, 1]

因为想进行简单的分割，所以创建了一个包含每个掩码中所有细胞核像素的最终掩码

每个掩码图像都具有形状(*W*, *H*),如果像素是核，其值为1;如果图像是背景，其值为0

```
a_different_nuclei/ masks = [imread(f)/255.0
    for f in mask_imgs]

final_mask = np.zeros(masks[0].shape)
for m in masks:
    final_mask = np.logical_or(final_mask, m)
final_mask = final_mask.astype(np.float32)


img, final_mask = torch.tensor(img),
    torch.tensor(final_mask).unsqueeze(0)
```

并非数据集中的每个图像的大小都相同。为了简化问题，可将每个图像的大小调整为(256, 256)。首先将其转换为PyTorch张量

```
img = F.interpolate(img.unsqueeze(0), (256, 256))
final_mask = F.interpolate(final_mask.unsqueeze(0), (256, 256))

return img.type(torch.FloatTensor)[0],
    final_mask.type(torch.FloatTensor)[0]
```

形状为(*B*=1, *C*, *W*, *H*)。我们需要将图像转换回**FloatTensor**，并获取批量中的第一项。这将返回元组(3, 256, 256), (1, 256, 256)

插值函数可用于调整图像批量的大小。将每个图像制作成一"批"1

8.1.2 在PyTorch中表示图像分割问题

现在可以加载数据集了，首先将一些数据可视化。语料库中的细胞图像有各种来源：一些看似黑色和白色，而另一些则看似彩色。以下这段代码加载数据并在左侧显示原始图像，在右侧显示掩码，该掩码精确标识所有核的位置：

```
dsb_data = DSB2018(paths)                                创建Dataset类对象

plt.figure(figsize=(16,10))
plt.subplot(1, 2, 1)                                     绘制原始图像

plt.imshow(dsb_data[0][0].permute(1,2,0).numpy())

plt.subplot(1, 2, 2)                                     绘制掩码

plt.imshow(dsb_data[0][1].numpy()[0,:], cmap='gray')
```

```
[7]: <matplotlib.image.AxesImage at 0x7fd24a8a5350>
```

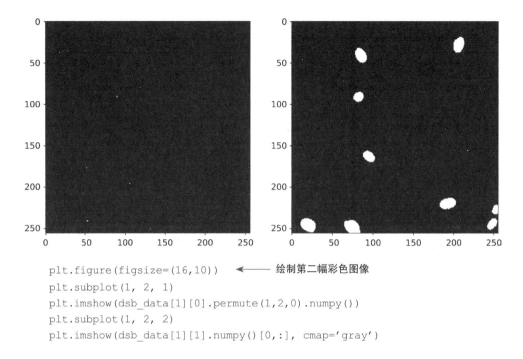

```
plt.figure(figsize=(16,10))          ← 绘制第二幅彩色图像
plt.subplot(1, 2, 1)
plt.imshow(dsb_data[1][0].permute(1,2,0).numpy())
plt.subplot(1, 2, 2)
plt.imshow(dsb_data[1][1].numpy()[0,:], cmap='gray')
```

[8]: <matplotlib.image.AxesImage at 0x7fd24a7eb6d0>

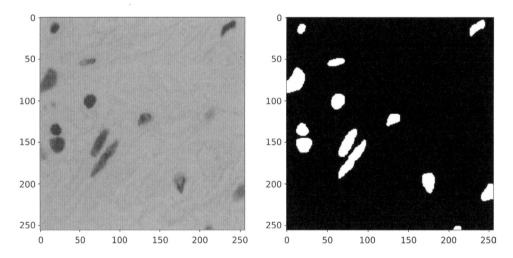

　　如图所示，输入图像分片的类型有许多。有些核很多，有些核很少，这些核可以彼此靠近，也可以相距很远。将小批量的图像——16幅，快速划分为训练数据和测试数据。之所以使用较小的批量，是因为这些图像较大，像素为256像素×256像素而不是28像素×28像素，并且，即使Colab提供的是一个较小的实例，也需要确保批量大小在GPU的处理范围之内：

```
train_split, test_split = torch.utils.data.random_split(dsb_data,
    [500, len(dsb_data)-500])
```

```
train_seg_loader = DataLoader(train_split, batch_size=16, shuffle=True)
test_seg_loader = DataLoader(test_split, batch_size=16)
```

由于这些是彩色图像，因此使用$C=3$个通道进行输入：红色、绿色和蓝色。我为卷积层任意选择了32个过滤器。以下代码中的最后一个设置项使用的是BCEWithLogitLoss而非CrossEntropyLoss。名称的BCE部分代表二进制交叉熵。这是CrossEntropyLoss的专门版本，只适用于二分类问题。因为已知只有两个类(核和背景)，所以对于是/否类型的预测，网络的输出可以是每个像素对应1个神经元。如果使用CrossEntropyLoss，那么每个像素就需要有两个输出，这会使代码有点难看：

输入中有多少像素通道？

```
  C = 3
  n_filters = 32                           通常应考虑的过滤器的最小值。若想尝试优
  loss_func = nn.BCEWithLogitsLoss()        化架构，可使用Optuna选择更多的过滤器
```

BCE损失隐式地假设了一个二进制问题

注意：当只有两个类时，使用BCEWithLogitLoss和CrossEntropyLoss的二进制交叉熵都可以收敛至相同的结果。它们在数学上是等价的，因此可以根据个人编码的喜好选择使用哪一个。我更喜欢使用BCEWithLogitLoss来解决二分类问题，因为看到这个loss函数就能立即知晓正在处理二进制输出/预测，从而得知关于这个问题的更多信息。通常，最好以能直白阐释代码作用的方式给类命名并编写代码。有时，还需要时不时地回头查看自己编写的旧代码，这些细节则有助于你回忆起当时的情况。

8.1.3 建立第一个图像分割网络

因为需要对每个像素进行预测，所以网络输出$f(\cdot)$的高度和宽度必须与原始输入相同。因此，如果输入是(B,C,W,H)，那么输出应为$(B,class,W,H)$。通道的数量可以根据类的数量而改变。通常，可为每个可以预测输入的类设置一个通道。在这种情况下，就会有两个类，所以可以使用一个具有二进制交叉熵损失的输出通道。因此，得到形状为$(B,1,W,H)$的输出。如果以只有一个过滤器的卷积层结束网络，那么模型的最终输出将只有一个通道。因此，我们使用卷积层作为最后一层。

保持W和H值相同的最简单方法是不使用池化，而始终使用填充，以便输出与输入大小相同。根据第3章，使用大小为k的过滤器意味着设置padding $= \left\lfloor \dfrac{k}{2} \right\rfloor$将确保输出的高度和宽度与输入相同。我们也使用这种约束来定义我们的网络。

下面的代码将这两种选择合并到一个简单的神经网络中。它遵循通常的重复卷积、归一化和非线性模式：

定义为CNN创
建隐藏层的辅
助函数

```
def cnnLayer(in_filters, out_filters, kernel_size=3):
    """
    in_filters: how many channels are in the input to this layer
    out_filters: how many channels should this layer output
    kernel_size: how large should the filters of this layer be
    """
    padding = kernel_size//2
    return nn.Sequential(
        nn.Conv2d(in_filters, out_filters, kernel_size, padding=padding),
        nn.BatchNorm2d(out_filters),
        nn.LeakyReLU(),
    )
```

为了简化代码，此处未设置泄漏值

第一层将
通道的数
量更改为
较大的值

```
segmentation_model = nn.Sequential(
    cnnLayer(C, n_filters),
    *[cnnLayer(n_filters, n_filters) for _ in range(5)],
    nn.Conv2d(n_filters, 1, 3, padding=1),
)
seg_results = train_network(segmentation_model,
    loss_func, train_seg_loader, epochs=10,
    device=device, val_loader=test_seg_loader)
```

指定一个图像分割的模型

再创建五
个隐藏层

预测每个位置。由于存
在二进制问题，因此使
用通道输出，并且使用
BCEWithLogitsLoss作
为损失函数。形状现在
是(1, *W*, *H*)

训练分割模型

现在已经训练了一个模型，接着直观地检查一些结果。下面的代码显示了如何从测试
数据集中获取项，将其推送到模型中，并获得预测。由于使用了二进制交叉熵损失，因此
需要使用torch.sigmoid(σ)函数将原始输出(也称为logits)转换为正确的形式。记住，
sigmoid将所有输出映射到范围[0, 1]中，因此0.5的阈值意味着，是否应该使用"核存在"
或"不存在"的最终答案。然后便可绘制结果，体现出图像的原始输入(左)、真实数据(中)
和预测(右)：

如果不训练，就不需要使用梯
度，因此请不要引入梯度！

从数据集中选择显示特定结
果的特定示例。更改此项以
查看数据集中的其他项

```
index = 6
```

通过模型推送
测试数据点。
记住，原始输
出称为**logits**

```
with torch.no_grad():
    logits = segmentation_model(test_split[index][0].
        unsqueeze(0).to(device))[0].cpu()
    pred = torch.sigmoid(logits) >= 0.5
```

将 σ 应用于**logits**以进
行预测，然后应用阈
值获得预测掩码

绘制输入、真实数据和预测

```
plt.figure(figsize=(16,10))
plt.subplot(1, 3, 1)
plt.imshow(test_split[index][0].permute(1,2,0).numpy(),
   cmap='gray')
plt.subplot(1, 3, 2)
plt.imshow(test_split[index][1].numpy()[0,:], cmap='gray')
plt.subplot(1, 3, 3)
plt.imshow(pred.numpy()[0,:], cmap='gray')
```

首先绘制网络的原始输入

其次是真实数据

最后是网络做出的预测

[12]: Text(-240, -50, 'Error: Phantom object')

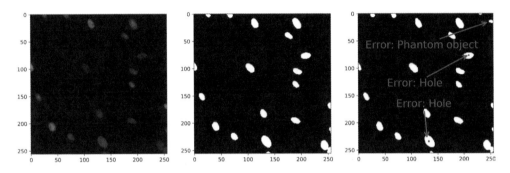

　　总的来说,结果非常好。我们甚至得到了大多数文字边缘情况(图像边界处的核)下的正确结果。出现在图像边缘的目标通常很难正确预测。但也有一些错误:分割模型在真正大的核上放置了一个不属于核的空洞。还检测到一些不存在的核,并用红色箭头标注了输出,以突出这些错误。

　　出现这些问题的一部分原因可能是由于我们的网络感受野太小,无法准确处理大的核。可以为每一层卷积的最大范围增加 $\left\lceil \dfrac{k}{2} \right\rceil$。因为共有六个卷积层,所以宽度只有12像素。虽然简单的选择是增加更多的层或增加卷积的宽度,但这样做可能会使成本变高,这是因为从未进行过任何池化,所以每次添加一个层或将过滤器的数量增加一倍时,都会增加对应方法所使用的总内存。

8.2 用于扩展图像大小的转置卷积

　　我们更倾向于以某种方式使用池化,这样就可以获得更小的输出(更少的内存)和更大的感受野,然后再扩展回更大的形式。可以使用所谓的转置(transposed)卷积来实现这一点。在常规卷积中,一个输出的值由多个输入确定。因为每个输出都有多个输入,所以输出比输入小,因而每个输出都会充分发挥它的全部作用。考虑转置卷积的一个简单方法是想象一个输入有助于多个输出,此举应用于一个小的2像素×2像素图像的效果如图8.3所示。因为转置卷积的一个输入对应多个输出,所以需要使输出大于原始输入,以便表示输入贡献的每个输出。

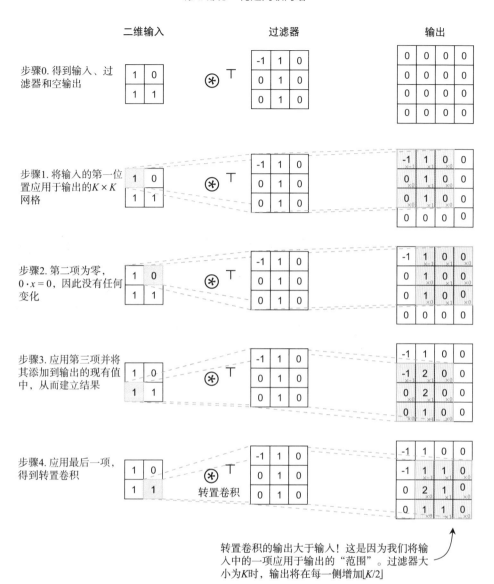

图8.3 转置卷积的逐步计算。左侧的绿色区域显示正在使用输入的哪个部分，右侧的橙色区域显示正在更改输出的哪个部分。在每一步，输入都乘以过滤器，并在给定位置与输出相加。因为输入按过滤器的大小扩展，所以输出的大小大于输入的大小

图8.4显示了顶部卷积和底部转置卷积的示例。两者都在各自的模式中使用相同的图像和过滤器。与常规卷积一样，转置卷积将每个位置的所有贡献相加，以获得最终值。因此要注意，红色虚线边框显示的内部区域在常规卷积和转置卷积之间具有相同的结果。不同之处在于如何解释边界情况：常规卷积收缩，转置卷积扩展。每个转置卷积都有一个等价的常规卷积，它只是简单地改变了填充量和应用的其他参数。

这里需要记住的重要一点是，转置卷积提供了一种扩大尺寸的方法。特别是，可以添加一个步幅(stride)来产生加倍效应，以扭转由池化造成的减半效应。步幅是在应用卷积

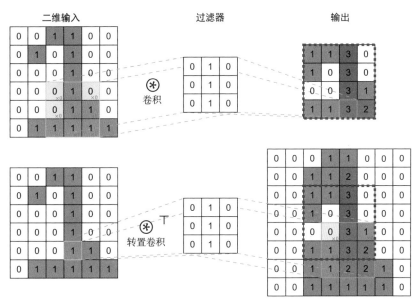

图8.4　当把相同的过滤器应用于相同的输入图像时，常规卷积(顶部)和转置卷积(底部)的示例。常规卷积按过滤器的大小缩小输出，转置卷积按内核的大小扩展输出

时滑动过滤器的程度。默认情况下，使用步幅 $s = 1$，这意味着一次在一个位置上滑动过滤器。图8.5显示了使用步幅 $s = 2$ 时的情况。常规卷积在输入端采用2步，而转置卷积在输出端采用2步。因此，步幅2常规卷积的大小减半，而步幅2转置卷积的大小加倍。

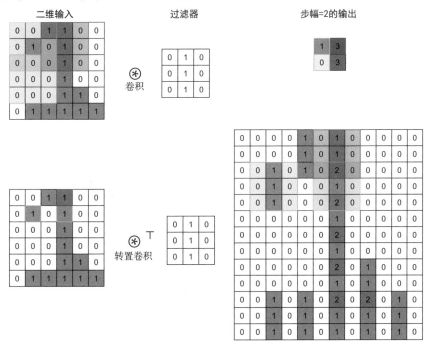

图8.5　$s = 2$ 的步幅对常规和转置卷积的影响的示例。阴影区域显示输入/输出映射。对于卷积，输入将过滤器移动两个位置，使输出变小。转置卷积仍然使用每个输入位置，但输出移动两个位置

我们将转置卷积合并到架构中的方式是，每隔几层就进行一轮池化。如果在一个 2×2网格(标准)中进行池化，则将模型的感受野宽度加倍。每次执行池化时，都会得到图像的更高级视图。一旦池化进行到网络的一半规模，就可以开始执行转置卷积以恢复到正确的大小。转置卷积后的层为模型提供了改进高级视图的机会。与第7章中设计自动编码器的方式类似的是，要使池化和转置循环对称。

使用转置卷积实现网络

转置卷积可用于扩展网络的输出，这意味着我们可以使用池化，然后撤消宽度和高度的减少。先来尝试一下，看看这是否可以为模型提供真正的价值。为了让这些示例保持简洁性并允许它们快速运行，可只进行一轮池化和转置卷积；但如果进行多次，结果会更好。以下代码通过一轮最大池化和随后的一轮转置卷积重新定义了网络：

```
segmentation_model2 = nn.Sequential(        第一层将通道数量更改
    cnnLayer(C, n_filters),          ◄──     为最大数量
    cnnLayer(n_filters, n_filters),
    nn.MaxPool2d(2),                 ◄────── 将高度和宽度缩小2
    cnnLayer(n_filters, 2*n_filters),
    cnnLayer(2*n_filters, 2*n_filters),
    cnnLayer(2*n_filters, 2*n_filters),
                                             高度和宽度加倍，抵消
    nn.ConvTranspose2d(2*n_filters, n_filters, (3,3),  ◄── 单个MaxPool2d的影响
     ⮡padding=1, output_padding=1, stride=2),
    nn.BatchNorm2d(n_filters),
    nn.LeakyReLU(),
    cnnLayer(n_filters, n_filters),   ◄────── 返回常规卷积
    nn.Conv2d(n_filters, 1, (3,3), padding=1),  ◄──
)                                                    每个位置的预测。形状
                                                     现在是(B, 1, W, H)

seg_results2 = train_network(segmentation_model2, loss_func,
 ⮡train_seg_loader, epochs=10, device=device, val_loader=test_seg_loader)
```

现在已经完成了这个新模型的训练，可以先在相同的数据上尝试测试一下此模型，看看会发生什么：

```
index = 6                          ◄────── 与之前相同的示例

with torch.no_grad():              ◄──     如果不训练，就不需要使用梯
                                           度，所以请不要引入梯度！

                                                 通过模型推送测试
                                                 数据点。原始输出
pred = segmentation_model2(test_split[index][0]. ◄── 称为logits
 ⮡unsqueeze(0).to(device))[0].cpu()
```

```
pred = torch.sigmoid(pred) >= 0.5
```

将 σ 应用于**logits**以进行预测，然后应用阈值以获得预测掩码

```
plt.figure(figsize=(16,10))
plt.subplot(1, 3, 1)
```

绘制输入、真实数据和预测

```
plt.imshow(test_split[index][0].permute(1,2,0).numpy(), cmap='gray')
plt.subplot(1, 3, 2)
```

首先绘制网络的原始输入

```
plt.imshow(test_split[index][1].numpy()[0,:], cmap='gray')
plt.subplot(1, 3, 3)
```

其次是真实数据

```
plt.imshow(pred.numpy()[0,:], cmap='gray')
```

最后是网络做出的预测

[15]: <matplotlib.image.AxesImage at 0x7fd24804e1d0>

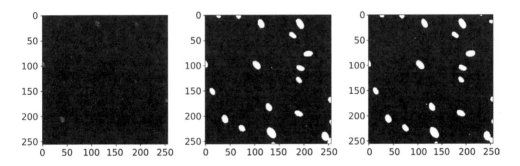

　　这个洞已经补好了；核目标检测显示了完好的白色固体区域。该网络在一些边缘案例方面也做得稍逊一筹。在较小的图像(池化后的圆)上工作有助于在输出中得到更柔和、更平滑的掩码。但是，不应该仅凭一张图片就判断是否做出了改进，还应该检查一下验证损失：

```
sns.lineplot(x='epoch', y='val loss', data=seg_results, label='CNN')
sns.lineplot(x='epoch', y='val loss', data=seg_results2,
    label='CNN w/ transposed-conv')
```

[17]: <AxesSubplot:xlabel='epoch', ylabel='val loss'>

　　根据验证误差得知，总体效果比以前稍微好一些。同样重要的是学习速度，我们可以看到，这种方法能够在更短的训练时间内更快地取得进步。这种更快的学习速度十分有优势，随着处理的问题变得更复杂和更大，其重要性也会随之增加。

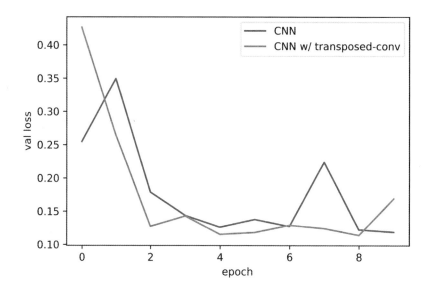

8.3　U-Net：查看精细和粗糙的细节

现在，已经学习了两种建模图像分割问题的方法。8.1节介绍的第一种方法不使用池化，执行多轮卷积层。这使得模型可以查看细微的细节，但实际上可以忽略森林中的树木，即整体中的个体。

8.2节介绍的第二种方法在使用了多轮最大池化后，会在架构末尾使用转置卷积层。可以将此方法视为逐步查看图像的更高级别区域。池化轮数越多，模型做出决策的可能性就越大。

最大池化/上采样对于检测较大的目标和较宽的边界非常有效，而细粒度模型对于较小的目标和细微的目标边界更有效。希望有一种方法，既能同时捕捉精细细节，又能同时捕捉高级特征，两全其美。

可以通过在方法中加入跳跃连接(skip connection)(详见第6章)来实现这两方面的最佳效果。这样做会创建一种称为U-Net的架构方法[1]，其中我们创建了三个子网络来处理输入：

- 一种将隐藏层应用于全分辨率(最低级别的特征)输入的输入子网络。
- 在最大池化之后应用的瓶颈子网络，支持查看较低的分辨率(较高级别的特征)，然后使用转置卷积将其结果扩展到与原始输入相同的宽度和高度。
- 一种输出子网络，将两个正在进行处理的网络的结果组合起来，使它能够兼顾低层次和高层次的细节。

1　O. Ronneberger, P. Fischer, and T. Brox, "U-Net: convolutional networks for biomedical image segmentation," in *Medical Image Computing and Computer-Assisted Intervention-MICCAI 2015*, N. Navab, J. Hornegger, W.M. Wells, and A.F. Frangi, eds., Springer International Publishing, 2015, pp. 234-241.

图8.6显示了U-Net风格方法的单个模块。

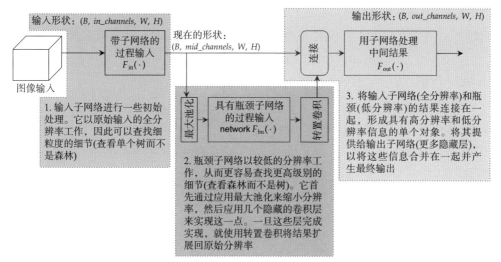

图8.6 U-Net块的设计，分为三个子网络。每个子网络都具有多个卷积隐藏层。第一个子网络的结果到达两个位置：第二个瓶颈子网络(在经过最大池化之后)以及合并第二个子网络结果的第三个子网络

通过反复使瓶颈子网络成为另一个U-Net块，可以将其扩展为更大的U-Net架构。这样就可以获得一个学会同时查看多个不同分辨率的网络。绘制将U-Net块插入U-Net块的图时会得到一个U形，如图8.7所示。该图还体现出，当分辨率缩小一半时，人们都倾向于将过滤器的数量增加2倍。这样，网络的每个级别就有了大致相当的工作量和计算量。

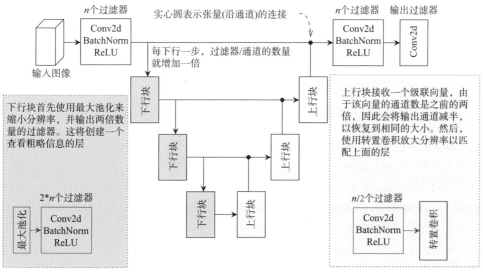

图8.7 U-Net风格架构示例。经过几轮卷积后，使用最大池化将图像缩小几倍。最后，转置卷积对结果进行上采样，并且每个上采样都包括一个到池化之前的前一个结果的跳跃连接。将结果连接在一起，并进行新的输出卷积。架构呈U形

图8.7显示了每个输入/输出对使用的一组Conv2d、BatchNorm和ReLu激活函数，但可以包含任意数量的隐藏层块。虽然U-Net指的是一种特定的架构和一种架构风格，但我在此处使用其来指代整体风格。8.3.1节将定义一些用于实现U-Net风格模型的代码。

实现U-Net

为了使实现更简单，可以将in_channels的数量作为输入，并使用mid_channels作为卷积中应该使用的过滤器数量。如果希望输出具有不同数量的通道，则使用1×1卷积将mid_channels更改为out_channels。由于每个块可以有多个layers，因此也将其作为一个参数。最不需要的则是用作瓶颈的sub_network。因此，构造函数如下所示：

我们的类扩展了**nn.Module**，所有的 **PyTorch层必须将其扩展**

```
class UNetBlock2d(nn.Module):
    def __init__(self, in_channels, mid_channels, out_channels=None,
     layers=1, sub_network=None, filter_size=3):
        """
        in_channels: the number of channels in the input to this block
        mid_channels: the number of channels to have as the output for each
          convolutional filter
        out_channels: if not 'None', ends the network with a 1x1
          convolution to convert the number of output channels to a
          specific number.
        layers: how many blocks of hidden layers to create on both the
          input and output side of a U-Net block
        sub_network: the network to apply after shrinking the input by a
          factor of 2 using max pooling. The number of output channels
          should be equal to 'mid_channels'
        filter_size: how large the convolutional filters should be
        """

        super().__init__()
```

接着浏览一下构造函数的内容。块(步骤1)的输入将始终具有形状$(B, in\_channels, W, H)$并产生形状$(B, mid\_channels, W, H)$。但是步骤3的输出部分将有两种可能的形状：$(B, 2 \cdot mid\_channels, W, H)$，因为它组合了步骤1和步骤2的结果，所以赋给它2倍的通道数量；或$(B, mid\_channels, W, H)$，这是无瓶颈下的选择。因此，需要检查是否有sub_network参数，并相应地改变输出块的输入数量。完成后，可以为步骤1和步骤3构建隐藏层。对于步骤2，可使用子网络self.bottleneck以表示在nn.MaxPool2d之后应用于缩小版本图像的模型。下面的代码段显示了上述所有步骤，并将步骤1组织为self.in_model，步骤2组织为self.bottleneck，步骤3组织为out_model：

```
in_layers = [cnnLayer(in_channels, mid_channels, filter_size)]
```
准备用于
处理输入
的层

```
if sub_network is None:
    inputs_to_outputs = 1
else:
    inputs_to_outputs = 2
```
如果有一个子网
络，则将输入到输
出的数量加倍。继
续研究

```
out_layers = [cnnLayer(mid_channels*inputs_to_outputs,
    mid_channels, filter_size)]
```
准备用于生成最终输
出的层，该输出具有
来自任何子网络额外
的输入通道

建其他隐藏
层用于输入
和输出

```
for _ in range(layers-1):
    in_layers.append(cnnLayer(mid_channels, mid_channels, filter_size))
    out_layers.append(cnnLayer(m
id_channels, mid_channels, filter_size))
```

```
if out_channels is not None:
    out_layers.append(nn.Conv2d(mid_channels, out_channels, 1, padding=0))
```
使用1×1卷积来确保
特定的输出大小

```
self.in_model = nn.Sequential(*in_layers)
```
共定义三个子网络。(1)in_model
执行初始的卷积循环

```
if sub_network is not None:
    self.bottleneck = nn.Sequential(
        nn.MaxPool2d(2),
```
收缩

处理较小
的分辨率

(2)子网络处理最大池化
结果。将池化和扩展直
接添加到子模型中

```
        sub_network,
        nn.ConvTranspose2d(mid_channels, mid_channels,
            filter_size, padding=filter_size//2,
            output_padding=1, stride=2)
else:
    self.bottleneck = None
self.out_model = nn.Sequential(*out_layers)
```
展开备份

(3)处理连接结果的输出模
型，如果没有给定子网络，
则仅处理in_model的输出

这就移除了所有的硬编码部分。最后一步是实现使用它的forward函数。通过将
所有部分组织成不同的nn.Sequential对象，最后一步相当轻松。通过对输入x应用
in_model来获得结果。接下来，检查是否存在瓶颈，如果存在，则应用它并将结果与满
比例结果连接起来。最后，应用out_model：

形状为(B, C, W,
H)，因为瓶颈既
会池化也会扩展

```
def forward(self, x):
    full_scale_result = self.in_model(x)
```
以当前比例计算卷
积。(B, C, W, H)

```
    if self.bottleneck is not None:
        bottle_result = self.bottleneck(full_scale_result)
```
检查是否存在要
应用的瓶颈

```
        full_scale_result = torch.cat(          ◀── 形状为(B, 2*C, W, H)
        ➥[full_scale_result, bottle_result], dim=1)

    return self.out_model(full_scale_result)  ◀── 计算连接(或非连
                                                  接!)后的输出结果
```

这为我们提供了一个由UNetBlock2d类表示的U-Net块。因此，可以通过指定sub_network本身是另一个UNetBlock2d来实现整个U-Net架构。然后，便可以随意重复多次。以下代码将三个UNetBlock2d嵌套在一起，然后进行一轮卷积，以达到所需的输出大小：

```
unet_model = nn.Sequential(
    UNetBlock2d(3, 32, layers=2, sub_network=
        UNetBlock2d(32, 64, out_channels=32, layers=2, sub_network=
            UNetBlock2d(64, 128, out_channels=64, layers=2)
        ),
    ),
    nn.Conv2d(32, 1, (3,3), padding=1),    ◀── 现在的形状是(B, 1, W, H)
)

unet_results = train_network(unet_model, loss_func, train_seg_loader,
➥epochs=10, device=device, val_loader=test_seg_loader)
```

至此已经完成了这个模型的训练，接着将结果与前两个分割模型进行比较。注意，U-Net是适用于两个模型的最好方案，可以使总损失更低，学习速度也比以前的细粒度模型或粗粒度模型更快。U-Net比其他方法更快地收敛到同等的或更好的准确率。它的优秀之处也在于不必猜测要使用多少层池化。可以简单地选择比原本认为需要的数量稍多的池化(U-Net块)，并让U-Net自行学习是否应该使用较低分辨率的结果。这是可能的，因为U-Net通过每个块的连接和输出子网络来维护自每个分辨率级别的信息：

```
sns.lineplot(x='epoch', y='val loss', data=seg_results, label='CNN')
sns.lineplot(x='epoch', y='val loss', data=seg_results2,
➥label='CNN w/ transposed-conv')
sns.lineplot(x='epoch', y='val loss', data=unet_results, label='UNet')
```

```
[20]: <AxesSubplot:xlabel='epoch', ylabel='val loss'>
```

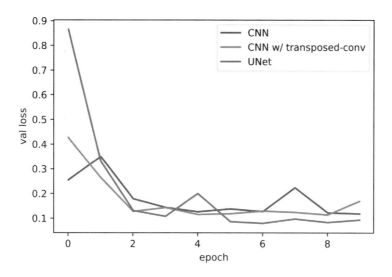

U-Net方法是任何图像分割问题或任何需要对图像中的多个点进行预测的相关任务的有力起点。这也是我们已经学习到的一些类似概念的重复：将跳跃连接和1×1卷积结合起来，即可构建一个更具表现力和更强大的模型。这也体现出我们应如何调整这些概念，以将某些类型的先验应用于正在处理的数据。我们认为，应用小的局部细节和粗糙的更高层次细节来做出更好的决策，就使用了跳跃连接和转置卷积来将这些先验嵌入到架构设计中。相比于任何可能的做法，学会识别这些机会并坚持到底，将会得到大有不同的结果。

8.4　带边界框的目标检测

图像分割的概念很简单，一个网络单独运行一次就可以获得每个像素的预测，但是标记每个像素的成本却很高。接下来将学习如何使用更复杂的方法，即使用多个组件协同工作来执行基于边界框的目标检测。该策略首先是在一个过程中找到目标，然后确定某个位置上存在什么特定目标。这使得标记更容易，但网络采用的技术更复杂。

特别是，我们讨论了一种称为Faster R-CNN的算法[1]，它已成为目标检测的实际基准。大多数其他方法都是Faster R-CNN的变体。与大多数目标检测器一样，Faster R-CNN使用边界框的概念进行标记和预测。图8.8显示了停车标志的潜在边界框标签和预测。边界框方法通常是首选方法，因为它成本较低，更容易打标签。只需使用软件在图像周围的框中添加注释即可(可以在https://github.com/heartexlabs/awesome-data-labeling#images找到一些免费在线软件)，这比图像分割需要费力地标记每个像素要容易得多。

我们希望模型通过在任何感兴趣的目标周围绘制框来检测目标。由于目标的大小或角度可能很奇怪，因此框应该框住目标，且应该足够大，以容纳整个目标。我们不希望这个

1　是的，名字中带"Faster"(更快)。这是很好的营销！

框变大(因为这样就可以投机取巧地将框标记为图像的大小)，也不希望框变小(因为这样会丢失部分目标)，并且不希望单个目标匹配多个框。

真实数据边界框

预测边界框

图8.8　停车标志作为基于边界框进行目标检测的目标。绿色框做出了正确的标记，刚好容纳整个目标。红色框则做出了一个可能的预测，虽然接近目标但不太正确。

使用模型来预测目标周围的框十分棘手。如何将框表示为预测？每个像素都有自己的预测框吗？这不会导致大量误报吗？如何在不编写数量惊人的for循环的情况下高效地完成它？有许多不同的方法可以用来解决这些问题，但我们将重点关注Faster R-CNN。该算法的高级策略是理解其他更复杂的目标检测器的良好基础，默认情况下，该算法内置于PyTorch中。

8.4.1　Faster R-CNN

假设有一辆自动驾驶汽车，我们希望其能够在停车标志处停车，毕竟没有人想因为开发出一辆无视停车标志、恣意驶过十字路口的汽车而锒铛入狱。我们需要尽可能多的图像，有的有停车标志及其周围方框，有的则没有停车标志和方框。Faster R-CNN是一个复杂的算法，包含许多部分，但到目前为止，你已经学会了足够的知识来理解构成其整体的所有部分。Faster R-CNN通过以下三个步骤解决这个问题：

(1) 处理图像并提取特征。

(2) 使用这些特征来检测潜在/提议的目标。

(3) 获取每个潜在的目标，确定它是什么目标，或者它根本不是目标。

图8.9概述了Faster R-CNN算法；稍后再讨论细节。以上三个步骤可以分为三个子网络：用于提取特征图的主干网络(backbone network)、用于查找目标的区域提议网络(region proposal network，RPN)和用于预测正在查看的目标类型的兴趣区域池化(region of interest pooling，RoI池或仅RoI)网络。Faster R-CNN是我们所学知识的延伸，因为骨干网络是一个全卷积网络，就像我们在图像分割时使用的那样，只不过我们让最后的卷积层输出一定数量的C通道，而不仅仅是一个通道。

我们不会从头开始实现Faster R-CNN，因为它有许多重要的细节，需要数百行代码才能实现。但我们将回顾所有的关键部分,因为许多其他目标检测器都建立在这种方法之上。Faster R-CNN也内置在PyTorch中,因此使用时无需进行太多其他操作。以下内容按照使用的顺序总结了主干网络、区域提议网络和兴趣区域子网络的工作方式。

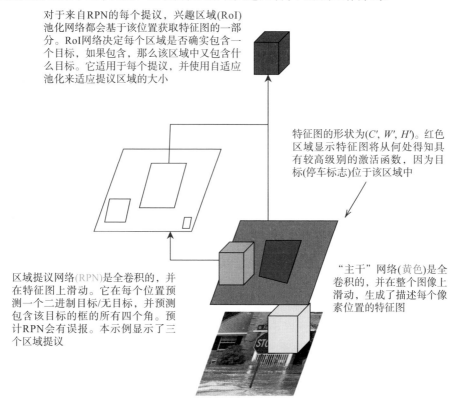

对于来自RPN的每个提议,兴趣区域(RoI)池化网络都会基于该位置获取特征图的一部分。RoI网络决定每个区域是否确实包含一个目标,如果包含,那么该区域中又包含什么目标。它适用于每个提议,并使用自适应池化来适应提议区域的大小

特征图的形状为(C', W', H')。红色区域显示特征图将从何处得知具有较高级别的激活函数,因为目标(停车标志)位于该区域中

区域提议网络(RPN)是全卷积的,并在特征图上滑动。它在每个位置预测一个二进制目标/无目标,并预测包含该目标的框的所有四个角。预计RPN会有误报。本示例显示了三个区域提议

"主干"网络(黄色)是全卷积的,并在整个图像上滑动,生成了描述每个像素位置的特征图

图8.9　早期将Faster R-CNN应用于停车标志的示意图。主干网络扫描图像且是最大的网络,为算法的其余部分提供良好的特征。接下来是区域提议网络,也是全卷积的,但非常小。它重用主干网络的特征图的工作流程来预测或提议图像中的目标位置。最后,兴趣区域网络获取与其中一个提议对应的特征图的每个子区域,并最终确定是否存在目标,以及如果存在,是什么目标

1. 主干网络

本质上,主干网络是类似于刚刚定义的目标分割网络的任何神经网络。它获取具有宽度、高度和通道数 (C, W, H) 的图像,并输出新的特征图 (C', W', H') 。主干网络的输出可以具有不同的宽度和高度,只要输出高度和宽度始终是输入高度和宽度的倍数(即,如果 $W' = W \cdot z$,则 $H' = H \cdot z$,必须保持宽度和高度之间的比率)。这些额外细节如图8.10所示。

主干网络的目标是完成所有的特征提取,这样一来,其他子网络可以更小,不需要非常复杂。这使得运行速度更快(只有一个大网络可以运行一次),并有助于协调其他两个子网络(在同一表示下运行)。主干网络是使用U-Net风格方法的绝佳位置,这样你就可以检测并区分高级目标(例如,区分汽车和猫,不需要太多细节)和类似目标,类似目标只能通过查看更精细的低级细节来区分(例如,区分不同品种的狗,如约克郡梗和澳大利亚梗)。

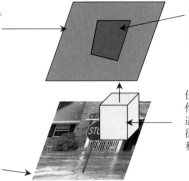

特征图的形状为(C', W', H')。这是主干网络的输出。其宽度W'和高度H'必须与原始值W和H成比例，即如果W'=z×W，则H'=z×H

红色区域显示的是特征图将学习具有较高激活函数的区域，因为目标(停止标志)位于该区域

任何图像分割网络都可以用作主干网络(例如，U-Net就适合)。它的输出是一个特征图，一个带有通道、宽度和高度的张量

输入图像的形状为(C, W, H)

图8.10　主干网络接收原始图像并创建新图像，即特征图。它有多个通道C'(用户定义的值)和一个新的宽度W'和高度H'。主干网络是Faster R-CNN中唯一的大型网络，旨在完成所有繁重的工作，因此其他网络可以更小更快

2. 区域提议网络

一旦主干网络将图像的丰富特征表示为(C', W', H')张量，RPN就确定了图像中的特定位置是否存在目标。它通过预测两件事来做到这一点：

- 边界框及其四个位置(左上、右上、左下和右下)
- 将边界框分类为"有目标"或"无目标"的二进制预测

在这种情况下，无论试图预测多少类，或者出现了什么特定目标，唯一的目标都是确定目标是否存在以及目标所在的位置。本质上，问题的所有类都被合并为一个"有目标"的超类。

为了使模型更加鲁棒，可以将这六个总预测(4个框坐标+2有目标/无目标)进行k次[1]。这个想法是给模型k次在学习过程中预测正确框形状的机会。常见的默认值是使用$k=9$次猜测。这允许RPN对图像内给定位置处目标的大小或形状进行多次预测，也是大多数实现中包括的常见优化。RPN的总体流程如图8.11所示。

因为我们对每个位置进行了k次预测，所以会得到更多的误报(如果一个目标位于该位置，那么k次预测中只有一个预测是最接近的，其他的都会成为误报)。这就是为什么预测被称为提议而不是预测的部分原因。我们预计会有比实际目标更多的提议，在这个过程中，我们将进行额外操作来清理这些误报。

RPN可以通过使用单个卷积层nn.Conv2d(C',6*k,1)来实现，它将在图像中的每个位置上滑动并进行六次预测。这是一个使用逐个卷积进行局部预测的技巧。在实际实现中，这通常使用两个层来完成，类似于：

---

[1] 这也可通过训练将目标/无目标作为二进制来实现，即4个框+1。不过，大多数论文和在线资源都使用+2方法，所以我在描述时坚持使用这种方法。

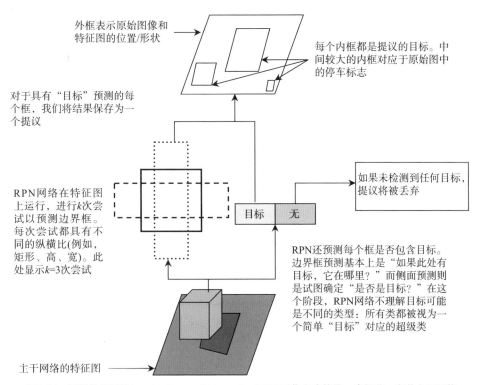

外框表示原始图像和
特征图的位置/形状

每个内框都是提议的目标。中
间较大的内框对应于原始图中
的停车标志

对于具有"目标"预测的每
个框，我们将结果保存为一
个提议

如果未检测到任何目标，
提议将被丢弃

目标　无

RPN网络在特征图
上运行，进行k次尝
试以预测边界框。
每次尝试都具有不
同的纵横比(例如，
矩形、高、宽)。此
处显示k=3次尝试

RPN还预测每个框是否包含目标。
边界框预测基本上是"如果此处有
目标，它在哪里？"而侧面预测则
是试图确定"是否是目标？"在这
个阶段，RPN网络不理解目标可能
是不同的类型：所有类都被视为一
个简单"目标"对应的超级类

主干网络的特征图

图8.11　区域提议网络(Region Proposal Network，RPN)工作方式的进一步细节。它从主干网络
获取特征图，并在每个位置进行多次预测。它预测多个框，以及每个框是否包含一个目标。接
收"目标"预测的框成为RPN的输出：原始输入中可能包含目标的区域列表

```
nn.Sequential(
    nn.Conv2d(C', 256, (1,1)),          ← 一层用于非线性
    nn.BatchNorm2d(256),
    nn.LeakyReLU(),
    nn.Conv2d(256, 6*k, (1,1)),      这里添加了一些代码，将输出划分成一组四个框
    ...                                 和另一组两个框。方法取决于实施策略
)
```

仅添加一个额外的层就可以使模型具有一些非线性能力，从而做出更好的预测。我们可
以使用这么小的网络，是因为主干网络已经完成了繁重的工作。因此，一个小的、快速的、
几乎非线性的RPN网络可以在主干网络的顶部运行。RPN的工作是预测目标的位置和形状。

3. 兴趣区域(RoI)池化

最后一步是RoI池化。RPN的输出为我们提供了共 $W' \cdot H' \cdot k$ 个潜在兴趣区域的位置。
RoI池化接收来自RPN的每个提议，并获取特征图的相应区域(由主干网络生成)作为其输
入。但是这些区域的大小可能不同，并且区域可能重叠。在训练时，我们需要对所有这些
区域进行预测，以便模型能够学习抑制误报和检测误报。在测试时，只需要预测在RPN子
网络中得分较高的提议。在训练和测试中都面临一个问题，即提议的大小是可变的。因

此，需要设计一个可以同时处理可变大小的输入并进行单个预测的网络。

为了实现这一点，可使用自适应池化(adaptive pooling)。在归一化的池化中，我们会表达出希望将输入缩小多少(例如，通常将图像缩小1/2)。但在自适应池化中，则要表明希望输出有多大，自适应池化根据输入的大小调整收缩因子。例如，如果想要一个3×3输出，而输入是6×6，那么自适应池化将在2×2网格中完成(6/2=3)。但是如果输入是12×12，那么将在4×4网格中进行池化，以获得12/4=3。这样，便总能得到相同大小的输出。RoI池化流程如图8.12所示。

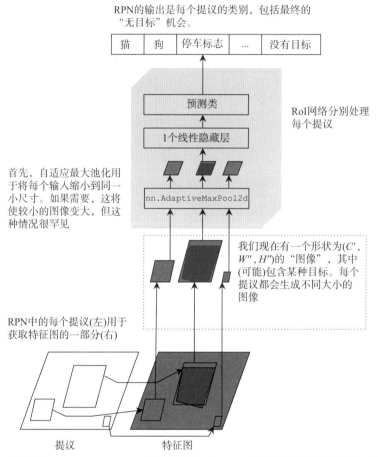

图8.12 兴趣区域(Region of Interest，RoI)网络是最后一步。RPN的结果告诉我们特征图的哪些区域可能包含目标。提取这些区域的分片，使用nn.AdaptiveMaxPool2d将其调整为标准的小形状，然后使用一个小的、全连接的隐藏层对每个提议进行预测。这是对存在的特定目标的最终确定

此RoI子网络的代码可能如下所示：

```
nn.Sequential(
    nn.AdaptiveMaxPool2d((7,7)),
    nn.Flatten(),
```

对于任意W和H的输入，其形状为$(B, C, 7, 7)$

现在为$(B, C*7*7)$

```
    nn.Linear(7*7, 256),
    nn.BatchNorm1d(256),
    nn.LeakyReLU(),
    nn.Linear(256, classes),
)
```

假设 *C*=1且具有**256个
隐藏神经元**

RoI网络从自适应池化开始，以强制所有预测达到特定大小。7×7的大小可以使RoI网络小型化并快速运行，因为我们有许多提议需要处理。它太小了，只需要两轮nn.Linear层而不需要卷积层即可实现，因为它已经缩小了很多。然后，就可以将该网络应用于RPN网络识别的每个区域，而不考虑其大小，并获得预测。

8.4.2　在PyTorch中实现Faster R-CNN

实现Faster R-CNN的细节并不简单，要得到完全正确的算法会很困难。若要查看细节，可访问http://mng.bz/RqnK查看文章"使用R-CNN进行目标检测和分类"(*Object Detection and Classification using R-CNNs*)。幸运的是，PyTorch内置了Faster R-CNN。不过，训练它的代价很大，因此我们将根据MNIST创建一个简单示例问题来讲解其基础知识。

我们的小型数据集是一个更大的100像素×100像素的图像，其中包含位于随机位置的具有随机数量的MNIST数字。目标是检测这些图像的位置并正确分类。我们的数据集将返回一个元组。元组中的第一项是要对其执行目标检测的100像素×100像素的图像。元组中的第二项是包含两个子张量的字典。

第一个子张量由名称boxes索引。如果图像中有*k*个目标，则其形状为(*k*,4)，并存储float32值，给出框的4个角。第二项由labels索引，仅用于执行训练。这个张量看起来更像我们之前使用的张量，即具有(*k*)的形状，值为int64，给出了要检测的*k*个目标的类ID。

1. 实现R-CNN数据集

下面的代码块显示了实现小型MNIST检测器的Dataset类。请注意用于计算offset的注释，因为边界框角都处于绝对位置，因此需要根据两个角到起始角的相对距离计算这两个角：

```
class Class2Detect(Dataset):
    """This class is used to create a simple conversion of a dataset from
    ⮕a classification problem, to a detection problem. """

    def __init__(self, dataset, toSample=3, canvas_size=100):
        """
        dataset: the source dataset to sample items from as the "objects"
        ⮕to detect
        toSample: the maximum number of "objects" to put into any image
        canvas_size: the width and height of the images to place objects
        ⮕inside of.
        """
        self.dataset = dataset
        self.toSample = toSample
```

```
                self.canvas_size = canvas_size

        def __len__(self):
            return len(self.dataset)

        def __getitem__(self, idx):

            boxes = []
            labels = []

            final_size = self.canvas_size
            img_p = torch.zeros((final_size,final_size),
            ➥dtype=torch.float32)

            for _ in range(np.random.randint(1,self.toSample+1)):
                rand_indx = np.random.randint(0,len(self.dataset))
                img, label = self.dataset[rand_indx]
                _, img_h, img_w = img.shape

                offsets = np.random.randint(0,final_size -
                ➥np.max(img.shape),size=(4))
                offsets[1] = final_size - img.shape[1] - offsets[0]
                offsets[3] = final_size - img.shape[2] - offsets[2]

                with torch.no_grad():
                    img_p = img_p + F.pad(img, tuple(offsets))

                xmin = offsets[0]
                xmax = offsets[0]+img_w

                ymin = offsets[2]
                ymax = offsets[2]+img_h

                boxes.append( [xmin, ymin, xmax, ymax] )
                labels.append( label )

            target = {}
            target["boxes"] = torch.as_tensor(boxes, dtype=torch.float32)
            target["labels"] = torch.as_tensor(labels, dtype=torch.int64)

            return img_p, target
```

采样将**self.to Sample**个目标放置到图像中。此处正在调用**PRNG**，因此该函数不是确定性的

创建一个较大的图像，用于存储所有要检测的"目标"

从原始数据集中随机选择一个目标及其标签

获取该图像的高度和宽度

选择*x*轴和*y*轴的随机偏移，基本上将图像放置在随机位置

更改结尾处的填充，以确保生成特定的**100,100**形状

xmax是偏移量加上图像的宽度

创建"框"的值。所有这些框都位于绝对像素位置。**xmin**由随机选择的偏移量确定

ymin/max遵循相同的模式

使用右侧标签添加到框中

2. 实现R-CNN校对功能

　　PyTorch的Faster R-CNN实现不使用我们之前一直使用的模式(一个张量，所有内容都填充为相同大小)进行输入批量。原因是Faster R-CNN被设计用于处理具有高度可变大小的图像，因此我们不会对每项都使用相同的*W*和*H*值。相反，Faster R-CNN想要得到一个张量

list和一个字典list。我们必须使用自定义的校对功能来实现这一点。以下代码创建了训练集和测试集以及所需的校对功能和加载器：

```
train_data = Class2Detect(torchvision.datasets.MNIST("./", train=True,
➥transform=transforms.ToTensor(), download=True))
test_data = Class2Detect(torchvision.datasets.MNIST("./", train=False,
➥transform=transforms.ToTensor(), download=True))

def collate_fn(batch):
    """
    batch is going to contain a python list of objects. In our case, our
    ➥data loader returns (Tensor, Dict) pairs
    The FasterRCNN algorithm wants a List[Tensors] and a List[Dict]. So we
    ➥will use this function to convert the
    batch of data into the form we want, and then give it to the Dataloader
    ➥to use
    """
    imgs = []
    labels = []
    for img, label in batch:
        imgs.append(img)
        labels.append(label)
    return imgs, labels

train_loader = DataLoader(train_data, batch_size=128, shuffle=True,
➥collate_fn=collate_fn)
```

3. 检查MNIST检测数据

现在已经设置了所有数据。接着查看一些数据以了解情况：

```
x, y = train_data[0]        ◀━━━ 获取带有标签的图像
imshow(x.numpy()[0,:])
```

[24]: <matplotlib.image.AxesImage at 0x7fd248227510>

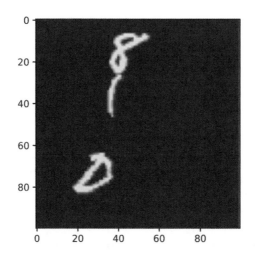

此图像在随机位置有三项：本例中为8、1和0。先来看看标签目标*y*。这是一个Python dict对象，因此可以看到键和值，并对dict进行索引，以查看它包含的各个项。

```
print(y)                            ←── 打印所有内容
print("Boxes: ", y['boxes'])        ←── 打印张量，显示所有三个目标的角的像素位置
print("Labels: ", y['labels'])      ←── 打印张量，显示所有三个目标的标签

{'boxes': tensor([[14., 60., 42., 88.],
        [23., 21., 51., 49.],
        [29., 1., 57., 29.]]), 'labels': tensor([0, 1, 8])}
Boxes: tensor([[14., 60., 42., 88.],
        [23., 21., 51., 49.],
        [29., 1., 57., 29.]])
Labels: tensor([0, 1, 8])
```

这三个输出看起来都很合理。*y*的boxes组件的形状为(3, 4)，labels的形状为(3)。如果将第一行boxes与之前的图像进行比较，便可以看到，它在x轴上的值是从30左右开始到接近60下降，这对应于boxes张量中的值。高度值(y坐标)也是如此，从10附近开始，到30附近下降。

此处的重点是，边框和标签出现的顺序是一致的。标签4可以是第一个标签，只要第一行boxes具有目标4的正确位置。

4. 定义Faster R-CNN模型

至此，继续构建一个小型主干网络以供使用。只需在块中迭代一些"Conv、BatchNorm、ReLU"，然后慢慢增加过滤器的数量。最后需要做的就是向所创建的网络添加backbone.out_channels值，以告知Faster R-CNN实现*C*′的值，即主干网络所生成特征图中的通道数。这可以用于设置RPN和RoI子网络。RPN和RoI网络都很小，没有太多参数可供调优，我们也不想把它们做得更大，因为那样训练和推理代价将非常大。代码如下：

```
C = 1                           ←── 输入中有多少个通道？
classes = 10                    ←── 有多少类？
n_filters = 32                  ←── 主干网络中有多少个过滤器？

backbone = nn.Sequential(
    cnnLayer(C, n_filters),
    cnnLayer(n_filters, n_filters),
    cnnLayer(n_filters, n_filters),
    nn.MaxPool2d((2,2)),
    cnnLayer(n_filters, 2*n_filters),
    cnnLayer(2*n_filters, 2*n_filters),
    cnnLayer(2*n_filters, 2*n_filters),
    nn.MaxPool2d((2,2)),
    cnnLayer(2*n_filters, 4*n_filters),
    cnnLayer(4*n_filters, 4*n_filters),
```

```
)
backbone.out_channels = n_filters*4
```
← 让**Faster R-CNN**准确了解需要多少输出通道

接下来定义Faster R-CNN模型。为之提供主干网络并告知有多少类以及如何归一化图像(如果图像值在[0,1]范围内，平均值0.5和偏差0.23是适合大多数图像的默认值)。我们还为Faster R-CNN提供最小和最大图像的信息。为了更快地运行，已将图像都设置为具有唯一的大小100。但对于真实数据，此举被用于尝试在多个尺度上检测目标；这样它可以处理近处或远处的目标。然而，这需要进行更多的计算，甚至需要更多的训练。

注意：应该如何针对实际问题设置Faster R-CNN的最小和最大图像？这里有一条经验法则：如果它太小以至于人类无法完成设置，那么网络也可能做不到。在数据中，尝试以不同的图像分辨率查找你关心的目标。如果可以找到目标的最小分辨率是256像素×256像素，那么这是一个很合适的最小尺寸。如果使图像定位目标所需的最大分辨率为1024像素×1024像素，则这是一个很合适的最大尺寸。

从PyTorch 1.7.0开始，在使用自己的主干网络时，还必须指定有关RPN和RoI网络的一些信息，这分别由AnchorGenerator和MultiScaleRoIAlign对象完成。AnchorGenerator控制RPN提出的提议数量，以不同的纵横比生成提议(例如，1.0是正方形，0.5是高两倍于宽的矩形，2是宽两倍于高的矩形)，以及这些预测像素应该有多高(即，目标可能有多大或多小？现实中可以使用16到512像素)。MultiScaleRoIAlign需要我们告知Faster RCNN主干网络的哪一部分提供了特征图(它支持多个特征图，这是一种奇特的功能)，RoI的网络将有多大，以及如何处理根据RPN预测的分数像素位置。以下代码将实现所有这些功能：

```
anchor_generator = AnchorGenerator(sizes=((32),),
    aspect_ratios=((1.0),))

roi_pooler = torchvision.ops.MultiScaleRoIAlign(
    featmap_names=['0'], output_size=7,
    sampling_ratio=2)

model = FasterRCNN(backbone, num_classes=10,
    image_mean = [0.5], image_std = [0.229],
    min_size=100, max_size=100,
    rpn_anchor_generator=anchor_generator,
    box_roi_pool=roi_pooler)
```

告诉**PyTorch**使用主干网络的最终输出作为特征图(['0'])；使用自适应池化到**7×7**网格(output_size=7)。**sampling_ratio**的名称很糟糕：它控制**RoI**在预测分数像素位置时如何获取特征图分片的细节(例如，是5.8而不是6)。我们不会探讨那些低级的细节；2是大多数任务的合理默认值

创建**Faster RCNN**对象。为其提供主干网络、类的数量、用于处理图像的最小和最大尺寸(所有图像都是100像素)、从图像中减去的平均值和标准差，以及锚点生成(RPN)和RoI对象

应该生成多少个提议**k**？每个纵横比将为1，并且该过程将针对多个图像大小重复。为了加快运行速度，可告诉**PyTorch**只查找32像素×32像素大小的正方形图像

5. 实现Faster R-CNN训练循环

由于张量列表和字典列表的不寻常使用，因此无法使用标准的`train_network`函数来处理这种情况。在此，我们编写了一个最小的训练循环来进行训练。主要技巧是将列表中的每个项(输入和标签)移到想要使用的计算设备。这是因为`.to(device)`方法只存在于`PyTorch nn.Module`类。Python中的标准列表和字典没有提供这些功能。幸运的是，我们在早期定义了一个`moveTo`函数，它可以执行此操作，并且可以处理列表和字典。

第二个奇怪之处是`FasterRCNN`对象在训练模式和评估模型中的行为不同。在训练模式中，它期望标签与输入一起传递，以便计算每个预测的损失。它还返回了每个单独预测损失的列表，而不是单个标量。因此，需要将所有这些单独的损失相加，得到最终的总损失。以下代码显示了训练`FasterRCNN`一个迭代周期内的简单循环：

```
model = model.train()
model.to(device)
optimizer = torch.optim.AdamW(model.parameters())

for epoch in tqdm(range(1), desc"Epoch", disable=False):
    running_loss = 0.0
    for inputs, labels in tqdm(train_loader, desc="Train Batch",
      leave=False, disable=False):
        inputs = moveTo(inputs, device)         ←── 将批量数据移至正在使用的设备
        labels = moveTo(labels, device)

        optimizer.zero_grad()
        losses = model(inputs, labels)          ←── RCNN需要模型(输入，标签)，
        loss = 0                                       而不仅仅是模型(输入)
        for partial_loss in losses.values():
            loss += partial_loss
        loss.backward()                         ←── 照常进行

        optimizer.step()

        running_loss += loss.item()
```

计算损失。RCNN提供了一份损失列表 ──→ `loss = 0`

这就是使用PyTorch提供的Faster R-CNN实现所需的一切条件。继续来看它做得有多好。首先，将模型设置为`eval`模式，这将改变Faster R-CNN实现如何获取输入并返回输出：

```
model = model.eval()
model = model.to(device)
```

接下来，从测试数据集中快速抓取一个项，看看它是什么样子。在本例中，我们看到它有3个对象，即8、0和4：

```
x, y = test_data[0]
print(y)          ←——— 这是我们想要得到的真实结果

{'boxes': tensor([[31., 65., 59., 93.],
        [10., 36., 38., 64.],
        [64., 24., 92., 52.]]), 'labels': tensor([8, 0, 4])}
```

接下来做一个预测。由于目前正处于eval模式，PyTorch需要一个图像list来进行预测。它也不再需要将labels对象作为第二个参数传入，这很好，因为如果我们已经知道所有对象的位置，就不会这样做了：

```
with torch.no_grad():
    pred = model([x.to(device)])
```

6. 检查结果

查看结果。PyTorch的实现返回了一个包含三个项的dicts列表：预测项位置的boxes张量、每个项预测的类的labels张量以及与每个预测相关的置信度scores张量。以下代码显示了此图像生成的pred内容：

```
print(pred)

[{'boxes': tensor([[31.9313, 65.4917, 59.7824, 93.3052],
        [64.1321, 23.8941, 92.0808, 51.8841],
        [70.3358, 26.2407, 96.2834, 53.7900],
        [64.9917, 24.2980, 92.9516, 52.2016],
        [30.9127, 65.1308, 58.6978, 93.3224]], device='cuda:0'), 'labels':
tensor([8, 4, 1, 9, 5], device='cuda:0'), 'scores': tensor([0.9896, 0.9868,
0.1201, 0.0699, 0.0555], device='cuda:0')}]
```

每个字典都有一个$(k', 4)$形状的boxes张量，用于k'预测。labels张量具有(k')形状，给出它为每个对象预测的标签。最后，scores张量也具有(k')形状，它为每个返回的预测提供[0,1]范围内的分数。这些分数是RPN子网络的"目标"分数。

在这种情况下，模型有置信找到8分和4分($\geqslant 0.9$分)，但对其他类没有置信。通过将这些结果打印到图片中更容易理解，因此可以快速定义一个函数来实现这一点：

```
import matplotlib.patches as patches

def plotDetection(ax, abs_pos, label=None):
    """
    ax: the matplotlib axis to add this plot to
    abs_pos: the positions of the bounding box
    label: the label of the prediction to add
    """
    x1, y1, x2, y2 = abs_pos
    rect = patches.Rectangle((x1,y1),x2-x1,y2-y1,
```

```
       ⮑linewidth=1,edgecolor='r',facecolor='none')    ◀──── 为边界框制作一个矩形
       ax.add_patch(rect)
       if label is not None:                    ◀──── 添加标签(如果有)
           plt.text(x1+0.5, y1, label, color='black',
               ⮑bbox=dict(facecolor='white', edgecolor='white', pad=1.0))

       return

   def showPreds(img, pred):
       """
       img: the image to show the bounding box predictions for
       pred: the Faster R-CNN predictions to show on top of the image
       """
       fig,ax = plt.subplots(1)
       ax.imshow(img.cpu().numpy()[0,:])        ◀──── 绘制图像
       boxes = pred['boxes'].cpu()              ◀──── 抓取预测
       labels = pred['labels'].cpu()
       scores = pred['scores'].cpu()

       num_preds = labels.shape[0]
       for i in range(num_preds):               ◀────     对于每一个预测,如果它有
           plotDetection(ax, boxes[i].cpu().numpy(),        足够高的分数,则进行绘图
               ⮑label=str(labels[i].item()))

       plt.show()
```

在上述代码的帮助下,便可在这张图片上绘制Faster R-CNN的结果。可以清楚地看到,网络在数字4和数字8上表现良好,但完全忽略了数字0。我们也有来自网络的虚假预测,将数字4和数字8的子部分识别为其他数字。例如,看看数字4的右半部分。如果未注意到左半部分,可能会认为其是数字1,或者看到整个图像后认为其是一个不完整的数字9。数字8也有类似的问题。如果忽略左上角的环形,它看起来像数字6;如果忽略数字8的右半部分,则可以称它为数字9:

```
showPreds(x, pred[0])
```

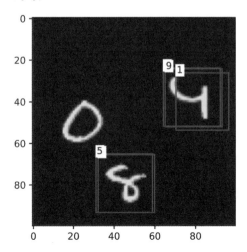

虚假重叠目标是目标检测器的常见问题。有时，这些重叠目标是对同一目标的预测(例如，识别几个数字8)或此处看到的错误标签的预测。

8.4.3 抑制重叠框

这个问题的一个简单有效的解决方案是抑制重叠框。那么如何知道要抑制哪些框呢？我们希望确保选择正确的框来使用，但也不希望丢弃能够正确预测相邻目标的框。

可以使用一种称为非最大抑制(Non-Maximum Suppression，NMS)的简单方法来实现这一点。NMS使用两个框之间的联合交并(Intersection over Union，IoU)来确定它们是否重叠过多。IoU是一个分数：1表示框具有完全相同的位置，0表示没有重叠。图8.13显示了它的计算方法。

IoU将两个框相交处的重叠面积除以两个框的并集面积。通过这种方式，可以获得有关两个框位置相似度的大小敏感度量。NMS的工作方式是，取IoU大于某个指定阈值的每对框，并仅保留RPN网络中得分最高的框。

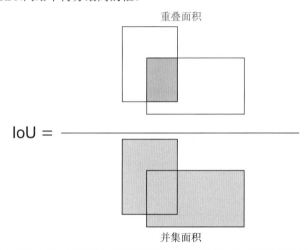

图8.13 通过将两个框之间的重叠面积除以两个框间的并集面积来计算并集上的交集分数

接着快速了解NMS方法是如何处理数据的。可以将其作为nms函数从PyTorch导入：

```
from torchvision.ops import nms
```

从模型返回的pred中打印出这些字段，以提醒自己得到了哪些框及其相关的分数：

```
print(pred[0]['boxes'])

tensor([[31.9313, 65.4917, 59.7824, 93.3052],
        [64.1321, 23.8941, 92.0808, 51.8841],
        [70.3358, 26.2407, 96.2834, 53.7900],
        [64.9917, 24.2980, 92.9516, 52.2016],
        [30.9127, 65.1308, 58.6978, 93.3224]], device='cuda:0')

print(pred[0]['scores'])

tensor([0.9896, 0.9868, 0.1201, 0.0699, 0.0555], device='cuda:0')
```

nms函数愉快地将boxes张量作为第一个参数，将scores张量作为第二个参数。第三个也是最后一个参数是调用两个不同目标框的阈值。以下代码表示，如果两个框之间的IoU为50%或更高，则它们是相同的项，应保留得分最高的框：

```
print(nms(pred[0]['boxes'], pred[0]['scores'], 0.5))
tensor([0, 1], device='cuda:0')
```

在此使用了具有50%重叠的阈值，nms返回一个大小相等或更小的张量，告知应该保留哪些索引。在这种情况下，它表示保留分数最高的0和1框。

接下来修改预测函数，使用NMS清理Faster R-CNN的输出。其中还添加了一个min_score标志，可用于抑制不太有意义的预测：

```
def showPreds(img, pred, iou_max_overlap=0.5, min_score=0.05,
➥label_names=None):
    """
    img: the original image object detection was performed on
    pred: the output dictionary from FasterRCNN for evaluation on img
    iou_max_overlap: the iou threshold at which non-maximum suppression
    ➥will be performed
    min_score: the minimum RPN network score to consider an object
    """
    fig,ax = plt.subplots(1)
    img = img.cpu().numpy()
    if img.shape[0] == 1:
        ax.imshow(img[0,:])
    else:
        ax.imshow(np.moveaxis(img, 0, 2))
    boxes = pred['boxes'].cpu()
    labels = pred['labels'].cpu()
    scores = pred['scores'].cpu()

    selected = nms(boxes, scores, iou_max_overlap).cpu().numpy()

    for i in selected:
        if scores[i].item() > min_score:
            if label_names is None:
                label = str(labels[i].item())
            else:
                label = label_names[labels[i].item()]
            plotDetection(ax, boxes[i].cpu().numpy(), label=label)
    plt.show()
```

最后，再次使用改进的showPreds函数绘制这幅图像，可以得到一个更好、更清晰的结果：只有数字4和数字8。数字0仍然未被发现，除非包含更多的数据并进行更多次数的训练迭代周期，否则暂时无法解决这个问题：

```
showPreds(x, pred[0])
```

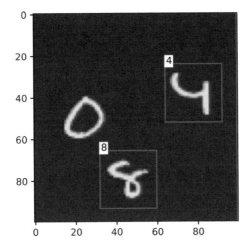

8.5　使用预训练的Faster R-CNN

PyTorch还提供了预训练的Faster R-CNN模型。它是在一个名为COCO的数据集上训练的，可以实例化它并查看用于该模型的类名：

```
rcnn = torchvision.models.detection.
➡fasterrcnn_resnet50_fpn(pretrained=True)
```

> R-CNN检测器是为一组特定的类设置的。可以通过设置**num_classes=10**和**pretrained_backline=True**，然后像使用MNIST一样使用数据对其进行训练，从而将其重新用于解决你的问题

我们将此模型设置为eval模式，因为它不需要训练。此外，我们还定义了以下NAME列表，其中包含此预训练的R-CNN知晓如何检测的所有对象的类名：

```
rcnn = rcnn.eval()

NAME = [
```

> **COCO_INSTANCE_CATEGORY_NAMES**。这些来自PyTorch文档：**pyTorch.org/vision/0.8/models.html**

```
  '__background__', 'person', 'bicycle', 'car', 'motorcycle', 'airplane',
➡'bus', 'train', 'truck', 'boat', 'traffic light', 'fire hydrant',
➡'N/A', 'stop sign', 'parking meter', 'bench', 'bird', 'cat', 'dog',
➡'horse', 'sheep', 'cow', 'elephant', 'bear', 'zebra', 'giraffe',
➡'N/A', 'backpack', 'umbrella', 'N/A', 'N/A', 'handbag', 'tie',
➡'suitcase', 'frisbee', 'skis', 'snowboard', 'sports ball', 'kite',
➡'baseball bat', 'baseball glove', 'skateboard', 'surfboard',
➡'tennis racket', 'bottle', 'N/A', 'wine glass', 'cup', 'fork',
➡'knife', 'spoon', 'bowl', 'banana', 'apple', 'sandwich', 'orange',
➡'broccoli', 'carrot', 'hot dog', 'pizza', 'donut', 'cake', 'chair',
➡'couch', 'potted plant', 'bed', 'N/A', 'dining table', 'N/A', 'N/A',
```

```
'toilet', 'N/A', 'tv', 'laptop', 'mouse', 'remote', 'keyboard',
'cell phone', 'microwave', 'oven', 'toaster', 'sink',
'refrigerator', 'N/A', 'book', 'clock', 'vase', 'scissors',
'teddy bear', 'hair drier', 'toothbrush
]
```

从网上下载一些图片，看看模型的表现如何。请记住，随机图像包含许多这种算法从未见过的东西。这将为你提供一些关于未来如何使用Faster R-CNN模型的想法，以及了解可能导致其失败的有趣使用方式。下面的代码导入了一些用于从URL获取图像的库，并提供了三个URL，以便获取图像并尝试在其中检测目标。请随意更改使用的URL或添加自己的URL，以尝试使用不同的目标检测器：

```
from PIL import Image
import requests
from io import BytesIO

urls = [
    "https://hips.hearstapps.com/hmg-prod.s3.amazonaws.com/images/
    10best-cars-group-cropped-1542126037.jpg",
    "https://miro.medium.com/max/5686/1*ZqJFvYiS5GmLajfUfyzFQA.jpeg",
    "https://www.denverpost.com/wp-content/uploads/2018/03/
    virginia_umbc_001.jpg?w=910"
]

response = requests.get(urls[0])
img = Image.open(BytesIO(response.content))
```

加载图像后，便可按照PyTorch预训练模型的要求重新格式化图像。这包括将像素值归一化到范围[0, 1]，并将维度重新排序为通道、宽度和高度。这将通过以下代码完成，之后即可进行预测：

```
img = np.asarray(img)/256.0
img = torch.tensor(img, dtype=torch.float32).permute((2,0,1))

with torch.no_grad():
    pred = rcnn([img])                    ←——— 将图像传入模型
```

现在便可以查看结果了。你可能会发现，每个图像需要使用不同的nms阈值或min_score才能获得最佳结果。调优这些参数可能非常依赖于问题。这取决于误报与漏报的相对成本、样式/内容上的训练图像与测试图像之间的差异，以及目标检测器的最终使用方式：

```
showPreds(img, pred[0], iou_max_overlap=0.15, min_score=0.15,
label_names=NAME)
```

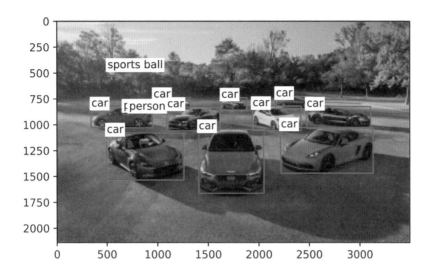

8.6　练习

请尝试在本书的Manning出版社在线平台上分享和讨论你的解决方案(https://liveproject.manning.com/project/945)。提交完答案后，你便能够看到其他读者提交的解决方案，并看到作者评选的最佳方案。

1. 知晓如何在池化后放大张量，便可只使用瓶颈方法实现卷积自动编码器。回到第7章，通过在编码器中使用两轮池化来重新实现卷积自动编码器，而在解码器中使用两轮转置卷积来进行抵消。

2. 你可能已经注意到转置卷积会在其输出中产生不均匀的伪影(如示例图所示)。这些并不总是问题，但你可以做得更好。实现自己的Conv2dExpansion(n_filters_in)类，该类采用以下方法：首先，使用nn.Upsample对图像进行上采样，以将张量的宽度和高度扩展2倍。如果偏移了一个像素，则使用nn.ReflectionPad2d将输出填充到所需形状。然后，应用归一化nn.Conv2d执行一些混合操作并更改通道数。将这种新方法与转置卷积进行比较，试找出各自的优缺点。

3. 在Data Science Bowl数据集上比较具有三轮池化和转置卷积的网络与具有三轮池化和Conv2dExpansion的网络。结果有什么不同？

4. 条纹卷积可用于缩小图像，作为最大池化的替代方案。修改U-Net架构，通过用步幅卷积替换所有池化来创建真正的全卷积模型。试问性能如何变化？

5. 修改第6章中的残差网络以使用后面带一个线性隐藏层nn.Flatten()和一个用于进行预测的线性层的nn.AdaptiveMaxPooling。(注：nn.MaxPool2d类的数量不应改变。)这是否会改进你在Fashion MNIST上得到的结果？尝试在CIFAR-10数据集上比较原始残差网络和自适应池化变体，看看性能是否有更大的差异。

6. 修改Faster R-CNN训练循环以包括测试通过(该测试通过在每个训练迭代周期之后计算测试集的测试损失)。提示：需要将模型保持在`train`模式，因为它在`eval`模式下的行为会发生变化。

7. 尝试在Faster R-CNN检测器的主干网络上实现具有残差连接的网络。它的性能会更好还是会更差？

8. 因为我们假设数字占据了整个图像，所以`Class2Detect`的边界框是松散的。修改此代码以找到数字上的紧密边界框，并重新训练检测器。试回答这会如何改变你在某些测试图像上看到的结果？

9. **挑战：** 使用图像搜索引擎下载至少20张猫的图像和20张狗的图像。然后在网上找到用边界框标记图像的软件，并创建自己的猫/狗检测Faster R-CNN。需要为所使用的任何标签软件编写一个`Dataset`类。

8.7 小结

- 通过图像分割可对图像中的每个像素进行预测。
- 目标检测使用类似于图像分割模型的主干网络，并使用两个较小的网络对其进行扩展，以分别提出目标的位置并确定存在的目标。
- 可以使用转置卷积来放大图像，这通常用于逆转最大池化的影响。
- 用于目标检测的类似残差的块称为U-Net块，它结合了最大池化和转置卷积来创建全尺寸和低分辨率路径，从而以更少的工作量实现更精确的模型。
- 自适应最大池化将任何大小的输入图像转换为特定大小的目标，对于设计可以对任意大小的输入进行训练和预测的网络非常有用。
- 使用非最大抑制可以减少目标检测的误报。

第 9 章

生成对抗网络

本章内容

- 使用全连接和卷积网络的生成模型
- 使用潜在向量编码概念
- 训练两个合作网络
- 使用条件模型处理生成
- 使用向量算法处理生成

到目前为止，我们所学到的大部分知识都是一对一的映射。每个输入都有一个正确的类/输出。狗只能是"狗"；句子只能是"肯定"或"否定"。但是，也有一对多的问题，不止有一个可能的答案。例如，将"7"的概念作为输入并且为数字7创建几种不同类型的图片。或者，为黑白旧照片上色时，通常会生成多张可用的彩色图像。一对多的问题可以使用生成对抗网络(generative adversarial network，GAN)。与自动编码器等其他无监督模型一样，将GAN学习到的表示作为其他AI/ML算法和任务的输入即可。但GAN学习到的表示往往更有意义，它支持我们以新的方式处理数据。例如，可以拍一张一个人皱着眉的照片，然后让算法改变图像，让这个人微笑。

GAN是目前最成功的生成模型(generative models)类型之一：这类模型可以创建类似于训练数据的新数据，而不仅仅是进行简单复制。如果有足够的数据和GPU算力，便能用GAN生成一些非常逼真的图像。图9.1展示的即为最新最先进的GAN可以实现的效果。随着生成内容的能力越来越强，GAN在处理内容方面也变得更为出色。例如，可以使用GAN来改变图9.1中所示的人物的头发颜色，或者让人皱眉。https://thispersondoesnotexist.com这一网站给出了更多例子，展示了高端GAN所能做的操作。

图9.1   实际上，此人并不存在！该图像是使用名为StyleGAN的GAN生成的(https://github.com/lucidrains/stylegan2-pytorch)

与自动编码器类似，GAN以自监督的方式学习，因此不需要使用标签数据来创建GAN。不过，有一些方法可以让GAN使用标签，因此它们也可以是监督模型，这取决于你想做什么。可以用GAN完成任何使用自动编码器能完成的事情，但对于制作逼真的合成数据(如为用户实现产品可视化)、处理图像以及解决具有多个有效输出的一对多问题，GAN往往是首选工具。GAN已经变得如此有效，以至于出现了数百种专门的变体，用于解决文本生成、图像处理、音频、数据增强等不同类型的问题。本章重点介绍GAN运行和失败的基本原理，为你理解其他专业版本打下良好基础。

首先，通过两个相互竞争的神经网络(判别器(discriminator)和生成器(generator))之间的对抗性博弈来学习GAN是如何工作的。我们构建的第一个GAN将遵循原始方法，以揭示GAN中存在的最常见问题，即妨碍GAN学习的模式崩溃(model collapse)。接着，我们会学习一种改良方法来训练GAN，该方法有助于减少(但不能解决)这个问题。模式崩溃问题无法解决，但可以减少，我们会展示如何使用改进的Wasserstein GAN。Wasserstein GAN使学习合理的GAN变得更加容易，因此我们会使用它来展示如何制作用于图像生成的卷积GAN和包含标签信息的条件GAN。我们讨论的最后一个关于GAN的技术概念是，通过改变GAN产生的潜在空间来处理GAN生成的内容。本章末尾将简要讨论GANS的许多功能，以及使用这种强大方法所涉及的道德责任。

9.1   理解生成对抗网络

GAN通常有两个子网络：G，即生成器网络；D，即判别器网络。这些网络有着相互竞争的目标，因此它们彼此互为对手。图9.2展示了它们是如何交互的。生成器意图创建看似真实的新数据，判别器则要判定输入是来自真实数据集还是由生成器提供的虚假数据集。

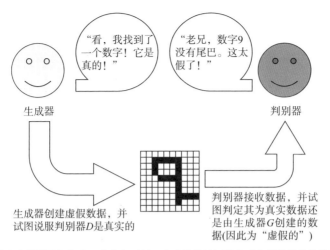

图9.2　生成器和判别器如何交互的高级示例。生成器的目标是生成虚假数据并将其提供给判别
器。判别器的目标是判别图像是否来自GAN

GAN也可能会十分复杂，因此我们将从高层次开始，逐层扩充细节。下一层次的细节如图9.3所示，接下来慢慢了解。

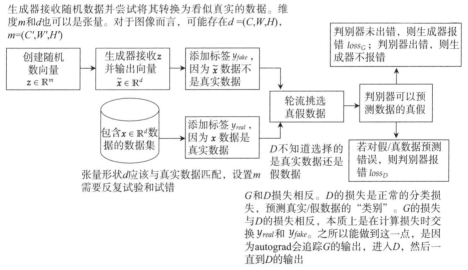

图9.3　GAN常见的训练方式示意图。生成器G学习为随机值z赋予意义，以产生有意义的输出$\tilde{x}$。判别器接收但不区分真实数据和虚假数据——仅试图在标准分类问题中了解两者的区别，然后根据D的输出计算出G的损失(与实际情况相反)：若D未出错，则G报错；若D出错，则G不报错

G的工作原理是接收潜在向量$z \in \mathbb{R}^m$并预测与真实数据具有相同大小和形状的输出。可以选择潜在向量z的维数m(一个超参数)：它应该要足够大，以表示数据中的不同概念(这需要一些人工反复试验)。例如，想要学习的一些潜在特性是微笑/皱眉、发色和发型。z的值之所以被称为潜在值，是因为z的实际值从未被观察到：必须由模型从数据中推理得出。如果过程顺利，那么生成器G就可以使用这个潜在表示z作为更小、更紧凑的数据

表示，类似于有损压缩。可以把生成器想象成一个必须接收一个描述(潜在向量z)并据此为输出构建一幅准确的图片的素描艺术家！正如素描艺术家的绘画是其理解你描述产物的方式一样，这些潜在向量的含义也取决于生成器G如何理解它们。在实践中，我们使用从高斯分布(即$z_i \sim N(0,1)$)采样的每个潜在变量的简单表示。这使得采样z的新值变得很容易，自然就可以生成和控制合成数据，生成器决定了如何从这些值中获得有意义的信息。

D的目标是确定输入来自真实数据还是虚假数据。因此D的工作是一个简单的分类问题。如果输入$x \in \mathbb{R}^d$来自真实数据，则标签为$y = 1 = y_1 = $真。如果输入$x$来自生成器$G$，则标签为$y = 0 = y_0 = $假。这类似于使用了监督损失函数的自动编码器，但标签耗费精力。实际上是要使用所有的训练数据来定义真实类别，而G输出的一切都属于虚假类别。

9.1.1　损失计算

最后一部分可能看起来有些复杂：D和G都从D的输出中计算各自的损失，而G的损失与D正好相反。下面来明确一下其中涉及的内容。这里使用$\ell(\cdot,\cdot)$来表示分类损失(softmax的二进制交叉熵，已经多次使用)。存在两种类别(y_{real}和y_{fake})对应的两种模型(G和D)，下面给出了四种组合：

真实数据x		虚假数据z
$loss_D = $	$\ell\big(D(x), y_{real}\big)$	$+ \quad \ell\left(D\left(\overbrace{G(z)}^{\text{虚假数据}}\right), y_{fake}\right)$
$loss_G = $	0	$+ \quad \ell\left(D\left(\overbrace{G(z)}^{\text{虚假数据}}\right), y_{real}\right)$

在研究D的损失$loss_D$时，既有真实数据也有虚假数据。真实数据只能说看起来是真实的。这很简单明了，但是还是先来注释一下这个公式吧：

$$\ell\Big(\underbrace{D(\boldsymbol{x})}, \underbrace{y_{real}}\Big)$$

判别器称真实数据看起来像真实数据，于是计算其损失。

这就是D在真实数据上的损失。它在虚假数据上的损失也是一个简单的分类，只不过我们用生成器的输出$G(z)$替换了真实数据x，并把y_{fake}作为目标，因为D的输入是来自G的虚假数据。再次进行注释：

生成器的输出被交给判别器，是为了说明结果看起来是虚假的，它想要计算 D' 的损失。

$$\ell \Big(\ D\big(\ G(z)\ \big)\ ,\ \ y_{fake}\ \Big)$$

下面讨论生成器 G 的损失。对于真实数据来说，情况非常简单：G 并不在意 D 对真实数据的描述，因此当使用真实数据时，G 无事发生。但对于虚假数据，G 却在意 D 的描述。G 希望 D 将其虚假数据称为真实数据，因为这就意味着它成功地欺骗了 D。这涉及交换标签。这里也对这个公式进行了注解：

生成器的输出被交给判别器。G 谎称结果看起来是真实的，并计算 G' 的损失。

$$\ell \Big(\ D\big(\ G(z)\ \big)\ ,\ \ y_{real}\ \Big)$$

1. 把损失相加

既然知道如何计算损失的所有组成部分，不妨将其组合起来。因为在训练两个不同的网络，所以可将它们列为两个损失。首先得出判别器的损失：

$$loss_D = \frac{1}{n}\underbrace{\sum_{i=1}^{n}\ell(D(x), y_{real})}_{D\text{宣称真实数据看起来是真实的}} + \frac{1}{n}\sum_{i=1}^{n}\ell(D(G(\underbrace{z \sim \mathcal{N}(0,1)}^{\text{每次获取一个新的随机向量}}))), y_{fake})}_{D\text{宣称}G\text{的随机输出看起来是虚假的}}$$

这是上一页表中两个值的简单组合。这里只是更明确地指出了，这个损失是通过所有数据 n(这些数据将形成不同的批量数据而非整个数据集)计算得出的。由于求和 $\sum$ 涉及 `for` 循环，且式子中用 $z \sim \mathcal{N}(0,1)$ 明确表示每次使用不同的随机向量 z。

因为 G 不关心 D 对真实数据的描述，所以得出的生成器损失只有一个求和符号。G 只关心虚假数据，如果 G 欺骗 D 将虚假数据称为真实数据，G 就成功了。这提供了以下信息：

$$loss_G = \sum_{i=1}^{n}\ell(D(G(\underbrace{z \sim \mathcal{N}(0,1)}^{\text{每次获取一个新的随机向量}}))), y_{real})}_{D\text{宣称}G\text{的随机输出看起来是真实的}}$$

期望值

你可能会注意到关于随机数据 z 的公式有些奇怪：只对 n 个项求和，但从未访问任何内容。数据集有多大并不重要；采样的数量可以是 z 值数量的一半或两倍。除非不断增加 n 的值，否则永远不会得到超出范围的索引。

这是因为正在接近所谓的期望值。公式 $\frac{1}{n}\sum_{i=1}^{n}\ell(D(G(z \sim \mathcal{N}(0,1)),y_{real})$ 基本上是问，"如果 $z \sim \mathcal{N}(0,1)$，我们期望 $\ell(D(G(z),y_{real})$ 的平均值是多少？"另一种写法是

$$loss_G = \mathop{\mathbb{E}}_{z \sim \mathcal{N}(0,1)} \ell(D(G(z)),y_{real})$$

这是以数学的方式来问如果设置 $n = \infty$，精确的答案是什么。显然，我们没有时间一直采样，但这种基于期望值的符号在阅读GAN时非常常见。因此，花一点额外的时间来熟悉这个符号是值得的，这可以为你阅读其他材料做好准备。

公式中的符号 $\mathbb{E}$ 代表期望值。如果有一个分布 p 和一个函数 f，那么写为 $\mathbb{E}_{z \sim p} f(z)$ 是个很好的做法，这相当于在说"如果永远从分布 p 中采样 z 值，那么 $f(z)$ 的平均值是多少？"有时可以用数学公式来证明期望值，并直接计算结果，但在这里是不可能的。取而代之的是，可以为批处理中的每个项采样一个值。因为采样的步数有限而非无限，所以这种方法只能得到期望值的近似值。

最后，通过使用期望符号来重写 $loss_D$。因为真实数据的数量有限，所以可以对 D 基于真实数据的预测求和；因为虚假数据是无限的，所以仅对 D 基于虚假数据的预测求期望值。相应的公式如下：

$$loss_D = \frac{1}{n} \underbrace{\sum_{i=1}^{n}\ell(D(x),y_{real})}_{D宣称真实数据看起来是真实的} + \underbrace{\mathop{\mathbb{E}}_{z \sim \mathcal{N}(\vec{0},1)} \ell(D(G(z)),y_{fake})}_{D宣称G的随机输出看起来是虚假的}$$

9.1.2 GAN博弈

到此已经讨论完如何分别为判别器和生成器计算损失 $loss_D$ 和 $loss_G$。如何在有两个损失的情况下训练两个网络？轮流计算 $loss_D$ 和 $loss_G$，根据各自的损失更新两个网络，并重复之。这将训练过程变成了 G 和 D 之间的一种博弈。每一方都会获评自己在博弈中的表现得分，并且每一方都试图提高自己的分数而损害对方的利益。

博弈(训练过程)开始时，生成器会产生可怕的随机结果，而判别器很容易将这些结果与真实数据区分开来(见图9.4)。D 试图基于图像预测源(训练数据或 G)，并从真实数据和虚假数据中计算损失。G 的损失仅通过计算虚假数据得出，其设置与 D 的损失相同，但标签互换了。标签互换是因为 G 希望 D 称自己的数据为真实数据而非虚假数据。

因为 G 的损失取决于判别器 D 的判断结果，所以 G 学会了改变自己的预测，以更贴合 D 认为的真实数据。随着生成器 G 的改进，判别器 D 也需要改进其区分真实数据和虚假数据的能力。循环永远重复(或直到收敛)。图9.5显示了博弈在进行多个回合后，结果可能会如何演变。

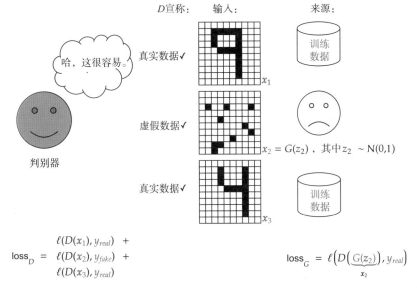

$$\text{loss}_D = \begin{array}{l} \ell(D(\boldsymbol{x}_1), y_{real}) \ + \\ \ell(D(\boldsymbol{x}_2), y_{fake}) \ + \\ \ell(D(\boldsymbol{x}_3), y_{real}) \end{array} \qquad\qquad \text{loss}_G = \ell\Big(D\big(\underbrace{G(\boldsymbol{z}_2)}_{\boldsymbol{x}_2}\big), y_{real}\Big)$$

基于D正确识别真实数据和虚假数据的程度来更新D   基于D错误识别虚假数据的程度来更新G

图9.4   GAN训练的开始阶段。D接收多个图像,一些来自真实的训练数据,另一些则是假的
(由G创建)。D会收到每个预测的损失,该损失基于预测对图像来源(真实还是虚假)的判断是否
正确。G的损失则只基于判别器的预测计算得出

到此,已经完整介绍了如何建立训练用的GAN。如何思考或解释GAN设置还涉及另一个称为min-max的细节。如果认为D返回的是来自真实数据的输入概率,就应改变D以最大化基于真实数据计算的D的概率,同时改变G以最小化基于虚假数据得到的D的表现。这个有用的概念有一个烦琐的公式:

$$\min_{G} \max_{D} \underbrace{\mathbb{E}_{\boldsymbol{x} \sim Data}[\log(D(\boldsymbol{x}))]}_{D认为真实数据看似真实} + \underbrace{\mathbb{E}_{z \sim \mathcal{N}(0,1)}[\log(1-D(G(z)))]}_{D认为虚假数据看似真实}$$

我不喜欢用这个公式来解释实用层面的GAN,它看起来比我想象的更复杂。之所以把它包括在内,是因为经常能在介绍GAN的文章中看到这个公式。如果仔细看,不难发现这与我们开始时使用的公式相同。可以用求和 Σ 代替期望值 $\mathbb{E}$,也可以用 $\ell(D(x), y_{real})$ 代替 $\log(D(x))$,用 $\ell(D(G(z), y_{fake})$ 代替 $\log(1-D(G(z)))$ 。这正是我们一开始使用的公式。我们通过轮流优化D和G来实现其各自的目标,从而解决这个最小-最大博弈。我也喜欢使用损失函数 ℓ 来编写它,因为这样更明显,然后可以通过改变损失函数来改变GAN的行为。改变GAN中的损失 ℓ 非常常见,因此这是一个重要细节,我不想藏着掖着。

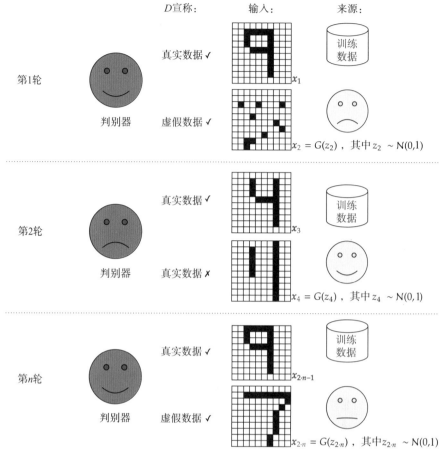

图9.5 同时进行多轮G和D的训练。一开始，D相对轻松，因为虚假数据看似随机。随后G渐入佳境，骗过了D。D学会了更轻松地辨别虚假数据，这又倒逼G伪造了更逼真的数据。最终，D和G都能轻松应对各自的工作

9.1.3 实现第一个GAN

既然已经了解了生成器G和判别器D之间的博弈，不妨来实现它。首先需要为D和G定义模块，编写一个新的训练循环，分别轮流更新D和G，并编写一些额外的辅助代码来记录有用信息并使结果可视化。首先，预先定义一些值：batch_size(批量大小)B、隐藏层的neurons(神经元)数量以及用于训练GAN的num_epochs(迭代周期)的数量。两个新值是latent_d和out_shape。

变量latent_d是潜在变量z中的维数。可以使其变小或变大；它是模型的一个新的超参数。如果维度太少或太多，那么训练就很有难度。我的建议是从64或128开始，不断增加维度，直到得到满意的结果。还有一个变量out_shape，纯粹用于根据给定的维度重塑网络的输出。批处理维度以-1开头。如此一来，生成器的结果将是我们想要的任何形

状。这将在稍后制作卷积GAN时更为重要；目前，则从全连接网络开始实现。fcLayer函数为构建本章模型提供了便捷方式。

代码如下：

```
batch_size = 128
latent_d = 128
neurons = 512
out_shape = (-1, 28, 28)     ◀——  也可以对一个通道使用(-1, 1, 28, 28)，但
num_epochs = 10                    这会使NumPy代码稍后变得更烦琐

def fcLayer(in_neurons, out_neurons, leak=0.1):     ◀——  辅助函数
    """
    in_neurons: how many inputs to this layer
    out_neurons: how many outputs for this layer
    leak: the leaky relu leak value.
    """
    return nn.Sequential(
        nn.Linear(in_neurons, out_neurons),
        nn.LeakyReLU(leak),
        nn.LayerNorm(out_neurons)
    )
```

1. 定义D和G网络

接下来，实现一个同时定义生成器G和判别器D的函数。生成器需要知道latent_d，因为这将是输入大小。G和D都需要知道out_shape，因为它是生成器的输出和判别器的输入。我还加入了一个可选标志sgimoidG，用于控制生成器何时以nn.sigmoid激活$\sigma(\cdot)$结束。因为MNIST数据被限制在[0, 1]范围内，所以我们也希望本章训练的一些GAN在末尾应用$\sigma(\cdot)$，以便把输出限制在[0, 1]范围内。但我们也列举了一个没有这种限制的示例问题。我还使用LeakyReLU和层归一化(Layer Normalization，LN)任意定义了一些隐藏层。

代码如下：

```
def simpleGAN(latent_d, neurons, out_shape, sigmoidG=False, leak=0.2):
    """
    This function will create a simple GAN for us to train. It will return
    ➡a tuple (G, D), holding the generator and discriminator network
    ➡respectively.
    latent_d: the number of latent variables we will use as input to the
    ➡generator G.
    neurons: how many hidden neurons to use in each hidden layer
    out_shape: the shape of the output of the discriminator D. This should
    ➡be the same shape as the real data.
    sigmoidG: true if the generator G should end with a sigmoid activation,
    ➡or False if it should just return unbounded activations
    """
```

```
G = nn.Sequential(
    fcLayer(latent_d, neurons, leak),
    fcLayer(neurons, neurons, leak),
    fcLayer(neurons, neurons, leak),
    nn.Linear(neurons, abs(np.prod(out_shape)) ),   ◄──
    View(out_shape)    ◄────── 将输出重塑为D期望的值
)
```

np.prod将形状中的每个值相乘，得出所需输出的总数。abs消除了批量维度"–1"的影响

```
if sigmoidG:    ◄──────
    G = nn.Sequential(G, nn.Sigmoid())
D = nn.Sequential(
    nn.Flatten(),
    fcLayer(abs(np.prod(out_shape)), neurons, leak),
    fcLayer(neurons, neurons, leak),
    fcLayer(neurons, neurons, leak),
    nn.Linear(neurons, 1 )    ◄────── D有一个二进制分类问题的输出
)
return G, D
```

有时会希望或不希望G返回一个sigmoid值(即[0, 1])，因此要将其放在一个条件中

使用此函数，可以通过调用simpleGAN函数快速定义新的G和D模型：

```
G, D = simpleGAN(latent_d, neurons, out_shape, sigmoidG=True)
```

GAN的起始配方

GAN因难以训练而闻名。第一次尝试通常效果不佳，要想让其正常工作并产生像本章开头示例那样清晰的结果，可能需要大量的手动操作。网上有很多让GAN进行良好训练的技巧，但其中一些是针对特定类型的GAN的。另一些方法则更可靠，且适用于多种架构。以下是在尝试构建任何GAN时我的建议。

- 使用leak值较大的LeakyReLU激活函数，如 $\alpha = 0.1$ 或 $\alpha = 0.2$。尤其重要的是，我们的判别器不能有消失的梯度，因为训练G的梯度必须首先通过D！较大的leak值有助于避免此问题。

- 用LN代替批量归一化(Batch Normalization，BN)。有些人发现使用BN能获得最佳结果。而在其他情况下，则可证明BN会导致了出现问题。因此我更倾向于从LN开始，它在训练GAN时的表现更稳定可靠。如果要尽可能地获得最大性能，我会尝试只在生成器中用BN替换LN。

- 明确使用学习率 $\eta = 0.0001$，$\beta_1 = 0$，$\beta_2 = 0.9$ 的Adam优化器。这比Adam的正常默认值要慢，但对GAN更有效。这是我为了取得更好的结果而做的最后改动。

2. 实现GAN训练循环

如何训练我们的两个网络？两个网络*G*和*D*都有各自的优化器，我们将轮流使用它们！因此，我们使用的train_network函数与本书大部分章节中使用的函数不同。这是学习框架及其提供的工具很重要的一个原因：并非所有的内容都能被轻易地抽象出来，并适用于未来可能要训练的每一种神经网络。

首先进行一些设置，将模型移到GPU，指定二进制交叉熵损失函数(因为真与假是一个二进制问题)，并为每个网络设置两个不同的优化器：

```
G.to(device)
D.to(device)

loss_func = nn.BCEWithLogitsLoss()  ◄───── 初始化BCEWithLogitsLoss函数。BCE
                                            损失是针对二进制分类问题的，我们的
                                            问题就是二进制分类问题(真与假)

real_label = 1  ◄───┐
                    ├── 在训练期间建立真假标签的惯例
fake_label = 0  ◄───┘

optimizerD = torch.optim.AdamW(D.parameters(),  ◄───┐
    lr=0.0001, betas=(0.0, 0.9))                    ├── 为G和D设置Adam优化器
optimizerG = torch.optim.AdamW(G.parameters(),  ◄───┘
    lr=0.0001, betas=(0.0, 0.9))
```

接下来，获取MNIST作为数据集。本章不会真正使用测试集，因为重点是生成新数据：

```
train_data = torchvision.datasets.MNIST("./", train=True,
    transform=transforms.ToTensor(), download=True)
test_data = torchvision.datasets.MNIST("./", train=False,
    transform=transforms.ToTensor(), download=True)

train_loader = DataLoader(train_data, batch_size=batch_size, shuffle=True,
    drop_last=True)
test_loader = DataLoader(test_data, batch_size=batch_size)
```

现在需要训练这个GAN。将这一过程分为两个步骤，一个是训练*D*，一个是训练*G*，如图9.6所示。

希望到此你已经能自如地混合使用代码和数学符号了。该图几乎包含了成功实现GAN所需的所有细节！接下来将其转换成完整的代码。首先是使用for循环并进行一些设置，使用两个数组来存储每个批量的损失，以便在训练后查看它们。对于GAN而言，损失函数尤其具有参考价值。我们还创建了y_{real}和y_{fake}，用于这两个步骤，并将数据传输到正确的设备上。如下代码所示：

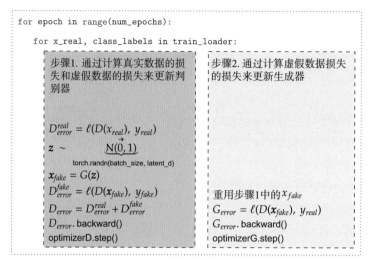

图9.6 GAN训练步骤。一些迭代周期会同时执行这两个步骤。步骤1计算真实数据和虚假数据的判别器损失，然后使用优化器更新D的权重。步骤2更新生成器。因为两个步骤都需要使用G的输出，所以要在两个步骤之间重用$G(z)$

```
G_losses = []
D_losses = []

for epoch in tqdm(range(num_epochs)):
    for data, class_label in tqdm(train_loader, leave=False):
        real_data = data.to(device)                    ◀——          准备批量并
        y_real = torch.full((batch_size,1), real_label, ◀——          制作标签
            ➡dtype=torch.float32, device=device)
        y_fake = torch.full((batch_size,1), fake_label, ◀——
            ➡dtype=torch.float32, device=device)
```

现在进入步骤1：更新判别器。实现这一点并不费力。在计算每个误差分量后，都会调用backward作为一种温和的效率优化。但稍后仍要将这些误差相加，以保存合并的误差。这里应该注意的一大技巧是在将假图像传递到D中时使用fake.detach()。detach()方法返回同一对象的新版本，该版本将不再传递梯度。之所以这样做是因为fake对象是用G计算出来的，因此在计算中不假思索地使用fake对象会导致为G输入一个有利于判别器的梯度，毕竟这是在计算判别器的损失！由于步骤1只应改变D，而此时G的梯度将与G的目标背道而驰(它想要击败判别器！)，因此调用.detch()使G得不到任何梯度。

代码如下：

```
D.zero_grad()
errD_real = loss_func(D(real_data), y_real)          ◀——    真实数据
errD_real.backward()
```

使用全假批量进行训练，并生成一批潜在向量 $z \sim \mathcal{N}(\vec{0}, 1)$

```
z = torch.randn(batch_size, latent_d, device=device)
```

```
fake = G(z)
```
$x_{fake} = G(z)$

计算 D 在全假批量上的损失；注意使用 fake.detach()：$\ell(D(x_{real}), y_{real})$

```
errD_fake = loss_func(D(fake.detach()), y_fake)
```

```
errD_fake.backward()
```
计算此批量的梯度

```
errD = errD_real + errD_fake
```
添加所有真实批量和所有假批量的梯度

```
optimizerD.step()
```
更新 D

使用 G 生成一批假图像，并使用 D 对此批假图像进行分类，将其保存以在步骤2中重用

循环过程的最后一部分是步骤2：更新生成器 G。重复使用 fake 对象，这样就不必创建新对象，从而节省了时间。由于还想更改 G，因此直接使用原始的 fake 对象，不需要调用 .fake()。这里只需要少量代码，将 G 和 D 的误差添加到一个列表中，以便之后将其绘制：

```
G.zero_grad()
errG = loss_func(D(fake), y_real)
errG.backward()
optimizerG.step()
G_losses.append(errG.item())
D_losses.append(errD.item())
```

- `errG = loss_func(D(fake), y_real)` ← 基于该输出计算 G 的损失：$\ell(D(x_{fake}), y_{real})$
- `errG.backward()` ← 计算 G 的梯度
- `optimizerG.step()` ← 更新 G

3. 检查结果

运行该代码可以成功训练GAN。因为潜在向量 z 来自高斯分布 $(z \sim \mathcal{N}(\vec{0}, 1))$，可以很容易地对其进行采样并计算 $G(z)$ 以获得合成数据。还可以查看 $D(G(z))$ 的值，以了解判别器对每个样本真实性的判断。按照我们训练模型的方法，如果其值为1，就表示判别器认为输入肯定是真实的，而其值为0则表示判别器认为输入肯定是假的。下面的代码会将一些新的潜在变量采样到一个名为noise的变量中，这是GAN中潜在对象的另一个常见名称。用 G 生成虚假数字，并用 D 计算它们的真实程度：

```
with torch.no_grad():
    noise = torch.randn(batch_size, latent_d, device=device)
    fake_digits = G(noise)
    scores = torch.sigmoid(D(fake_digits))
    fake_digits = fake_digits.cpu()
    scores = scores.cpu().numpy().flatten()
```

- `noise = torch.randn(batch_size, latent_d, device=device)` ← $(z \sim \mathcal{N}(\vec{0}, 1))$

接下来是一些Matplotlib代码，用于绘制所有生成的图像，每个数字上方用红色标出分数。绘图将根据使用的批量大小自动调整大小。该代码可以快速计算给定批量中可以填充的图像的最大面积。之所以将scores作为可选参数，是因为未来的GAN不会有相同类型的分数：

```python
def plot_gen_imgs(fake_digits, scores=None):
    batch_size = fake_digits.size(0)
    fake_digits = fake_digits.reshape(-1,       # 此代码假设我们正在
        fake_digits.size(-1), fake_digits.size(-1))   # 处理黑白图像
    i_max = int(round(np.sqrt(batch_size)))
    j_max = int(np.floor(batch_size/float(i_max)))
    f, axarr = plt.subplots(i_max,j_max, figsize=(10,10))
    for i in range(i_max):
        for j in range(j_max):
            indx = i*j_max+j
            axarr[i,j].imshow(fake_digits[indx,:].numpy(), cmap='gray',
                vmin=0, vmax=1)
            axarr[i,j].set_axis_off()
            if scores is not None:
                axarr[i,j].text(0.0, 0.5, str(round(scores[indx],2)),
                    dict(size=20, color='red'))
plot_gen_imgs(fake_digits, scores)
```

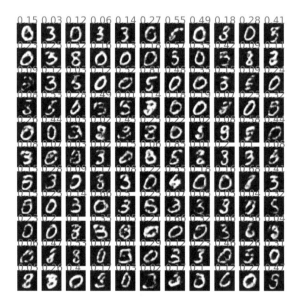

到此已经生成了合成数据，其中一些数据看起来相当不错！有些样本看起来不真实，不过没关系。从本质上讲，学习生成模型比学习判别模型更具挑战性。如果再次运行此代码，应该会得到全新的结果并发现一些问题。

你可能注意到的第一个模式是，生成器更喜欢生成某几个数字，而非其他数字。当我

运行这段代码时，我通常会看到生成了很多数字0、3和8，而其他数字相对要少得多。其次，判别器几乎总是正确地将生成的样本判别为假。这两个问题是相关的。

少许数字重复是一个问题，因为这意味着生成器没有对整个分布进行建模。这样，即使个别数字看起来不错，其输出结果整体上也不太真实。另外，因为使用了二进制交叉熵(Binary Cross Entropy，BCE)损失，如果判别器太擅长检测虚假数据也会是个隐患！毕竟BCE是一个sigmoid，如果D变得太好，并且预测0%的样本是恶意的，就会导致G的梯度消失。G的梯度与D的预测相反，如果D的预测完美无缺，G就不能学习。

D有可能以完美的预测赢得博弈，这种风险很重要，因为D和G之间的博弈是不公平的。什么叫不公平？接下来看看判别器和生成器在训练过程中的损失，快速绘制G和D的损失并进行比较，看看它们的表现如何：

```
plt.figure(figsize=(10,5))
plt.title("Generator and Discriminator Loss During Training")
plt.plot(G_losses,label="G")
plt.plot(D_losses,label="D")
plt.xlabel("iterations")
plt.ylabel("Loss")
plt.legend()
plt.show()
```

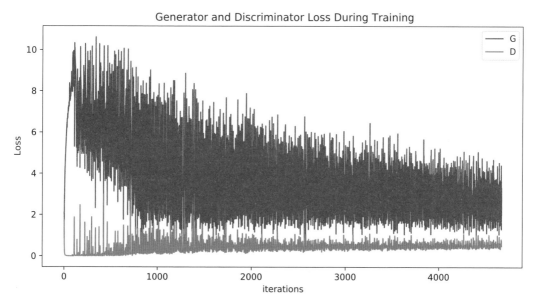

虽然生成器的性能有了很大提升，但它的表现总是要比D差。判别器一开始就处于损失接近为零的状态，并一直保持，因为本质上它的问题更容易解决。判别总是比生成容易！因此，D很容易在与生成器G的博弈中获胜。这也是生成器往往只关注几个数字而忽略其余数字的部分原因。早期，生成器G发现一些数字比其他数字更容易欺骗D。对G来说，除了骗过D之外，没有其他惩罚，因此它将所有的精力都放在看似收效最大的事情上。

为什么判别比生成容易？

下面稍加解释一下——如果你相信判别更容易，便可以直接跳过。稍微计算一下就知道为什么判别更容易。先简单回顾一下贝叶斯法则：

> 在给定特征x的条件下，类别y的概率等于特征x和类别y的概率除以每个可能类别中特征x的概率之和。

$$\mathbb{P}(y \mid x) = \frac{\mathbb{P}(x, y)}{\sum_{y \in Y} \mathbb{P}(x, y)}$$

如果要从统计学的角度表述"生成器G正试图学习什么叫联合分布"这个问题，就可以使用带标签y的真实数据x，将联合分布表示为$\mathbb{P}(x, y)$。如果能从联合分布中取样，就有了生成模型。如果模型运行良好，就能得到可能表示y存在的所有不同的类。

判别器的任务是判别条件分布，可以将其写成$\mathbb{P}(y \mid x)$。读作"给定(|)输入x，标签y存在的概率($\mathbb{P}$)是多少？"

如果已经有了联合分布，那么只要应用贝叶斯法则，就能立即恢复条件分布：

$$\mathbb{P}(y \mid x) = \frac{\overset{G}{\uparrow}\mathbb{P}(x, y)}{\underset{D}{\downarrow}\mathbb{P}(x)}$$

最下方的缺失项不是问题，因为它可以计算为$\mathbb{P}(x) = \sum_{y \in Y} \mathbb{P}(x, y)$。因此，如果知道$G$，就可以轻松获得一个判别器$D$！但是，如果没有额外的条件，就无法重新排列这个公式，从D得到G。从根本上讲，生成(联合分布)比判别(条件分布)需要更多的信息，因此也更困难。这就是D比G更容易完成任务的原因。

9.2   模式崩溃

我们的生成器只产生部分数字的问题是一种叫模式崩溃的现象。因为生成器存在的问题更难解决，所以它会尝试在博弈中作弊。其中一种作弊方法是只生成简单的数据，而忽略其他情况。如果生成器每次都能生成一个完美的0来骗过判别器，那么即使它不能生成任何其他数字，它也会胜出！为了制作更好的生成器，就需要解决这个问题；本节将做另一个实验来更好地理解这个问题。

最简单的数据点通常与数据分布模式相关。模式是分布中最常见的值，我们用它来帮助理解模式崩溃问题。为此，这里会生成一个高斯变量网格。下面的代码将Gaussians的中心设为0：

```
gausGrid = (3, 3)              ←—— 网格应该有多大？
samples_per = 10000           ←—— 网格中每个项有多少个样本？
```

接下来是一些快速代码，它们将循环处理网格中的每个项，并计算一些样本。我们在样本中使用了较小的标准差，因此很容易看出有九种完全不同的模式：

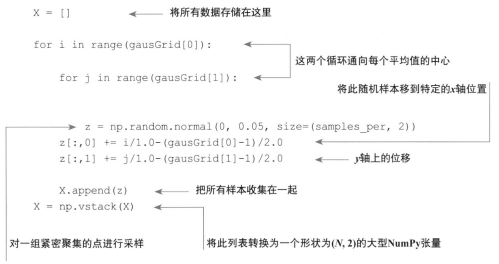

```
X = []                ←—— 将所有数据存储在这里

for i in range(gausGrid[0]):   ←—

    for j in range(gausGrid[1]):   ←——
                                        这两个循环通向每个平均值的中心

                                        将此随机样本移到特定的x轴位置
        z = np.random.normal(0, 0.05, size=(samples_per, 2))
        z[:,0] += i/1.0-(gausGrid[0]-1)/2.0
        z[:,1] += j/1.0-(gausGrid[1]-1)/2.0   ←—— y轴上的位移

        X.append(z)        ←—— 把所有样本收集在一起
    X = np.vstack(X)    ←—
```

对一组紧密聚集的点进行采样　　　将此列表转换为一个形状为(*N*, 2)的大型NumPy张量

最后，使用核密度估计(Kernel Density Estimate，kde)图绘制这些样本——它可以平滑二维网格的视觉效果。我们有足够的样本，每个模式看起来都很完美，可以在一个漂亮的网格中清晰地看到九种模式：

```
plt.figure(figsize=(10,10))
sns.kdeplot(x=X[:,0], y=X[:,1], shade=True, fill=True, thresh=-0.001) ←—
                                        绘制完美的简单数据图
[18]: <AxesSubplot:>
```

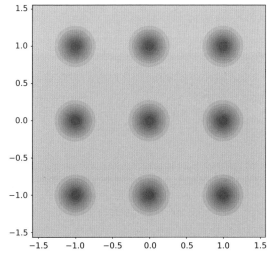

现在已经有了一些很好的简单数据；当然，GAN应该能够完成这一任务。只有两个变量，且分布是高斯分布——这实际上是我们希望生成的最简单的分布。为这个问题建立

一个GAN，看看会发生什么！以下代码使用TensorDataset类快速创建数据集。鉴于这只是一个小问题，所以此处只使用64个潜在维度而非128个维度，每层使用512个神经元。这对于了解问题是非常必要的：

```
toy_dataset = torch.utils.data.TensorDataset(
➥torch.tensor(X, dtype=torch.float32))
toy_loader = DataLoader(toy_dataset, batch_size=batch_size, shuffle=True,
➥drop_last=True)
latent_d = 64
G, D = simpleGAN(latent_d, 512, (-1, 2))  ←── 针对我们的简单问题，新的GAN只
                                               有两个输出特征
```

完成这一步后，就可以重新运行for循环，对GAN进行100个迭代周期的训练了。之后可以生成一些合成数据，并通过另一个no_grad块快速完成：

```
                                                        随机采样 z ~ 𝒩(0,1)
with torch.no_grad():
noise = torch.randn(X.shape[0], latent_d, device=device)
fake_samples = G(noise).cpu().numpy()  ←── 创建虚假数据 G(z)
```

现在，通过以下kdeplot调用来可视化生成的样本。理想情况下，应该看到由九个圆圈网络组成的相同的图像。然而，通常九个高斯中只有一两个分布是由G生成的！除此之外，GAN在学习一个高斯分布时并不总是表现较好。它不是要获得更大的形状和宽度，而是要学习模式中的模式，重点学习包含样本最多的中心区域：

```
plt.figure(figsize=(10,10))
sns.kdeplot(x=fake_samples[:,0], y=fake_samples[:,1],
➥shade=True, thresh=-0.001)   ←── 绘制G从简单数据中学到的内容
plt.xlim(-1.5, 1.5)            ←── 手动将x轴设置为数据集最初的范围
plt.ylim(-1.5, 1.5)           ←── y轴相同
```

[23]: (-1.5, 1.5)

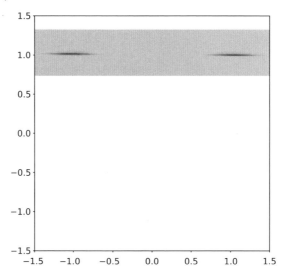

这种行为是模式崩溃现象的一个例子。GAN没有了解整个输入空间，而是为自己选择了最方便的选项，并仅对该选项进行了过度填充。希望这个简单问题能告诉你，GAN是多么容易陷入模式崩溃陷阱。本章讲解的所有技巧，甚至是最先进的方法，都只能缓解这个问题，而不能解决它。即使你训练出的GAN似乎能很好地解决你的问题，你也应该手动检查结果并将其与真实数据进行比较。寻找真实数据中而非生成的输出中出现的模式和样式，以确定是否发生了模式崩溃，以及崩溃的严重程度。如果一个GAN生成的输出结果看起来很好，但却只有几种模式崩溃，就很容易让人误以为结果比实际情况更好。

9.3　Wasserstein GAN：缓解模式崩溃

GAN目前是一个非常活跃的研究领域，有许多不同的方法被用来处理模式崩溃问题。本节将介绍一种已被证明是可靠改进的方法，许多其他方法都是在其基础上构建的更复杂的解决方案。它被称为Wasserstein GAN(WGAN)。Wasserstein这个名字来自推导这种改进的数学方法，在此不作讨论。不过，此处将讨论结果以及它为什么有效。

与之前一样，此处会把损失函数分为两部分来写：判别器的损失和生成器的损失。在这个新的解决方案中，我们不对判别器D的输出使用sigmoid激活：这样就可以减少梯度消失的问题。但判别器仍只输出一个值。

9.3.1　WGAN判别器损失

判别器的损失是D基于虚假数据的得分和D基于真实数据的得分之差。这看起来像$D(G(z)) - D(x)$，因此D希望尽可能减小这个值。这个分数不会饱和，因此有助于缓解梯度消失的问题。更重要的是，我们将对D的复杂性进行惩罚。我们的想法是给D设置阻碍，让它不得不更加努力地学习更强大的模型，我们希望这能让D和G之间的博弈变得公平。之所以想这样做是因为D中出现的问题更容易解决。判别器的损失会变成

$$loss_D = \underbrace{D(G(z))}_{G分数} - \underbrace{D(x)}_{D分数} + \lambda \cdot \underbrace{\left(\| \nabla D(\epsilon \cdot x + (1-\epsilon) \cdot G(z)) \|_2 - 1 \right)^2}_{复杂性惩罚}$$

稍后会对这个公式进行注解，但首先按照论文中的思路来讨论一下。记住，默认情况下，目标是最小化损失函数。那么，最小化这个公式有什么作用呢？首先，减去G分数项和D分数项。G分数为生成器输出的真实程度评分，D分数为真实数据的真实程度评分。为了最小化损失函数，判别器D希望最小化(大负值！)G分数并最大化(大正值！)D分数。因此，分值越大说明越真实。因为分数不受任何限制，实际上是在比较虚假数据和真实数据的相对分数。这里重要的一点是，无论判别器的表现多好，这两个值都只是相减的数字，因此梯度应该很容易计算，而不需要考虑任何数值问题。

另一个有趣的补充是右边的复杂性惩罚项。它是如何对复杂性进行惩罚的？通过采

用判别器D的梯度(∇)的范数($\|\cdot\|_2$)来实现。该值ϵ是在范围[0, 1]内随机选择的，因此会对真实数据和虚假数据的随机混合进行惩罚，这样就能确保D无法通过学习部分数据的简单函数和另一部分数据的复杂函数来作弊。最后，λ值是我们控制的超参数。将其设置得越大，对复杂性的惩罚就越大。

现在，已经了解了D的新损失的各个部分，接下来再来看一下这个公式，并用一些带颜色的注释来概括所发生的情况：

判别器D的损失试图给G中的虚假数据打负分，给真实数据打正分。为了避免过拟合，会对真实数据和虚假数据的随机混合进行惩罚。

判别器的复杂性会因过于复杂或过于简单而受到惩罚。

$$loss_D = D(G(z)) - D(x) + \lambda \cdot \left(\left\| \nabla D\big(\epsilon \cdot x + (1-\epsilon) \cdot G(z) \big) \right\|_2 - 1 \right)^2$$

我们的复杂性项在损失函数中包含一个梯度，这意味着计算损失需要采用梯度的梯度！要计算这一公式是很困难的，但幸运的是PyTorch可以帮助解决这个问题。我们可以专注于理解这个公式的含义以及如何推导它。

梯度会告知最小化一个函数的移动方向，梯度值越大意味着正处于试图最小化的函数的较陡处。一个总是返回相同值(即无变化)的简单函数，其梯度为零，这是将复杂度惩罚降至零的唯一方法。因此，我们的函数离简单地返回相同值的函数距离越远，惩罚就越高。这就是这部分公式惩罚复杂模型的诀窍。要使惩罚项为零，就必须在任何情况下都返回相同的值，基本上忽略了输入。这是一个毫无用处的简单函数，但却能将这部分损失降到最低：D上总是有一种牵引力，它希望D不要学习任何复杂的函数。一般来说，当在损失函数中看到类似$\|\nabla f(x)\|$的值时，就应该将其理解为对复杂性的惩罚。

9.3.2　WGAN生成器损失

以上是对判别器及新损失函数的长篇阐述。相比之下，生成器的损失要简单得多。判别器希望G分数最大化，而生成器则希望G分数最小化！我们的损失是G分数的符号翻转，因此G被最小化为：

$$loss_G = -D(G(z))$$

为什么生成器的损失要简单得多？这与前面已经讨论过的三个原因有关。首先，生成器G并不关心D对真实数据x的描述。这意味着可以从损失中去掉$D(x)$项。其次，D中出现的问题更容易解决。复杂性惩罚是为了让D处于不利地位，因为讨论的是G的损失，所以不想用不必要的惩罚让G处于不利地位。最后，G的目标是欺骗D。G分数的唯一剩余部分是$D(G(z))$。由于G的目标相反，所以在前面加了一个负号，得出最终损失$-D(G(z))$。

9.3.3　实现WGAN

这种新方法通常简称为WGAN-GP，其中GP代表梯度惩罚。WGAN-GP有助于解决模式崩溃问题，它减少了梯度消失的机会，并为G和D提供了公平的竞争环境，使G更容易跟上D。下面在简单网格上用这种方法训练一个新的GAN，看看它是否有用。

由于之后将多次使用WGAN-GP，因此可定义一个函数train_wgan来完成这项工作。该函数的设置和组织与最初的GAN训练循环相同，但每个部分都会有一些更改。这包括函数开始时的准备，为D和G提供输入，添加梯度惩罚，以及计算最终的WGAN-GP损失。首先用参数来定义函数，以获取网络、加载器、潜在维度的数量、要训练的迭代周期以及要使用的设备。

1. 更新训练准备

这段代码使用了一个简单的技巧：if语句包含isinstance(data,tuple)or len(data)。这样，就有了一个训练循环，当用户向Dataloader提供仅包含未标签数据*x*或给定数据和标签*y*时(但它不会使用标签；只是不会就此抛出任何错误)，训练循环就能正常工作：

```
def train_wgan(D, G, loader, latent_d, epochs=20, device="cpu"):
    G_losses = []
    D_losses = []

    G.to(device)
    D.to(device)

    optimizerD = torch.optim.AdamW(D.parameters(),          ← 为D设置Adam优化器
    ➥lr=0.0001, betas=(0.0, 0.9))
    optimizerG = torch.optim.AdamW(G.parameters(),          ← 为G设置Adam优化器
    ➥lr=0.0001, betas=(0.0, 0.9))

    for epoch in tqdm(range(epochs)):
    for data in tqdm(loader, leave=False):
        if isinstance(data, tuple) or len(data) == 2:
            data, class_label = data
            class_label = class_label.to(device)
        elif isinstance(data, tuple) or len(data) == 1:
            data = data[0]
        batch_size = data.size(0)
        D.zero_grad()
        G.zero_grad()
        real = data.to(device)
```

2. 更新D和G输入

循环的主体会计算D在真实数据和虚假数据上的结果。这里的一个重要变化是，当fake函数进入判别器时，不会调用detach()函数，因为需要在下一步的梯度惩罚计算中包含G：

步骤1: **D**分数、**G**分数和梯度惩罚。**D**对真实数据的处理效果如何?

```
D_success = D(real)  ◄────
```

```
noise = torch.randn(batch_size, latent_d, device=device)  ◄──────┐
fake = G(noise)      ◄─── 使用G生成假图像批量                        │
                                                         用全假批量训练并
                                                         生成一批潜在向量
D_failure = D(fake)  ◄─── 用D对所有假批量进行分类
```

3. 计算梯度惩罚

计算出fake函数结果后,就可以计算梯度惩罚了。首先,在eps变量中为ϵ选择[0, 1]范围内的随机值。必须确保它的轴数与训练数据一样多,这样才能使张量相乘。因此,如果数据形状为(B, D),那么eps的形状就是$(B, 1)$。如果数据的形状是(B, C, W, H),则eps的形状是$(B, 1, 1, 1)$。这样,批量中的每一项都乘以一个值,就可以计算进入D的混合输入。

下一行代码调用了autograd.grad函数,老实说,这个函数让我很害怕,每次要用到它时我都要查一下。它以PyTorch可以用来计算梯度∇的方式来计算梯度。

基本上,此函数与调用.backward()函数的作用相同,只是它将对象作为新的张量返回,而不是将其存储在.grad字段中。如果不理解这个函数也没关系,因为它的用途不大。但我还是要对其进行简短的高阶解释,以供感兴趣的人参考。outputs=output告诉PyTorch将对其调用.backward(),而inputs=mixed则告诉PyTorch用于给出此结果的初始输入。grad_outputs=torch.ones_like(output)为PyTorch提供了一个初始值来开始计算梯度,该值都设置为1,这样就能得到函数所有部分所需的梯度。选项create_graph=True, retain_graph=True告诉PyTorch,希望对结果进行自动微分(这会产生梯度的梯度):

```
eps_shape = [batch_size]+[1]*(len(data.shape)-1)  ◄───
eps = torch.rand(eps_shape, device=device)              现在计算用于计算梯度
mixed = eps*real + (1-eps)*fake                         惩罚项的张量
output = D(mixed)

grad = torch.autograd.grad(outputs=output, inputs=mixed,
⮕grad_outputs=torch.ones_like(output), create_graph=True,
⮕retain_graph=True, only_inputs=True, allow_unused=True)[0]

D_grad_penalty = ((grad.norm(2, dim=1) - 1) ** 2)                计算D的损失

errD = (D_failure-D_success).mean() + D_grad_penalty.mean()*10  ◄───
errD.backward()
optimizerD.step()    ◄─── 更新D
```

4. 计算WGAN-GP损失

有了grad变量,就可以快速计算总损失了。*10是λ控制惩罚强度的术语。我将其

硬编码为10，是因为对这种方法而言，10是一个很好的默认值，但更好的编码方式是将lambda作为函数的一个参数，默认值为10。

第二步是计算最后一块代码中*G*的更新，要对梯度重新清零。因为掌握梯度何时发生变化、何时未发生变化很困难，所以这是一个防御性的编码步骤。然后，在noise变量中采样一个新的潜在向量*z*，计算-D(G(noise))，取平均值，并进行更新：

```
D.zero_grad()      ←───  步骤2: -D(G(z))
G.zero_grad()      ←───
                                        因为刚刚更新了D，所以再通过D
                                        执行一次全假批量的向前传递
noise = torch.randn(batch_size, latent_d, device=device) ←───
output = -D(G(noise))
errG = output.mean()        ←───  根据该输出计算G的损失
errG.backward()             ←───  计算G的梯度
optimizerG.step()           ←───  更新G
```

在函数结束时，对*G*和*D*的损失进行重新编码，以便稍后查看，并将这些损失作为调用函数的结果返回：

```
    D_losses.append(errD.item())
    G_losses.append(errG.item())
return D_losses, G_losses
```

有了这个新的train_wgan函数，就可以尝试用九个Gaussian在一个3×3网格中训练一个新的Wasserstein GAN来解决早期的简单问题。只需调用以下代码段：

```
G, D = simpleGAN(latent_d, 512, (-1, 2))
train_wgan(D, G, toy_loader, latent_d, epochs=20, device=device)
G, D = G.eval(), D.eval()
```

5. 具有较少模式崩溃的结果

下面的代码生成一些新示例。结果并不完美，但比之前的要好得多。GAN已经学会了覆盖更广泛的输入数据，并且分布形状更接近我们知道的真实情况。通常可以看到所有九种模式，这很好，尽管有些模式不如其他模式强：

```
with torch.no_grad():
    noise = torch.randn(X.shape[0], latent_d, device=device)
    fake_samples_w = G(noise).cpu().numpy()
plt.figure(figsize=(10,10))
ax = sns.kdeplot(x=fake_samples_w[:,0], y=fake_samples_w[:,1],
⮡shade=True, thresh=-0.001)
plt.xlim(-1.5, 1.5)
plt.ylim(-1.5, 1.5)
```

```
[27]: (-1.5, 1.5)
```

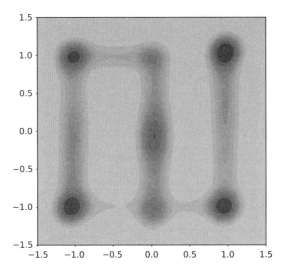

　　模式崩溃问题并未由Wasserstein方法解决，但却得到了极大的改进。Wasserstein方法和大多数GAN具有的一个缺点是需要多次迭代才能收敛。改进WGAN训练的一个常见技巧是每更新一次生成器就更新五次判别器，这就进一步增加了迭代周期的总数，以获得最佳结果。要想训练出真正好的GAN，就应该进行接近200到400个迭代周期的训练。即使使用WGAN，如果再次进行训练，也经常会出现崩溃的情况。这是让训练GAN闻名的一部分原因，但更多的数据和更多的训练迭代周期能改善这种情况。

　　到此，先回到最初的MNIST问题，看看WGAN-GP是否改进了结果。将潜在维度的大小重新定义为128，并将输出形状与MNIST相匹配。由于MNIST的值都在[0,1]范围内，因此再次为G设置一个sigmoid输出。以下代码通过使用新方法对其进行训练：

```
latent_d = 128
out_shape = (-1, 1, 28, 28)
G, D = simpleGAN(latent_d, neurons, out_shape, sigmoidG=True)

D_losses, G_losses = train_wgan(D, G, train_loader, latent_d, epochs=40,
➡device=device)

G = G.eval()
D = D.eval()
```

　　注意：为什么更新判别器D的次数比更新生成器G的次数多？这样判别器就有更多的变化来更新和捕捉生成器G正在做的事情。这是可取的，因为G只能变得和判别器D一样好。这不会给D带来太多不公平的优势，这要归功于复杂性惩罚。

　　现在生成了一些合成数据，但不要看分数：分数不再是概率，因此更难将其解释为一个单一值。这就是将scores作为plot_gen_imgs的可选参数的原因：

```
with torch.no_grad():
    noise = torch.randn(batch_size, latent_d, device=device)
    fake_digits = G(noise)
    scores = D(fake_digits)
    fake_digits = fake_digits.cpu()
    scores = scores.cpu().numpy().flatten()
plot_gen_imgs(fake_digits)
```

　　总之，MNIST GAN样品看起来比之前好很多。你应该能够在大多数样本中找到所有10个数字的示例，即使其中一些数字有点丑陋或畸形。还可以在一个特定的数字中看到更多不同的样式！从主观上讲，这些都是GAN质量的巨大提升。不过有一个缺点是，数字0、3和8不像有模式崩溃时那样清晰：WGAN-GP可能需要更多的训练迭代周期，而且它现在做的事情比以前更多了。当最初的GAN崩溃时，它只能使用整个网络来表示三个数字。现在，由于要表示的是所有10个数字，因此每个数字使用的网络就更少了。这也是我建议将生成的结果与真实数据进行比较，以确定结果是否良好的部分原因。高质量的崩溃结果会诱使你对GAN的质量产生错误的看法。

　　还可以再次绘制判别器和生成器的损失。下面的代码就是这样做的，它使用卷积来平滑平均损失，以便可以关注趋势。在解释WGAN-GP的损失时，记住，生成器G希望损失大，判别器D希望损失小：

```
plt.figure(figsize=(10,5))
plt.title("Generator and Discriminator Loss During Training")
plt.plot(np.convolve(G_losses, np.ones((100,))/100, mode='valid') ,label="G")
plt.plot(np.convolve(D_losses, np.ones((100,))/100, mode='valid') ,label="D")
plt.xlabel("iterations")
plt.ylabel("Loss")
plt.legend()
plt.show()
```

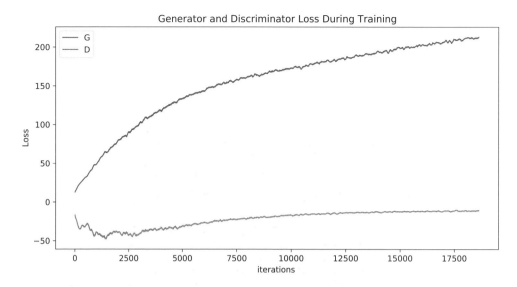

从这个图可以看出，随着训练的增加，G也在不断提高，这是好事，也是继续训练的理由。但判别器D似乎已经停止了改进，这可能表明D现在还不够强大，无法学习到更好的表示。这是一个问题，因为G的质量只会随着D在任务中的表现越来越好而提高。可以做出的一个重大改变是实现卷积GAN，这样生成器(和判别器)就能获得卷积的结构优先权，并且(我们希望)两者都做得更好！

9.4　卷积GAN

与大多数深度学习应用程序一样，使用GAN改善结果的最佳方法是选择一种对你的问题有意义的架构。由于我们正在处理图像，因此可以使用卷积架构来改善结果。这就需要对潜在表示z稍加处理。代码为z中的D维创建了一个形状为(B, D)的向量。卷积G的潜在变量应该是什么形状？

9.4.1　设计卷积生成器

一种方法是制作一个形状为(B, C', W', H')的潜在张量，让它的形状与图像相似，但却不具有正确的输出形状(B, C, W, H)。使该潜在数据的宽度和高度小于真实数据，并使用转置卷积将其扩展到真实数据的大小。但对于C'，我们希望使用比原始数据更多的通道。通过这种方式，模型就能学会将潜在通道解释为具有不同意义，而只有一个或三个通道可能就太小了。

以下代码设置了用于训练卷积GAN的参数。首先，确定start_size，即初始宽度和高度W'和H'。使W'=W/4，这样就可以用转置卷积进行两轮扩展。如果不编写一些难看的代码就无法将其缩小，因为该代码会缩小至28/4=7像素：再除以2就是3.5像素，这可不是我们能轻易解决的问题。接下来，将latent_channels的数量C′定义为16。这是一个要选择的超参数，我只选择了一个很小的值，如果效果不佳，我还会增加这个值。由于有一个形状为(B, C′, W′, H′)的潜在变量，因此我们定义了in_shape元组，将其表示为我们一直使用的out_shape的对应元组。我们的网络将使用in_shape来重塑G的输入，而out_shape仍将用于重塑G的输出和D的输入：

```
                          ← 初始宽度和高度，因此可
                            以进行两轮转置卷积
start_size = 28//4 ←
latent_channels = 16
                                              ← 潜在空间中需
                                                要的值的数量
latent_d_conv = latent_channels*(start_size**2) ←
in_shape = (-1, latent_channels, start_size, start_size )
```

这段代码设置了解决问题所需的变量，同时也很容易针对新问题进行调整。如果图像较大，可以尝试使用两轮以上的扩展和16个以上的潜在通道，这可以通过更改前两行代码轻松实现。

1. 实现卷积辅助函数

现在，在定义卷积架构之前，还需要一些变量。使用n_filters=32个过滤器启动生成器，并使用0.2的泄漏率激活LeakyReLU。将内核大小定义为k_size=5。通常，我们的CNN会使用内核大小为3的更大深度。为GAN使用稍微大一点的内核尺寸可以改善结果。特别是针对我们的转置卷积，如果使用的内核大小是步幅的倍数，输出将更加平滑，因此我们给它们单独设定了内核大小k_size_t=4。这有助于确保当转置卷积扩展输出时，输出中的每个位置对其值的贡献均为偶数：

```
n_filters = 32   ←——— 潜在空间中的通道数


k_size= 5   ←——— 卷积GAN默认使用的内核大小


k_size_t = 4   ←——— 转置卷积的默认内核大小
leak = 0.2

def cnnLayer(in_channels, out_channels, filter_size,  ←
⮡wh_size, leak=0.2):                                      用于创建隐藏卷
    return nn.Sequential(                                 积层的辅助函数
        nn.Conv2d(in_channels, out_channels, filter_size,
        ⮡padding=filter_size//2),
        nn.LeakyReLU(leak),
        nn.LayerNorm([out_channels, wh_size, wh_size]),
    )
```

```
def tcnnLayer(in_channels, out_channels, wh_size, leak=0.2):
    return nn.Sequential(
        nn.ConvTranspose2d(in_channels, out_channels, k_size_t,
            padding=1, output_padding=0, stride=2),
        nn.LeakyReLU(leak),
        nn.LayerNorm([out_channels, wh_size, wh_size]),
    )
```

与**cnnLayer**类似，但使用转置卷积来扩展大小

2. 实现卷积GAN

现在来定义CNN GAN。对于G，可以从View(in_shape)开始，这样潜在向量z就会成为指定的所需输入形状：(B, C', W', H')。接下来是几轮卷积、激活和LN。记住，对于CNN，需要追踪输入的宽度和高度，这就是将28×28的MNIST高度编码到架构中的原因。此处采用简单的模式，在每个转置卷积前后使用两到三轮CNN层：

```
G = nn.Sequential(
    View(in_shape),
    cnnLayer(latent_channels, n_filters, k_size, 28//4, leak),
    cnnLayer(n_filters, n_filters, k_size, 28//4, leak),
    cnnLayer(n_filters, n_filters, k_size, 28//4, leak),
    tcnnLayer(n_filters, n_filters//2, 28//2, leak),
    cnnLayer(n_filters//2, n_filters//2, k_size, 28//2, leak),
    cnnLayer(n_filters//2, n_filters//2, k_size, 28//2, leak),
    tcnnLayer(n_filters//2, n_filters//4, 28, leak),
    cnnLayer(n_filters//4, n_filters//4, k_size, 28, leak),
    cnnLayer(n_filters//4, n_filters//4, k_size, 28, leak),
    nn.Conv2d(n_filters//4, 1, k_size, padding=k_size//2),
    nn.Sigmoid(),
)
```

9.4.2　设计卷积判别器

接下来，要实现判别器D。这与常规设置有一些不同。同样，以下是一些可以用来改进GAN的技巧。

- D和G是不对称的。可以让D的网络规模小于G，从而使G在竞争中占据优势。即使WGAN-GP中有梯度惩罚，D仍然更容易学习。我发现一个粗略的经验法则很有用，那就是D的层数是G的三分之二。之后画出D和G在训练过程中的损失，看看D是否被卡住(损失没有减少)，是否应该变大，或者G是否被卡住(损失没有增加)，此时D应该缩小，或者G应该变大。
- 使用nn.AvgPool2d切换到平均池化，而非最大池化。这有助于使梯度流最大化，因为每个像素对答案的贡献相等，所以所有像素都可以共享梯度。
- 使用一些自适应池化来结束网络，这最容易通过AdaptiveAvgPool或Adaptive-MaxPool函数来完成。当真正关心的是池化内容的整体形状时，这可以帮助D避免键入值的确切位置。

下面的代码会将这些想法融入到 *D* 的定义中。再次使用 LN，因此需要追踪高度和宽度，从全尺寸开始，然后缩小。最后使用 4×4 作为自适应池化的大小，因此下一个线性层的每个通道有 4×4=16 个值作为输入。如果在 64×64 或 256×256 的图像上执行此操作，我可能会将自适应池化的大小提高到 7×7 或 9×9：

```
D = nn.Sequential(
    cnnLayer(1, n_filters, k_size, 28, leak),
    cnnLayer(n_filters, n_filters, k_size, 28, leak),
    nn.AvgPool2d(2),                              ←─── 为了避免稀疏梯度，
                                                       使用平均池化而非最
                                                       大池化
    cnnLayer(n_filters, n_filters, k_size, 28//2, leak),
    cnnLayer(n_filters, n_filters, k_size, 28//2, leak),
    nn.AvgPool2d(2),
    cnnLayer(n_filters, n_filters, 3, 28//4, leak),
    cnnLayer(n_filters, n_filters, 3, 28//4, leak),
    nn.AdaptiveAvgPool2d(4),       ←─── 这是自适应池化，因此我们知道此时的
    nn.Flatten(),                       大小为 4×4，以便更积极地进行池化(通
    nn.Linear(n_filters*4**2,256),      常有助于卷积GAN)，并使编码更容易
    nn.LeakyReLU(leak),
    nn.Linear(256,1),
)
```

训练和检查卷积 GAN

通过将 View 逻辑移入网络而非训练代码，可以将 `train_wgan` 函数重新用于 CNN GAN。以下代码将对它们进行训练：

```
D_losses, G_losses = train_wgan(D, G, train_loader, latent_d_conv,
➡epochs=15, device=device)

G = G.eval()
D = D.eval()
```

10 个迭代周期对训练一个 GAN 来说并不算长，但接下来你将直观地看到 CNN GAN 中出现的一些随机样本，数字看起来比以前好得多。同样，卷积方法在图像上效果更好也不足为奇，但确实需要学习一些额外的技巧才能使其效果更好：

```
with torch.no_grad():
    noise = torch.randn(batch_size, latent_d_conv, device=device)
    fake_digits = G(noise)
    scores = D(fake_digits)

    fake_digits = fake_digits.cpu()
    scores = scores.cpu().numpy().flatten()
plot_gen_imgs(fake_digits)
```

更长迭代周期的训练是否会改善WGAN-GP？下面的代码再次绘制了G和D在每个批量中的平滑损失图。有一个明显的趋势是，G的分数在增加，这表明G的生成能力越来越强；但D的分数却持平(没有变好或变差)。更多的训练次数可能会改善这一点，但也并不能保证。如果D的分数在递减(因为D希望得到负值)，使图形呈漏斗状展开(前300次迭代就是这种形状)，效果会更好。这意味着G和D都在不断改进，我们也就更有信心通过训练更多的迭代周期来改进GAN的结果：

```python
plt.figure(figsize=(10,5))
plt.title("Conv-WGAN Generator and Discriminator Loss")
plt.plot(np.convolve(G_losses, np.ones((100,))/100, mode='valid') ,label="G")
plt.plot(np.convolve(D_losses, np.ones((100,))/100, mode='valid') ,label="D")
plt.xlabel("iterations")
plt.ylabel("Loss")
plt.legend()
plt.show()
```

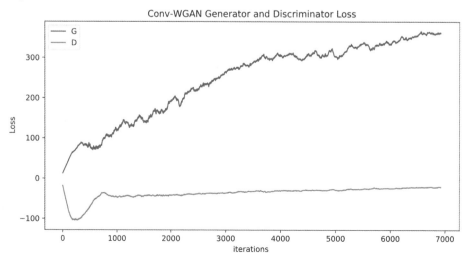

9.5　条件GAN

　　帮助改进GAN训练的另一种方法是创建条件GAN(conditional GAN)。条件GAN是有监督的，而非无监督的，因为使用了属于每个数据点x的标签y。这是一个相当简单的更改，如图9.7所示。

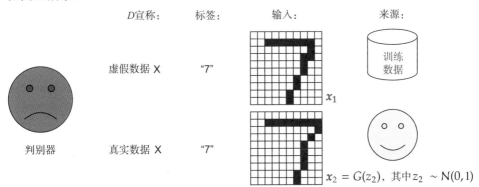

图9.7　条件GAN示例，其中D出错，G表现良好。唯一的变化是将数据的标签y作为G和D的输入。G获得标签后，就知道要创建什么，而D获得标签后，就知道要寻找什么

　　不是让模型根据x预测y，而是让G生成y的示例。可以认为普通GAN能要求模型生成任何真实数据，而条件GAN能要求模型生成我们归类为y的真实数据。这为模型提供了额外信息，对模型有所帮助。它不必自己计算出有多少个类别，因为你通过提供标签y告诉了模型G要生成什么类型的数据。为了实现这一点，还要向判别器D提供有关y的信息。

　　另一种思路是，条件GAN允许学习一对多的映射。之前的所有神经网络都是一对一的映射。对于任何输入x，都有一个正确的输出y。但如图9.8所示，条件模型可以让我们为任何一个有效输入创建多个有效输出。

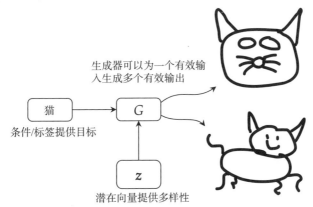

图9.8　条件GAN是一对多映射的示例。输入为"cat"，右侧的输出显示了多个有效输出。为了获得这种多样性的输出，潜在向量z为G提供了创建多个输出的方法

　　有了条件GAN的一对多映射，便可以开始处理G生成的内容。给定一个单一的潜在向量z，可以要求模型使用$G(z \mid y=1)$生成1，或使用$G(z \mid y=3)$生成3。如果使用相同的z值进行

这两项操作，则生成的数字1和3将具有相似的特征，如线条的粗细和倾斜度。

9.5.1　实现条件GAN

轻轻松松就能实现条件GAN。为此，首先需要修改 *G* 和 *D*，使其接受两个输入：潜在向量 *z* 和标签 *y*。定义一个 `ConditionalWrapper` 类来实现这一点。我们的方法是，`ConditionalWrapper` 将接受一个普通的 *G* 或 *D* 网络，并将其用作子网络，类似于之前实现U-Net的方式。`ConditionalWrapper` 将 *z* 和 *y* 合并为一个新的潜在值 $\hat{z}$。然后将新的潜在值 $\hat{z}$ 传递给原始网络(*G* 或 *D*)。

以下模块定义实现了这一想法。构造函数中创建了一个nn.Embedding层，将标签 *y* 转换为与 *z* 大小相同的向量；还创建了一个combiner网络，它接收大小为潜在向量 *z* 两倍的输入，并返回与 *z* 大小相同的输出。这个网络有意做得很小，只有两个隐藏层，因此只够组合两个输入值 *z* 和 *y*。

这样，`forward` 函数只需很少的几步即可运行。它将 *y* 嵌入向量中，由于 *y* 的嵌入和 *z* 的形状相同，可以将它们连接在一起，形成双倍大小的输入。这将进入combiner网络，然后直接进入原始net(*G* 或 *D*)。

代码如下：

```python
class ConditionalWrapper(nn.Module):
    def __init__(self, input_shape, neurons, classes, main_network,
        leak=0.2):
        """
        input_shape: the shape that the latent variable z
            should take.
        neurons: neurons to use in hidden layers
        classes: number of classes in labels y
        main_network: either the generator G or discriminator D
        """
        super().__init__()

        self.input_shape = input_shape
        self.classes = classes
        input_size = abs(np.prod(input_shape))

        self.label_embedding = nn.Embedding(classes, input_size)

        self.combiner = nn.Sequential(
            nn.Flatten(),

            fcLayer(input_size*2, input_size, leak=leak),
```

创建嵌入层以将标签转换为向量

根据潜在形状计算潜在参数的数量

一个FC层

在**forward**函数中，将标签和原始日期连接到一个向量中。然后，这个**combiner**将这个超大的张量转换成一个新的张量，其大小仅为原始**input_shape**的大小。这就完成了将条件信息(来自**label_embedding**)合并到潜在向量中的工作

```
        nn.Linear(input_size, input_size),
        nn.LeakyReLU(leak),
```

第二个FC层，但首先
要应用线性层和激活

因此可以重塑输出，并基于目标输出形
状进行归一化处理。这使得条件封装器
对于线性和卷积模型非常有用

```
        View(input_shape),
        nn.LayerNorm(input_shape[1:]),
    )
        self.net = main_network
```

如果没有提供标签，
则随机选择一个

```
    def forward(self, x, condition=None):
        if condition is None:
            condition = torch.randint(0, self.classes, size=(x.size(0),),
            device=x.get_device())
```

forward函数接受输入并产生输出

连接潜在
输入和嵌
入标签

```
        embd = self.label_embedding(condition)
        embd = embd.view(self.input_shape)
        x = x.view(self.input_shape)
        x_comb = torch.cat([x, embd], dim=1)
        return self.net(self.combiner(x_comb))
```

嵌入标签并根据需要重塑标签

确保标签embd和数据x形状
相同，以便可以连接它们

返回网络对组
合输入的结果

9.5.2 训练条件GAN

有了这段代码，就可以轻松地将普通的全连接GAN转换为条件GAN。下面的代码片段创建了一个新的全连接GAN。唯一要做的就是定义类的数量classes=10，并使用新的ConditionalWrapper对*G*和*D*进行独立封装：

```
latent_d = 128
out_shape = (-1, 1, 28, 28)
in_shape = (-1, latent_d)
classes = 10
G, D = simpleGAN(latent_d, neurons, out_shape, sigmoidG=True)

G = ConditionalWrapper(in_shape, neurons, classes, G)
D = ConditionalWrapper(out_shape, neurons, classes, D)
```

现在需要一种方法来训练这些条件模型，因为train_wgan函数不使用标签。这是另一处简单的改动。可以定义一个新的函数train_c_wgan，它的代码完全相同，只是在代码中出现G(noise)时，将其更改为G(noise,class_label)。同样，当看到类似D(real)的代码时，就把它更改为D(real,class_label)。就是这样——只需要在使用G或D时添加(class_label)！这就提供了创建条件GAN的工具和代码。下面的代码块将对刚刚定义的GAN进行训练：

```
D_losses, G_losses = train_c_wgan(D, G, train_loader, latent_d,
⮑epochs=20, device=device)

G = G.eval()
D = D.eval()
```

9.5.3　使用条件GAN控制生成

接下来将这个新GAN的结果可视化，并展示如何同时控制生成过程。以下代码会生成10个不同的潜在向量z，并将每个z值复制10份。然后，创建一个从0到9的labels张量，涵盖所有10个类。这样，就创建了$G(z \mid y=0)$，$G(z \mid y=1)$，…，$G(z \mid y=9)$。

每个数字都是使用相同的潜在向量生成的。因为条件控制着生成的类，所以潜在向量z被迫学习样式。如果仔细观察每一行，就会发现在每种情况下，所有输出都保持了一些基本样式，而与类无关。

代码如下：

从0到9计数，然后返回到0。此操作执行10次

```
with torch.no_grad():
    noise = torch.randn(10, latent_d, device=device).◄───────
    ⮑repeat((1,10)).view(-1, latent_d)
    labels = torch.fmod(torch.arange(0, noise.size(0),
    ⮑device=device), classes)
    fake_digits = G(noise, labels)  ◄───────
    scores = D(fake_digits, labels)
    fake_digits = fake_digits.cpu()
    scores = scores.cpu().numpy().flatten()
plot_gen_imgs(fake_digits)  ◄───────
```

生成10个潜在噪声向量，并重复10次。重复使用相同的潜在代码

使用噪声中相同的潜在向量生成10幅图像，但每次都会更改标签

在绘制结果时，应该会看到一个从0到9显示的数字网格，其中每一行都使用相同的潜在向量，并具有相似的视觉特性

注意，如果行开头的0用粗线表示，则该行中的所有数字都用粗线表示。如果0向右倾斜，则所有数字都向右倾斜。这就是条件GAN让我们控制生成内容的方式。可以将这种方法扩展到更多的条件属性，这样就能更好地控制G生成输出的内容和方式。但这需要大量的标记输出，而目前总是有可能将其实现。

9.6　GAN潜在空间概览

前面可以看到GAN在创建虚假数据方面表现出色，潜在表示z在训练过程中开始学习一些数据的有趣属性。即使没有使用任何标签，情况也是如此。但也可以通过改变潜在向量z本身来控制GAN生成的结果。这样做支持只标记少许图像就能处理图像，并从而确定改变z的正确方式。

9.6.1　从Hub获取模型

由于训练GAN的成本很高，因此本节将使用PyTorch Hub下载一个预训练的GAN。Hub是一个仓库，人们可以上传有用的预训练模型，PyTorch内置了下载和使用这些模型的集成。这里将下载一个在更高分辨率人脸图像上训练的示例，以获得比MNIST更有趣的内容。

首先，从Hub加载所需的GAN模型。这可通过hub.load函数实现，其中第一个参数是要从中加载的仓库，之后的参数取决于仓库。本例加载了一个名为PGAN的模型，该模型是在一个高分辨率的名人数据集上训练的。此外还加载了torchvision包，该软件包对PyTorch进行了专门的视觉扩展：

```
import torchvision
model = torch.hub.load('facebookresearch/pytorch_GAN_zoo:hub', 'PGAN',
  model_name='celebAHQ-512', pretrained=True, useGPU=False)
```

PGAN Hub模型的具体内容

加载到Hub中的代码定义了一个buildNoiseData函数，该函数接收我们想要生成的样本数量，并生成噪声向量，以生成相应数量的图像。然后，就可以使用模型的test方法从噪声中生成图像。试试看！

```
num_images = 2
noise, _ = model.buildNoiseData(num_images)
with torch.no_grad():
    generated_images = model.test(noise)
```

使用torchvision辅助函数绘制图像，应该可以看到一个合成生成的男人和女人图像：

```
grid = torchvision.utils.make_grid(generated_images.clamp(min=-1, max=1),
  scale_each=True, normalize=True)
```

```
plt.imshow(grid.permute(1, 2, 0).cpu().numpy())
```

[50]: <matplotlib.image.AxesImage at 0x7f2abd028f90>

就像之前的GAN一样，这些图像是通过学习将噪声转换为逼真的图像而创建的！如果打印噪声值，就会看到从高斯分布中随机采样的值(内部没有隐藏的魔法)：

```
print(noise)
```

```
tensor([[-0.0766, 0.3599, -0.7820, …, -1.0038, 0.5046, -0.4253],
        [ 0.5643, 0.4867, 0.2295, …, 1.1609, -1.2194, 0.8006]])
```

9.6.2 对GAN输出进行插值

GAN的一个很酷的特性是，学习到的潜在值z在进行数学运算时往往表现良好。因此，如果取两个噪声样本，则可以在噪声向量之间进行插值(例如，插值一个噪声向量的50%和另一个噪声向量的50%)，以生成图像的插值。这通常被称为行走潜在空间(walking the latent space)：如果你有一个潜在向量，并向第二个潜在向量走了一段距离，那么最终会得到一个代表了原始潜在向量和目标潜在向量的混合体。

如果将此应用于两个样本，男性图像会慢慢转变为女性图像，发色会慢慢变深为棕色，笑容的弧度也会变大。在代码中，我们在潜在空间中从第一个图像转换到第二个图像经过了八个步骤，从而改变了每个潜在向量对结果的贡献比例：

```
steps = 8
interpolated_z = []          ◄── 保存插值图像的位置
for x in torch.arange(0,steps)/float(steps)+0.5/steps:
    z_mix = x*noise[0,:] + (1-x)*noise[1,:]   ◄──
    interpolated_z.append(z_mix)

with torch.no_grad():    ◄── 从插值生成图像
    mixed_g = model.test(torch.stack(interpolated_z)).clamp(min=-1, max=1)
```

取第一个潜在向量的步长和第二个潜在向量的(1-步长/步数)，又称行走

```
grid = torchvision.utils.make_grid(
⮩mixed_g.clamp(min=-1, max=1), scale_each=True,
⮩normalize=True)
plt.figure(figsize=(15,10))
plt.imshow(grid.permute(1, 2, 0).cpu().numpy())
```
可视化后，生成的输出
看起来像一个混合体

[52]: <matplotlib.image.AxesImage at 0x7f2af48f42d0>

还可以更进一步。如果愿意标签数据集中的几个实例，就能提取具有语义的向量。图9.9展示了高层次的工作原理。

GAN往往会学习一个潜在向量来表示不同的重要概念，如"微笑"，如果能提取这些向量，就能控制输出来增加或减少潜在属性

$x_1 = G(z_1)$ $G(z_1 + z_{smile})$ $G(z_1 - z_{smile})$ $G(z_1 + z_{shear})$ $G(z_1 - z_{smile} + z_{shear})$

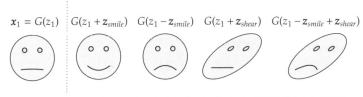

图9.9 生成的图像示例和可能找到的语义向量类型。左边显示的是原始潜在向量和G的相关输出。通过添加这些语义向量，可以改变生成的内容。之所以称这些向量为潜在向量，是因为没有告诉GAN它们是什么：它们对GAN是隐藏的，GAN必须从数据对应的模式中自己学习

这基本上意味着，可以找到一个向量z_{smile}，将其添加到任何其他潜在向量中，便可使某人微笑；从另一个潜在向量中将其减去，则可以使某人不再微笑。最重要的是，我们从未告诉过G任何这些潜在属性。G会自己学会这样做，如果能发现语义向量，就能进行这些修改！为此，先随机生成一组人物图像：

```
set_seed(3)  ⟵— 获得一致的结果
noise, _ = model.buildNoiseData(8*4)  ⟵— 创建随机生成器
with torch.no_grad():
    generated_images = model.test(noise)
grid = torchvision.utils.make_grid(
⮩generated_images.clamp(min=-1, max=1),
⮩scale_each=True, normalize=True)  ⟵— 使其可视化
plt.figure(figsize=(13,6))
plt.imshow(grid.permute(1, 2, 0).cpu().numpy())
```

[53]: <matplotlib.image.AxesImage at 0x7f2abc505710>

9.6.3 标记潜在维度

现在有32个人脸示例。如果能够识别出每张生成图像中我们所关心的某些属性，就可以给它们贴上标签，并尝试了解噪声的哪些部分控制着输出的不同方面[1]。接下来识别哪些人是男性/女性，哪些人在微笑。我为每个属性创建了一个数组，对应于每个图像，因此我们有32个"男性"标签和32个"微笑"标签。从本质上讲，这是在为我们关心的属性创建自己的标签y，但只需使用很少的标记示例就能提取这些语义向量[2]。G已经完成了自主学习概念这一艰苦工作：

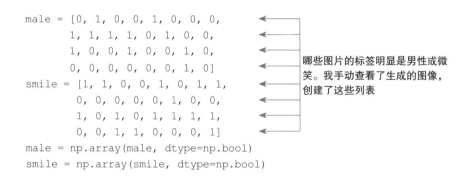

哪些图片的标签明显是男性或微笑。我手动查看了生成的图像，创建了这些列表

将形状从(32)转换为(32, 1)

1. 计算语义向量

接下来计算平均男性和平均女性向量。对于微笑，也要做同样的事情，所以先定义一

---

1 如何更好地做到这一点是一个值得研究的问题，但我们使用的简单方法效果惊人。

2 人们对语义的含义有许多不同的心智模型，这也使许多研究人员不堪其扰。我们就不去钻牛角尖了。

个简单的函数，使用二进制标签"male"和"smile"来提取表示差异的向量。生成的标签越多，结果就越好：

```
def extractVec(labels, noise):
    posVec = torch.sum(noise*labels, axis=0)/torch.sum(labels)
    negVec = torch.sum(noise* (~labels), axis=0)/torch.sum(~labels)
    return posVec-negVec
```

→ 获取类标签为0的所有值的平均值

取平均值之间的差值来近似潜在概念之间的差值

类标签为1的所有值的平均值

2. 用语义向量处理图像

现在，可以使用extractVec函数来提取男性性别向量。如果将其添加到任何潜在向量z上，就会得到一个更男性化的新潜在向量。生成的图像中的所有其他内容都应保持不变，如背景、头发颜色、头部位置等。下面来试试看：

```
gender_vec = extractVec(male, noise)          ← 提取性别向量
with torch.no_grad():
    generated_images = model.test(noise+gender_vec) ← 通过将性别向量添加到原始潜在向量来生成新图像

grid = torchvision.utils.make_grid(
➥generated_images.clamp(min=-1, max=1),
➥scale_each=True, normalize=True)           ← 绘制结果
plt.figure(figsize=(13,6))
plt.imshow(grid.permute(1, 2, 0).cpu().numpy())
```

[56]: <matplotlib.image.AxesImage at 0x7f2abc4f5850>

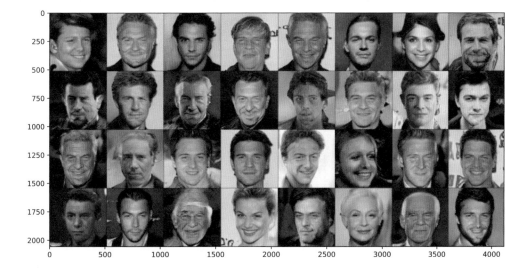

总的来说，结果相当不错。虽然不够完美，但我们没有用很多例子来发现这些向量。还可以减去这个性别向量，去除图像中的男性特征。在本例中，我们会让每个图像看起来更女性化。下面的代码只需将+更改为-即可实现这一目的：

```
with torch.no_grad():
    generated_images = model.test(noise-gender_vec)
grid = torchvision.utils.make_grid(generated_images.clamp(min=-1, max=1),
⮕scale_each=True, normalize=True)
plt.figure(figsize=(13,6))
plt.imshow(grid.permute(1, 2, 0).cpu().numpy())
```

[57]: <matplotlib.image.AxesImage at 0x7f2abd67d590>

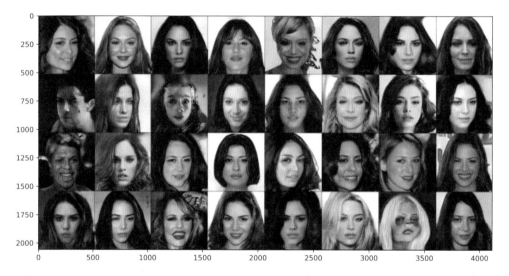

也许你希望每个人都快乐！也可以用提取的smile向量做同样的事情，让每个人都笑得更开心：

```
smile_vec = extractVec(smile, noise)
with torch.no_grad():
    generated_images = model.test(noise+smile_vec)
grid = torchvision.utils.make_grid(generated_images.clamp(min=-1, max=1),
⮕scale_each=True, normalize=True)
plt.figure(figsize=(13,6))
plt.imshow(grid.permute(1, 2, 0).cpu().numpy())
```

[58]: <matplotlib.image.AxesImage at 0x7f2ab47d0750>

9.7　深度学习中的伦理问题

第4章专门讨论了理解以下问题的重要性：如何为世界建模，以及使用这些模型如何影响他人感知世界的方式。既然已经了解了GAN，不妨重新来讨论一下这个问题。

GAN学习的语义概念是基于数据的，并不一定代表世界运行的真相。例如，大多数人都认同并表现为男性或女性，我们的数据也反映了这一点，因此GAN可以学习到男性和女性之间的某种线性关系，将其作为一个统一的系列。但这并不符合那些不适合划分为男性或女性的人的情况。因此，在使用GAN处理图像中的性别问题时，在将其作为任何体系的一部分进行公开之前，都应该慎重考虑。

对于你构建的任何系统(机器学习或其他)，都应该问自己一些简单的问题：它将如何影响使用它的大多数人？它将如何影响使用它的少数人？是否有人因系统而受益或受损，这些人是否应该受益或受损？你的部署是否会以积极或消极的方式改变人们的行为，甚至被善意的用户误用？一般来说，要从微观和宏观两个层面考虑可能出现的问题。

我并不是要给你规定任何哲学或道德信仰体系。伦理是一个非常复杂的话题，我无法用一章的一小节来阐述清楚(这也不是本书的主题)。但随着深度学习的发展，许多不同的事情都实现了自动化。这可能会给社会带来好处，让人们从费力耗神的工作中解脱出来，但也可能以新的高效规模放大和复制不良的不平等现象。出于这个原因，我希望你意识到这一点，并开始训练自己思考这些问题。以下是一些资源链接，通过这些链接你可以加深对这些问题的理解：

- 一篇较早的论文从更广泛的角度阐述了其中存在的许多问题：B·Friedman和 H·Nissenbaum，"Bias in computer systems"(计算机系统中的偏见)，*ACM Trans. Inf. Syst.* vol. 14, no. 3, pp. 330-347, 1996, https://doi.org/10.1145/230538.230561, https://nissenbaum.tech.cornell.edu/papers/Bias%20in%20Computer%20Systems.pdf。

- 我之前提到过Kate Crawford(www.katecrawford.net)，我也推荐了Timnit Gebru (https://scholar.google.com/citations?user=lemnAcwAAAAJ)和Reuben Binns(https://www. reubenbinns.com/)。
- 我尤其喜欢"Fairness in machine learning: lessons from political philosophy"(机器学习的公平性：政治哲学的教训)这篇论文，R. Binns, *Proceedings of Machine Learning Research* vol. 81, pp. 1–11,2018, http://proceedings.mlr.press/v81/binns18a/binns18a.pdf。它通俗易懂，并对公平这一棘手的概念提出了不同的观点。

要成为一名优秀的深度学习研究者或实践者，你并不需要掌握这些知识。但你应该学会思考和考虑这些问题。如果你知道得足够多，可以简单地说："这可能是个问题，我们应该得到一些指导"，你就比现在的许多从业者都更有能力了。

尤其是处理图像的能力，开创了一个被称为深度伪造的研究领域和问题。GAN是这个问题的重要组成部分。它们已被用于模仿声音和修改视频，使嘴部动作与提供的音频相匹配，是误导他人的有力工具。现在，你已经掌握了足够的知识，可以开始构建或使用能够做到这一点的系统，同时也有责任考虑这些行动和后果。如果你在网上发布代码，它是否会被轻易盗用去伤害他人？将该代码公开的好处是什么？好处是否大于坏处？在这些情况下，你可能还需要考虑如何减轻这些危害。如果你创建的生成器可能被盗用，也许你可以使用一种检测器，它可以判断图像是否来自你的模型/方法，从而帮助检测任何恶意使用。

这些问题看似抽象，但随着你的技能和能力的提高，它们将成为真正的问题。例如，最近的一份报告显示[1]，有人利用深度伪造骗取了数十万美元。我的目的不是强迫你采取任何特定的行动；正如我前面所说，道德不是一个黑白分明、答案简单的问题。但这是你在工作时应该开始深思熟虑的事情。

9.8 练习

请尝试在本书的Manning出版社在线平台上分享和讨论你的解决方案(https://liveproject. manning.com/project/945)。提交完答案后，你便能够看到其他读者提交的解决方案，并看到作者评选的最佳方案。

1. 改进卷积生成器G的另一个技巧是从一到两个全连接的隐藏层开始，将它们的输出重塑为张量(B, C', W', H')。试着自己实现一下。你觉得结果看起来更好吗？

2. ConditionalWrapper类中的组合器网络是为全连接网络设计的。这将给我们使用判别器D带来问题。当input_shape表明main_network是CNN时，修改ConditionalWrapper类，为组合器定义一个小型CNN。用它来训练有条件CNN GAN。

3. 处理新图像x面临的一个挑战是获取其潜在向量z。修改train_wgan函数，以

---

[1] L. Edmonds, "Scammer used deepfake video to impersonate U.S. Admiral on Skype chat and swindle nearly \$300,000 out of a California widow," *Daily Mail*, 2020, http://mng.bz/2j0X.

接收可选的编码器网络E。E获取图像x并尝试预测生成x的潜在向量z。因此它的损失为$\|E(G(z)-z)\|_2$。测试编码器，并可视化由$G(z)$生成的图像，然后是$G(E(G(z)))$，然后是$G(E(G(E(G(Z)))))$(即生成一幅图像，然后生成该图像的编码版本，再生成前一幅图像的编码版本)。

4. 你可以制作GAN来解决复杂的任务，例如图像修复，也就是填补图像中缺失的部分。用第8章中的U-Net架构替换生成器G。使用RandomErasing变换创建噪声输入$\tilde{x}$，作为GAN的输入。判别器保持不变，但不再使用潜在变量z。训练该模型，并检查它在修复任务中的表现。

5. 完成练习3后，制作一个新版本，让U-Net G接收噪声图像$\tilde{x}$和潜在向量z。这个模型与第一个模型有什么不同呢？

6. **挑战**：阅读论文"Image-to-Image Translation with Conditional Adversarial Networks" (https://arxiv.org/abs/1611.07004)。它定义了一个名为pix2pix的GAN。看看你是否能看懂论文的大部分内容。如果你有勇气，可以尝试自己去实现它，因为你现在已经了解并使用了论文中的每一个组件！

7. 使用PGAN模型生成更多图像，并提出自己的语义向量来处理它们。

9.9　小结

- GAN的工作原理是建立两个相互博弈的网络，每个网络都帮助对方学习。

- GAN是一种生成式建模方法，这意味着生成器G模型的任务比判别器D更艰巨。这种难度上的不匹配导致出现了一个称为模式崩溃的问题，即生成器只关注数据中较容易的部分。

- 一些减少梯度消失的小技巧可以帮助更快、更好地训练全连接和卷积架构的GAN。

- GAN可能会出现模式崩溃，导致过度关注最常见或最简单的事情，而非学习生成多样化的输出。

- Wasserstein GAN为判别器添加了一种惩罚机制，防止它在GAN博弈中表现得过于出色，从而帮助减少模式崩溃。

- 可以基于某些标签设定GAN的输出条件，这样就可以建立一对多的模型，并控制GAN生成的结果。

- GAN学习有语义的潜在表示。可以提取具有重复概念的向量，并使用它们来处理图像。

- GAN提升了考虑模型道德含义的必要性，在部署模型时，你应该常常问自己可能会出现什么问题。

第10章

注意力机制

本章内容
- 了解注意力机制以及何时使用它们
- 为注意力机制添加上下文以获得对上下文敏感的结果
- 注意处理长度可变的项

　　想象一下，在一家繁忙的咖啡馆里，你和几个朋友正在聊天。你们周围还有其他人在交谈，有人在点单，有人在打电话。尽管有这么多噪音，但你凭借复杂而精密的大脑和耳朵，只关注重要的事情(你的朋友！)，而选择性地忽略周围发生的与你无关的事情。这里重要的是，你的注意力能够适应当时的情况。只有在没有更重要的事情发生时，你才会忽略背景音，倾听朋友的声音。如果火警警报响了，你就不会再关注你的朋友，而是把注意力集中在这个新的、重要的声音上。因此，注意力就是适应输入的相对重要性。

　　深度学习模型还可以学习关注某些输入或特征，而忽略其他特征。它们通过注意力机制(attention mechanisms)来做到这一点，而注意力机制是人们可以强加给网络的另一种先验信念。注意力机制有助于我们处理一些情况，在这些情况下部分输入可能无关紧要，或者需要关注被输入模型的众多特征中的一个特征。例如，要将一本书从英语翻译成法语，不需要理解整本书就能翻译出第一句话。在英语翻译中输出的每一个单词都应只取决于同一个句子中几个附近的单词，可以忽略周围的大部分法语句子和内容。

　　注意力机制的目标就是希望网络忽略多余和干扰性的输入，从而专注于最重要的部分。如果你认为某些输入特征比其他特征更重要或没有其他特征重要，就应该考虑在模型中使用基于注意力的方法。例如，要想在语音识别、目标检测、聊天机器人或机器翻译方面获得最先进的结果，就很可能会使用注意力机制。

本章将讲解注意力如何在一些简单问题上发挥作用，以便在第11章中构建更复杂的问题。首先，从MNIST数据集中创建一个简单问题(虽然说简单，但是对于普通网络来说仍旧很难)，通过使用一种简单的注意力就能轻松、较好地解决该问题，这种注意力会学习如何对输入中每个项的重要性进行评分。然后，将简单的注意力改进为一种全面的方法——这种方法会考虑到一些上下文，以更好地推理输入项的重要性。这样做还能让注意力机制与可变长度数据一起运行，之后便能处理填充数据了。

10.1 注意力机制学习相对输入重要性

既然前面已经讨论了注意力具有的作用，那么接下来直接创建一个简单数据集。修改MNIST数据集，创建一种新的任务，并快速加载它:

```
mnist_train = torchvision.datasets.MNIST("./", train=True,
➥transform=transforms.ToTensor(), download=True)
mnist_test = torchvision.datasets.MNIST("./", train=False,
➥transform=transforms.ToTensor(), download=True)
```

当将多个项作为模型的输入时，注意力机制最为有用。由于MNIST是单个数字，因此可以增加MNIST中的每个项，使其成为一串数字。为此，将使用全连接层(即扁平化MNIST，忽略其图像性质):不再使用一批数字(B, D)，而是使用T个数字(B, T, D)。那么，为什么称其为"数据包"而非序列呢？因为数字在张量中的呈现顺序不重要，这里只需要一个足够大的张量来容纳数据包中的所有数字。

给定一串数字x_1, x_2, ..., x_T, 以及一个等于包中最大数字的标签y。如果数据包中包含数字0、2、9，则该包的标签为"9"。以下代码实现了一个LargestDigit类，用于封装输入数据集，并通过随机填充toSample项的数据包以及选择最大标签值来创建新项:

```
class LargestDigit(Dataset):
    """
    Creates a modified version of a dataset where some number of samples
    ➥are taken, and the true label is the largest label sampled. When
    ➥used with MNIST, the labels correspond to their values (e.g., digit
    ➥"6" has label 6)
    """

    def __init__(self, dataset, toSample=3):
        """
        dataset: the dataset to sample from
        toSample: the number of items from the dataset to sample
        """
        self.dataset = dataset
        self.toSample = toSample
```

```
    def __len__(self):
        return len(self.dataset)

    def __getitem__(self, idx):                      从数据集中随机选择
        selected = np.random.randint(0,              n=self.toSample个项
        len(self.dataset), size=self.toSample)  ◄────
        x_new = torch.stack([self.dataset[i][0] for i in selected])
        y_new = max([self.dataset[i][1] for i in selected])  ◄────

        return x_new, y_new   ◄──── 返回(数据, 标签)对!    标签是最大值标签
```

将*n*个形状为(*B*, *)的
项叠加为(*B*, *n*, *)

注意：为什么不将其称为一个项集合呢？集合意味着不允许重复，而一个包则允许出现重复。这与Python set类的行为相匹配，在该类中，重复项会自动从集合中删除。如果你想了解基于数据包工作的其他类型的模型，恰好我们正在创建的问题类似于一个称为多实例学习的利基研究领域[1]。

对于模型来说，这是一个更难学习的MNIST数据集版本。给定一个带有标签的数据包，模型必须自行推理出输入中的哪一项最大，利用这一信息慢慢学会识别所有10个数字，还必须知道这些数字是有序的，并返回数据包中的最大数字。

10.1.1 训练基线模型

以下代码设置了训练/测试加载器，使用的批量大小为*B*=128个项，共训练10个迭代周期：

```
B = 128
epochs = 10

largest_train = LargestDigit(mnist_train)
largest_test = LargestDigit(mnist_test)

train_loader = DataLoader(largest_train, batch_size=B, shuffle=True)
test_loader = DataLoader(largest_test, batch_size=B)
```

如果从数据集中绘制项，就会看到修改后的数据集与所描述的内容一致。下面的代码从数据集中随机抽取一个项，得到数字8、2和6。"8"是最大的标签，因此8是正确答案。在这种情况下，数字2和6并不重要，因为2<8且6<8。它们可以是小于8的任何数字，也可以是任何顺序排列的数字，结果都不会改变。我们希望模型学会忽略较小的数字：

---

1 详见J. Foulds and E. Frank, "A review of multi-instance learning assumptions," *The Knowledge Engineering Review*, vol. 25, no. 1, pp. 1-25, 2010, https://www.cs.waikato.ac.nz/~eibe/pubs/FouldsAndFrankMIreview.pdf.

```
x, y = largest_train[0]

f, axarr = plt.subplots(1,3, figsize=(10,10))
for i in range(3):
    axarr[i].imshow(x[i,0,:].numpy(), cmap='gray', vmin=0, vmax=1)
print("True Label is = ", y)

True Label is = 8
```

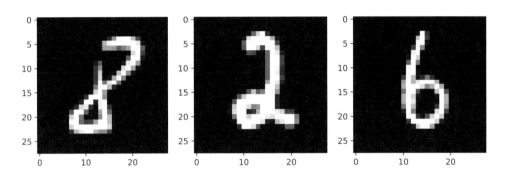

现在，有了这个简单问题，便可以来训练一个简单的全连接网络，并将其视为我们可能尝试的任何其他分类问题。这将是我们的基准，并显示学习MNIST的新版本有多难：

```
neurons = 256
classes = 10
simpleNet = nn.Sequential(
    nn.Flatten(),
    nn.Linear(784*3,neurons),          ← 784*3，因为一个图像中有784个
    nn.LeakyReLU(),                        像素，包中有三个图像
    nn.BatchNorm1d(neurons),
    nn.Linear(neurons,neurons),
    nn.LeakyReLU(),
    nn.BatchNorm1d(neurons),
    nn.Linear(neurons,neurons),
    nn.LeakyReLU(),
    nn.BatchNorm1d(neurons),
    nn.Linear(neurons, classes )
)
    simple_results = train_network(simpleNet, nn.CrossEntropyLoss(),
    ➡train_loader, val_loader=test_loader, epochs=epochs,
    ➡score_funcs='Accuracy': accuracy_score)
```

我们已经对模型进行了训练，可以绘制结果。由于这是MNIST数据集，因此只需使用全连接层，就能不费吹灰之力获得98%的准确率。但是，即使使用LeakyReLU和批处理归一化等最先进的技巧，这个包中对应的数据集也会导致全连接网络的准确率只能勉强达到92%：

```
sns.lineplot(x='epoch', y='val Accuracy', data=simple_results,
➡label='Regular')
```

[11]: <AxesSubplot:xlabel='epoch', ylabel='val Accuracy'>

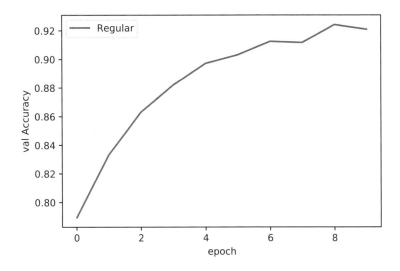

10.1.2　注意力机制

　　接下来将设计一种非常简单的注意力机制，向本章稍后将学习的更全面的注意力迈出一步。我们使用的主要工具是第2章中的softmax函数$sm(x)$。记住，一旦计算出$\boldsymbol{p}=sm(\boldsymbol{x})$，$\boldsymbol{p}$就表示概率分布。概率分布的所有值都会大于或等于零，并且所有值的总和为1。数学公式的表示是$0 \leqslant p_i \leqslant 1$ 和 $\sum_i p_i =1$。记住，注意力的主要功能是忽略部分输入，而我们的做法是将要忽略的部分与零或接近零的小值相乘。如果用某个数乘以零，得到的结果就是零，有效地从输入中抹除了这个数。多亏了softmax计算，我们才能学会将输入乘以0或接近0的小值，从而学会如何忽略它们。

　　图10.1显示了注意力机制的三个主要步骤。前两个步骤并不重要，但会根据网络和问题的不同而有所变化：只需在应用注意力机制之前，将特征输入网络，并设置一些初始隐藏层，这样它们就能学习到有用的表示。然后是执行注意力的最后步骤：

　　(1) 使用评分函数为每个输入$\boldsymbol{x}_t$评分。

　　(2) 计算所有分的softmax最大值。

　　(3) 将每个项乘以其softmax最大分，然后将所有结果相加，得出输出$\bar{\boldsymbol{x}}$。

　　接下来用更数学化的符号来重新表述该机制，补充一些细节。注意力机制通常的工作方式是，将输入表示为T个不同的成分$\boldsymbol{x}_1$，$\boldsymbol{x}_2$，…，$\boldsymbol{x}_T$，每个成分都有一个张量表示$\boldsymbol{x}_t \in \mathbb{R}^D$。这些$T$项可以是输入中的自然中断(例如，这个简单问题本身就有不同的图像)，也可以是强制中断(例如，可以将单个图像分割成多个子图像)。每个输入$\boldsymbol{x}_t$都会转换为一个新的张量$\boldsymbol{h}_t = F(\boldsymbol{x}_t)$，其中$F(\cdot)$是一个神经网络。这意味着，注意力的输入不一定是模型的第一个输入，也可以是已经完成计算后得到的结果。

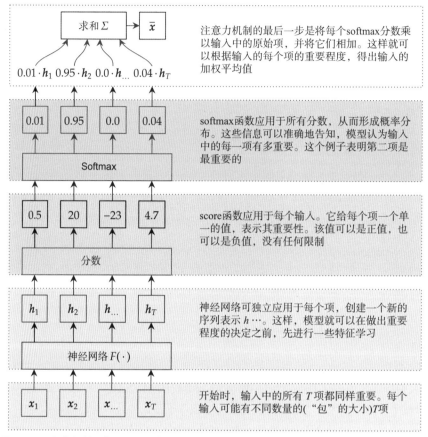

图10.1　注意力机制工作原理图。输入序列x_t的数量是可变的(例如，可以有$T=1$个项，$T=13$，或$T=$任何你喜欢的数字)。score函数赋予每个项t一个原始重要程度值。softmax函数创建相对分数。输出就是输入的加权平均值

注意：这也意味着x_t不一定是一维张量。例如，网络$F(\cdot)$可以是一个CNN，以及$x_t \in \mathbb{R}^{(C,W,H)}$。为简单起见，我们将它设为一维。不过，我们确实也希望h_t是一维的。

因此，经过处理的序列$h_1, h_2, ..., h_T$就是注意力机制的实际输入。接下来，需要学习每个输入x_i的重要程度得分$\tilde{\alpha}_i$。比方说，需要学习一个不同的函数$\tilde{\alpha}_i = \text{score}(F(x_i))$来计算这个分数。同样，函数$\text{score}(\cdot)$是另一个神经网络。这意味着模型本身将学习如何为输入评分。

然后，将重要性归一化为一个概率，于是得到$\alpha = \alpha_1, \alpha_2, ..., \alpha_T = sm(\tilde{\alpha}_1, \tilde{\alpha}_2, ..., \tilde{\alpha}_T)$。有了这些组合，即可计算表示$h_i$的加权平均值。具体而言，首先计算$\alpha$所表示的softmax分数，表示为：

$$\alpha = sm(\overset{\overset{h_1}{\uparrow}}{\underset{\underset{\tilde{\alpha}_1}{\downarrow}}{\text{score}(F(x_1))}}, \text{score}(F(x_2)), ..., \text{score}(F(x_T)))$$

接下来，计算注意力机制$\bar{x}$的输出：

$$\bar{x} = \sum_{i=1}^{T} \alpha_i \cdot \underbrace{F(\boldsymbol{x}_i)}_{\boldsymbol{h}_i}$$

如果第j项$\boldsymbol{x}_j$不重要，希望网络能够学习给第j项取一个$\alpha_j \approx 0$的值，在这种情况下，它将成功忽略第j项！这个想法并不复杂，尤其是与我们已经了解的一些早期项(如RNN)相比。但事实证明，这种简单的方法非常强大，可以显著改善许多问题。

10.1.3　实现简单的注意力机制

既然已经学会了注意力机制是如何工作的，那么接着为包式MNIST问题实现一个简单的注意力机制吧。我们还没有考虑数据的卷积性质，因此如果想将一包图像(B, T, C, W, H)转换为一包特征向量$(B, T, C \cdot W \cdot H)$，需要使用一个新版本的nn.Flatten函数，该函数不会影响张量的前两个轴。使用以下Flatten2类就能轻松实现。它只是创建了输入视图，但明确将前两个轴作为视图的起点，并将所有剩余值放在视图的末尾：

```
class Flatten2(nn.Module):
    """
    Takes a vector of shape (A, B, C, D, E, ...)
    and flattens everything but the first two dimensions,
    giving a result of shape (A, B, C*D*E*...)
    """
    def forward(self, input):
        return input.view(input.size(0), input.size(1), -1)
```

下一步是创建一些类来实现注意力机制。最需要的类是一个Module，它利用提取的特征表示$\boldsymbol{h}_1, \boldsymbol{h}_2 \ldots, \boldsymbol{h}_T$来获取注意力权重$\boldsymbol{\alpha}$并且计算加权平均值$\bar{x} = \sum_{i=1}^{T} \alpha_i \cdot \boldsymbol{h}_i$，可称为Combiner。这里采用网络featureExtraction来计算输入中的每个项$\boldsymbol{h}_t = F(\boldsymbol{x}_t)$，并使用网络weightSelection从提取的特征中计算α。

1. 定义组合器模块

该组合器的forward函数非常简单，可按照前面所述的方法计算特征和权重。对张量进行少量操作，以确保权重的形状支持与特征进行成对相乘，因为成对相乘要求张量具有相同的轴数。还要注意确保在每一行都添加了关于每个张量形状的注释。注意力机制涉及许多不断变化的形状，因此最好加入这样的注释：

```
class Combiner(nn.Module):
    """
    This class is used to combine a feature extraction network F and an
    ➡importance prediction network W, and combine their outputs by adding
    ➡and summing them together.
```

```
        """

    def __init__(self, featureExtraction, weightSelection):
        """
        featureExtraction: a network that takes an input of shape (B, T, D)
        ⮑and outputs a new
        representation of shape (B, T, D').
        weightSelection: a network that takes in an input of shape
        ⮑ (B, T, D') and outputs a
        tensor of shape (B, T, 1) or (B, T). It should be normalized,
        ⮑so that the T
        values at the end sum to one (torch.sum(_, dim=1) = 1.0)
        """
        super(Combiner, self).__init__()
        self.featureExtraction = featureExtraction
        self.weightSelection = weightSelection

    def forward(self, input):
        """
        input: a tensor of shape (B, T, D)                      对于α来说为(B, T)或(B, T, 1)
        return: a new tensor of shape (B, D')
        """
        features = self.featureExtraction(input)    ◄────── (B, T, D) $h_i = F(x_i)$

        weights = self.weightSelection(features)     ◄──────

        if len(weights.shape) == 2:                  ◄─── 形状是(B, T)

        weights.unsqueeze(2)                         ◄─── 形状现在为(B, T, 1)

        r = features*weights                         ◄─── (B, T, D); 计算 $α_i · h_i$

        return torch.sum(r, dim=1)     ◄────── 与T维相加，得出(B, D)
                                                的最终形状
```

2. 定义主干网络

现在，准备为这个问题定义基于注意力的模型。首先，快速定义两个变量——T表示包中的物品数量，D表示特征数量：

```
T = 3
D = 784
```

首先要定义的网络是特征提取网络，也可以将其称为主干网络，因为它与第8章中Faster R-CNN使用的主干网络一样。该网络将完成所有繁重的工作，为输入中的每个项学习一个好的表示h_i。

要轻松实现这一点，诀窍在于记住nn.Linear层可以处理形状为(B, T, D)的张量。

如果输入的是这种形状，那么nn.Linear层就会独立应用于所有*T*项，就好像编写了一个for循环一样：

```
for i in range(T):
    h_i = linear(x[:,i,:])              ◀──── (B, D)
    h_is.append(h_i.unsqueeze(1))       ◀──── 生成 (B, 1, D)
h = torch.cat(h_is, dim=1)              ◀──── (B, T, D)
```

因此，可以使用nn.Linear，然后使用任意激活函数，将此主干网络分别应用于每个输入：

```
backboneNetwork = nn.Sequential(
    Flatten2(),                         ◀──── 形状现在是(B, T, D)
    nn.Linear(D,neurons),               ◀──── 形状变为(B, T, neurons)
    nn.LeakyReLU(),
    nn.Linear(neurons,neurons),
    nn.LeakyReLU(),
    nn.Linear(neurons,neurons),
    nn.LeakyReLU(),                     ◀──── (B, T, neurons)仍然在向下方向
)
```

3. 定义注意力子网络

现在需要一个网络来计算注意力机制权重*α*。按照主干逻辑，假设特征提取网络已经完成了繁重的工作，因此注意力子网络可以偏小。已经有了一个隐藏层，还有一个输出大小明确为1的第二层。这样做的目的是因为输入中的每个项都会得到一个分数。然后，在*T*维度上应用softmax来归一化每个包组的得分：

```
attentionMechanism = nn.Sequential(
    nn.Linear(neurons,neurons),         ◀──── 形状是(B, T, neurons)
    nn.LeakyReLU(),
    nn.Linear(neurons, 1 ),             ◀──── (B, T, 1)
    nn.Softmax(dim=1),
)
```

4. 训练简单的注意力模型和结果

有了特征提取主干网络和权重计算注意力机制，现在便可以定义一个完整的基于注意力的网络。首先是一个Combiner，它接收我们定义的两个子网络，然后是想要的任意数量的全连接层。通常，主干网络已经做了很多工作，因此这一步通常只需使用两到三个隐藏层。再训练模型：

```
simpleAttentionNet = nn.Sequential(
        Combiner(backboneNetwork, attentionMechanism),  ◀─┐
        nn.BatchNorm1d(neurons),
        nn.Linear(neurons,neurons),        输入为(B, T, C, W, H)。组合器
        nn.LeakyReLU(),                    使用主干网络和注意力进行处
        nn.BatchNorm1d(neurons),           理。结果是(B, neurons)
        nn.Linear(neurons, classes )
```

```
    )
simple_attn_results = train_network(simpleAttentionNet,
➥nn.CrossEntropyLoss(), train_loader, val_loader=test_loader,
➥epochs=epochs, score_funcs={'Accuracy': accuracy_score}, device=device)
```

训练完成后，可以查看模型的准确率。仅仅经历了一个迭代周期，简单注意力网络就已经比常规网络做得更好了：

```
sns.lineplot(x='epoch', y='val Accuracy', data=simple_results,
➥label='Regular')
sns.lineplot(x='epoch', y='val Accuracy', data=simple_attn_results,
➥label='Simple Attention')
```

[18]: <AxesSubplot:xlabel='epoch', ylabel='val Accuracy'>

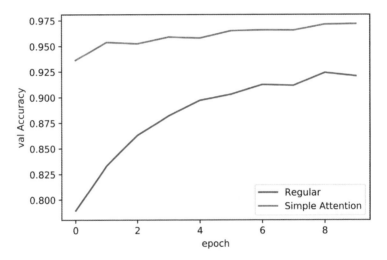

还可以从数据集中选择随机样本，并观察注意力机制如何选择输入。下面是一些运行样本的简单代码；下图在每个数字上方用红色显示了注意力权重。以数字"0,9,0"作为输入，注意力机制正确地将几乎所有权重都放在了数字9上，从而做出了准确的分类：

```
x, y = largest_train[0]              ◀─── 选择数据点(即包)
x = x.to(device)                     ◀─── 将其移到计算设备

                                                        应用score(F(x))
with torch.no_grad():
    weights = attentionMechanism(backboneNetwork(x.unsqueeze(0)))  ◀──
    weights = weights.cpu().numpy().ravel()       ◀─── 转换为NumPy数组

f, axarr = plt.subplots(1,3, figsize=(10,10))    ◀─── 为所有三个数字绘图
for i in range(3):
    axarr[i].imshow(x[i,0,:].cpu().numpy(),       ◀─── 打印数字
    ➥cmap='gray', vmin=0, vmax=1)
    axarr[i].text(0.0, 0.5, str(round(weights[i],2)),  ◀── 在左上角绘制
                                                          注意力分数
```

```
    dict(size=40, color='red'))

print("True Label is = ", y)
True Label is = 9
```

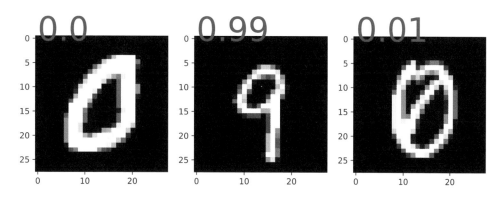

现在你已经看到，当只有输入的一个子集很重要时，这种简单的注意力如何帮助我们更快、更好地学习网络。但还有两个问题需要解决。首先，我们天真地认为批量中的所有内容都是一样大的，因此需要一些填充来解决这个问题，就像在RNN中使用的填充一样。

第二个问题是分数缺乏上下文。一个项的重要性取决于其他项。想象一下，你正在看一部电影，你关注的是电影，而不是外面的鸟儿或正在运转的洗碗机，因为电影更重要。但如果你听到火警警报，情况就会立刻发生变化。现在，我们的注意力机制网络会独立地看待每一个项，因此电影和火灾警报都可能获得高分，但实际上，它们的分数应该是相对于其他在场的事物而言的。

10.2　添加上下文

改进注意力机制方法的第一件事就是为分数添加上下文。其他部分都不做处理。所谓上下文，是指一个项x_i的得分应该取决于所有其他项$x_{j \neq i}$。现在有一个主干特征提取器$F(\cdot)$和一个重要度计算器 score$(\cdot)$。但这意味着，任何输入x_i的重要性都是在没有任何其他输入项上下文的情况下确定的，因为 score$(\cdot)$是独立应用于所有输入的。

为了了解为什么需要上下文，不妨回到那个嘈杂的咖啡馆场景，你正在和朋友聊天。为什么你忽略了所有背景噪声？因为你知道你的朋友正在说话，他所说的话对你来说比其他对话更重要。但如果你的朋友不在场，你可能便会随机关注周围的对话。

换句话说，注意力机制利用全局信息做出局部决策。局部决策以权重α的形式出现，而上下文提供了全局信息[1]。

如何为注意力机制添加上下文呢？图10.2展示了如何做到这一点。

1　如果你想花哨一点，上下文可以是任何你认为有效的东西。但最简单的方法是让上下文成为所有输入的函数。

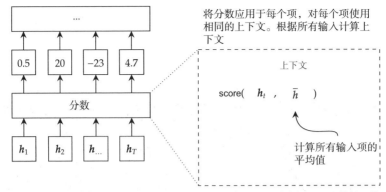

图10.2 除了分数部分，左边的注意力机制过程保持不变。右侧放大显示了分数的工作原理。
分数部分从主干/特征提取网络中获取结果h...。对于每个分数$\tilde{a}_t$，都使用两个输入：h_t(要计算
的得分)和$\bar{h}$(表示所有输入h...的上下文)。这个上下文$\bar{h}$可以是所有项的平均值

我们将score$(\cdot,\cdot)$作为接受两个输入的网络：输入张量(B, T, H)和包含每个序列上下文的
第二个(B, H)形状的张量。这里用H来表示状态$h_t = F(x)$中的特征数量，使其有别于原始输入x_i
的大小D。形状为(B, H)的第二个上下文张量没有时间/序列维度T，因为该向量将被用作第一
个输入的所有T项的上下文。这意味着包中的每一项都将获得相同的上下文来计算得分。

可以使用的最简单的上下文形式是提取的所有特征的平均值。因此，如果有
$h_i = F(x_i)$，可以计算所有这些特征的平均值$\bar{h}$，让模型大致了解它可以选择的所有选项。
这使得注意力计算分三步进行：

(1) 计算从每个输入中提取的特征的平均值。这样，所有输入的重要性都是相同的：

$$\bar{h} = \frac{1}{T} \sum_{i=1}^{T} \underset{\underset{h_i}{\downarrow}}{F(x_i)}$$

(2) 计算T输入的注意力得分α。这里唯一的变化是将$\bar{h}$作为每个分数计算的第二个
参数：

$$\alpha = sm(\text{score}(h_1,\bar{h}), \text{score}(h_2,\bar{h}), ..., \text{score}(h_T,\bar{h}))$$

(3) 计算提取特征的加权平均值。这部分与之前相同：

$$\bar{x} = \sum_{i=1}^{T} \alpha_i \cdot \underset{\underset{h_i}{\downarrow}}{F(x_i)}$$

这个简单的过程提供了一个新的注意力分数框架，可以根据其他项来改变一个项的
分数。我们仍然希望分数网络非常简单并保持轻量级，因为主干网络$F(\cdot)$将完成繁重的工
作。根据表示h和上下文$\bar{h}$计算分数有三种常用方法，通常称为点分数、总分数和附加分
数。注意，通常认为这些方法中没有哪种比其他方法更好，因为注意力机制还很新，而且
以下每种方法在不同情况下的效果有好有坏。我现在能给你的最好建议就是尝试使用这三
种方法，看看哪种方法最适合解决自己的问题。因为它们很简单，所以接下来将逐一地讨

论，再在我们的简单问题上使用它们，看看会发生什么。在描述中，我用H来表示进入注意力机制的维度/神经元的数量。

10.2.1　点分数

点分数是最简单的评分方法之一，但也可以是最有效的评分方法之一。其原理是，如果有一个项h_t和一个上下文$\bar{h}$，我们取它们的点积$h_t^\top \bar{h}$来得到一个分数。取点积是因为它可以测量两个向量在方向和大小上的一致性。第7章谈到向量是正交的：这个概念可以帮助你理解这一点。如果两个向量正交，则它们的点积为0，这意味着它们之间没有任何关系。而越不正交，则点积越大。如果点积是较大的正值，则表示它们非常相似，如果点积是较大的负值，则表示它们非常不同。除了这个技巧，还可以用结果除以向量H的维数的平方根。由此，我们可以得出点分数的计算公式如下：

$$\mathrm{score}(h_t,\bar{h}) = \frac{h_t^\top \bar{h}}{\sqrt{H}}$$

为什么要除以$\sqrt{H}$？因为正常的点积计算可能会导致大数值(很大的正值或很大的负值)。正如在使用tanh和sigmoid(σ)激活函数时看到的那样，计算softmax时，过大的数值会导致梯度消失。因此，除以$\sqrt{H}$值可以尽量避免出现较大的值，使用平方根的具体选择是启发式的，因为它往往有效。

实现这种方法非常简单，只需要使用批量矩阵乘法方法torch.bmm，因为将一次性计算所有T个时间步长的分数。每个项的形状为(T, H)，而使用unsqueeze函数在其末尾添加大小为1的维度后，上下文的形状将变为$(D, 1)$。

将两个形状为$(T, H) \times (H, 1) = (T, 1)$的矩阵相乘，就得到了需要的形状：每个项对应一个分数。torch.bmm会将此方法应用于批量中的每个项，因此torch.bmm((B,T,H), (B,H,1))的输出形状为$(B, T, 1)$。下面的DotScore将其实现为一个可重用的模块，其中forward函数接收states和context参数。我们将在其他两种评分方法中重复使用这种模式：

```
class DotScore(nn.Module):

    def __init__(self, H):
        """
        H: the number of dimensions coming into the dot score.
        """
        super(DotScore, self).__init__()
        self.H = H

    def forward(self, states, context):
        """
        states: (B, T, H) shape
        context: (B, H) shape
        output: (B, T, 1), giving a score to each of the T items based
```

```
    on the context
    """
    T = states.size(1)
    scores = torch.bmm(states,context.unsqueeze(2))
        / np.sqrt(self.H)        ←——— 计算 h_t^T \bar{h}。(B, T, H) -> (B, T, 1)
    return scores
```

10.2.2 总分数

既然点分数如此有效，那么能否改进它呢？如果 $\bar{h}$ 中的某个特征不是很有用呢？能否不经常使用它呢？这就是总分数的原理。不是简单地用上下文 $\bar{h}$ 计算每个项 h_t 之间的点积，而是在它们之间添加一个矩阵 W。这就得出了

$$\text{score}(h_t, \bar{h}) = h_t^T W \bar{h}$$

其中 W 是一个 $H \times H$ 矩阵。总分数可以称为点分数的概括，因为它可以学习与点分数相同的解，但总分数也可以学习点分数不能学习的解。如果模型学会将 W 设置为等于单位矩阵 I，就会出现这种情况，因为对于任何可能的输入 z，$Iz=z$。

同样，这种实现方式也很简单，因为总分数具有所谓的双线性关系。双线性函数看起来像

$$x_1^T W x_2 + b$$

其中 $x_1 \in \mathbb{R}^{H1}$ 和 $x_2 \in \mathbb{R}^{H1}$ 是输入，b 和 W 是要学习的参数。PyTorch 提供了一个 nn.Bilinear(H1,H2,out_size) 函数来进行计算。在这个例子中，$H_1 = H_2 = H$，输出大小为 1(每个项的单个分值)。

需要掌握两个技巧，才能在一次调用中计算所有 T 个分数。对于项 $h_1, h_2, \ldots, h_T$，有一个形状为 (B, T, H) 的张量，但对于上下文 $\bar{h}$，只有一个形状为 (B, H) 的张量。需要两个张量具有相同的轴数，以便用于双线性函数。诀窍在于将上下文叠加成多个副本 T 次，这样就可以创建一个形状为 (B, T, H) 的矩阵：

```
class GeneralScore(nn.Module):

    def __init__(self, H):
        """
        H: the number of dimensions coming into the dot score.
        """
        super(GeneralScore, self).__init__()
        self.w = nn.Bilinear(H, H, 1)        ←——— 存储 W

    def forward(self, states, context):
        """
        states: (B, T, H) shape
        context: (B, H) shape
        output: (B, T, 1), giving a score to each of the T items based
```

```
    on the context
    """
    T = states.size(1)
    context = torch.stack([context for _ in range(T)], dim=1)
    scores = self.w(states, context)
    return scores
```

计算 $h_t^{\mathrm{T}} W \bar{h}$ 。(B, T, H) -> $(B, T, 1)$

将值重复 T 次。(B, H) -> (B, T, H)

　　注意：引入 `GeneralScore` 是为了改进 `DotScore`，这是合理的，因为它们之间有很大的相关性。但如今，在实际应用中，两者似乎都不尽如人意。正如前面所提到的，注意力机制是非常新的，我们作为社区成员仍在不断摸索。有时你会看到 `Dot` 比 `General` 做得更好，有时则不然。

10.2.3　附加注意力

　　接下来要讨论的最后一个分数通常被称为 additive 或 concat 注意力。对于给定的项及其上下文，我们使用一个向量 v 和一个矩阵 W 作为该层的参数，组成一个小的神经网络，如下式所示：

计算两个输入之间的分数的方法是：将两个输入合并为一个输入，让它们通过神经网络的单个隐藏层，然后应用输出(线性)层得出分数。

$$\text{score}(h_t, \bar{h}) = v^{\top} \tanh\left(W \; [h_t; \bar{h}]\right)$$

　　这个公式是一个简单的单层神经网络。W 是隐藏层，然后是 tanh 激活，v 是输出层，只有一个输出[1]，这是必要的，因为分数应该是单个值。将上下文 $\bar{h}$ 并入模型的方法是简单地将其与项 h_t 相连，这样项及其上下文就是这个全连接网络的输入。

　　附加层背后的理念非常简单：用一个小型神经网络来计算权重。不过，实现它需要一点小聪明。你需要进行哪些操作呢？v 和 W 都可以用 `nn.Linental` 层来处理，需要使用 `torch.cat` 函数将两个输入 h_t 和 $\bar{h}$ 连接在一起，因此可以按如下方式注释前面的公式：

$$\text{score}(h_t, \bar{h}) = \underset{\text{nn.Linear(H,1)}}{v^{\top}} \tanh\left(\underset{W}{} \; \overset{\overset{\text{nn.Linear(2*H,H)}}{\uparrow}}{\underset{\underset{\text{torch.cat}((h_t,h),\text{dim}=1)}{\downarrow}}{[h_t; \bar{h}]}}\right)$$

　　虽然这可以像描述的那样运行，但计算效率很低。速度慢的原因是，在一个形状为 (B, T, H) 的更大的张量中，不仅有 h_t，还有 h_1，h_2，…，h_T。因此，与其将其划分成 T 个不同

1　因为 v 有一个输出，所以通常将它写成一个向量，而不是一个只有一列的矩阵。

的项并多次调用注意力函数，还不如一次性计算 T 个注意力分数，可以使用与计算总分相同的技巧来完成这一点。只需确保在叠加技巧之后进行连接，使张量具有相同的形状，并使用 dim=2，使它们沿着特征维度 H 而非时间维度 T 进行连接。此过程的示意图如图10.3所示，以下代码展示了如何实现这一过程：

```
class AdditiveAttentionScore(nn.Module):

    def __init__(self, H):
        super(AdditiveAttentionScore, self).__init__()
        self.v = nn.Linear(H, 1)
        self.w = nn.Linear(2*H, H)          ◀── 2*H，因为连接了两个输入

    def forward(self, states, context):
        """
        states: (B, T, H) shape
        context: (B, H) shape
        output: (B, T, 1), giving a score to each of the T items based
        ➥on the context
        """
        T = states.size(1)                  ◀── 将值重复T次          (B, H) -> (B, T, H)

        context = torch.stack([context for _ in range(T)], dim=1) ◀─┘

        state_context_combined = torch.cat(
        ➥(states, context), dim=2)    ◀── (B, T, H) + (B, T, H) -> (B, T, 2*H)
        scores = self.v(torch.tanh(
        ➥self.w(state_context_combined)))  ◀── (B, T, 2*H) -> (B, T, 1)
        return scores
```

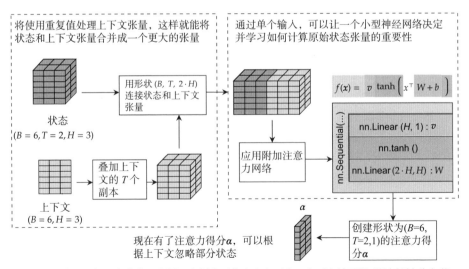

图10.3　实现附加注意力的示意图。左侧表示状态和上下文，上下文被重塑（通过复制）为与状态相同的形状。这样就很容易将它们连接起来，然后输入神经网络

10.2.4　计算注意力权重

现在，有了所需的各种注意力分数，继续定义一个简单的辅助模块，该模块接收原始分数 $\tilde{\alpha}$ 和提取的表示 $\boldsymbol{h}_{...}$，并计算最终输出 $\bar{\boldsymbol{x}}$。这将取代之前的 `Combiner` 模块，但增加一个新步骤：对输入应用掩码。

一开始MNIST示例的所有包大小都相同，而这在现实生活中从未发生过。你使用的任何数据集都很可能包含有数量不等的输入项(例如要翻译的句子中的单词)，如果对批量数据进行训练，就必须处理不一致的问题。这正是需要额外的逻辑来计算最终权重 α 的原因，以将布尔掩码作为输入。掩码会告知输入的哪些部分是真实的(True)，哪些部分是错误的(False)，以使张量形状保持一致。这与第4章中介绍的RNN的工作原理几乎相同，当时是对较小的项进行填充，使其大小与批量中最大的包/序列相同。掩码取代了包装代码的作用。

这里使用的技巧是，手动将每个有False值的项的分数设置为一个非常大的负数，例如–1000。这样做是因为 $\exp(-1000) \approx 5.076 \times 10^{-435}$，因此结果将很可能下溢到零，从而导致产生理想的消失梯度。当计算结果下溢为零时，其梯度和贡献都为零，有效地消除了对模型的影响。以下代码通过使用一个新的 `ApplyAttention` 类实现了这一点：

```
class ApplyAttention(nn.Module):
    """
    This helper module is used to apply the results of an attention
    ➡mechanism to a set of inputs.
    """

    def __init__(self):
        super(ApplyAttention, self).__init__()

    def forward(self, states, attention_scores, mask=None):
        """
        states: (B, T, H) shape giving the T different possible inputs
        attention_scores: (B, T, 1) score for each item at each context
        mask: None if all items are present. Else a boolean tensor of shape
            (B, T), with 'True' indicating which items are present / valid.

        returns: a tuple with two tensors. The first tensor is the
        ➡final context
        from applying the attention to the states (B, H) shape. The
        ➡second tensor
        is the weights for each state with shape (B, T, 1).
        """

        if mask is not None:
            attention_scores[~mask] = -1000.0
        weights = F.softmax(attention_scores, dim=1)

        final_context = (states*weights).sum(dim=1)
        return final_context, weights
```

将所有不存在的内容设置为导致梯度消失的大负值 ——→

计算每个分数的权重。$(B,T,1)$ 不变，但 $\text{sum}(T)=1$ ←——

$(B,T,D) * (B,T,1) \rightarrow (B,D)$ ←——

　　使用掩码在注意力机制中是非常常见的。为了简化操作，可以定义一个很好的辅助函数，用于从任何形状为$(B,T,...)$的张量中计算掩码。我们的想法是，希望任何缺失的项或不存在的项都能在其张量中填入一个常数值，通常为零。因此，要在时间T中寻找任何一个维度，使其值都等于这个常数。如果所有值都等于该常数，则返回值应为False；否则，希望返回值为True，以表明当前的值可以使用。下面的getMaskByFill函数就可以做到这一点。输入x是我们想要获取的掩码，time_dimension告诉我们用张量的哪个维度来表示T，而fill则指明用于表示输入的填充/无效部分的特殊常数：

```
def getMaskByFill(x, time_dimension=1, fill=0):
    """

    x: the original input with three or more dimensions, (B, ..., T, ...)
        which may have unused items in the tensor. B is the batch size,
        and T is the time dimension.
    time_dimension: the axis in the tensor 'x' that denotes the time dimension
        fill: the constant used to denote that an item in the tensor is not in use,
        and should be masked out ('False' in the mask).

    return: A Boolean tensor of shape (B, T), where 'True' indicates the value
        at that time is good to use, and 'False' that it is not.
    """

    to_sum_over = list(range(1,len(x.shape)))

    if time_dimension in to_sum_over:
        to_sum_over.remove(time_dimension)
    with torch.no_grad():
        mask = torch.sum((x != fill), dim=to_sum_over) > 0
    return mask
```

跳过第一个维度0，因为这是批量维度

(x!=fill)确定可能未被使用的位置，因为这些位置没有正在寻找的填充值来表示其未被使用。然后，计算该时段内所有未填充值的数量（将形状缩小为(B,T)）。如果有任何项不等于该值，则表示该项一定在使用中，因此返回值为true

　　再来看一个快速示例，看看这个新函数是如何运行的。创建一个输入矩阵，其中包含$B=5$个批量输入，$T=3$个时间步长，以及一个输入通道对应的7×7图像。这是一个形状为$(B=5, T=3,1,7,7)$的张量，我们将其设置为第一批中的最后一项未使用，第四项全部未使用。掩码应该是这样的：

$$
mask = \begin{bmatrix}
\text{True} & \text{True} & \text{False} \\
\text{True} & \text{True} & \text{True} \\
\text{True} & \text{True} & \text{True} \\
\text{False} & \text{False} & \text{False} \\
\text{True} & \text{True} & \text{True}
\end{bmatrix}
$$

以下代码创建了这个假设数据，并计算了相应的掩码，然后将其打印出来：

```
with torch.no_grad():
    x = torch.rand((5,3,1,7,7))
    x[0,-1,:] = 0          ◀──────── 不要使用第一个输入中的最后一项
    x[3,:] = 0             ◀──────── 不要使用第四项的任何内容
    x[4,0,0,0] = 0         ◀──────── 看起来没有使用第五项的部分内容，但仍然在使
                                    用！添加这一行是为了表明，即使在复杂的输入
    mask = getMaskByFill(x)          上，这也是有效的
print(mask)

tensor([[ True,  True, False],
        [ True,  True,  True],
        [ True,  True,  True],
        [False, False, False],
        [ True,  True,  True]])
```

掩码返回了正确的输出。通过这个函数，可以为文本序列、序列/图像包以及任何不寻常的张量形状创建掩码。

10.3 知识整合：一种有上下文的完整注意力机制

通过记分法(如点分数)、getMaskByFill函数和新的ApplyAttetion函数，可以定义一个完整的基于注意力的网络，该网络能够适应输入。对于大多数基于注意力的模型，不必使用nn.sequential来定义主模型，因为注意力涉及所有非顺序步骤。相反，我们使用nn.sequential来定义和组织大型网络使用的子网络。

先定义一个SmarterAttentionNet，它是我们的整个网络。在构造函数中，我们定义了一个计算$h_i = F(x_i)$的主干网络，以及一个计算预测$\hat{y} = f(\bar{x})$的prediction_net。参数input_size、hidden_size和out_size分别定义了输入中的特征数量(D)、隐藏神经元数量(H)以及模型应该做出的预测(MNIST的10个类)。还添加了一个可选参数，用于选择使用哪个注意力分数作为score_net：

```
class SmarterAttentionNet(nn.Module):

    def __init__(self, input_size, hidden_size, out_size, score_net=None):
        super(SmarterAttentionNet, self).__init__()
        self.backbone = nn.Sequential(
            Flatten2(),              ◀──────── 形状现在是(B, T, D)
            nn.Linear(input_size,hidden_size), ◀──────── 形状变为(B, T, H)
            nn.LeakyReLU(),
            nn.Linear(hidden_size,hidden_size),
            nn.LeakyReLU(),
            nn.Linear(hidden_size,hidden_size),
```

```
        nn.LeakyReLU(),
    )              ←———— 返回(B, T, H)

    self.score_net = AdditiveAttentionScore(hidden_size)  ←——  尝试改变这一
    if (score_net is None) else score_net                        点，看看结果
                                                                 如何变化！

    self.apply_attn = ApplyAttention()

    self.prediction_net = nn.Sequential(      ←———— (B, H), x̄ 作为输入
        nn.BatchNorm1d(hidden_size),
        nn.Linear(hidden_size,hidden_size),
        nn.LeakyReLU(),
        nn.BatchNorm1d(hidden_size),
        nn.Linear(hidden_size, out_size )     ←———— (B, H)
    )
```

接下来，定义计算网络结果的forward函数。根据输入计算掩码，然后根据同一输入计算主干网隐藏状态 h…。使用平均向量 $\bar{h}$ 作为上下文 h_context。不使用 torch.mean 来计算，而是分两步自己计算平均值，这样便可以只除以有效项的数量。否则，一个有2个有效项但有8个填充项的输入将被10而非2除，这是不正确的。这一计算还包括 +1e-10，以便在分子上添加一个微小的值：这个添加值是一些防御性编码，因此，如果收到一包零项，就不会执行零除法。这将产生一个NaN(非数字)，从而导致失败。

代码如下：

h_context = torch.mean(h, dim=1)计算 torch.mean，但忽略隐藏的部分。首先，将所有有效项相加。(B, T, H)->(B, H)

```
def forward(self, input):
    mask = getMaskByFill(input)
    h = self.backbone(input)      ←———— (B, T, D) -> (B, T, H)

    h_context = (mask.unsqueeze(-1)*h).sum(dim=1)  ←——
    h_context = h_context/(mask.sum(dim=1).unsqueeze(-1)+1e-10)

    scores = self.score_net(h, h_context)   ←———— ((B, T, H) , (B, H) -> (B, T, 1)

    final_context, _ = self.apply_attn(h, scores, mask=mask)  ←——  结果是(B, H)形状

    return self.prediction_net(final_context)   ←———— (B, H) -> (B, classes)
```

除以有效项的数量，再加上一个
小值，以防包里全是空的

forward函数的最后三行代码同样非常简单。score_net计算分数 α，apply_attn函数应用我们选择的任何注意力函数，prediction_net根据final_context $\bar{x}$ 进行预测。

继续训练一些更好的注意力模型。下面的代码块为每个选项DotScore、GeneralScore 和AdditiveAttetionScore创建了一个注意力网络：

```
attn_dot = SmarterAttentionNet(D, neurons, classes,
➥score_net=DotScore(neurons))
attn_gen = SmarterAttentionNet(D, neurons, classes,
➥score_net=GeneralScore(neurons))
attn_add = SmarterAttentionNet(D, neurons, classes,
➥score_net=AdditiveAttentionScore(neurons))

attn_results_dot = train_network(attn_dot, nn.CrossEntropyLoss(),
➥train_loader, val_loader=test_loader,epochs=epochs,
➥score_funcs={'Accuracy': accuracy_score}, device=device)
attn_results_gen = train_network(attn_gen, nn.CrossEntropyLoss(),
➥train_loader, val_loader=test_loader,epochs=epochs,
➥score_funcs={'Accuracy': accuracy_score}, device=device)
attn_results_add = train_network(attn_add, nn.CrossEntropyLoss(),
➥train_loader, val_loader=test_loader,epochs=epochs,
➥score_funcs={'Accuracy': accuracy_score}, device=device)
```

所有三个结果都由以下代码绘制。结果表明，三种改进后的注意力分数都有相似的表现。它们一开始学习的速度和收敛的速度都比刚开始使用的简单注意力更快，也许新方法正在收敛到更好的效果。你会发现每次运行代码都会有一些差异，但主干数据集并不大，也不够难，无法引起真正有趣的行为变化：

```
sns.lineplot(x='epoch', y='val Accuracy', data=simple_results,
➥label='Regular')
sns.lineplot(x='epoch', y='val Accuracy', data=simple_attn_results,
➥label='Simple Attention')
sns.lineplot(x='epoch', y='val Accuracy', data=attn_results_dot, label='Dot')
sns.lineplot(x='epoch', y='val Accuracy', data=attn_results_gen,
➥label='General')
sns.lineplot(x='epoch', y='val Accuracy', data=attn_results_add,
➥label='Additive')
```

[29]: <AxesSubplot:xlabel='epoch', ylabel='val Accuracy'>

新代码的另一个优点是能够处理不同大小的输入，其中较短/较小的项会被填充，以匹配批量中最长/最大项的长度。为了确保它能正常运行，我们定义了一个新的 LargestDigitVariable数据集，该数据集会随机抽取一定数量的项放入每个包中，最多不超过指定的最大数量。这也将使训练问题变得更具挑战性，因为网络需要确定包中的项数与包的标签之间是否存在任何关系。

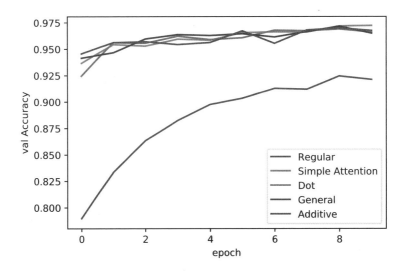

下面的代码做到了这一点，只进行了两处真正的改动。首先，__getitem__方法计算要采样的项数量。其次，为了简单起见，在数据集对象内实现填充，因此，如果how_many<maxToSample，就会在输入中填充零值，使所有数据大小相同：

```python
class LargestDigitVariable(Dataset):
    """
    Creates a modified version of a dataset where some variable number of
    ➥samples are taken, and the true label is the largest label sampled.
    ➥When used with MNIST the labels correspond to their values (e.g.,
    ➥digit "6" has label 6). Each datum will be padded with 0 values if
    ➥the maximum number of items was not sampled.
    """

    def __init__(self, dataset, maxToSample=6):
        """
        dataset: the dataset to sample from
        toSample: the number of items from the dataset to sample
        """
        self.dataset = dataset
        self.maxToSample = maxToSample

    def __len__(self):
        return len(self.dataset)

    def __getitem__(self, idx):
        how_many = np.random.randint(1,self.maxToSample, size=1)[0]
        selected = np.random.randint(0,len(self.dataset), size=how_many)
        x_new = torch.stack([self.dataset[i][0] for i in selected] +
        [torch.zeros((1,28,28)) for i in range(self.maxToSample-how_many)])
        y_new = max([self.dataset[i][1] for i in selected])
        return x_new, y_new
```

将*n*个形状为(**B**, *)的项叠加为(**B**, *n*, *)。
新：填充零值，直至最大尺寸

从数据集中随机选择
n=self.toSample个项

新：应该选择多少项?

标签是最大值标签

返回(数据,标签)对

下面的代码创建了训练和测试集加载器，到本书的这一部分，你对其应该已经非常熟悉了：

```
largestV_train = LargestDigitVariable(mnist_train)
largestV_test = LargestDigitVariable(mnist_test)

trainV_loader = DataLoader(largest_train, batch_size=B, shuffle=True)
testV_loader = DataLoader(largest_test, batch_size=B)
```

通常，我们会在这个新数据集上训练新模型。但最酷的是：由于有了填充，新注意力机制的设计可以处理不同数量的输入，而注意力优先包含了一个概念，即只有输入的子集是相关的。因此，即使数据现在有了新的、更大的形状，有了更多可能的输入，但我们仍然可以重复使用之前已经训练过的网络。

以下代码没有训练新的模型，而是通过测试集运行，并使用我们仅在大小为3的包上训练的一个模型进行预测，希望它能在大小为1到6的包上运行良好：

```
attn_dot = attn_dot.eval()

preds = []
truths = []
    with torch.no_grad():
        for inputs, labels in testV_loader:
            pred = attn_dot(inputs.to(device))
            pred = torch.argmax(pred, dim=1).cpu().numpy()

            preds.extend(pred.ravel())
            truths.extend(labels.numpy().ravel())
print("Variable Length Accuracy: ", accuracy_score(preds, truths))

Variable Length Accuracy: 0.967
```

在这个新问题上，你应该能看到96%或97%左右的准确率，而我们是在一个更简单的版本上进行训练的。这足以证明注意力方法有多么强大了吧。它通常能很好地概括输入数据和序列长度的变化，这是使注意力取得成功的部分原因。它们已迅速成为当今大多数自然语言处理任务的首选工具。

这样概括并不总是可行的。如果不断增加输入的长度(增加maxToSample参数)，准确率最终会开始下降。但可以通过训练与预期长度相同的输入来抵消这种情况。

这里需要注意的重要一点是，注意力方法可以处理数量不等的输入，并对所给信息进行概括。这一点，再加上对输入进行选择的能力，使得该方法非常强大。

10.4 练习

请尝试在本书的Manning出版社在线平台上分享和讨论你的解决方案(https://liveproject.

manning.com/project/945)。提交完答案后，你便能够看到其他读者提交的解决方案，并看到作者评选的最佳方案。

1. 训练卷积中LargestDigit问题对应的新模型。要实现这一点，需要将数据从形状(B, T, C, W, H)转换为$(B*T, C, W, H)$，基本上放大批量大小以运行二维卷积。一旦完成卷积，就可以回到(B, T, C, W, H)的形状。使用这种方法，能够获得多少准确率？

2. GeneralScore使用以随机值开头的矩阵W。但可以将其初始化为$W = I/\sqrt{H} + \epsilon$，其中$\epsilon$只有一些小的随机值(例如，在$-0.01$到$0.01$的范围内)以避免出现硬零。这将使GeneralScore从DotScore的行为开始执行。试自行实现这一点。

3. 在附加注意力得分中使用tanh激活有点武断。请通过用PyTorch中的其他选项替换tanh激活，尝试多种不同版本的加性注意。你认为有什么激活效果特别好或特别差吗？

4. 让我们实现更难的LargestDigitVariable数据集版本。要确定包的标签，取包中内容项标签的总和(例如，3、7和2在包中 = "12")。如果总和为偶数，则返回最大值对应的标签；如果和是奇数，则返回最小值对应的标签。例如，"3" + "7" + "2" = 12，因此标签应为"7"。但如果包为"4" + "7" + "2" = 13，则标签应为"2"。

5. 不必使用输入的平均值作为上下文，可以使用任何你认为更好的方法。为了证明这一点，可实现一个使用注意力子网络来计算上下文的注意力网络。这意味着将有一个初始上下文，即平均值$\bar{h}$，用于计算新的上下文$\bar{x}_{cntx}$，然后用于计算最终输出$\bar{x}$。这对练习4的准确率有什么影响吗？

10.5　小结

- 注意力机制编码了一个先验，即序列或集合中的某些项比其他项更重要。
- 注意力机制使用上下文来决定哪些项更重要或更不重要。
- 给定上下文，需要使用一个分数函数来确定每个输入的重要性。点分数、总分数和附加分数都很受欢迎。
- 注意力机制可以处理可变长度的输入，并且特别擅长对它们进行概括。
- 像RNN一样，注意力需要掩码来处理成批的数据。

第**11**章

序列到序列

本章内容
- 准备序列到序列数据集和加载器
- 将RNN与注意力机制相结合
- 建立机器翻译模型
- 解读注意力分数以了解模型的决策

既然已经学会了注意力机制，接下来就可以利用它们来构建新的、强大的模型了。特别是，我们将开发一种称为序列到序列(sequence to sequence，简称Seq2Seq)的算法进行机器翻译。顾名思义，这是一种让神经网络将一个序列作为输入并产生不同序列作为输出的方法。序列到序列已被用于让计算机执行符号微积分[1]、长文档摘要[2]，甚至将一种语言翻译成另一种语言。我将逐步向你展示如何将英语翻译成法语。事实上，谷歌在生产机器翻译工具时也使用了基本相同的方法，你可以在https://ai.googleblog.com/2016/09/a-neural-network-for-machine.html上阅读相关信息。如果你能把输入/输出想象成序列，那么Seq2Seq很有可能帮你完成任务。

聪明的读者可能会认为，RNN接收一个序列，并为每个输入产生一个输出，因此它会接收一个序列并输出一个序列。这不就是"序列到序列"吗？你是一个聪明的读者，这也是我称序列到序列为设计方法的部分原因。你可以假设让一个RNN做序列到序列能做的任何事情，但要让它运行却很困难。其中一个问题是，仅使用RNN就意味着输出序列与输入序列的长度相同，而这种情况很少发生。序列到序列将输入和输出解耦为两个独立的阶段

1　G. Lample and F. Charton, F. "Deep learning for symbolic mathematics," in Proceeds of ICLR 2020.

2　A. See, P. J. Liu, and C. D. Manning, "Get to the point: summarization with pointer-generator networks," Association for Computational Linguistics, 2017.

和部分，因此效果更好。我们很快将介绍如何做到这一点。

序列到序列是书中实现的最复杂的算法，但这里我将向你展示如何将其分解为更小、更易于管理的子组件。利用我们所学过的组织PyTorch模块的相关知识，这个过程就不会太难。使用数据集和`DataLoader`针对特定任务进行设置，为训练做准备，描述序列到序列实现的子模块，最后展示注意力机制如何帮助我们窥探神经网络的黑箱，从而了解序列到序列翻译的原理。

11.1 序列到序列作为一种去噪自动编码器

稍后将详细介绍序列到序列，如何实现它，以及如何使用它将英语译成法语。首先，我想给你举个例子，说明它的效果，以及注意力提供的可解释性[1]。图11.1显示了一个大型序列到序列翻译模型将法语翻译成英语的结果。输出中的每个单词对原始句子的注意力都不同，其中黑色值表示0(不重要)，白色值表示1(非常重要)。

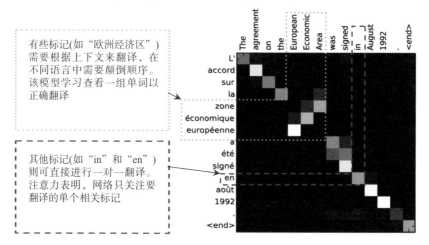

图11.1 来自Dzmitry Bahdanau、Kyunghyun Cho和Yoshua Bengio的论文"通过联合学习对齐和翻译实现神经机器翻译"(Neural machine translation by jointly learning to align and translate)的结果。左侧为输入，上方为输出。当在更大的语料库中进行更长时间的训练时，注意力结果会产生一个漂亮、清晰的注意力图

对于输出中的大多数项而言，输入中与获得正确翻译相关的项很少。但在某些情况下，需要使用输入中的多个单词才能正确翻译，还有一些单词需要重新排序。传统的机器翻译方法更多的是采用逐字翻译，通常要用复杂的启发式代码来处理需要多个有上下文的单词和顺序不正常的情况。但现在可以让神经网络学习细节，并了解模型是如何学习翻译的。

序列到序列如何学会做到这一点？在高层次上，序列到序列算法通过序列而非静态图

---

1 什么是"可解释性"，或者说它是否真的存在，在很多ML圈子里都是一个热门话题。推荐一篇精彩的评论文章，Zachary Lipton的"模型可解释性的神话"，网址为https://arxiv.org/abs/1606.03490。

像来训练去噪自动编码器。可以将原始英语视为噪声输入，将法语视为干净输出，要求序列到序列模型学习如何去除噪声。由于处理的是序列，因此这通常需要使用一个RNN。图11.2是一个简单的示意图。我们有一个编码器和解码器来将输入转换为输出，就像去噪自动编码器一样；不同之处在于序列到序列模型适用于序列而非图像或全连接的输入。

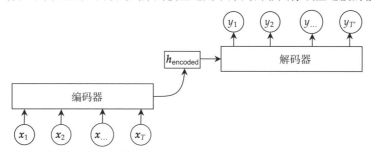

图11.2 序列到序列方法的高级描述。输入序列x_1, x_2, …, x_T进入编码器。编码器生成序列$h_{encoded}$的表示。解码器根据这个表示输出一个新的序列y_1, y_2, …, $y_{T'}$

这里有一些原始输入序列$X = x_1$, x_2, …, x_T，目标是输出新序列$Y = y_1 y_2$, …, $y_{T'}$，这些序列不一定要相同。$x_j \neq y_j$，甚至长度也可以不同，因此$T \neq T'$也是可能的。我们将其描述为去噪方法，因为输入序列X会被映射到相关序列Y，就好像X是Y的噪声版本一样。

训练序列到序列模型并非易事。与使用RNN的其他方法一样，它在计算上很有挑战性。这也是一个复杂的学习问题；编码器RNN接收X并产生最终的隐藏状态激活h_T，解码器RNN必须将其作为输入，产生新的序列Y。这就需要在单个向量中包含大量信息，而我们已经看到RNN非常难训练。

增加注意力创建序列到序列

让序列到序列模型运行良好的秘诀在于添加一种注意力机制。我们不强迫模型学习$h_{encoded}$来表示整个输入，而是为输入序列中每个项x_i学习一个表示h_i。然后，在输出的每一步都使用注意力机制来查看所有输入。图11.3更详细地展示了这一点，我们将继续扩展序列到序列不同部分的细节，直到可以实现整个方法。注意，编码器的最后一个隐藏状态h_T将成为解码器的初始隐藏状态，但我们还没有说明每个时间步长中解码器的输入是什么。本章后面将讨论这个问题；鉴于涉及的部分太多，无法一次就讨论完。

现在一起来讨论图11.1和图11.3。图11.3中来自编码器网络的T个输入/隐藏状态将成为图11.1中原始法语的T行。图11.3中的每个注意力块都将成为图11.1中的一列。因为注意力会为输入中的每个项(填充一行)输出一个从0到1的分数，所以可以将其绘制成一张热力图，深色代表低分，白色代表高分，以显示输入的哪些部分对产生输出的每个部分最为重要。因此得到了图11.1所示的全部内容。这也体现了注意力是如何认识到"重要性是一个相对概念"这一观点的。输入中每个单词的重要性都会随着我们想要生成的内容或其他单词的出现而发生变化。

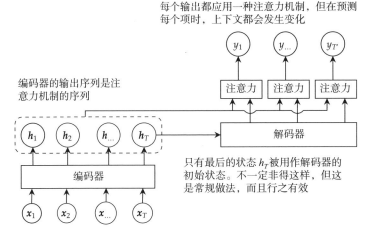

图11.3　序列到序列运行方式的更深层次的高级示意图。解码器的第一个输入是编码器的最后一个输出。解码器会产生一系列输出，用作注意力机制的上下文。通过改变上下文，即可改变模型在输入中查找的内容

你可能会想，为什么注意力能改进基于RNN的编码器和解码器：长短期记忆网络(Long Short-Term Memory，LSTM)的门控机制不也是这样做的吗，它根据当前上下文选择性地允许/禁止(打开/关闭)信息。从高层次来看，是的，这种方法有相似之处。关键区别在于信息的可用性。如图11.2所示，如果编码器和解码器只使用两个RNN，那么解码器RNN的隐藏状态必须学会如何表示(1)它创建输出的进度如何，(2)整个原始输入序列，以及(3)如何避免一个序列被另一个序列破坏。通过对解码器RNN的输出使用注意力机制，RNN现在只需要学习任务1，因为所有原始输入项都可在稍后用于注意力，这减轻了任务2的工作量，也意味着任务3不再是问题。虽然序列到序列是一个复杂的算法，但你已经学会并使用了实现它的每一个步骤。这实际上是将深度学习的大量构建块组合成一个强大结果的练习。

11.2　机器翻译和数据加载器

我们将以构建序列到序列翻译模型为全局目标，自上而下地开展工作。从最底层开始，首先要定义什么是翻译并加载数据。然后，就可以开始研究如何处理序列到序列模型的输入，最后添加注意力机制，逐次产生输出。

广义上讲，机器翻译是研究人员用来研究如何让计算机将一种语言(如英语)翻译成另一种语言(如法语)的名称。将机器翻译作为一个问题，还有助于明确序列到序列模型的输入和输出是长度可能不同的不同序列。

输入X所使用的语言——在我们的例子中是英语——称为源语言(source lanauage)，目标语言是法语。输入序列X可能是字符串"what a nice day"，目标字符串Y是"quelle belle journée"。翻译的一个难点在于这些序列的长度不一样。如果使用单词作为标记(也称为字

母表Σ)，那么源序列***X***和目标序列***Y***分别是：

$$X = \underbrace{[\text{"what"}, \text{"a"}, \text{"nice"}, \text{"day"}]}_{\uparrow \quad \uparrow \quad \uparrow \quad \uparrow}$$
$$x_1 \quad x_2 \quad x_3 \quad x_4$$

$$Y = \underbrace{[\text{"quelle"}, \text{"belle"}, \text{"journxe"}]}_{\downarrow \qquad \downarrow \qquad \downarrow}$$
$$y_1 \qquad y_2 \qquad y_3$$

如果能够成功地将序列***X***转换为***Y***，就完成了机器翻译的任务。有以下几个细微差别会导致这一任务难以完成。

- 如上所述，序列的长度可能不同。
- 序列之间可能存在复杂的关系。例如，一种语言可能将形容词放在名词之前，而另一种语言可能将名词放在形容词之前。
- 两种语言之间可能不是一对一的关系。例如，"what a nice day"和"what a lovely day"从英语到法语的翻译可能是一样的。翻译通常是一项多对多的任务，即多个有效输入映射到多个有效输出。

如果询问自然语言处理(Natural Language Processing，NLP)研究人员，他们会列出一份更长的清单，说明机器翻译为何具有挑战性以及如何具有挑战性。但这也是使用序列到序列模型的绝佳机会，因为不用查看整个输入来决定输出的每个单词。例如，"journée"翻译为"一天"或"白天"，它不是一个同音异义词。因此，几乎可以在没有任何其他上下文的情况下单独翻译该词。"amende"一词则需要更多的上下文，因为它是"fine"和"almond"的同音词；如果不知道别人说的是食物还是钱，就无法翻译它。注意力机制可以帮助我们忽略那些不能为翻译提供任何有用上下文的输入。这就是序列到序列模型可以很好地完成这项任务的部分原因，即使无法列举出使翻译变得复杂的所有原因。

加载小型English-French数据集

构建机器翻译数据集需要一些数据。我们将重新使用一个小型英语-法语翻译语料库。下面的代码会快速下载这些数据，并进行一些小的预处理：删除标点符号并将所有内容转换为小写。虽然可以学习这些内容，但这样做需要更多的数据，而我们希望这个示例能够在只包含有限数据量的情况下快速运行：

```python
from io import BytesIO
from zipfile import ZipFile
from urllib.request import urlopen
import re

all_data = []
resp = urlopen("https://download.pytorch.org/tutorial/data.zip")
zipfile = ZipFile(BytesIO(resp.read()))
for line in zipfile.open("data/eng-fra.txt").readlines():
```

```
line = line.decode('utf-8').lower()          ←———— 请仅小写
line = re.sub(r" [-.!?]", r" ", line)         ←———— 没有标点符号
source_lang, target_lang = line.split("\t")[0:2]
all_data.append( (source_lang.strip(), target_lang.strip()) ) ←——
                                                     (英语，法语)
```

为了帮助获得一些直观感受，以下代码打印了语料库的前几行，以显示数据。我们已经在数据中发现了一些困难。像"run"这样的单词本身有不止一种正确的翻译，而一些单个的英语单词也可以摇身变成一个或多个法语单词。这还不包括语料库中的长句：

```
for i in range(10):
    print(all_data[i])

('go', 'va')
('run', 'cours')
('run', 'courez')
('wow', 'ça alors')
('fire', 'au feu')
('help', "à l'aide")
('jump', 'saute')
('stop', 'ça suffit')
('stop', 'stop')
('stop', 'arrête toi')
```

为了加快训练速度，可以把训练对象限制在包含六个或更少单词的句子中。你可以尝试增加这个限制，看看模型的表现如何，但我想让这些例子快速训练。现实世界中的翻译任务可以使用相同的代码，但需要更多的时间和数据来学习更鲁棒的内容，但这可能需要经过数天的训练，因此还是长话短说吧：

```
short_subset = []                ←———— 我们使用的子集
MAX_LEN = 6
for (s, t) in all_data:
    if max(len(s.split("")), len(t.split(""))) <= MAX_LEN:
        short_subset.append((s,t))
print("Using ", len(short_subset), "/", len(all_data))

Using 66251 / 135842
```

1. 建立字母表

现在，`short_subset`列表包含了将要使用的所有英语-法语翻译对，可以为模型建立一个词汇表或字母表。与之前一样，词汇表会为使用的每个唯一字符串提供一个唯一ID作为标记，从0开始依次递增。不过，还会添加一些特殊的标记，为模型提供有用的提示。首先，由于并非所有的句子长度都相同，因此要使用PAD_token来表示填充，表示

张量中的值没有被使用，因为基础句子已经结束了。

　　这里引入的两个新内容是句首(Start of Sentence，SOS)和句末(End of Sentence，EOS)标记。这在机器翻译以及许多其他NLP任务中都很常见。SOS_token标记通常放在源序列**X**的开头，向算法表明翻译已经开始。EOS_token的作用更大，它被附加在目标序列**Y**的末尾，以表明句子已经结束。这在以后非常有用，这样模型就能学会如何结束翻译。当模型完成后，它会输出一个EOS_token，此时就可以停止这个过程了。你可能会认为标点符号是一个很好的停顿点，但这种方法会妨碍我们将模型扩展到一次性翻译更长的句子或段落。一旦批处理中的每个项都生成了EOS_token，就知道可以安全停止翻译了。这也有帮助，因为输出可能有不同的长度，而EOS标记可以帮助我们计算每个不同的生成序列应该有多长。

　　下面的代码定义了SOS、EOS和填充标记，并创建了字典word2indx来创建映射。我们还将PAD_token定义为索引0的映射，以便可以轻松使用getMaskByFill函数。与前面的自回归模型类似，这里也创建了一个反向字典indx2word，这样便可以在完成翻译后更轻松地查看结果(单词比整数序列更容易阅读)：

```
SOS_token = "<SOS>"                    ←——— "START_OF_SENTENCE_TOKEN"
EOS_token = "<EOS>"                    ←——— "END_OF_SENTENCE_TOKEN"
PAD_token = "_PADDING_"

word2indx = {PAD_token:0, SOS_token:1, EOS_token:2}
for s, t in short_subset:
    for sentence in (s, t):
        for word in sentence.split(""):
            if word not in word2indx:
                word2indx[word] = len(word2indx)
print("Size of Vocab: ", len(word2indx))
indx2word = {}                         ←——— 构建反向字典，以便稍后查看输出
for word, indx in word2indx.items():
    indx2word[indx] = word

Size of Vocab: 24577
```

2. 实现翻译数据集

　　现在，创建一个TranslationDataset对象来表示翻译任务。它将short_subset作为基础输入数据，并使用刚刚创建的词汇word2indx通过空间分割返回**PyTorch** int64张量：

```
class TranslationDataset(Dataset):
    """
    Takes a dataset with tuples of strings (x, y) and
    converts them to tuples of int64 tensors.
    This makes it easy to encode Seq2Seq problems.
```

```
        Strings in the input and output targets will be broken up by spaces
        """

        def __init__(self, lang_pairs, word2indx):
            """
            lang_pairs: a List[Tuple[String,String]] containing the
            ⮡source,target pairs for a Seq2Seq problem.
            word2indx: a Map[String,Int] that converts each word in an input
            ⮡string into a unique ID.
            """
            self.lang_pairs = lang_pairs
            self.word2indx = word2indx

        def __len__(self):
            return len(self.lang_pairs)

        def __getitem__(self, idx):
            x, y = self.lang_pairs[idx]
            x = SOS_token + " " + x + " " + EOS_token
            y = y + " " + EOS_token

            x = [self.word2indx[w] for w in x.split("")]    ◀─── 转换为整数列表
            y = [self.word2indx[w] for w in y.split("")]    ◀───

            x = torch.tensor(x, dtype=torch.int64)
            y = torch.tensor(y, dtype=torch.int64)
            return x, y
bigdataset = TranslationDataset(short_subset, word2indx)
```

　　因为希望这个示例在10分钟内运行,所以这里并没有使用序列到序列任务通常需要的大量训练数据。此外,我们还将更多的数据(90%)用于训练,仅10%的数据用于测试。

3. 为翻译数据执行校对函数

　　我们还需要定义一个collate_fn函数,以便从不同长度的输入中创建一个更大的批次。每个项都以EOS_token结尾,因此只需要用PAD_token值填充较短的输入,使所有内容的长度相同。

　　为了与train_network函数兼容,还需要在返回collate_fn结果的方式上耍点小聪明。因为train_network函数希望元组中包含两个项(input, output),而我们的序列到序列模型在训练时需要*X*和*Y*,所以要以嵌套元组((*X*, *Y*), *Y*)的形式返回数据。之后会解释其中的原因。这样,train_network函数将把元组分解为

$$\underline{((X,Y)}_{\substack{\downarrow \\ \text{输入}}}, \underbrace{Y}_{\substack{\downarrow \\ \text{输出}}})$$

　　以下代码完成所有工作。pad_batch是整理函数,首先要找出最长的输入序列长度

max_x和最长的输出序列长度max_y。由于是在进行填充(而不是打包，只有RNN才支持打包)，因此可以使用F.pad函数来完成。该函数将要填充的序列作为第一个输入，第二个输入是一个元组，告诉它向左填充多少，向右填充多少。这里只想填充到序列的右侧(末尾)，因此元组看起来类似于(0, pad_amount)：

```
train_size = round(len(bigdataset)*0.9)
test_size = len(bigdataset)-train_size
train_dataset, test_dataset = torch.utils.data.random_split(bigdataset,
➡[train_size, test_size])

def pad_batch(batch):
    """
    Pad items in the batch to the length of the longest item in the batch
    """

    max_x = max([i[0].size(0) for i in batch])  ◀─────
    max_y = max([i[1].size(0) for i in batch])  ◀─────

    PAD = word2indx[PAD_token]

    X = [F.pad(i[0],(0,max_x-i[0].size(0)), value=PAD)
    ➡for i in batch]
    Y = [F.pad(i[1],(0,max_y-i[1].size(0)), value=PAD)
    ➡for i in batch]
    X, Y = torch.stack(X), torch.stack(Y)
    return (X, Y), Y

train_loader = DataLoader(train_dataset, batch_size=B, shuffle=True,
➡collate_fn=pad_batch)
test_loader = DataLoader(test_dataset, batch_size=B, collate_fn=pad_batch)
```

> 有两种不同的最大长度：输入序列的最大长度和输出序列的最大长度。我们将分别确定这两种最大长度，并仅按所需的确切长度填充输入/输出

> 使用**F.pad**函数将每个张量向右填充

11.3　序列到序列的输入

　　讨论序列到序列模型时，有两组输入：编码器的输入和解码器的输入。为了明确每一部分的输入内容，需要定义序列到序列的编码器和解码器模块(见图11.3所示)。为每个部分使用RNN并不奇怪，你可以选择使用门控递归单元(Gated Recurrent Unit，GRU)或LSTM。稍后编码时将使用GRU，因为它能让代码更易于阅读。

　　编码器的输入很简单：只需要输入序列$X=x_1, x_2,..., x_T$。解码器会预测它所认为的输出序列是什么：$\hat{Y} = \hat{y}_1, \hat{y}_2,..., \hat{y}_{T'}$。我们将$\hat{Y}$和$Y$之间的交叉熵损失作为训练该网络的学习信号。

　　但忽略了一个重要细节：解码器的输入。RNN通常采用先前的隐藏状态(对于解码器

来说是$h_{encoded}$)和当前时间步长的输入。解码器的输入有两种选择：自回归风格和教师强制。接下来将同时学习这两种方法，因为同时使用这两种方法比单独使用其中一种效果更好。

这两个选项都使用编码器的最后隐藏状态(h_T)作为解码器的初始隐藏状态($h_{encoded}=h_T$)。这样做而非使用零向量，是为了让梯度流过解码器并进入编码器，将它们连接起来。更重要的是，最后的隐藏状态h_T是整个输入序列的摘要，"输入是什么"的上下文将帮助解码器决定输出的第一部分应该是什么。

11.3.1   自回归法

图11.4显示了实现解码器输入的第一种方法，我们称为自回归法。在自回归中，我们使用时间步长t的预测标记作为下一时间步长$t+1$的输入(灰色虚线)。

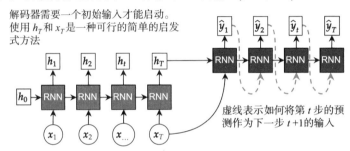

图11.4   自回归解码步骤示例。解码器的第一个输入是编码器的最后一个输入。解码器的每个后续输入是来自前一步的预测

另一个细节是第一个输入应该是什么。我们还没有做出任何预测，因此不能使用之前的预测作为输入。有两个子选项，两者的性能非常相似。第一个选项始终使用SOS标记作为输入，这是非常合理的。从语义上讲，它也有意义；第一个输入表示"the sentence is starting"，RNN必须使用上下文来预测第一个单词。第二个选项是使用输入的最后一个标记，它应该是EOS标记或填充标记。这样，解码器RNN就会学习到EOS和填充标记与"sentence start"具有相同的语义。任何一个选项都是可接受的，并且在实践中，这种选择往往不会产生明显的差异。我们会将编码器的最后一项作为解码器的第一个输入，因为我认为这是一种略为通用的方法。

由于模型的输出是下一个单词出现的概率，因此有两种方法来选择下一个输入$t+1$：获取最可能的标记，或者根据给定的概率对下一个标记进行采样。在第6章中训练自回归模型时，选择最有可能出现的下一个词会导致产生不切实际的输出。因此在实现这个模型时，将采用抽样方法。

11.3.2   教师强制法

第二种选择称为教师强制。解码器的第一个输入与自回归法的处理方式完全相同，但后续的输入有所不同。不使用预测$\hat{y}_t$作为$\hat{y}_{t+1}$的输入，而是使用真正正确的标记y_t，如图11.5所示。

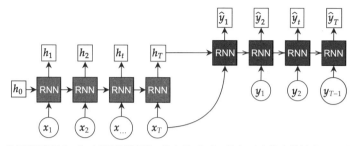

图11.5 教师强制示例。忽略解码器预测，并在第t步时，输入正确的先前输出y_{t-1}。计算损失时仍使用预测

这使得教师强制法更容易实现，因为不必猜测接下来会发生什么：就已经有了答案。这也是为什么代码在训练过程中需要输入真正的标签Y，以便计算教师强制的结果。

11.3.3 教师强制法与自回归法的比较

教师强制法的好处是，为网络提供正确的答案，从而继续预测。这样就更容易正确预测所有后续标记。原理很简单：如果之前的$t-1$次预测都是错误的，就很难对第t次预测做出正确的判断。教师强制可以帮助网络同时学习所有需要预测的单词。

自回归法学习起来可能比较慢，因为网络必须先学会正确预测第一个单词，然后才能关注第二个单词，接着是预测第二个单词，然后才是第三个单词，依此类推。但当我们想对新数据进行预测时，由于不知道答案，因此教师强制是不可行的：必须以自回归的方式进行预测，因而模型学习以这种方式进行预测是有好处的。

我们使用的实际解决方案是将自回归和教师强制两种方法结合起来。对于每个输入，我们都会随机决定采用哪种方法，因此将同时使用这两种方法进行训练。但在预测时，只采用自回归法，因为教师强制需要知道答案。更先进的方法是在一个批处理中在教师强制和自回归之间进行切换，但实现起来很麻烦。每批只选择一个选项会让代码更易于编写和阅读。

使用教师强制也是将目标序列Y作为一部分网络输入的原因。在使用模型进行训练和预测时，我们使用self.training标志在不同的行为之间切换。

11.4 序列到序列注意力

到目前为止所展示和描述的内容在技术上足以实现序列到序列样式模型。但是它的学习能力不强，表现也很差。加入注意力机制是使序列到序列发挥作用的关键。注意力机制可以与教师强制和自回归法一起使用，并将改变我们在RNN的第t步预测当前单词的方式。因此，不是让解码器RNN预测$\hat{y}_t$，而是让它产生一个潜在值$\hat{z}_t$。值$\hat{z}_t$就是注意力机制的上下文。图11.6显示了预测第t个单词的过程，分为以下四个主要部分：

(1) 编码器步骤学习有用的输入表示。

(2) 解码器步骤预测每个输出项的上下文。

(3) 注意力步骤利用上下文生成输出$\bar{x}_t$，并将其与上下文$\hat{z}_t$相结合。

(4) 预测步骤利用注意力/上下文的组合结果预测出序列的下一个标记。

可以看到，注意力模块(可以使用我们定义的三个分数函数中的任何一个)从编码器RNN获取上下文$\hat{z}_t$和隐藏状态$\boldsymbol{h}_1,\boldsymbol{h}_2,...,\boldsymbol{h}_T$作为其输入。

注意力机制与之前的`apply_attn`模块相结合，会为每个隐藏状态产生一个权重$\alpha_1,\alpha_2,...,\alpha_T$。然后，我们使用隐藏状态和权重来计算当前时间步长$t$的最终上下文，即$\bar{x}_t = \sum_{i=1}^{T} \alpha_i \boldsymbol{h}_i$。

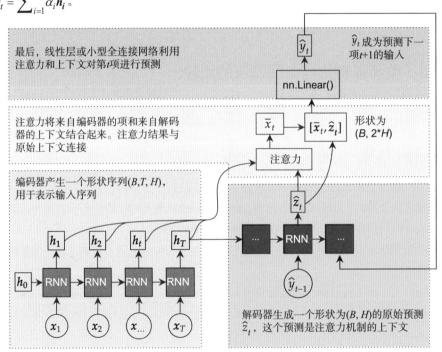

图11.6　在输出时应用注意力一次预测一个项的过程。每个突出显示的区域显示了编码、解码上下文、注意力和预测的四个步骤之一。这一过程不断重复，直到找到EOS标记或达到最大限制

由于每个$\boldsymbol{h}_i$受第i个输入的影响最大，这就为序列到序列模型提供了一种方法，可以将输入序列的一个子集视为与预测输出的第t项相关。

为了完成这一点，将注意力输出$\bar{x}_t$与本地上下文$\hat{z}_t$连接起来，得到一个新的向量

$$[\bar{x}_t, \hat{z}_t]$$
$$\downarrow$$
$$\text{torch.cat}((\bar{x}_t, \hat{z}_t), \text{dim}=1)$$

将其输入到最终的全连接网络中，以转换为最终预测$\hat{y}_t$。

这看似令人畏惧，但你已经编写或使用了所有这些步骤的代码。编码器使用常规的

nn.GRU层，因为它可以返回一个形状为(B, T, H)的张量，提供所有输出，这是你在第4章中学习到的。nn.GRUCell用于上下文预测$\hat{z}_t$，因为它必须一步一步地进行；第6章介绍的自回归模型中就使用了这种方法。同样第6章还使用采样来选择下一个标记，并使用类似教师强制法的方法来训练模型。我们刚刚学习并使用了注意力机制，第7章讲解的则是将U-Net的串联输出传入到另一层的方法。

11.4.1　实现序列到序列

到此实现序列到序列模型的万事已俱备。在设置构造函数之前，先来谈谈模型本身需要哪些组件。

首先，需要一个nn.Embedding层来将标记转换为特征向量，类似于第7章中使用的char-RNN模型。使用padding_idx选项来说明使用哪个标记值表示填充，因为存在多个不同的序列长度。

接下来，需要一个编码RNN和一个解码RNN。使用GRU是因为与LSTM相比，它的代码编写要简单一些。特别是，接下来将对每个RNN进行不同的编码。编码器则使用常规的nn.GRU模块，该模块接收一个形状为(B,T,D)的张量，因为它需要一次性输入所有T项。这样更容易编码，也能让我们轻松使用双向选项。由于我们拥有完整的输入，因此双向模型选项是一个不错的选择[1]。

解码器RNN不能是双向的，因为一次只生成一个项输出。这也意味着不能使用常规的nn.GRU模块，因为它希望输出的所有T'项都同时准备就绪，但在遇到所有EOS标记之前，我们并不知道每个输出有多长。我们使用nn.GRUCell来解决这个问题，这就需要手动跟踪解码器的隐藏状态和多个层，并且必须编写一个for循环来不断迭代预测，直到得到完整的结果。

为了确保不会在预测错误的情况下陷入无限循环，在此还加入了max_decode_length，以通过解码器RNN强制执行我们愿意尝试的最大解码步骤数。最后，需要使用ApplyAttention模块，以及用于计算分数的score_net(我们使用DotScore)和用于预测下一个单词的小型网络predict_word。以下代码片段涵盖了我们讨论的所有项，并为序列到序列模型创建了构造函数：

```
class Seq2SeqAttention(nn.Module):

    def __init__(self, num_embeddings, embd_size, hidden_size,
    ⮡padding_idx=None, layers=1, max_decode_length=20):
        super(Seq2SeqAttention, self).__init__()
        self.padding_idx = padding_idx
        self.hidden_size = hidden_size
```

---

[1] 双向RNN的最大选择通常是"我是否能在测试时访问未来/整个序列？"对于我们的翻译任务来说，这是正确的，因此值得一试。但这并不总是正确的！如果想生成一个能实时接收现场演讲的序列到序列模型，就需要使用一个非双向模型，因为我们不知道说话者未来会说什么。

因为编码器具有双向性，所以可将隐藏大小设置
为预期长度的一半。这意味着会得到两个隐藏状
态表示，将它们连接起来，就能得到所需的大小

```
self.embd = nn.Embedding(num_embeddings, embd_size,
    padding_idx=padding_idx)
self.encode_layers = nn.GRU(input_size=
    embd_size, hidden_size=hidden_size//2,
    num_layers=layers, bidirectional=True)
self.decode_layers = nn.ModuleList([
    nn.GRUCell(embd_size, hidden_size)] +
    [nn.GRUCell(hidden_size, hidden_size)
    for i in range(layers-1)])
self.score_net = DotScore(hidden_size)
self.predict_word = nn.Sequential(
    nn.Linear(2*hidden_size, hidden_size),
    nn.LeakyReLU(),
    nn.LayerNorm(hidden_size),
    nn.Linear(hidden_size, hidden_size),
    nn.LeakyReLU(),
    nn.LayerNorm(hidden_size),
    nn.Linear(hidden_size, num_embeddings)
)
self.max_decode_length = max_decode_length
self.apply_attn = ApplyAttention()
```

解码器是单向的，需
要使用**GRUCell**，这
样就可以一步一步地
解码

predict_word是一
个小型的全连接网
络，它将注意力机
制和局部上下文的
结果转换为对下一
个单词的预测

现在来谈谈如何实现序列到序列算法的forward函数。图11.7概述了这一过程。

下面将按照图中的运行顺序浏览这些模块，解释正在发生的事情，并展示实现这些操作的代码。注意，图中分离出了两个列表：all_attentions和all_predictions。这两个列表收集了注意力和预测得分，这样就可以从模型中获得这两个得分，以查看注意力得分并检查预测，或将其传递给可能想要使用的任何后续模块。

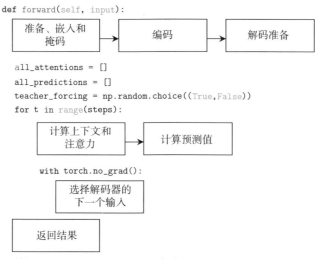

图11.7　forward函数概述及其实现的七个步骤。每个块表示一个工作单元，箭头表示按顺序执行任务

1. 准备、嵌入和掩码

在我们的函数中，首先需要做的是准备和组织工作。输入可以是形状为(B, T)的张量，也可以是两个张量的元组$((B, T), (B, T'))$，这取决于正处于测试模式还是训练模式。检查输入内容，并适当地提取input和target值。嵌入所有的输入值，计算出有用的信息，例如掩码；根据掩码，可以确定每个序列的长度。长度是True值的数量，因此可以通过简单的求和调用来获取seq_lengths。我们还会获取正在使用的计算设备，以便需要对解码器的下一个输入进行采样时使用它：

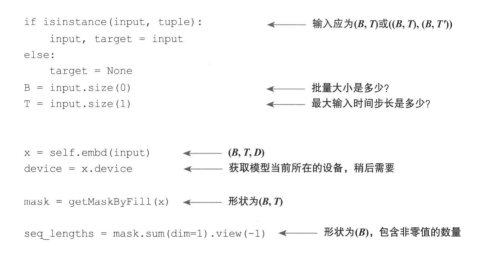

```
if isinstance(input, tuple):        ←—— 输入应为(B, T)或((B, T), (B, T'))
    input, target = input
else:
    target = None
B = input.size(0)                   ←—— 批量大小是多少？
T = input.size(1)                   ←—— 最大输入时间步长是多少？


x = self.embd(input)        ←——  (B, T, D)
device = x.device           ←—— 获取模型当前所在的设备，稍后需要

mask = getMaskByFill(x)     ←—— 形状为(B, T)

seq_lengths = mask.sum(dim=1).view(-1)   ←—— 形状为(B)，包含非零值的数量
```

2. 编码

现在，数据和掩码都已经准备就绪，还需要通过编码器网络推送数据。为了最大限度地提高吞吐量，在将输入数据馈送到RNN之前要对其进行打包，因为根据掩码计算出了seq_lengths，所以打包非常简单快速。此外，即使输入项长度可变，h_last也包含最后一次激活，从而简化了代码。由于使用的是双向模型，因此稍后确实需要为注意力机制解压缩h_encoded，并将其重塑为(B, T, D)。一些类似的形状操纵将确保h_last的形状为(B, D)，而非双向方法中采用的默认形状$(2, B, D/2)$。

代码如下：

```
                                          序列长度用于为编码
                                          器RNN创建打包输入

x_packed = pack_padded_sequence(x, seq_lengths.cpu(), ←
    batch_first=True, enforce_sorted=False)
                                          (B, T, 2, D//2)，因为
                                          它是双向的
h_encoded, h_last = self.encode_layers(x_packed)
h_encoded, _ = pad_packed_sequence(h_encoded)  ←
h_encoded = h_encoded.view(B, T, -1)  ←
                                          (B, T, D)。现在h_encoded是在输
                                          入上运行编码器RNN的结果！
```

```
hidden_size = h_encoded.size(2)                              形状现在是(2, B, D/2)
h_last = h_last.view(-1, 2, B, hidden_size//2)[-1,:,:,:] ◄

h_last = h_last.permute(1, 0, 2).reshape(B, -1) ◄          重新排序为(B, 2, D/2),
                                                            并将最后两个维度向下展
                                                            平为(B, D)
```

**获取最后一个隐藏状态比较麻烦。首先，将输出重塑为(num_
layers, directions, batch_size, hidden_size)；然后，获取第一
维度中的最后一个索引，因为我们需要最后一层的输出**

3. 解码准备

在开始解码块之前，需要做一些准备。首先，要存储解码器RNN先前的隐藏状态激活
列表。这样做是因为我们使用的是GRUCell，它需要我们跟踪隐藏的状态激活，以便能够
高效地运行RNN的顺序步骤[1]。

要使代码更简单，应重复使用embd层对解码器的输入进行编码。这样做没有问题，
因为embd层的工作很少；大部分工作都是由解码器层完成的。由于我们将把编码器的
最后一个输入作为解码器的第一个输入，因此需要抓取这个输入。执行input[:,seq_
lengths-1]看起来应该可行，但它返回的张量形状是(B, B, D)而不是(B, D)。为了让它
按照我们希望的方式工作，需要使用gather函数，它可以沿着指定的轴(1)聚集指定的
索引。

所有这些都包含在下面的解码器预处理代码块中，最后计算出我们需要运行解码器的
步骤数：

**从输入中获取最后一项(应为EOS标记)作为解码器的第
一个输入。还可以对SOS标记进行硬编码。(B, D)**

解码器的新隐藏状态

```
h_prevs = [h_last for l in range(len(self.decode_layers))] ◄

decoder_input = self.embd(input.gather(1,  ◄
  ➥seq_lengths.view(-1,1)-1).flatten())
```

```
steps = min(self.max_decode_length, T)
if target is not None:  ◄          如果正在进行训练，目标值会告
    steps = target.size(1)         知需要采取多少步骤。我们知道
                                    确切的解码长度
```
应该执行多少个解码步骤?

4. 计算上下文和注意力

接下来计算上下文和注意力结果。这将在t步长的for循环中运行。变量decodr_
input包含我们要处理的当前输入：从上一个准备步长中选择的值或在下两个步长中计算
的值。

将GRUCell保存在decode_layers列表中，然后像第6章中使用自回归模型那样，

1　如果想用LSTMCell切换，则需要另一个LSTM上下文状态列表。

通过迭代将批处理推送到各层。完成后，结果$\hat{z}_t$将存储在一个名为h_decoder的变量中。调用score_net获得归一化的分数，然后apply_attn会在cotext变量和weights变量中分别返回$\bar{x}_t$和softmax权重α。具体代码如下：

```
x_in = decoder_input                    ←——  (B, D)

for l in range(len(self.decode_layers)):
    h_prev = h_prevs[l]
    h = self.decode_layers[l](x_in, h_prev)

    h_prevs[l] = h
    x_in = h
h_decoder = x_in  ←——

scores = self.score_net(h_encoded, h_decoder)  ←——
context, weights = self.apply_attn(h_encoded, scores,
    mask=mask)

all_attentions.append( weights.detach() )  ←——

```
$\bar{x}$为(B, D)，α为(B, T)

(B, D)。现在已在这个时间步长中获得了解码器的隐藏状态

这就是注意力机制。先来看看之前所有的编码状态，看看哪些状态看起来是相关的。$(B, T, 1)$ $\bar{\alpha}$

保存注意力权重，以便稍后可视化。之所以分离权重，是因为不想用它们计算任何其他参数；只想保存它们的值，以便进行可视化处理

5. 计算预测值

完成之前的任务后，可以使用torch.cat将$\bar{x}_t$和$\hat{z}_t$组合起来，并将结果输入到predict_word中，从而获得第t个输出的最终预测$\hat{y}_t$：

通过组合注意力结果和初始上下文来计算最终表示：$(B, D)+(B, D)\rightarrow(B, 2*D)$

```
word_pred = torch.cat((context, h_decoder), dim=1)  ←——
word_pred = self.predict_word(word_pred)  ←——
all_predictions.append(word_pred)
```

通过小型全连接网络推送下一个标记，预测下一个标记是什么：$(B, 2*D)\rightarrow(B, V)$

这是nn.Sequential帮助代码变得简洁的另一种情况，因为predict_word是一个不需要考虑的完整神经网络。

6. 选择解码器的下一个输入

序列到序列的工作已接近尾声，只剩下最后一个部分需要实现：在步长$t+1$处为decoder_input选择下一个值。这项工作是在with torch.no_grad()上下文中完成的，这样就能完成所需的工作。首先，要检查模型是否处于self.training模式，如果

不是，便可以放弃，直接选择最可能出现的单词。如果处于训练模式，还要检查是否应该使用teacher_forcing，并检查target值是否可用。如果两者都为真，则应将t+1步的输入设为当前时间步长t应该出现的真实输出。否则，将以自回归的方式对下一次工作进行采样。代码如下：

```
if self.training:
    if target is not None and teacher_forcing:
        next_words = target[:,t].squeeze()          ←   已经有了目标和选定的教
    else:                                                师强制，因此使用正确的
                                                         下一个答案
        next_words = torch.multinomial(
            ➥F.softmax(word_pred, dim=1), 1)[:,-1]
else:
    next_words = torch.argmax(word_pred, dim=1)     ←
```

根据预测对下一
个标记进行采样

试图做出一个实际的预测，因此选择了最有可能出现的单词。可以通过使用温度和采样来改进这一点，就像在char-RNN模型中所做的那样

值得注意的是，这段代码中有两处可以改进。首先，可以像使用自回归模型那样进行采样，而不是在测试时使用最可能出现的下一个单词。其次，可以像以前一样添加一个温度选项，改变选择更可能出现的单词的频率。为了让代码更简洁，我没有做这些改动。

一旦选中next_words，并退出with torch.no_grad()模块，就可以设置decoder_input=self.embd(nex_twords.to(device))。需要等待no_grad()上下文消失，以便在此步骤中跟踪梯度。

7. 返回结果

最后即将完成序列到序列的实现。最后一步是返回结果。如果是在训练模式下，只需要将所有T'个单词的预测叠加在一起，得出torch.stack(all_predictions,dim=1)。如果是在评估模式下，还要获得注意力分数，以便对其进行检查。与预测类似，它们也被叠加在一起：

```
if self.training:          ←   在训练时，只有预测才是最重要的
    return torch.stack(all_predictions, dim=1)
else:                       ←   而在评估时，还需要关注注意力权重
    return torch.stack(all_predictions, dim=1),
        ➥torch.stack(all_attentions, dim=1).squeeze()
```

11.4.2　训练和评估

既然已经定义了一个序列到序列模型，那么现在不妨来试一试。使用20个迭代周期的训练和几层即可。由于这是一个RNN，还需将梯度修剪作为训练的一部分。嵌入维度为64，隐藏神经元大小为256，这两个值都偏小，这是为了加快运行速度；如果愿意等待更长时间，并且有更多数据，我更倾向于将这两个值设为128和512。

代码如下：

```
epochs = 20
seq2seq = Seq2SeqAttention(len(word2indx), 64, 256,
↪padding_idx=word2indx[PAD_token], layers=3, max_decode_length=MAX_LEN+2)
for p in seq2seq.parameters():
    p.register_hook(lambda grad: torch.clamp(grad, -10, 10))
```

1. 定义损失函数

最后，需要使用一个损失函数来训练网络。标准nn.CrossEntropyLoss不处理这种情况，即输出形状为(B,T,V)，其中V是词汇量的大小。相反，我们会遍历所有T个时间步长的输出，并划分出正确的输入片段和标签，这样就可以在调用nn.CrossEntropyLoss时不出现任何错误。这与第6章训练自回归模型所用的方法相同。

所做的唯一改变是使用ignore_index值。如果标签y=ignore_index，nn.CrossEntropyLoss不计算该值的任何损失。可以用它来处理填充标记，因为我们不希望网络学会预测填充；而是希望它在适当的时候预测EOS标记，然后就结束了。这样，就能让损失函数理解输出也有填充：

```
def CrossEntLossTime(x, y):
    """
    x: output with shape (B, T, V)
    y: labels with shape (B, T')                          不想计算已填充项的损失!
    """
    if isinstance(x, tuple):
        x, _ = x
    cel = nn.CrossEntropyLoss(ignore_index=word2indx[PAD_token]) ◄
    T = min(x.size(1), y.size(1))
    loss = 0
    for t in range(T):
        loss += cel(x[:,t,:], y[:,t])
return loss
```

这样，就可以用序列到序列模型和新的损失函数调用train_network函数了。现在不使用验证损失有几个原因：需要在train_network函数中添加更多代码来支持它，因为序列到序列模型在评估时会更改其输出。更大的问题是，我们使用的损失函数并不直观。尽管如此，我们还是会在之后绘制训练损失图，以确保损失在下降，从而确认正在学习：

```
seq2seq_results = train_network(seq2seq, CrossEntLossTime,
↪train_loader,epochs=epochs, device=device)
```

```
sns.lineplot(x='epoch', y='train loss', data=seq2seq_results,
↪label='Seq2Seq')
```

```
[19]: <AxesSubplot:xlabel='epoch', ylabel='train loss'>
```

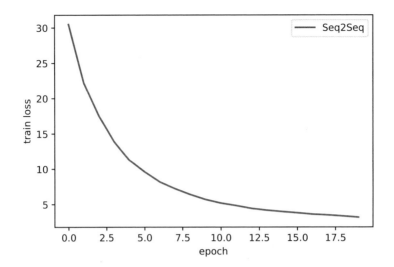

关于验证损失的BLEU

评估序列到序列模型尤其具有挑战性。在有多个有效翻译的情况下，如何知道翻译是否有问题？我们在训练过程中忽略了这一点，但不知为何，该模型仍然出奇地运行得很好。

在训练中使用的损失函数是人们训练序列到序列模型时通常使用的损失函数，但人们往往使用不同的评估指标来确定模型的好坏。这些评估指标相当复杂，因此我们坚持更主观的评估，以免给本章增加太多内容。如果你想了解更多信息，机器翻译通常根据BLEU分数(https://en.wikipedia.org/wiki/BLEU)进行评估。但是，如果你不是在执行翻译任务，BLEU则可能不是最佳指标，因为BLEU是专门为翻译而设计的。

2. 可视化注意力得分图

通过观察网络的损失，可以清楚地看到，它在训练期间有所减少。为了帮助评估结果，可以进行一些翻译，看看注意力机制的结果。这将是一个主观分析，但我鼓励在使用序列到序列模型时进行主观评估。在进行多对多映射的情况下，客观评估往往很困难，因此对数据进行整理有助于了解正在发生的事情。在每个时间步长 t，注意力机制会告知哪些输入单词被认为对预测每个输出单词很重要。这可以帮助了解模型是否在学习合理的信息。

我们定义了以下plot_heatmap函数，用于快速绘制注意力结果。results函数将使用它接收输入，将其翻译为法语，并显示预测、注意力和真实翻译：

```
def plot_heatmap(src, trg, scores):
    fig, ax = plt.subplots()
    heatmap = ax.pcolor(scores, cmap='gray')

    ax.set_xticklabels(trg, minor=False, rotation='vertical')
    ax.set_yticklabels(src, minor=False)

    ax.xaxis.tick_top()    ◄──── 将主要tick放在每个单元格的
                                  中间，将 *x-ticks* 放在顶部
```

```
ax.set_xticks(np.arange(scores.shape[1]) + 0.5, minor=False)
ax.set_yticks(np.arange(scores.shape[0]) + 0.5, minor=False)
ax.invert_yaxis()

plt.colorbar(heatmap)
plt.show()
```

在定义results函数之前,不妨快速将序列到序列模型设置为评估模式。这样,就能得到注意力图。然后,该函数就可以使用逆映射indx2word来查看原始数据和预测结果。打印出输入和目标,以及序列到序列的预测。最后,会显示注意力分数的热力图,这将有助于主观评估结果。这个函数的输入只是我们要考虑的测试集的索引:

```
seq2seq = seq2seq.eval().cpu()
def results(indx):
    eng_x, french_y = test_dataset[indx]
    eng_str = " ".join([indx2word[i] for i in eng_x.cpu().numpy()])
    french_str = "".join([indx2word[i] for i in french_y.cpu().numpy()])
    print("Input: ", eng_str)
    print("Target: ", french_str)

    with torch.no_grad():
        preds, attention = seq2seq(eng_x.unsqueeze(0))
        p = torch.argmax(preds, dim=2)
    pred_str = " ".join([indx2word[i] for i in p[0,:].cpu().numpy()])
    print("Predicted: ", pred_str)
    plot_heatmap(eng_str.split(" "), pred_str.split(" "),
    ⮑attention.T.cpu().numpy())
```

现在可以查看一些结果。你得到的结果可能会略有不同,这取决于你的模型的训练运行情况。我得到的是第一句话"les aniaux ont peur du feu"的翻译,谷歌翻译将其译为英语:"some animals are afraid of fire"。在这种情况下,模型得到了一个不同的结果,这个结果基本上是正确的,但它将"les"翻译成了"the"而非更合适的"certain"。

注意力图显示,"les"确实对应输入的正确部分("some"),但可能过于关注句子的开头。如果让我猜的话,"the"只是一个比"some"更常见的句子开头,而网络正是基于这一点做出了错误判断。但也可以看到,"du feu"正确地处理了输入的"of fire"部分,从而产生了正确的输出。虽然计算并不完美,但模型选择了一个意义相近的单词,原因可以理解。

还可以看到,如何使用行动机制来更好地理解模型的结果。这就是注意力机制的强大之处:它为原本不透明的神经网络提供了一定程度的可解释性。在这种情况下,也许需要用各种各样的起始标记/短语来获得更多类型的句子。

代码如下:

```
results(12)

Input:     <SOS> some animals are afraid of fire <EOS>
Target:    certains animaux craignent le feu <EOS>
Predicted: les animaux ont peur du feu <EOS> <EOS>
```

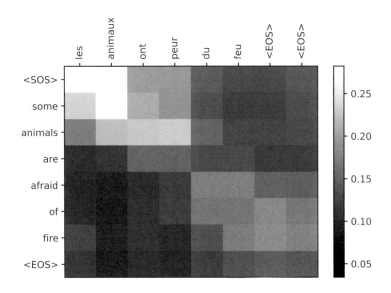

　　下一个译文显示了一个句子的翻译结果，我经常看到这个句子存在差异较大的不同版本的翻译。这里的译文是"quel temps fait il aujourd'hui"，将原目标句的前4个单词"comment est le temps"改成了"quel temps fait il aujourd'hui"。虽然与目标语不同，但结果仍然是一个相当正确的翻译。这既表明序列到序列遇到了一些非常难于学习和克服的坎，但是这也表明这种方法有能力克服这些问题，成功学习。这也正是评估机器翻译任务的平等性非常困难的原因。在这个例子中，注意力机制并不那么清晰，因为在该例子中，没有一个单词是表示"天气"的。

　　代码如下：

```
results(13)

Input:     <SOS> what is the weather like today <EOS>
Target:    comment est le temps aujourd'hui <EOS>
Predicted: quel temps fait il aujourd'hui <EOS> <EOS> <EOS>
```

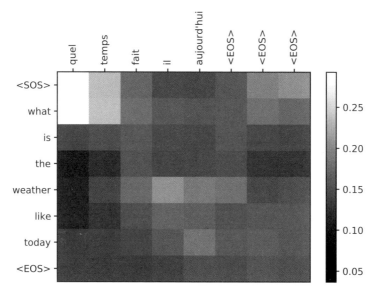

下一个例子显示了另一种合理的翻译，谷歌翻译为我返回了同样的结果。看起来模型可能替换了一些同义词或更改了一个性别词，但我需要懂法语才能确定。这也是我热爱机器学习的部分原因——我可以让计算机完成许多我自己无法完成的事情：

```
results(16)

Input:      <SOS> no one disagreed <EOS>
Target:     personne ne fut en désaccord <EOS>
Predicted:  personne n'exprima de désaccord <EOS>
```

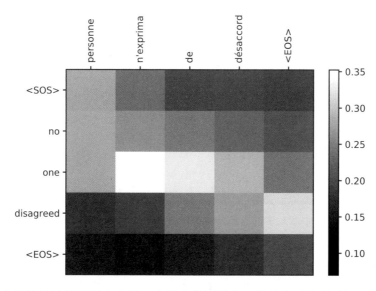

如果有足够的计算资源来实现一个更大的训练集，并且有更多的时间，就可以得到像本章开头图11.1中所示的翻译结果。这不仅显示了一个较长的句子从法语转换成英语的

过程，还显示了更精细的注意力机制的输出。哪一个单词正在被翻译就很明显了，可以看到模型根据语言的细微差别，正确地将"zone économique européenne"的顺序更改为"European Economic Area"。

虽然前面的代码仍然缺少一个用于最大化性能的主要技巧，但这不是一个简单实现。同样的方法已在现实世界的机器翻译系统中使用，直到2019年才被新方法取代。

11.5　练习

请尝试在本书的Manning出版社在线平台上分享和讨论你的解决方案(https://liveproject.manning.com/project/945)。提交完答案后，你便能够看到其他读者提交的解决方案，并看到作者评选的最佳方案。

1. 默认情况下，解码器使用h_T作为其初始隐藏状态。尝试将其更改为使用解码器输出的平均值，$\frac{1}{T}\sum_{t=1}^{T}h_t$。

2. 我们的序列到序列被硬编码为DotScore。请尝试在翻译任务中使用General-Score和新的GeneralScore初始化。你的评估结果是其中表现最好还是最差的？

3. **挑战**：为图像添加任务创建一个新数据集。输入随机数量的MNIST图像，输出值为表示数字总和的字符序列。因此，输入可能是数字6、1和9的图像序列，那么输出应该是字符串数字"16"。然后修改序列到序列模型，基于此问题训练并运行。**提示**：修改编码器和collate_fn。

4. 写出练习3中的任务具有挑战性的原因。网络需要学习哪些知识才能解决问题？试阐明有多少种不同的心智概念和任务可以用来解决这个问题，以及它们是如何通过网络的损失来明确或隐含地定义的。

5. 修改序列到序列模型，使用LSTM层而非GRU层。这需要对LSTM自身的上下文结果进行一些额外的跟踪。

6. 尝试训练不使用任何教师强制——只使用自回归法的模型。它们的表现如何？

11.6　小结

- 可以训练一种类似于去噪自动编码的序列到序列模型，来解决多对多映射问题。
- 机器翻译是一个多对多的问题，可以用序列到序列模型来实现并表现良好。
- 注意力得分可以作为模型的可解释输出，其支持更好地理解模型是如何做出决策的。
- 自回归法可以与教师强制相结合，以帮助模型更快更好地学习。

第*12*章

RNN 的网络设计替代方案

本章内容
- 克服RNN的局限性
- 使用位置编码为模型添加时间
- 使CNN适应基于序列的问题
- 将注意力扩展到多头注意力
- 了解transformer

循环神经网络，尤其是LSTM，用于分类和处理序列问题已有20多年的历史。虽然RNN长期以来一直是执行该任务的可靠工具，但其也有一些不良特性。首先，RNN非常慢，需要很长时间来训练，这意味着需要等待结果。其次，随着层数的增加(很难提高模型的准确率)或GPU的增加(很难使其训练速度更快)，RNN的扩展性也会变差。通过跳跃连接和残差层，我们已经了解了许多让全连接网络和卷积网络训练更多层次以获得更好结果的方法。但RNN似乎并不喜欢深度。你可以添加更多的层并跳跃连接，但它们并没有显示出与提高准确率具有相同程度的优势。

本章将探讨一些可以帮助解决其中一个或两个问题的方法。首先，通过违背我们的先验信念来解决RNN的缓慢问题。之所以使用RNN是因为知道数据是一个序列，但如果假装它不是一个正常的序列，这样就能训练得更快，但可能不那么准确。接下来将研究一种不同的方法来表示数据中的序列成分，以增强这些更快的替代方案，并恢复部分准确率。

最后将学习transformer，它的训练速度更慢，但随着深度和强大的计算设备的增加，其扩展速度会更快。基于transformer的模型正在迅速成为自然语言处理中许多任务的最高准确率解决方案的基础，并有可能成为从业人员生活中的重要组成部分。

12.1 TorchText：处理文本问题的工具

为了帮助测试RNN的许多替代方案的相对优缺点，首先需要一个数据集和一些基线结果。本章将简要介绍并使用`torchtext`包。与`torchvision`一样，它也是PyTorch的一个子项。`torchvision`专门针对基于视觉的问题提供额外工具，而`torchtext`则针对基于文本的问题提供额外工具。这里不会详细讨论它包含的所有特殊功能，只是要用它来轻松访问更复杂的数据集。

12.1.1　安装TorchText

首先要做的是快速确保安装了`torchtext`和可选的依赖项`sentencepiece`；否则，将无法实现所有想要的功能。通过Colab(或任何Jupyter notebook)运行时，以下代码会安装这两种软件：

```
# !conda install -c pytorch torchtext
# !conda install -c powerai sentencepiece
# !pip install  torchtext
# !pip install  sentencepiece
```

12.1.2　在TorchText中加载数据集

现在导入`torchtext`和相关的`datasets`包，并在其中加载AG News数据集。这个数据集有4个类，`torchtext`将提供实用程序，帮助快速做好训练准备。但首先需导入数据集包，获取数据集迭代器(这是`torchtext`常用的提供数据的方式)，并将训练数据和测试数据放入各自的列表中：

```
import torchtext
from torchtext.datasets import AG_NEWS

train_iter, test_iter = AG_NEWS(root='./data', split=('train', 'test'))
train_dataset = list(train_iter)
test_dataset = list(test_iter)
```

现在已经加载了AG News数据集，其中每个文档都有四个可能的主题类：世界、体育、商业和科技。下面的代码块将打印出该数据集的一个示例，string代表输入*x*对应的单词和类别*y*对应的标签。遗憾的是，`torchtext`违背了按数据/输入第一、标签(x, y)第二的顺序返回元组的正常方式，而是将顺序换成了(y, x)：

```
print(train_dataset[0])

(3, "Wall St. Bears Claw Back Into the Black (Reuters) Reuters - Shortsellers,
```

```
Wall Street's dwindling\\band of
ultra-cynics, are seeing green again. ")
```

因为nn.Embedding层只接收整数输入，所以需要将每个句子分解为一组离散的标记(即单词)，并建立一个词汇表(Σ)以便将每个单词映射为唯一的整数值。torchtext提供了一些工具，使这一工作变得非常轻松，并可与一些现有的Python工具配合使用。Python提供了Counter对象来计算不同标记的出现次数，而torchtext则提供了一个tokenizer和Vocab对象来划分字符串：

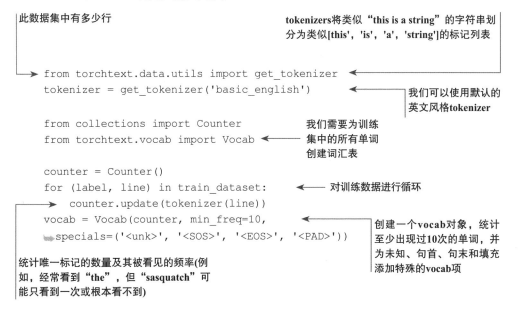

此数据集中有多少行

tokenizers将类似"**this is a string**"的字符串划分为类似['this', 'is', 'a', 'string']的标记列表

```
from torchtext.data.utils import get_tokenizer
tokenizer = get_tokenizer('basic_english')

from collections import Counter
from torchtext.vocab import Vocab

counter = Counter()
for (label, line) in train_dataset:
    counter.update(tokenizer(line))
vocab = Vocab(counter, min_freq=10,
    specials=('<unk>', '<SOS>', '<EOS>', '<PAD>'))
```

我们可以使用默认的英文风格tokenizer

我们需要为训练集中的所有单词创建词汇表

对训练数据进行循环

创建一个vocab对象，统计至少出现过10次的单词，并为未知、句首、句末和填充添加特殊的vocab项

统计唯一标记的数量及其被看见的频率(例如，经常看到"**the**"，但"**sasquatch**"可能只看到一次或根本看不到)

现在，我们还需要使用两个辅助函数来完成torchtext的特定设置。text_transform接收字符串，并根据词汇表Σ将其转换为整数列表。另一个更简单的项是label_transform，它可以确保标签格式正确(你可能需要在torchtext中对不同数据集进行更多更改)：

vocab就像一本字典，处理未知的标记。可以分别使用开始标记和结束标记使其前置和后置

```
def text_transform(x):
    return [vocab['<SOS>']] + [vocab[token]
    for token in tokenizer(x)] + [vocab['<EOS>']]

def label_transform(x):
    return x-1
print(text_transform(train_dataset[0][1]))
```

整数列表的字符串

标签最初是[1, 2, 3, 4]，但我们需要[0, 1, 2, 3]

将第一个数据点的文本转换为标记列表

```
[1, 434, 428, 4, 1608, 14841, 116, 69, 5, 851, 16, 30, 17, 30, 18, 0, 6, 434,
377, 19, 12, 0, 9, 0, 6, 45, 4012, 786, 328, 4, 2]
```

torchtext的具体细节现在基本上已经解决了；可以进行一些初步的PyTorch设置。
要注意词汇表中的标记数量和类的数量，并决定嵌入维度、批量大小和训练迭代周期的数
量。在下面的起始代码中，我为每项选择了一些任意值，还保存了表示填充标记"<PAD>"
的整数，因为需要使用它来批量处理数据集：

```
VOCAB_SIZE = len(vocab)
NUM_CLASS = len(np.unique([z[0] for z in train_dataset]))
print("Vocab: ", VOCAB_SIZE)
print("Num Classes: ", NUM_CLASS)

padding_idx = vocab["<PAD>"]

embed_dim = 128
B = 64
epochs = 15

Vocab: 20647
Num Classes: 4
```

我们还为PyTorch中的DataLoader类定义了用作collate_fn的函数。collate_
fn通常是实现填充的最佳位置，因为它允许精确地填充当前批量所需的最小数据量。它
也是一个方便的位置，可以颠倒标签和输入顺序，以符合期望的标准(input,label)模
式。这样，返回的批量就会像其他代码所期望的那样遵循(x, y)，并且可以重复使用到目前
为止所做的一切操作。

　　所有这些工作都是在pad_batch函数中完成的，该函数采用常规的填充方法。首先
确定批量中所有项的最长序列，并将其值存储在max_len变量中。然后，使用F.pad函数
将批量中的每个项向右进行填充。这样，所有项的长度都相同，就可以将它们叠加成一个
张量。注意，一定要使用padding_idx作为要填充的值：

该批量中最长的序列是什么?

```
def pad_batch(batch):
    """
    Pad items in the batch to the length of the longest item in the batch.
    Also, re-order so that the values are returned (input, label)
    """
                                                    获取并转换批量
                                                    中的每个标签
    labels = [label_transform(z[0]) for z in batch] ◄
    texts = [torch.tensor(text_transform(z[1]),     ◄  获取并标记每个文本,
    ⟿dtype=torch.int64) for z in batch]                 并将其放入张量中
    max_len = max([text.size(0) for text in texts])

    texts = [F.pad(text, (0,max_len-text.size(0)),  ◄  将每个文本张量按其
    ⟿value= padding_idx) for text in texts]            **max_len**值进行填充
```

```
          x, y = torch.stack(texts), torch.tensor(labels, dtype=torch.int64)
          return x, y
```

使x和y成为单个张量

现在，可以像以前多次做的那样构建DataLoader，以便为模型提供数据。得益于数据集抽象，我们不必知道torchtext如何实现其加载器的详细信息，通过设置collate_fn=pad_batch就能了解，还可以解决数据集在返回数据时可能遇到的任何问题。这时选择的collate_fn并不是要重写数据集，而只是按照我们预期的方式清理数据集的输出结果：

```
train_loader = DataLoader(train_dataset, batch_size=B, shuffle=True,
➥collate_fn=pad_batch)
test_loader = DataLoader(test_dataset, batch_size=B, collate_fn=pad_batch)
```

12.1.3　定义基线模型

现在已经准备好数据集collate函数和加载器，可以训练模型了。首先，建立一个基线RNN模型用于比较每个备选方案，给出一个判断利弊的晴雨表。接着使用基于门控递归单元(Gated Recurrent Unit，GRU)的RNN，该RNN有三个双向层能尽量提高准确率。之所以使用GRU，是因为它比LSTM更快，我们希望它能在运行时间比较中胜出。虽然可以探索不同的隐藏维度大小、学习率等指标，但这是我用于RNN的非常直接和标准的首次尝试。因此，这里选择使用损失函数，并调用方便的train_network：

```
gru = nn.Sequential(
  nn.Embedding(VOCAB_SIZE, embed_dim,           ←——  (B, T) -> (B, T, D)
  ➥padding_idx=padding_idx),

  nn.GRU(embed_dim, embed_dim, num_layers=3, ←—— (B, T, D) -> ((B, T, D),(S, B, D))
  ➥batch_first=True, bidirectional=True),
                                              │需要获取RNN输出，并将
                                              │其缩减为一项(B, 2*D)
  LastTimeStep(rnn_layers=3, bidirectional=True),←
  nn.Linear(embed_dim*2, NUM_CLASS),          ←——  (B, 2*D) -> (B, classes)

)
loss_func = nn.CrossEntropyLoss()
gru_results = train_network(gru, loss_func, train_loader,
➥val_loader=test_loader, score_funcs={'Accuracy': accuracy_score},
➥device=device, epochs=epochs)
```

第一次尝试的结果如下所示，似乎做得还不错，在最初的几个迭代周期后有一些过拟合，但准确率稳定在91.5%左右。在本章接下来的内容中，当我们开发出新的替代方案时，便会将它们绘制在同一张图上，以进行整体比较。例如，我们要考虑最大准确率、稳定的准确率，以及达到一定准确率所需的迭代周期数。

代码如下：

```
sns.lineplot(x='epoch', y='val Accuracy', data=gru_results, label='GRU')
```

[16]: <AxesSubplot:xlabel='epoch', ylabel='val Accuracy'>

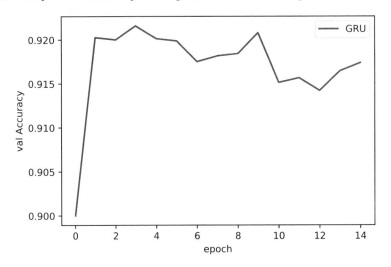

12.2　随时间平均嵌入

GRU基线已准备好与之进行比较，下面学习用于处理可变长度序列分类问题的第一种新方法。不需要对时间序列执行复杂的RNN操作，而只需对序列中的所有项求平均值。因此，如果有一个形状为(B, T, D)的输入，就可以沿着第二轴计算平均值，创建一个新的形状为(B, D)的张量。它的优点是：实现起来非常简单；速度快；消除了时间维度，允许在这种方法之后应用任何想要的方法(如残差连接)。图12.1展示了这种方法。

因为是在时间维度上求平均值，所以忽略了数据是有顺序的。另一种说法是，为了简化模型，忽略了数据的结构。我们可能希望这样做来加快训练和预测的速度，但这样做也可能适得其反，导致结果质量下降。

实现随时间平均的一种简单的方法是使用第8章学到的自适应池化。自适应池化的工作原理是获取所需的输出大小，并调整池化大小以强制输出达到所需的大小。Faster R-CNN使用自适应池化将任何输入缩小到7×7网格。相反，我们要稍加利用自适应池化的工作原理。如果输入的形状为(B, T, D)，并希望在最后两个维度上执行自适应池化，就要使用自适应二维池化。将池化的目标形状设为非对称形状(1, D)。输入在最后一个维度中的形状已经是D，因此最后一个维度不会被更改。时间维度缩小到1，迫使其随时间进行平均。由于采用了自适应池化，即使值T在不同批量之间发生变化，这段代码也能正常工作。可以在下面的代码中快速定义并尝试建立这个模型。

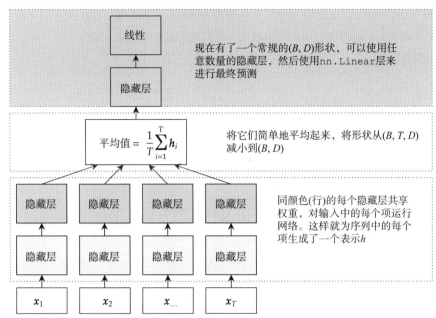

图12.1　随时间平均嵌入的示例。同一神经网络通过权重共享处理不同时间的*T*个输入。由于没有跨时间的连接，因此模型不知道它们之间存在顺序。时间维度可以通过简单地平均所有表示来解决，这样，一个常规的全连接网络就可以在之后运行，并产生输出

如前所述，这段代码依赖于以下事实：如果给PyTorch nn.Linear层一个形状为(*B*, *T*, *D*)的张量，该代码就会将线性层独立应用于所有*T*个不同的输入，从而在一次调用中有效地完成权重共享。调用显式目标形状为(1, *D*)的nn.AdaptiveAvgPool2d，将输入张量从(*B*, *T*, *D*)减小到(*B*, 1, *D*)。然后可以用一个隐藏层和一个nn.Linear层来预测类：

```
simpleEmbdAvg = nn.Sequential(                                    (B, T) -> (B, T, D)
    nn.Embedding(VOCAB_SIZE, embed_dim, padding_idx=padding_idx),
    nn.Linear(embed_dim, embed_dim),
    nn.LeakyReLU(),
    nn.Linear(embed_dim, embed_dim),
    nn.LeakyReLU(),
    nn.Linear(embed_dim, embed_dim),
    nn.LeakyReLU(),
    nn.AdaptiveAvgPool2d((1,embed_dim)),            (B, T, D) -> (B, 1, D)
    nn.Flatten(),                                   (B, 1, D) -> (B, D)
    nn.Linear(embed_dim, embed_dim),
    nn.LeakyReLU(),
    nn.BatchNorm1d(embed_dim),
    nn.Linear(embed_dim, NUM_CLASS)
)
simpleEmbdAvg_results = train_network(simpleEmbdAvg, loss_func, train_loader,
    val_loader=test_loader, score_funcs={'Accuracy': accuracy_score},
    device=device, epochs=epochs)
```

接下来的两行代码绘制了结果。从这两种方法的准确率来看，GRU的表现更好。如果多次运行该代码，就可能会发现平均嵌入方法有时会过拟合数据。因此，乍一看，这种方法并不值得采用：

```
sns.lineplot(x='epoch', y='val Accuracy', data=gru_results, label='GRU')
sns.lineplot(x='epoch', y='val Accuracy', data=simpleEmbdAvg_results,
➡label='Average Embedding')
```

[18]: <AxesSubplot:xlabel='epoch', ylabel='val Accuracy'>

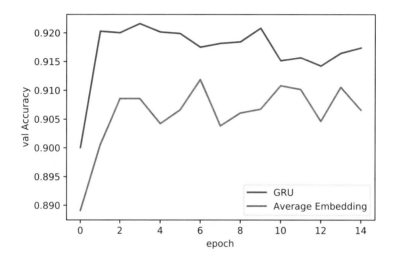

但应该自问一下，为什么平均嵌入会起作用。采用这种方法时，忽略了一些已知的数据事实：数据有先后顺序，而且顺序很重要。你不能只是重新排列句子中的单词，就能得到可理解的结果。

因为问题往往有作弊的解决方法，所以平均嵌入方法可以获得合理的准确率。例如，AG新闻的四个类别是世界、体育、商业和科技。因此，如果模型看到一个句子中有"NFL""touchdown"和"win"，那么不论这些单词出现的顺序如何，仅从这些词就可以猜出这是一篇体育类文章。同样，如果看到"banking"和"acquisition"这两个词，就大概率会认为这是一篇商业类文章，而无须了解句子的其他内容。

因为并不总是需要先验才能做得好，所以平均嵌入可以获得合理的准确率。当考虑训练模型所需的时间时，平均嵌入的潜在优势就显现出来了。以下代码重新创建了图形，但在x轴上增加了total_time。这清楚地表明，训练平均嵌入大约比GRU模型快三倍。如果有一个庞大的数据集，训练一个GRU可能需要花费一周时间，那么三倍的速度就变得非常有吸引力了：

```
sns.lineplot(x='total time', y='val Accuracy', data=gru_results, label='GRU')
sns.lineplot(x='total time', y='val Accuracy', data=simpleEmbdAvg_results,
➡label='Average Embedding')
```

[19]: <AxesSubplot:xlabel='total time', ylabel='val Accuracy'>

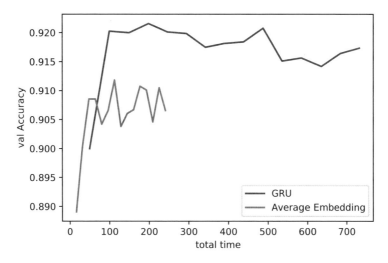

对嵌入进行平均处理，最终会违背"数据有顺序，顺序很重要"这一先验信念，从而换取更简单、更快速的模型。我经常建立这样的模型，原因很简单——在处理大量数据时，希望更快地获得一些初步结果。但这也是一项涉及更大任务的练习：学会辨别可接受模式是否违背了你的信念。

在这个特定的场景中，我们可以解释为什么违背我们信念(时间很重要)的模型能够起作用(单个单词信息量太大)。将来，你可能会发现像这样的更笨的模型表现得很好，而一个好的从业者不应该轻信好的结果。如果不能合理解释一个违背这一假设的模型会奏效的原因，就应该深入研究数据，直到能合理解释为止。应查看正确和错误的模型示例，并尝试找出模型是如何学习完成任务的。错误或正确的模型数据点是否具有明显的模式？输入数据中是否存在不应存在的内容？长度等无关紧要的数据是否与目标有惊人的相关性？

除了对模型的成功表示怀疑，我无法提前告知如何进行这个过程。把自己当成作弊者，试着找出作弊的方法。手动标记一些数据，看看你是否能想出不同的方法来获得答案，看看你的方法如何与模型的偏差相匹配。例如，如果你只需选择几个关键词就能给句子贴标签，那么单词的顺序就不像你想象的那么重要了。

在这个过程中，你可能会遇到信息泄漏(information leakage)的情况，即有关标签的信息错误或不真实地渗透到了训练数据中。发现这种情况是一件好事，这意味着你需要在继续开发模型之前修复信息泄漏，因为它会污染你试图构建的任何模型。根据我的经验，太过简单的建模会比我预期的好得多，但无一例外地都会发生信息泄漏。

信息泄漏是如何发生的？

在构建数据时，如果数据中存在与标签y高度相关的内容，但这种相关性并不是自然存在的，那么信息泄漏就会以无限可能的方式发生。相反，它是用于创建和组织数据的过程的产物，通常是由于数据准备过程中出现的错误造成的。人们经常不小心将标签y放在输入特征x中，模型很快就能学会利用这些特征！

接下来举个例子，这是我发表的关于建立恶意软件检测模型文章中的例子[a]。许多人使用从Microsoft Windows中干净安装的数据来表示良性或安全数据，然后从网上找寻一些恶意软件，并建立了一个分类器，其准确率似乎近乎完美。深入观察这些数据时，可发现微软发布的几乎所有内容都带有"微软公司版权所有"的字符串。这个字符串最终泄露了标签是"良性"的信息，因为它只出现在良性数据中，而从不出现在恶意软件数据中。但事实上，"微软公司版权所有"字符串与文件是否为恶意软件没有任何关系，因此这些模型无法正常作用于新数据。

信息泄漏也可能以愚蠢或微妙的方式发生。有一个虚构的故事(https://www.gwern. net/Tanks)，说的是在1960年到2000年之间的某个时候，军方想建立一个ML模型来检测图像中是否有坦克。故事是这样的(我第一次听说是这样的)，他们收集了大量的坦克图像和空地图像，然后训练了一个准确率非常高的网络。但每张坦克的图片中都有太阳，而非坦克的图片中没有太阳。该模型学会了检测太阳而不是坦克，因为太阳更容易识别。这种情况从未真正发生过，但这个故事却很有趣，它讲述了信息是如何以意想不到的方式泄露的。

a　E. Raff et al.，"An investigation of byte n-gram features for malware classification，"（J Comput Virol Hack Tech），vol. 14, pp. 1–20, 2018, https://doi.org/10.1007/s11416-016-0283-1.

关注时间加权平均值

虽然之前实现的代码可以正常工作，但略有些不正确。为什么呢？因为nn.AdaptiveAvg-Pool2d不知道填充的输入，这会导致嵌入值为0，从而让较短序列的幅度缩小。让我们来看看是怎么做的。为简单起见，假设只将标记嵌入一个维度中。因此，也许会有三个数据点，看起来像这样：

$$
\begin{aligned}
x_1 &= \quad 2 \quad 3 \quad 5 \\
x_2 &= \quad 4 \quad 2 \quad 4 \quad 6 \quad 1 \\
x_3 &= \quad 3 \quad 4 \quad 4 \quad 1
\end{aligned}
$$

当计算每个项的平均值时，希望结果为：

$$
\bar{x}_1 = \frac{2+3+5}{3} = 3.333\ldots
$$

$$
\bar{x}_2 = \frac{4+2+4+6+1}{5} = 3.4
$$

$$
\bar{x}_3 = \frac{3+4+4+1}{4} = 3
$$

但是，我们对批量中的所有内容都进行了填充，使其长度与该批量中最长的项相同！填充值均为零，因此计算结果变成了：

$$
\bar{x}_1 = \frac{2+3+5+0+0}{5} = 2
$$

$$
\bar{x}_2 = \frac{4+2+4+6+1}{5} = 3.4
$$

$$\overline{x}_3 = \frac{3+4+4+1+0}{5} = 2.4$$

这极大地改变了 $\overline{x}_1$ 和 $\overline{x}_3$ 的值！为了解决这个问题，需要用第11章中为注意力机制计算上下文向量的方法来实现平均。

但是，计算上下文向量为什么不应用注意力机制呢？注意力会学习所有输入单词的加权平均值，并根据所有可用信息来忽略某些单词。

若要尝试这种方法，可先实现一个新的嵌入模块，并根据哪些值被填充或未被填充计算出一个掩码。由于掩码的形状为 (B, T)，因此可以通过计算第二个时间维度上的总和来了解每批数据中有多少个有效项。然后，就可以对一段时间内的所有项求和，除以适当的值，得到上下文向量，并将其传递给先前定义的注意力机制。

下面的代码实现了一个 EmbeddingAttentionBad 类，该类负责将每个输入标记放入嵌入层，运行一些隐藏层(在时间上共享权重)，然后应用第10章中的一个注意力机制来计算加权平均结果。它需要了解参数：vocab_size 和嵌入维度D，其可选的 embd_layers 用于改变隐藏层的数量，padding_idx 用于告诉它使用哪些值来表示填充：

```
class EmbeddingAttentionBag(nn.Module):

    def __init__(self, vocab_size, D, embd_layers=3, padding_idx=None):
        super(EmbeddingAttentionBag, self).__init__()
        self.padding_idx = padding_idx
        self.embd = nn.Embedding(vocab_size, D, padding_idx=padding_idx)
        if isinstance(embd_layers, int):
            self.embd_layers = nn.Sequential(          ←—— (B, T, D) -> (B, T, D)
                *[nn.Sequential(nn.Linear(embed_dim, embed_dim),
                nn.LeakyReLU()) for _ in range(embd_layers)]
            )
        else:                                           第10章中定义的函数
            self.embd_layers = embd_layers
        self.attn = AttentionAvg(AdditiveAttentionScore(D)) ←

    def forward(self, input):
        """
        input: (B, T) shape, dtype=int64
        output: (B, D) shape, dtype=float32
        """
        if self.padding_idx is not None:                       所有项均为True。
            mask = input != self.padding_idx                   掩码是形状(B, T)
        else:
            mask = input == input          ←
        x = self.embd(input)                 ←—— (B, T, D)
        x = self.embd_layers(x)              ←—— (B, T, D)        一段时间内的平均值
                                                                 (B, T, D) ->(B, D)
        context = x.sum(dim=1)/(mask.sum(dim=1).unsqueeze(1)+1e-5) ←
        return self.attn(x, context, mask=mask)
```

如果想进行正常平均，可以立即返回上下文变量((B, T, D), (B, D)) -> (B, D)

有了这个新模块，就可以在下面的代码块中构建一个简单的新网络。其开头是计算嵌入的EmbeddingAttentionBag、随时间共享的隐藏层和注意力，然后通过一个隐藏层和nn.Linear层生成预测：

```
attnEmbd = nn.Sequential(                    ←——— 现在可以定义一个简单的模型了！
    EmbeddingAttentionBag(VOCAB_SIZE, embed_dim,
    ↪padding_idx=padding_idx),                ←——— (B, T) -> (B, D)
    nn.Linear(embed_dim, embed_dim),
    nn.LeakyReLU(),
    nn.BatchNorm1d(embed_dim),
    nn.Linear(embed_dim, NUM_CLASS)
)
attnEmbd_results = train_network(attnEmbd, loss_func, train_loader,
↪val_loader=test_loader, score_funcs={'Accuracy': accuracy_score},
↪device=device, epochs=epochs)
```

接下来可以绘制结果。基于注意力的嵌入需要更长的训练时间，但仍比RNN快2倍以上。这是有道理的，因为注意力网络进行了更多的操作。从中还可以看到，注意力提高了模型的准确率，与GRU非常接近。由于注意力嵌入的准确率随着更新次数的增加而急剧下降，因此它受到了更多过拟合的影响：

```
sns.lineplot(x='total time', y='val Accuracy', data=gru_results, label='GRU')
sns.lineplot(x='total time', y='val Accuracy', data=simpleEmbdAvg_results,
↪label='Average Embedding')
sns.lineplot(x='total time', y='val Accuracy', data=attnEmbd_results,
↪label='Attention Embedding')
```

[22]: <AxesSubplot:xlabel='total time', ylabel='val Accuracy'>

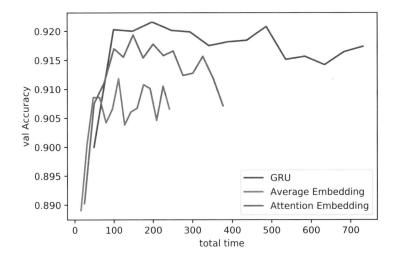

注意力嵌入的最大问题仍然在于它缺乏对句子中词语顺序的感知。这是由于模型中缺失了时间部分。为了进一步强调这一点，可以用另一种方法来看待这个问题。假设输入句

子为"the red fox chased the blue dog"，模型将每个单词嵌入到其向量表示中，最终对嵌入进行某种平均(加权或不加权，取决于你是否使用了注意力)。可以来看看当嵌入维度为 $D=1$ 且维度的值设为整数时，这个句子是如何工作的。这相当于提供了以下设置：

$$\frac{\underset{1}{\text{the}}+\underset{2}{\text{red}}+\underset{3}{\text{fox}}+\underset{4}{\text{chased}}+\underset{1}{\text{the}}+\underset{5}{\text{blue}}+\underset{6}{\text{dog}}}{7} \approx 3.14$$

这个公式显示的是一个未加权的平均值，但是如果把它变成一个加权平均值，就只会改变最后的结果——不理解数据具有顺序性这一根本缺陷仍然存在。因此，举例来说，如果把句子中的"fox"和"dog"换一下，意义就会改变，但嵌入方法将返回相同的结果。下式说明了网络如何无法检测到意义的细微变化：

$$\frac{\underset{1}{\text{the}}+\underset{2}{\text{red}}+\underset{6}{\textbf{dog}}+\underset{4}{\text{chased}}+\underset{1}{\text{the}}+\underset{5}{\text{blue}}+\underset{3}{\textbf{fox}}}{7} \approx 3.14$$

如果数据的噪声非常大，那么这可能就是一个特殊的问题。下一个例子将随机重新排列句子中的所有单词，这意味着这句话的意思改变了，但模型仍然坚持认为没有任何变化。所有这些示例都等同于基于嵌入的模型：

$$\frac{\underset{1}{\text{the}}+\underset{4}{\text{chased}}+\underset{1}{\text{the}}+\underset{5}{\text{blue}}+\underset{2}{\text{red}}+\underset{6}{\text{dog}}+\underset{3}{\text{fox}}}{7} \approx 3.14$$

序列顺序对于解决问题越重要，当前的向量平均方法就越难做出正确的分类。这也同样适用于基于注意力的网络，因为它不知道顺序。每个单词 h_i 都会根据上下文 $\bar{h}$ 被赋予一个权重 α_i，因此它看不到缺少的信息！这就使得平均法非常适合处理复杂问题。想想看，在句子中使用"not""isn't"或"didn't"等否定语言的任何情况。对于否定句而言，语言顺序至关重要。这些都是你应该考虑的问题，也是通过使用嵌入方法加快训练时间的代价。

注意：既然我说的是缺点，那么值得注意的是，基于注意力的嵌入非常接近GRU的准确率。这意味着什么？如果在一个数据集上看到这些结果，我会有两个初步假设：(1)对于当前的问题来说，数据的顺序并不像我想象的那么重要，或者(2)我需要一个更大的RNN，拥有更多的层或更多的隐藏神经元，以捕获数据顺序中存在的复杂信息。我会首先通过训练一个更大的模型来研究假设2，因为这只会花费计算时间。研究假设1则需要我个人花时间去挖掘数据，而我通常更看重自己的时间而非计算机的时间。如果有办法通过运行新模型来回答这个问题，我更愿意这样做。

12.3　随时间池化和一维CNN

既然已经发现缺少序列顺序信息是获得更好结果的严重瓶颈，那么不妨尝试使用一种不同的策略，保留部分时间信息而非全部时间信息。我们已经了解并使用了卷积，其中包括一个空间先验：相互靠近的事物很可能是相关的。这捕获了以前的嵌入方法所缺乏的许多序列排序。RNN和一维卷积在具有类似形状的张量上运行，如图12.2所示。

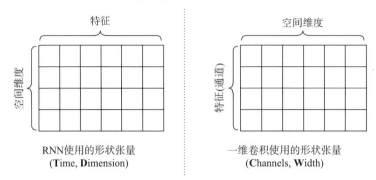

图12.2　示例显示了RNN(左)和一维卷积(右)使用的张量形状，不含第一批维度。在每种情况下，都有一个张量轴表示空间(T与W)，另一个轴表示某个位置的特征(D与C)

这表明一维卷积和RNN形状相同，但每个轴的含义略有不同。RNN的空间维度位于时间轴T的索引1处。一维卷积的空间维度在输入数据宽度(类似于图像的宽度！)的索引2处。对于空间先验，RNN认为所有项的确切顺序都很重要。相反，卷积则认为只有附近的项才是相关的。RNN和CNN都编码序列中特定项的特征信息，只是对这些数据给出了不同的解释。

一维卷积对时间和顺序的感知弱于RNN，但有总比没有好。例如，否定词通常出现在要否定的词之前，因此一维CNN可以捕捉到简单的空间关系。如果重新排列张量，使空间维度与卷积所期望的一致，就可以使用一维CNN捕捉到一些关于时间的信息，并将其用作分类器。图12.3显示，可以通过排列张量的轴来进行这种重新排列。

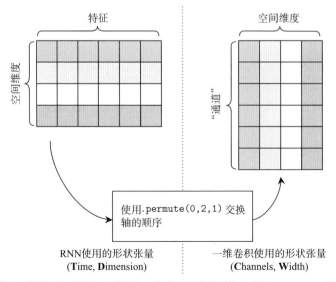

图12.3　将RNN的张量形状转换为适用于一维卷积的张量形状。使用.permute函数交换第二轴和第三轴(仅保留批处理轴)。这就将空间维度移到一维卷积所期望的位置

可以在单词上使用一维卷积，而不是在图像上使用二维卷积。nn.Conv1d层将数据视为(B, C, W)，其中B仍然是批量大小，C是通道数，W是输入的宽度(或字数)。嵌入层的结果是(B, T, D)，其中T是序列的长度。如果将输出重新排序为(B, D, T)，它将符合一维卷积的一般预期。可以使用这个技巧将任何需要使用RNN的问题变成可使用卷积网络的问题。

但仍有一个问题。在我们使用的所有CNN中，输入的大小都是固定的：例如，MNIST始终是一幅28×28的图像。但对于我们的问题来说，序列长度T是可变的！同样，可以使用自适应池化来帮助解决这种情况。

经过一轮一维卷积、激活函数和常规池化后，张量的最终形状将变为(B, D', T')，其中D'和T'分别表示通道的数量(D')和序列的长度(T')可能被卷积和常规池化所改变。如果仅在最后一个维度上使用自适应池化，就可以将形状缩小为$(B, D', 1)$，无论原始输入有多长，其大小都是一样的。如果使用自适应最大池化，就会选择每个通道的最大激活值，将其作为该通道的表示，来处理最终分类问题。这意味着可以在之后改用线性层，然后执行想要解决的分类问题，因为从这一点开始，形状将保持一致！下面的代码将所有这些操作组合在一起，定义了一个用于对序列进行分类的一维CNN：

```
def cnnLayer(in_size, out_size):          # 我偷懒了；应该把k_size 也作为一个参数
    return nn.Sequential(
        nn.Conv1d(in_size, out_size, kernel_size=k_size, padding=k_size//2),
        nn.LeakyReLU(),
        nn.BatchNorm1d(out_size))


k_size = 3
cnnOverTime = nn.Sequential(
    nn.Embedding(VOCAB_SIZE, embed_dim,
        padding_idx=padding_idx),          # (B, T) -> (B, T, D)
    LambdaLayer(lambda x : x.permute(0,2,1)),   # (B, T, D) -> (B, D, T)
    cnnLayer(embed_dim, embed_dim),        # 假设D是数据的新解释中的通道数
    cnnLayer(embed_dim, embed_dim),


    nn.AvgPool1d(2),                       # (B, D, T) -> (B, D, T/2)

    cnnLayer(embed_dim, embed_dim*2),
    cnnLayer(embed_dim*2, embed_dim*2),


    nn.AvgPool1d(2),                       # (B, 2*D, T/2) -> (B, 2*D, T/4)


    cnnLayer(embed_dim*2, embed_dim*4),
    cnnLayer(embed_dim*4, embed_dim*4),    # 现在已完成了几轮池化和卷积，将张量形状减小到固定长度。(B, 4*D, T/4) -> (B, 4*D, 1)

    nn.AdaptiveMaxPool1d(1),
```

```
    nn.Flatten(),                    ←────── (B, 4*D, 1) -> (B, 4*D)
    nn.Linear(4*embed_dim, embed_dim),
    nn.LeakyReLU(),
    nn.BatchNorm1d(embed_dim),
    nn.Linear(embed_dim, NUM_CLASS)
)
cnn_results = train_network(cnnOverTime, loss_func, train_loader,
➡val_loader=test_loader, score_funcs={'Accuracy': accuracy_score},
➡device=device, epochs=epochs)
```

注意：通常可以根据个人偏好选择最大或平均池化。在这种情况下，有充分的理由选择nn.AdaptiveMaxPool1d而非nn.AdaptiveAvgPool1d：批量中并非所有项的长度都相同，收到填充的批量项将返回一个零值向量。这意味着发生填充的激活可能会有较小的值，因此不会被最大池化操作选择。这有助于架构正常工作，即使忽略了具有不同长度的不同输入。这是一个棘手的解决方法，因此不必过多考虑填充。

刚刚编码的策略是将RNN的顺序问题转换为一维卷积，其在分类任务中非常流行，不但提供了大量空间信息，还能加快训练速度。下面的代码绘制了结果：

```
sns.lineplot(x='total time', y='val Accuracy', data=gru_results, label='GRU')
sns.lineplot(x='total time', y='val Accuracy', data=simpleEmbdAvg_results,
➡label='Average Embedding')
sns.lineplot(x='total time', y='val Accuracy', data=attnEmbd_results,
➡label='Attention Embedding')
sns.lineplot(x='total time', y='val Accuracy', data=cnn_results,
➡label='CNN Adaptive Pooling')
```

```
[24]: <AxesSubplot:xlabel='total time', ylabel='val Accuracy'>
```

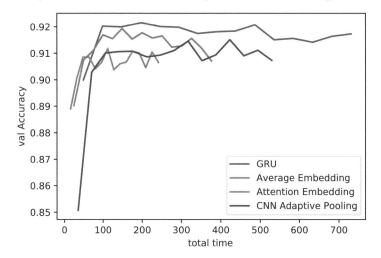

在使用自适应池化运行CNN后，一些结果显示了各种利弊。积极的一面是，CNN似乎没有过拟合，这意味着如果训练更多的迭代周期，它的性能可能会有更大的提高。这也

意味着CNN的最终准确率要优于平均嵌入。

我们的CNN现在还处于初级阶段。与之前用更多层、残差连接和其他技巧改进二维CNN一样，在此也可以重新实现这些方法(如残差连接)，以获得更好的结果。这让其比RNN更具优势，因为RNN在添加了我们所学到的各种功能后，性能往往不会有太大的改进。

但更消极的一面是，在该数据集上，CNN的峰值准确率不如平均嵌入法。我们已经知道，数据的空间性质并不重要，因为原始嵌入法已经做得很好。空间信息对问题越重要，我们就越希望这种CNN方法比嵌入方法表现得更好。不过训练这两种模型可以为你提供一些初步信息，让你了解数据中顺序的重要性。

12.4　位置嵌入为任何模型添加序列信息

RNN可以捕获输入数据的所有顺序性，现在可以看到，CNN能捕获顺序性的某些子集。我们的嵌入速度很快，而且可能非常准确，但由于缺少这种顺序信息，因此经常会过拟合数据。这很难解决，因为顺序信息来自模型设计(即使用RNN或CNN层)。

但是，如果有一种方法可以将顺序信息嵌入到嵌入中，而不是依赖架构来捕捉顺序信息呢？如果嵌入本身包含了有关其相对顺序的信息，就能改进算法的结果吗？这就是最近一种名为位置编码的技术背后的思想。

图12.4展示了这一过程是如何进行的。我们将位置t(例如，第1、第2、第3等)表示为

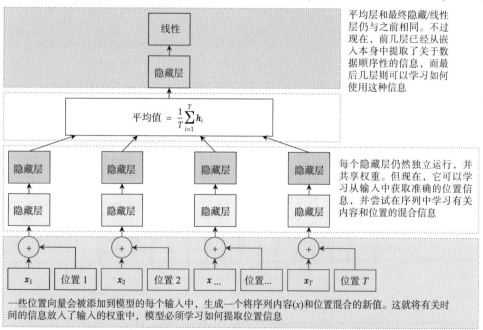

平均层和最终隐藏/线性层仍与之前相同。不过现在，前几层已经从嵌入本身中提取了关于数据顺序性的信息，而最后几层则可以学习如何使用这种信息

每个隐藏层仍然独立运行，并共享权重。但现在，它可以学习从输入中获取准确的位置信息，并尝试在序列中学习有关内容和位置的混合信息

一些位置向量会被添加到模型的每个输入中，生成一个将序列内容(x)和位置混合的新值。这就将有关时间的信息放入了输入的权重中，模型必须学习如何提取位置信息

图12.4　已启用的平均嵌入法，使用位置嵌入进行了增强。除了输入，向量值还编码了更大序列中的位置信息。这些信息将被添加到表示输入的向量中，形成内容和序列信息的混合

向量。然后将这些向量添加到输入中，这样输入就包含了它们本身以及关于每个项在输入中的位置信息。这会将顺序信息编码到网络的输入中，现在网络要学习如何提取和使用关于时间的信息。

最大的问题是，如何创建这种神话般的编码？这是一种略微数学化的方法，但并不复杂。需要定义一些符号，以便讨论：用$h_i \in \mathbb{R}^D$表示输入标记x_i后的嵌入(来自nn.Embedding)。然后，就有了一个嵌入序列$h_1, h_2, ..., h_t, ..., h_T$。我们需要一个位置向量$P(t)$，其可被添加到嵌入中以创建一个改进的嵌入$\tilde{h}_t$，其中包含原始内容$h_t$的信息及其在输入中作为第$t$项的位置，如下所示：

位置处于序列中第t项的数据是通过获取原始数据
并添加表示数字/位置t的新向量来创建的。

$$\tilde{h}_t = \quad h_t \quad +P(t)$$

然后，可以用$\tilde{h}_1, \tilde{h}_2, ..., \tilde{h}_t, ..., \tilde{h}_T$作为网络其余部分的输入，我们知道，序列性质已被放置在嵌入中！事实证明，可以用一种异常简单的方法来做到这一点：使用sin和cos函数为$P(t)$定义一个函数，并使用sin函数和cos函数的输入来表示向量t的位置。为了详细说明其工作原理，接下来描绘一下sin(t)的样子：

```
position = np.arange(0, 100)
sns.lineplot(x=position, y=np.sin(position), label="sin(position) ")
```

[25]: <AxesSubplot:>

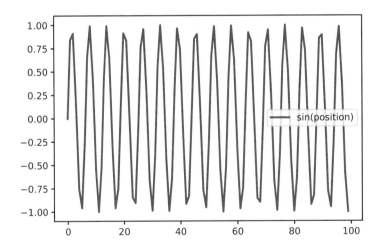

sin函数上下振荡。如果已经计算了sin(t)=y，那么知道了y就可以知道输入t可能是多少！因为对于所有整数c都有sin($\pi \cdot c$)=0，所以可以判断输入是否是序列顺序中π的某个倍数($\pi \approx$第3项、$2\pi \approx$第6项或$2\pi \approx$第9项等)。如果$y=0$，就有可能是$t=3\approx\pi$或$t=6\approx 2\cdot\pi$，但

无法判断输入处于这些特定位置中的哪一个，只知道所处的位置大约是π≈3.14的倍数！在这个例子中，有100个可能的位置，因此用这种方法可以知道输入处于≈32个可能位置中的某个位置。

可以通过添加第二个sin调用来改善这种情况，但其频率分量为f。因此，在$f = 1$(我们已经绘制过的)和$f = 10$的情况下计算$\sin(t/f)$：

```
position = np.arange(0, 100)
sns.lineplot(x=position, y=np.sin(position), label="sin(position)")
sns.lineplot(x=position, y=np.sin(position/10), label="sin(position/10)")
```

[26]: <AxesSubplot:>

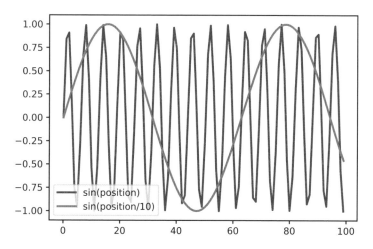

有了两个f值，就可以唯一确定某些位置。如果$\sin(t)=0$且$\sin(t/100)=0$，那么只可能处于四个位置，即$t=0, 31, 68, 94$，这是两种情况都(近似)成立的唯一四个位置。如果$\sin(t)=0$但$\sin(t/10)\neq0$，那么便知道0、31、68和94不是选项。此外，sin函数的不同值也能说明位置。如果$\sin(t/10)=-1$，则一定在位置48，因为在最长时间$T=100$的情况下，这是输出为-1的唯一选项。

这表明，如果在计算中不断添加频率f，就可以开始从值的组合中推理出我们在输入序列中的确切位置。我们定义了位置编码函数$P(t)$，该函数通过在不同频率f_1, f_2, $...,f_{D/2}$处创建sin和cos值，从而返回一个D维向量。因为对每个频率都使用sin和cos值，所以只需要$D/2$频率。

$$P(t) = \begin{bmatrix} \sin\left(\dfrac{t}{f_1}\right) \\[2ex] \cos\left(\dfrac{t}{f_1}\right) \\[2ex] \sin\left(\dfrac{t}{f_2}\right) \\[2ex] \cos\left(\dfrac{t}{f_2}\right) \\[1ex] \vdots \\[1ex] \sin\left(\dfrac{t}{f_{\frac{D}{2}}}\right) \\[2ex] \cos\left(\dfrac{t}{f_{\frac{D}{2}}}\right) \end{bmatrix}$$

这就为我们提供了编码向量的表示。但我们如何定义 f_k 呢？最初提出这一建议的论文[1]建议使用了以下公式：

$$f_k = 10000^{\frac{2 \cdot k}{D}}$$

下面来看一个简单的例子。为简单起见，使用 $D=6$ 维，并只绘制 sin 分量，这样绘图就不会太稠密：

```
dimensions = 6
position = np.expand_dims(np.arange(0, 100), 1)
div = np.exp(np.arange(0, dimensions*2, 2) *
    (-math.log(10000.0) / (dimensions*2)))        ← 以数值稳定的方式计算频率 f
for i in range(dimensions):
    sns.lineplot(x=position[:,0], y=np.sin(position*div)[:,i],
    label="Dim-"+str(i))
```

1　A. Vaswani et al.,"Attention is all you need," *Advances in Neural Information Processing Systems*, vol. 30, pp. 5998–6008, 2017.

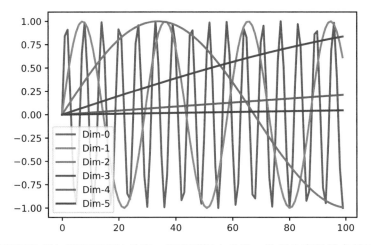

随着我们开始增加频率更高的维度，识别时间中的唯一位置也变得越来越容易。在图中的x轴上任意选取一个位置，就能确定所有六个维度值的唯一一组合，而这些值不会被x轴上的任何其他位置共享。这是网络从数据中提取有关位置信息的方法。

这种特定形式的位置编码还具有一些很好的数学特性，使神经网络更容易学习。例如，单个线性层可以学习以固定量移动位置编码(即向左或向右移动t个单位)，从而帮助网络学习在时间分量上执行逻辑。

12.4.1　实现位置编码模块

我们将在这种方法的基础上增加两个在实践中很有帮助的操作。首先，不希望对内容(原始嵌入h_t)和位置$P(t)$赋予相等的权重。因此，使用下式来加权内容相对于位置的重要性：

位置位于序列中第 t 项的数据，是通过获取原始数据(但要按比例放大以确保焦点集中在数据上)并添加一个表示位置 t 的新矢量来创建的。

$$\tilde{h}_t = \quad h_t \cdot \sqrt{D} \quad +P(t)$$

其次，我们会在生成的向量中加入信息丢失，因此不会学习过拟合位置编码$P(t)$的固定值。接下来定义一个新的PyTorch模块，应用这种位置编码。当前的实现需要事先知道最大序列长度T，然后使用构造函数中的max_len参数。我从位于http://mng.bz/B1Wl[1]的PyTorch示例中借用了位置编码的代码，并稍作改动：

```
class PositionalEncoding(nn.Module):
    def __init__(self, d_model, dropout=0.1, max_len=5000, batch_first=False):
        super(PositionalEncoding, self).__init__()
        self.dropout = nn.Dropout(p=dropout)
```

1　该代码具有BDS-3许可证；请查看本书的回购协议，以获取包含的许可证。

```
        self.d_model = d_model

        pe = torch.zeros(max_len, d_model)
        position = torch.arange(0, max_len, dtype=torch.float).unsqueeze(1)
        div_term = torch.exp(torch.arange(0, d_model, 2).float() *
            (-math.log(10000.0) / d_model))
        pe[:, 0::2] = torch.sin(position * div_term)
        pe[:, 1::2] = torch.cos(position * div_term)
        pe = pe.unsqueeze(0).transpose(0, 1)
        self.register_buffer('pe', pe)
        self.batch_first = batch_first

    def forward(self, x):
        if self.batch_first:
            x = x.permute(1, 0, 2)
        x = x *np.sqrt(self.d_model) + self.pe[:x.size(0), :]
        x = self.dropout(x)

        if self.batch_first:
            x = x.permute(1, 0, 2)
        return x
```

这样做，在调用.to(device)时，这个数组就会向它移动 ← self.register_buffer('pe', pe)

这段代码适用于(*T*, *B*, *D*)数据，因此如果输入是(*B*, *T*, *D*)，需要重新排序 ← if self.batch_first:

混合输入信息和位置信息 ← x = x *np.sqrt(self.d_model) + self.pe[:x.size(0), :]

正则化以避免过拟合 ← x = self.dropout(x)

返回到(*B*, *T*, *D*)形状 ← if self.batch_first:

12.4.2　定义位置编码模型

有了新的位置编码，就可以在nn.Embedding层之后直接插入PositionalEncoding(位置编码)类，从而重新定义之前的简单平均方法。它不会以任何方式影响张量的形状，因此其他一切参数都可以保持不变。它只是使用新位置编码*P*(*t*)改变了张量中的值：

```
simplePosEmbdAvg = nn.Sequential(                         (B, T) -> (B, T, D)
    nn.Embedding(VOCAB_SIZE, embed_dim, padding_idx=padding_idx),
    PositionalEncoding(embed_dim, batch_first=True),
    nn.Linear(embed_dim, embed_dim),
    nn.LeakyReLU(),
    nn.Linear(embed_dim, embed_dim),
    nn.LeakyReLU(),
    nn.Linear(embed_dim, embed_dim),
    nn.LeakyReLU(),
    nn.AdaptiveAvgPool2d((1,None)),          ←——  (B, T, D) -> (B, 1, D)
    nn.Flatten(),                            ←——  (B, 1, D) -> (B, D)
    nn.Linear(embed_dim, embed_dim),
    nn.LeakyReLU(),
    nn.BatchNorm1d(embed_dim),
    nn.Linear(embed_dim, NUM_CLASS)
)
```

调整基于注意力的嵌入也很简单。在定义EmbeddingAttentionBag时，我们添加了可选参数embd_layers。如果embd_layers是一个PyTorch模块，它就会使用该网络在一批(B,T,D)项上运行隐藏层。我们自己定义了这个模块，它将从PositionalEn-coding模块开始，因为embd_layers的输入已经被嵌入了。这在以下代码中分两部分完成。首先将embd_layers定义为位置编码，然后是三轮隐藏层，进而将attnPosEmbd定义为具有位置编码的基于注意力的网络。接下来可以训练这两个新的位置平均网络，并将它们与原始的平均和基于注意力的网络进行比较。如果准确率有所提高，就知道信息顺序确实很重要：

```
embd_layers = nn.Sequential(            ←——— (B, T, D) -> (B, T, D)
    *([PositionalEncoding(embed_dim, batch_first=True)]+
      [nn.Sequential(nn.Linear(embed_dim, embed_dim), nn.LeakyReLU())
      ➡for _ in range(3)])
)

attnPosEmbd = nn.Sequential(
    EmbeddingAttentionBag(VOCAB_SIZE, embed_dim,
    ➡padding_idx=padding_idx,
    ➡embd_layers=embd_layers),           ←——— (B, T) -> (B, D)
    nn.Linear(embed_dim, embed_dim),
    nn.LeakyReLU(),
    nn.BatchNorm1d(embed_dim),
    nn.Linear(cmbed_dim, NUM_CLASS)
)

posEmbdAvg_results = train_network(simplePosEmbdAvg, loss_func,
➡train_loader, val_loader=test_loader, score_funcs={'Accuracy':
➡accuracy_score}, device=device, epochs=epochs)
attnPosEmbd_results = train_network(attnPosEmbd, loss_func, train_loader,
➡val_loader=test_loader, score_funcs={'Accuracy': accuracy_score},
➡device=device, epochs=epochs)
```

1. 位置编码结果

下面的代码绘制了所有嵌入模型的结果，包括使用位置编码和不使用位置编码的结果。位置嵌入效果显著，准确率全面提高，而且准确率的下降幅度较小，这表明过拟合现象有所减少。它对训练时间的影响也很小，模型的训练时间只比原始模型多了几秒钟：

```
sns.lineplot(x='total time', y='val Accuracy', data=simpleEmbdAvg_results,
➡label='Average Embedding')
sns.lineplot(x='total time', y='val Accuracy', data=posEmbdAvg_results,
➡label='Average Positional Embedding')
sns.lineplot(x='total time', y='val Accuracy', data=attnEmbd_results,
➡label='Attention Embedding')
sns.lineplot(x='total time', y='val Accuracy', data=attnPosEmbd_results,
➡label='Attention Positional Embedding')
```

```
[31]: <AxesSubplot:xlabel='total time', ylabel='val Accuracy'>
```

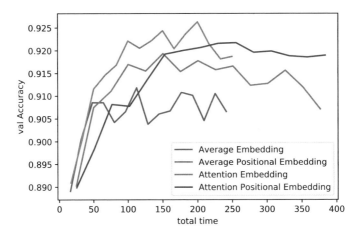

这些结果证明，关于序列顺序有助于防止过拟合的假设也是正确的，尤其适用于基于注意力的方法。使用位置编码的两个网络仍有波动，但随着训练迭代周期的增加，准确率不会下降得那么快。这说明可以使用一种完全不同的方法将序列信息编码到模型中。

基于注意力的嵌入无疑是一个更好的想法：将其与之前的GRU结果进行比较。通过使用这种组合，它开始在准确率上与基于GRU的RNN相媲美，甚至更胜一筹，而且训练速度是后者的两倍多！这是一个相当不错的组合。代码如下：

```
sns.lineplot(x='total time', y='val Accuracy', data=gru_results, label='GRU')
sns.lineplot(x='total time', y='val Accuracy', data=attnEmbd_results,
➥label='Attention Embedding')
sns.lineplot(x='total time', y='val Accuracy', data=attnPosEmbd_results,
➥label='Attention Positional Embedding')
```

[32]: <AxesSubplot:xlabel='total time', ylabel='val Accuracy'>

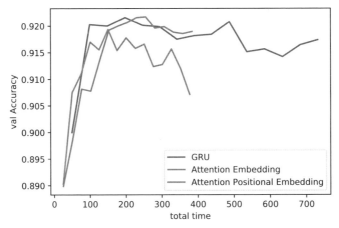

这给我们的启示是，位置编码是将序列信息编码到网络中的一种廉价、快速、有效的方法。令人惊讶的是，位置编码并不是单独发明的，而是与12.5节的主题——transformer——结合在一起的。因此，在当前大多数的深度学习应用中，你都不会在transformer之外看到位

置编码的使用，但我发现它们在transformer之外也有广泛的用途，它是一种快速简便的方法，可以为模型赋予时间/有序数据的概念。

12.5　Transformer：大数据的大模型

下面学习最后一种RNN替代方案：transformer架构。它由两个主要子组件构成：位置编码(刚刚学习过)和多头注意力。transformer是最近才发展起来的，其一些优点使之变得非常流行。不过，transformer往往最适合处理具有大量数据(根据我的经验，至少50GB)和大量计算(需要4个以上GPU)的大问题，因此本章无法显现其全部优势。尽管如此，学习transformer仍然十分重要，它是当前深度学习领域一些重大进展的基础。用于机器翻译、问题解答、小样本学习和数十项NLP任务的最新和最棒的模型都是用不同类型的transformer构建的。本节的目标是帮助你了解标准的、原始的、没有特殊添加的vanilla transformer。本章结束后，我建议阅读Jay Alammar的博文"The Illustrated Transformer"(http://jalammar.github.io/illustrated-transformer/)以深入了解transformer的详细内容。

12.5.1　多头注意力

要了解transformer的工作原理，需要先了解多头注意力(Multiheaded Attention，MHA)，它是我们在第10章中学习到的注意力机制的延伸。与常规注意力一样，MHA涉及使用softmax函数和nn.Linear层来学习选择性忽略或关注输入的不同部分。我们最初的注意力机制只有一个上下文，因此只能寻找一种模式。但是如果你想同时寻找多种不同的模式(例如在一个肯定语句"good"之前加上一个否定词"not")，该怎么办呢？这就是多头注意力的用武之地。多头注意力的每个"头部"都可以学习寻找不同类型的模式，这与卷积层中的每个滤波器都可以学习寻找不同模式的原理类似。MHA运作的高级策略如图12.5所示。

直观地看，你可以认为MHA在回答关于键-值对字典的问题或查询。由于这是一个神经网络，因此键和值都是向量。因为每个键都有自己的值，所以键张量K和值张量V的项数T必须相同。因此，对于D个特征，两者的形状都是(T, D)。

按照这种高级类比，你可以对键-值字典提出任意多或任意少的问题。查询列表Q是自己的张量，长度为不同的T'。

MHA的输出对每个查询都有一个响应，并且具有相同的维度，因此MHA的输出形状为(T', D)。MHA的z个总头数不会改变其输出的大小，就像改变滤波器的数量不会改变卷积算法输出的通道数一样。这只是MHA设计的一个奇怪之处。相反，MHA试图将所有答案混合到一个输出中。

作为对这种类比的另一种解释，可以将MHA视为标准Python字典对象的一种深度学习替代品。字典d={'key':value}表示一组键，每个键都有一个特定的值。然后，可

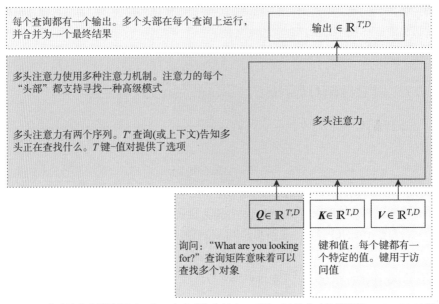

图12.5　多头注意力模块概要。有三个序列作为输入：查询Q以及成对的键和值K、V。MHA返回一个D维向量，该向量回答每个查询$q_i \in Q$

以使用类似d['query']的方式查询该字典。如果查询在d中，则会得到其相关的值，但如果不在d中，则会得到None。MHA层具有相同的总体目标，但不像字典那样要求查询和键之间完全匹配。相反，它比较随意，多个类似的键可以响应一个查询，如图12.6所示。

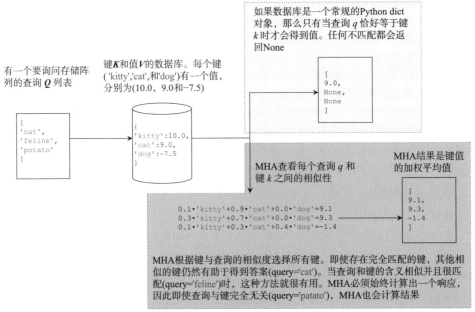

图12.6　Python字典和MHA都有查询、键和值的概念的示例。在字典(顶部)中，查询和键必须完全匹配才能得到值。在MHA(底部)中，每个键都会根据该键与查询的相似度来回答每个查询。这样就能确保始终有一个答案

你的直觉反应可能会担心在没有任何键与查询相似的情况下给出答案：返回一个胡言乱语的答案/值不是很糟糕吗？这其实是一件好事，因为在训练过程中，MHA可以了解到它需要调整某些键/值。回忆一下第3章中讲过如何手动指定有用的卷积，但转而让神经网络学习应该使用哪些卷积。MHA的工作方式是一样的：它的键和值是随机初始化的，毫无意义，但在训练过程中，它会学会将它们调整为有用的值。

联想记忆

查询一团模糊的神经元并从中检索特定表示的想法由来已久。这是对所谓联想记忆的合理描述，可以在https://thegradient.pub/dont-forget-about-associative-memories网站上简要了解其历史。

简言之，与联想记忆相关的想法可以追溯到20世纪60年代，这对于那些没有意识到人工智能作为一个领域有多古老的人来说是件有趣的事。虽然联想记忆目前在从业者中并不流行，但仍有关于使用联想记忆的现代研究。我认为自学这些知识也很有用，可以拓宽你对问题和AI/ML的看法。认知科学、心理学、神经学和电气工程等许多领域都对其早期的基础性工作起到了帮助作用，但遗憾的是，联想记忆在今天并没有得到应有的认可。

1. 从注意力到MHA

当单独描述MHA时，它可能会显得过于复杂和不透明；在此只使用第10章中学到的注意力机制来描述它。这与大多数著作讨论MHA的方式不同，它需要的时间稍长，但我认为这样更容易理解。

先写出正常注意力机制对应的公式。在此有一个分数函数，它接收两个项，并返回一个表示这两个项重要性/相似性程度的值 $\tilde{\alpha}$。分数函数可以是我们学过的点分数(dot score)、总分数(general score)或附加分数(additive score)中的任何一种，但每个人都会在MHA中使用点分数，因为这是人们的习惯。

为T个不同的输入计算多个分数，然后将它们输入到一个softmax函数中，计算出T个分数生成的最终向量α，用于说明T个项中每个项的重要程度。然后，将α与原始T个项进行点积，得到一个单一的向量，这个向量就是最初注意力机制得到的结果。这些都显示在下面的式中：

给定一组 T 个局部状态h_1, …, h_T和全局上下文$\bar{h}$，可以计算所有局部状态的加权平均值，方法是计算每个状态与全局上下文的相似度得分，将得分归一化为1，并取每个得分与状态之间的积。

$$\left\langle \text{softmax}\left(\begin{bmatrix} \text{score}(h_1, \bar{h}) \\ \text{score}(h_2, \bar{h}) \\ \vdots \\ \text{score}(h_T, \bar{h}) \end{bmatrix}\right), \begin{bmatrix} h_1 \\ h_2 \\ \vdots \\ h_T \end{bmatrix} \right\rangle = \alpha_1 \cdot h_1 + \ldots + \alpha_T \cdot h_T = \sum_{i=1}^{T} \alpha_i \cdot h_i$$

接着对其工作方式做一些改动。首先，将上下文向量 $\overline{h}$ 重命名为查询向量 q，并将其作为分数函数的输入。上下文向量或查询向量会告知要查找的内容。不再使用 h_1，h_2，...，h_T 来确定重要程度 α 和输出向量，而是将它们分成两组不同的张量，它们不一定要相同。把用于 α 的张量随机称为键 $K=[k_1, k_2,..., k_T]$ 和值 $V=[v_1, v_2,..., v_T]$。然后就得到了以下使用原始双参数分数函数的三参数分数函数：

给定一个 q 查询和一组 T 键($K=[k_1, ..., k_T]$)值($V=[v_1, v_2, ..., v_T]$)对，可以通过计算每个键 K 相对于查询 q 的相似度得分，将得分归一化为1，然后取每个分数与每个键的值之间的乘积来搜索响应值，响应值是所有值的加权平均值，取决于其关键字与查询的相似度。

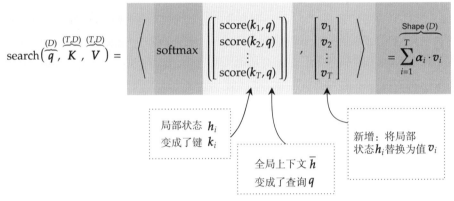

$$\text{search}(\overset{(D)}{q}, \overset{(T,D)}{K}, \overset{(T,D)}{V}) = \left\langle \text{softmax}\left(\begin{bmatrix} \text{score}(k_1, q) \\ \text{score}(k_2, q) \\ \vdots \\ \text{score}(k_T, q) \end{bmatrix}\right), \begin{bmatrix} v_1 \\ v_2 \\ \vdots \\ v_T \end{bmatrix} \right\rangle^{\text{Shape }(D)} = \sum_{i=1}^{T} \alpha_i \cdot v_i$$

局部状态 h_i 变成了键 k_i

全局上下文 $\overline{h}$ 变成了查询 q

新增：将局部状态 h_i 替换为值 v_i

到目前为止，所做的只是将分数函数泛化，使其更加灵活。可以将 search(q, K, V) 视为处理"给定查询 q，根据字典的键 K 给出字典中的平均值 V。"这是一种泛化，因为如果称分数为 $\left(\frac{1}{T}\sum_{i=1}^{T} h_i, [...,h_i,...], [...,h_i,...]\right)$，就会得到和之前相同的结果！

这样就得到了一次查询的结果。要将此扩展到多个查询，需要多次调用三参数分数函数。这样就得到了 MHA 的一个头的结果，通常用名为 Attention 的函数表示：

给定一组 T' 查询 $Q=[q_1,..., q_{T'}]$ 和一组 T 键($K=[k_1, ..., k_T]$)值($V=[v_1, ..., v_T]$)对，可以通过搜索每个查询的键-值数据库并将它们的结果叠加成一个更大的矩阵来计算 Attention 函数。

$$\text{Attention}(\overset{(T',D)}{Q}, \overset{(T,D)}{K}, \overset{(T,D)}{V}) = \begin{bmatrix} \text{search}(q_1, K, V) \\ \text{search}(q_2, K, V) \\ \vdots \\ \text{search}(q_{T'}, K, V) \end{bmatrix}^{(T',D)}$$

这个公式是对刚才所做工作的直接改动。现在已经有了多个查询$Q=[q_1, q_2, ..., q_{T'}]$，因此要多次调用score并将$T'$个结果叠加成一个更大的矩阵。

这样，终于可以定义MHA函数了。如果有z个头，你就可能猜到会调用Attention函数z次！但输入仍然是Q、K和V。为了让每个头部学会寻找不同的结果，每个头部都有三个nn.Linear层，即W^Q、W^K和W^V。这些线性层的任务是防止多个调用都得到完全相同的答案，因为那样太傻了。然后，将所有z个结果串联成一个大向量，并以最终输出nn.Linear层W^O结束。该层的唯一任务是确保MHA的输出具有D维。如下面的公式所示：

多头注意力(Multi-Headed Attention，MHA)还接受查询Q、键值对K和V以及头的数量z。

MHA将不同注意力函数调用的结果串联起来，然后应用线性层，以避免将输出放大z倍。

为了避免每次注意力调用都得到重复的答案，将更改查询、键和值。这就提供了答案的多样性。

$$\underbrace{\text{MuliHead}_z(Q, K, V)}_{\text{输出}(T', D)\text{形状}} = \underbrace{\overbrace{\text{torch.cat}\left(\left[\text{head}_1, \text{head}_2, ..., \text{head}_z\right]\right).shape \to (T', z\cdot D)}^{}}_{\left[\text{head}_1 ; \text{head}_2 ; ... ; \text{head}_z\right]} \overset{(z\cdot D, D)}{W^O}$$

$$\text{head}_i = \text{Attention}\left(QW_i^Q, KW_i^K, VW_i^V\right)$$

这样，就通过最初的注意力机制实现了更复杂的MHA。由于MHA涉及面很广且有多个层，因此它不需要像卷积层需要滤波器C那样多的头z。通常需要32到512个滤波器(基于获得最佳效果的情况)，而对于MFA，通常只需要不超过$z=8$个头或$z=16$个头。

由于PyTorch提供了一个很好的实现，因此不用实现MHA函数。不过，需要快速浏览一些Python伪代码来了解一下它是如何实现的。首先，创建W_i^Q、W_i^K、W_i^V层和输出W^O。这在构造函数中完成，可以使用PyTorch ModuleList来存储稍后要使用的模块列表：

```
self.wqs = nn.ModuleList([nn.Linear(D, D) for _ in range(z)])
self.wks = nn.ModuleList([nn.Linear(D, D) for _ in range(z)])
self.wvs = nn.ModuleList([nn.Linear(D, D) for _ in range(z)])
self.wo = nn.Linear(z*D, D)
```

然后，就可以使用forward函数了。为简单起见，假设已经存在一个Attention函数。基本上，只需要重复调用这个Attention函数，然后应用构造函数中定义的线性层。可以使用zip命令来简化这一过程，这样就可以得到一个三元组W_i^Q、W_i^K、W_i^V，并将结果附加到heads列表中。最后通过串联操作将它们合并，并应用最终的W^O层：

```
def forward(Q, K, V):
    heads = []
    for wq, wk, wv in zip(self.wqs, self.wks, self.wvs):
        heads.append(Attention(wq(Q), wk(K), wv(V)))
    return self.wo(torch.cat(heads, dim=2) )
```

多头注意力标准公式

利用第11章中的score函数来说明，MHA实际上只是我们已学知识的延伸。我认为这段学习之旅有助于巩固MHA的作用。MHA也可以用更少的公式来表示：我发现它们更难以理解，但还是值得展示一下，因为大多数人都是这样写的！

主要区别在于Attention函数的写法。通常，它是三个矩阵相乘的结果：

$$\text{Attention}(\boldsymbol{Q}, \boldsymbol{K}, \boldsymbol{V}) = \text{softmax}\left(\frac{\boldsymbol{Q}\boldsymbol{K}^{\top}}{\sqrt{D}}\right)\boldsymbol{V}$$

我已经向你展示过类似的内容，但我认为，这种方式对注意力的影响并不明显。该版本是实现MHA的首选方式，因为它的运行速度更快。

12.5.2 transformer模块

现在已经了解了MHA模块的外观，下面可以描述transformer了！transformer模块有两种：编码器和解码器。如图12.7所示，它们使用了我们熟悉的残差连接概念。

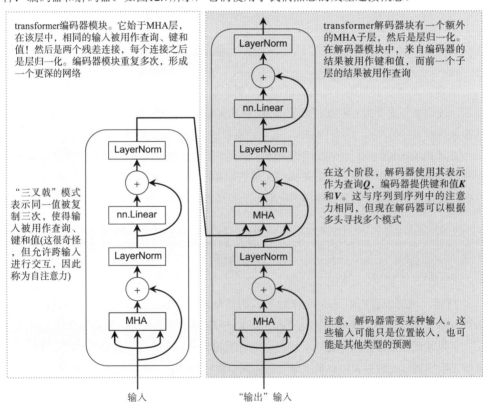

图12.7 两种类型的transformer模块：编码器(左)和解码器(右)。两者都使用层归一化、残差连接和MHA层。由于 $\boldsymbol{Q}$、$\boldsymbol{K}$ 和 $\boldsymbol{V}$ 均使用相同的输入，因此每个层中的第一个MHA被称为自注意力层(self-attention)

　　编码器模块可用于构建网络中几乎所有基于序列的架构(如情感分类);不需要与解码器配对。它从与MHA的残差连接开始着手;相同的输入序列用作查询、键和值,因为没有外部上下文或输入,所以这被称为自注意力层。然后出现的是仅使用线性层的第二个残差连接。你可以多次重复使用此编码器模块,以构建更深入、更强大的网络:最初的论文使用了其中的六个,因此这已成为常见的默认设置。

　　解码器模块几乎总是与编码器块一起使用,通常用于具有多个输出的序列任务(如机器翻译)。唯一的区别在于它在第一个MHA残差连接之后插入第二个MHA残差连接。第二个MHA使用编码器模块的输出作为键和值,并使用前一个MHA的结果作为查询。这样就可以建立类似于第11章介绍的序列到序列的模型或自回归模型。

　　你可能会注意到,在这个设计中,并没有像RNN那样有明确的时间连接。Transformer的所有序列信息都来自位置编码!这就是为什么需要先学习位置编码,只有这样才能重复使用位置编码来创建transformer模型。

　　警告:编码器和解码器同时查看和处理所有时间步长。这对于试图预测下一个输入项的自回归模型来说是不利的。在自回归模型中简单地使用transformer意味着transformer可以查看未来的输入,而当目标是预测未来时,这就是作弊!对于此类应用程序,你需要使用一个特殊的掩码来防止transformer查看未来的输入。该掩码呈三角形,因此可以限制跨时间的交互,它由`Transformer`类的`generate_square_subsequent_mask()`方法提供。

　　下面的代码段实现了用transformer对序列进行分类的简单方法。它从嵌入(`Embedding`)层开始入手,然后是位置编码(`PositionalEncoding`),接着是三个`TransformerEncoder`层。理想情况下,会在这里使用六层;但transformer的开销甚至比RNN还大,因此必须限制此模型以使该示例快速运行。在transformer运行后,仍然会得到一个形状为(B, T, D)的输出:利用常规注意力将其转换为一个形状为(B, D)的单个向量,这样就可以进行预测了。注意,这段代码中有一个奇怪的现象,transformer需要将其张量形状组织成(T, B, D),因此需要多次对轴重新排序才能使一切正常:

```
class SimpleTransformerClassifier(nn.Module):

    def __init__(self, vocab_size, D, padding_idx=None):
        super(SimpleTransformerClassifier, self).__init__()
        self.padding_idx = padding_idx
        self.embd = nn.Embedding(vocab_size, D, padding_idx=padding_idx)
        self.position = PositionalEncoding(D, batch_first=True)
        self.transformer = nn.TransformerEncoder(        ←── transformer实
            nn.TransformerEncoderLayer(                      现的主要工作
            d_model=D, nhead=8),num_layers=3)
        self.attn = AttentionAvg(AdditiveAttentionScore(D))
        self.pred = nn.Sequential(
            nn.Flatten(),             ←──── (B, 1, D) -> (B, D)
```

```
            nn.Linear(D, D),
            nn.LeakyReLU(),
            nn.BatchNorm1d(D),
            nn.Linear(D, NUM_CLASS)
        )

    def forward(self, input):
        if self.padding_idx is not None:
            mask = input != self.padding_idx
        else:
            mask = input == input
        x = self.embd(input)
        x = self.position(x)
        x = self.transformer(x.permute(1,0,2))
        x = x.permute(1,0,2)
        context = x.sum(dim=1)/mask.sum(dim=1).unsqueeze(1)
        return self.pred(self.attn(x, context, mask=mask))

simpleTransformer = SimpleTransformerClassifier(
    VOCAB_SIZE, embed_dim, padding_idx=padding_idx)
transformer_results = train_network(simpleTransformer, loss_func,
    train_loader, val_loader=test_loader, score_funcs={'Accuracy':
    accuracy_score}, device=device, epochs=epochs)
```

因为代码的其余部分是(B, T, D)，但transformer的输入是(T, B, D)，所以必须更改前后维度的顺序

所有项均为True

(B, T, D)

(B, T, D)

(B, T, D)

随时间推移的平均值

构建并训练此模型

接下来绘制所有方法的结果。在所有方法中transformer的准确率最高，并且随着训练的不断进行，它的准确率还在不断提高。如果训练更长的迭代周期并使用更多的层，它们的准确率可能还会提高得更多！但这会增加训练时间，而且transformer的运行速度已经比GRU模型慢了：

```
sns.lineplot(x='total time', y='val Accuracy', data=gru_results, label='GRU')
sns.lineplot(x='total time', y='val Accuracy', data=attnEmbd_results,
    label='Attention Embedding')
sns.lineplot(x='total time', y='val Accuracy', data=attnPosEmbd_results,
    label='Attention Positional Embedding')
sns.lineplot(x='total time', y='val Accuracy', data=cnn_results,
    label='CNN Adaptive Pooling')
sns.lineplot(x='total time', y='val Accuracy', data=transformer_results,
    label='Transformer')
```

[34]: <AxesSubplot:xlabel='total time', ylabel='val Accuracy'>

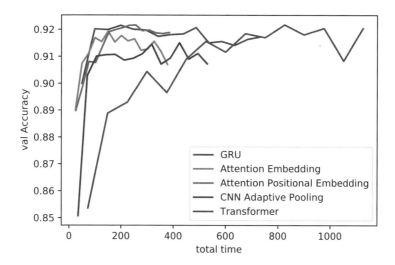

结果如何呢？默认情况下，带有位置编码的基于注意力的嵌入是一种很好的工具。它并不总是优于GRU或LSTM等现代RNN，但它却是一种运行速度更快的候选方法。对于大多数问题，这两种方法你都可以选择。不过，如果计算力有富余，那么RNN的优势在于它研究得更多，理解得更透彻，因此你可能更容易相信RNN预测的结果。

当需要得到尽可能高的准确率，并且有大量GPU(和数据)可用来支付高昂的代价时，可以使用transformer。RNN有一个坏习惯，就是在训练三到六层之后准确率会趋于稳定，这与深度学习趋势背道而驰——深度学习的趋势是，层数越多，模型越强大，效果越好。transformer通常总共有24层以上，但仍能通过增加层数提高准确率。也就是说，在处理需要使用多个GPU的海量数据集时，transformer可以更准确、更迅速。

这是因为transformer会同时处理序列中的所有T项，而RNN则需要一次处理一个项。这种工作方式使得transformer可以更好地扩展到多个GPU，因为即便有更多的工作也可以将其划分开来同时运行。使用RNN时，由于一个步骤依赖于前一个步骤，因此无法进行划分，只能等待。话虽如此，研究人员和公司都会使用数百到数千个GPU在数百吉字节或更多的数据上训练一个模型。由此可见，要真正看到transformer的优势，需要使用多大的规模。

虽然transformer还不能取代RNN，但好歹是另一种可行的方法。目前，在拥有大量数据和计算能力的情况下，transformer可以最大限度地提高准确率。第13章将学习在不需要使用1,000个GPU的情况下，如何利用transformer来解决问题！

12.6　练习

请尝试在本书的Manning出版社在线平台上分享和讨论你的解决方案(https://liveproject.manning.com/project/945)。提交完答案后，你便能够看到其他读者提交的解决方案，并看到作者评选的最佳方案。

1. 使用Optuna尝试优化基于注意力的平均嵌入分类器。尝试调优nn.Embedding层使用的初始维度、所有后续层中隐藏神经元的数量、隐藏层的总数，以及在AG新闻语料库中使用的分数函数(点分数、总分数、附加分数)。你能将准确率提高多少？

2. 回到第6章，将ResidualBlockE和ResidualBottleNeck层转换为其对应的一维ResidualBlockE1D和ResidualBottleNeck1D。然后用它们来尝试改进本章在AG新闻语料库中构建的一维CNN。你能将准确率提高多少？

3. 使用AG News的最佳一维CNN，尝试在网络中添加位置编码。这对结果有何影响？

4. PyTorch提供了一个nn.MultiheadAttention模块，用于实现MHA方法。对基于注意力的平均嵌入分类器进行修改，以使用MHA，并尝试使其具有更好的准确率。

5. 使用学习率调度器时，通常transformer效果最佳。请尝试使用我们在第5章中学到的调度器，看看能否减少SimpleTransformerClassifier学习的迭代周期数或提高其最终准确率。

12.7 小结

- 可以有意减少模型对数据顺序性的理解程度，以减少运行时间。
- 可以通过修改数据的输入来编码位置信息，而不是使用在其结构中编码位置信息的RNN或CNN，这可以为其他更快的替代方案赋予顺序信息或提高准确率。
- 多头注意力是第10章中注意力的概括，涉及多个上下文或查询，以及多个结果。它能以更高的计算成本获得更高的准确率。
- Transformer是RNN的有力替代品，它能以较高的计算成本获得较高的准确率。当你拥有大量数据和计算资源时，它们的效果最好，因为它们能比RNN更好地扩展和缩小。

第*13*章

迁移学习

本章内容

- 将预训练网络迁移到新问题
- 了解冻结权重和热权重的区别
- 通过迁移学习使用较少的数据进行学习
- 基于transformer模型的文本问题迁移学习

现在，你已经掌握了基于新数据从头开始训练模型的一系列技术。但是，如果没有时间等待训练大型模型又该怎么办呢？或者，一开始就没有大量数据呢？理想情况下，可以利用一个更大的、经过精心整理的数据集的信息，从而帮助在更少的迭代周期内为新的、更小的数据集学习一个更准确的模型。

这就是迁移学习的用武之地。迁移学习背后的理念是，如果有人已经花了很大力气基于大量数据训练了一个大型模型，那么你也许可以把这个已经训练好的模型作为解决问题的起点。从本质上讲，你要把模型从相关问题中提取的所有信息迁移到自己的问题上。如果可能的话，迁移学习可以为你节省几周的时间，提高准确率，而且一般来说效果会更好。这一点尤其有价值，因为可以用较少的标签数据获得更好的结果，这大大节省了时间和资金。这使得迁移学习成为工作中应该掌握的最实用的工具之一。

当原始的较大数据集与要应用它的较小目标数据之间具有内在相似性时，迁移学习效果最佳。这对于CNN尤为适用，因为图像的内在相似性非常高。即使是一个包含风景照片的源数据集和一个包含猫狗的目标数据集，仍然适合使用第3章中讨论的结构先验：相近的像素彼此相关，而远离的像素关系不大。

本章将重点介绍一种特殊类型的迁移学习，即在新问题中重复使用以前训练过的网络的文字权重和架构。在展示如何使用CNN处理图像后，接下来要了解如何使用基于

transformer的模型为文本分类模型进行迁移学习。就在几年前，文本迁移学习还不是那么容易或成功。但迁移学习让我们避免了transformer高昂的训练成本，以极低的成本获得了transformer的优势。

13.1　迁移模型参数

在任何新的机器学习应用程序中，成功的关键在于获得准确标记的代表性数据。但获取大量标签数据需要时间、精力和资金。现在有很多公司都在利用亚马逊的Mechanical Turk等服务帮助标签数据。与此同时，我们希望在投入大量时间收集和标记一个庞大的语料库之前，先行证明该方法是可行的。这让我们进退两难：一方面想建立一个良好的初始模型，以确定任务是否可行，另一方面要获得足够的数据来建立一个良好的初始模型，成本非常高昂。

我们希望通过使用相关数据来帮助建立模型，以便用更少的数据和计算时间来建立准确的模型。从本质上讲是希望将某个领域学到的内容迁移到另一个不同但相关的领域。这就是迁移学习背后的理念。实际上，迁移学习是深度学习工具库中最有用的方法之一。尤其是在基于计算机视觉或文本的应用领域开展工作时，迁移学习可以发挥非常强大的作用。

本章要学习的最成功的迁移学习方法之一，就是将权重θ从一个模型迁移到另一个模型。原始模型是在一个大型的高质量数据集上训练出来的，它与我们真正关心的较小的数据集在结构上有一些相似之处。例如，图像在结构上有很多相似之处，因此可以将在几乎所有大型图像分类任务中训练出来的模型用于帮助完成更细致的任务。为此，需要对原始模型f进行尽可能小的修改或补充，使其适应新的问题。这种高级方法如图13.1所示；稍后你将看到如何实现具体细节。

准备图像数据集

在开始迁移学习前，先下载一个Cats-vs-Dogs数据集，该数据集是微软Kaggle竞赛(https://www.kaggle.com/shaunthesheep/microsoft-catsvsdogs-dataset)的一部分，因此它是一个二进制分类问题。这是我们第一次在PyTorch中创建一个新的图像分类数据集，因此可以通过这些步骤来进行练习。下面的代码段下载了包含数据集的压缩文件，并将其解压缩到名为PetImages的文件夹中。注意，该压缩文件中有两个文件已损坏，需要删除这两个文件，数据加载器才能正常工作，这就是为什么会有一个bad_files列表来显示损坏的图像并删除它们。代码如下：

```
data_url_zip = "https://download.microsoft.com/download/3/E/1/
  ➥3E1C3F21-ECDB-4869-8368-6DEBA77B919F/kagglecatsanddogs_3367a.zip"
from io import BytesIO
from zipfile import ZipFile
```

```
from urllib.request import urlopen
import re

if not os.path.isdir('./data/PetImages'):
    resp = urlopen(data_url_zip)
    zipfile = ZipFile(BytesIO(resp.read()))
    zipfile.extractall(path = './data')

bad_files = [
    './data/PetImages/Dog/11702.jpg',
    "./data/PetImages/Cat/666.jpg"
]
for f in bad_files:
    if os.path.isfile(f):
        os.remove(f)
```

如果尚未下载此数据集，请下载！

此文件已损坏，将损坏数据加载器！

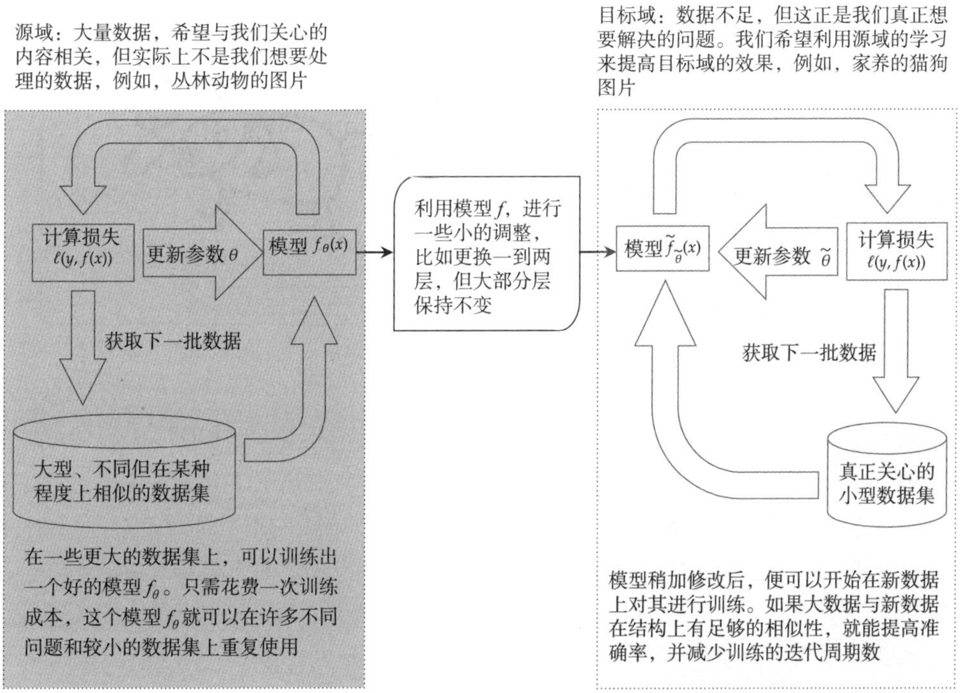

源域：大量数据，希望与我们关心的内容相关，但实际上不是我们想要处理的数据，例如，丛林动物的图片

目标域：数据不足，但这正是我们真正想要解决的问题。我们希望利用源域的学习来提高目标域的效果，例如，家养的猫狗图片

图13.1　在大数据集上训练大模型。这是一次性成本，因为可以通过将大模型迁移到许多不同的小任务来重复使用它。具体做法是对模型进行编辑，但保留几乎所有的原始架构和权重θ。然后，在新数据集上训练修改后的模型

有些图像的EXIF数据也已损坏。EXIF数据是图像的元数据(例如照片的拍摄地点)，对于要做的事情并不重要。因此，我们禁用了有关此问题的任何警告：

```
import warnings
warnings.filterwarnings("ignore",
➡"(Possibly )?corrupt EXIF data", UserWarning)
```

不要用这些损坏的文件麻烦我们，谢谢

现在，使用PyTorch提供的`ImageFolder`类为该类创建一个数据集。`ImageFolder`期望有一个根目录，每个类有一个子文件夹。文件夹的名称就是类的名称，该文件夹中的每个图像都会作为数据集的示例被加载，并带有特定的类标签，如图13.2所示。

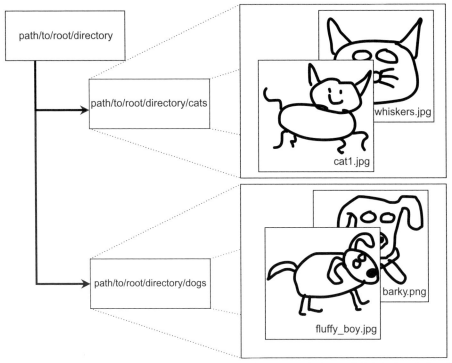

图13.2   PyTorch的`ImageFolder`类接收根文件夹的路径。它假设每个子文件夹都代表一个类，并且每个子文件夹都应该包含该类的图像。该示例显示了猫和狗这两个类，并配有非常艺术化的图片

`ImageFolder`类包含一个可选的变换(`transform`)对象，我们用它来简化加载过程。该`transform`与第3章中用于数据增强的变换类相同。由于图片的尺寸各不相同，可以使用`Compose`变换来调整大小、裁剪和归一化，使它们都具有相同的形状。通过这种方式，可以像训练MNIST(全部为28×28)和CIFAR-10(32×32)一样对批量数据进行训练。`Compose`变换构建了一个按顺序运行的子变换流程，在本例中将执行以下操作：

(1) 调整图像大小，使最小尺寸为130像素。例如，一张260×390的图像将变为130×195(保持相同的宽高比)。

(2) 裁剪出中间的128像素×128像素。

(3) 将图像转换为PyTorch张量，包括将像素值从[0, 255]归一化为[0, 1]。

除了转换，还会进行训练/测试划分，其中80%的数据用于训练集，其余20%的数据用于测试集。以下代码用猫狗数据集设置了这一切：

```
all_images = torchvision.datasets.ImageFolder("./data/PetImages",
↪transform=transforms.Compose(
  [
```

```
    transforms.Resize(130),              ←——— 最小的宽度/高度为130像素
    transforms.CenterCrop(128),          ←——— 裁剪出中间的128 × 128图像
    transforms.ToTensor(),               ←——— 将其转换为PyTorch张量
]))
```

```
train_size = int(len(all_images)*0.8)    ←——— 挑选80%的数据用于训练集
test_size = len(all_images)-train_size   ←——— 剩余20%的数据用于测试集
```

```
train_data, test_data = torch.utils.data.random_split   ←———
➡(all_images, (train_size, test_size))
```
创建指定大小
的随机划分

有了数据集，现在就可以创建用于训练和测试的DataLoader(使用批量大小$B=128$)。该数据集的训练集样本数略高于20,000个，因此图像总数小于MNIST数据集，但图像大小却远大于之前使用的数据集(128 × 128而不是32 × 32或更小)：

```
B = 128
train_loader = DataLoader(train_data, batch_size=B, shuffle=True)
test_loader = DataLoader(test_data, batch_size=B)
```

这里有一个数据集和加载器对象；先来看看数据。0类是猫类，1类是狗类。下一个代码段将部分数据可视化，并在角落标出类的编号。这有助于了解这个数据集的复杂性：

创建包含8个图像的
网格(2×4)

```
f, axarr = plt.subplots(2,4, figsize=(20,10))   ←———
for i in range(2):                               ←——— 行
    for j in range(4):                           ←——— 列
    x, y = test_data[i*4+j]                       ←——— 从测试语料库中抓取图像

    axarr[i,j].imshow(x.numpy().transpose(1,2,0))   ←——— 绘制图像

    axarr[i,j].text(0.0, 0.5, str(round(y,2)),
    ➡dict(size=20, color='red'))                     ←——— 在左上角绘制标签
```

虽然只有两个类，但与之前使用过的其他简单数据集(如MNIST和CIFAR)相比，这些图像的内容更加复杂多样。动物的姿势各异，相机有曝光过度/不足的情况，图像中可能包含不止一只动物，背景也不尽相同，照片中也可能出现人类。这种复杂性需要学习，但仅靠20,000个样本来学习如何对猫和狗进行分类将是一个挑战。

13.2　迁移学习和使用CNN进行训练

先来训练一个模型。具体来说，是使用较小的ResNet架构作为起点。ResNet是第6章讲解过的提出残差连接的架构，ResNet-X通常指使用残差层的少数特定神经网络之一(例如，ResNet-50或ResNet-101)。这里使用的是ResNet-18，它是最小的(常见)ResNets。可以使用torchvision.models类获取模型的实例，该类具有许多用于各种计算机视觉任务的流行预构建架构。

ResNet在网络末端使用自适应池化，这意味着可以重新使用ResNet架构来处理任何任意大小输入图像的分类问题。问题在于，ResNet是为一个名为ImageNet的数据集设计的，该数据集有1,000个输出类。因为ImageNet及其1,000个类是ResNet模型的预训练对象，所以源域就是ImageNet。因此，架构将以具有1,000个输出的nn.Linear层结束。目标域有两个类猫与狗，因此我们希望它只有一个或两个输出(分别对应于使用二进制交叉熵和softmax进行训练)。图13.3展示了这种情况以及如何实现迁移学习。

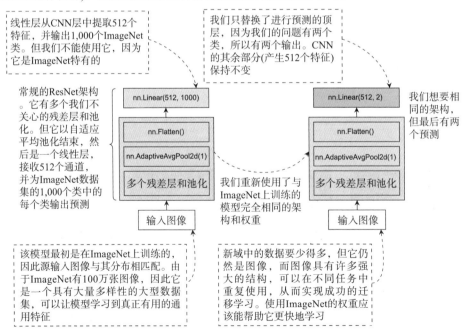

图13.3　左侧显示的是ResNet的摘要。我们希望将它改成右侧的样子，即只更改最后一个nn.Linear层。每个nn.Linear层的输入都是512，因为最后的卷积层有 $C=512$ 个通道，而使用自适应平均池化为 1×1，这意味着输出中只有512个值，与原始图像的大小无关

可以利用PyTorch的面向对象的特性，相对轻松地调整已有的模型，以适应新问题。在PyTorch的ResNet中，最后一个全连接层被命名为"fc"，因此可以进入网络并替换fc对象！由于nn.Linear层将输入数量保存在一个名为in_features的对象中，因此可以用一种通用的方式替换最后一层，而不需要对输入数量进行硬编码。下面的代码展示了这一过程，我们通常称其为"手术"，因为要切掉模型的一部分，然后用新的部分替换它[1]。这只需要两行代码，非常容易实现：

```
model = torchvision.models.resnet18()
model.fc = nn.Linear(model.fc.in_features, 2)    ◀────── 进行一些"手术"
```

这两行代码如图13.4所示。默认情况下，ResNet模型具有随机权重，因此这基本上提供了一个新的ResNet来从头开始训练问题。

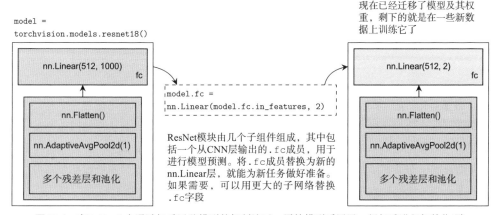

图13.4 在PyTorch中通过权重迁移模型的机制演示。原始模型采用了一组权重进行初始化(默认为随机，可能是预训练的)。我们用符合自己需求的新版本替换模型的上半部分

这样就得到了一个模型，可以训练它来预测一张图片是猫还是狗。下面的代码使用了我们已经使用多次的标准CrossEntropyLoss和常规的train_network函数。该网络比本书构建的大部分网络都要大，图像也更大，因此训练本示例需要花费更长的时间：

```
loss = nn.CrossEntropyLoss()
normal_results = train_network(model, loss, train_loader, epochs=10,
➥device=device, test_loader=test_loader, score_funcs={'Accuracy':
➥accuracy_score})
```

既然模型已经训练好了，就可以按照常规方法绘制模型训练结果图了。不需要进行太多思考，就能得到一些不错的结果。只需使用ResNet-18就可以了，这是许多人用来解决实际问题的常用方法：

---

1 我从来没有做过这样的手术，但我想我能接受。注意，我是一名博士，但不是医学博士，因此我对正确的手术礼仪以及如何安全地进行切除了解有限。

```
sns.lineplot(x='epoch', y='test Accuracy', data=normal_results,
    label='Regular')
```

[13]: <AxesSubplot:xlabel='epoch', ylabel='test Accuracy'>

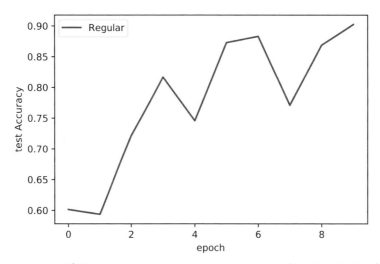

　　注意：ResNet-18等架构以及`torchvision.models`软件包中的其他架构都经过了大量测试，被认为能很好地解决各种问题。因此，如果你需要进行任何类型的图像分类，选择使用这些架构总是不错的，可以利用他人的辛勤工作来设计良好的架构。但目前所做的只是创建了一个具有随机初始权重的ResNet新版本。迁移学习涉及使用一组已经在另一个数据集上训练过的权重Θ，这可以显著改善结果。

13.2.1　调整预训练网络

　　我们初始化了一个默认的ResNet模块，对其进行了手术，使其适应我们的分类任务，并使用本书使用的相同梯度下降工具对其进行训练。要将其转化为真正的迁移学习，唯一缺少的是在源域(如ImageNet)上预训练ResNet模型，而不是随机初始化它(默认值)。

　　幸运的是，这种预训练已经完成。PyTorch在`torchvision.models`软件包中提供的所有模型都有一个选项，可以选择设置`pretrained=True`标志，该标志返回已经在指定的原始数据集上训练过的模型版本。对于ResNet，原始数据集是ImageNet。因此，可以让我们快速掌握新模型。在ResNet-18上进行初始手术时，我们使用了两行基本相同的代码，只是添加了`pretrained=True`标志：

已在数据集上训练的模型

```
model_pretrained = torchvision.models.resnet18(pretrained=True)  ◄────
model_pretrained.fc = nn.Linear(model_pretrained.fc.in_features, 2) ◄────
```
做一些手术

和之前一样，我们用一个新的网络层替换了这个网络的全连接层。最初的卷积滤波器是预训练的，但最后的全连接层是随机初始化的，因为我们用新的nn.Linear层替换了它。默认情况下，PyTorch中的所有模块都是从随机权重开始学习的。由于ImageNet是一个拥有100万张训练图像的大型数据集，因此我们希望可以更快地学习更好的模型。我们可能需要从头开始学习这个nn.Linear层，但所有前面的卷积层的学习起点应该更高，因为它们是通过大量数据训练出来的。

1. 为什么预训练有效

在对猫/狗问题训练model_pretrained之前，应该自问："这背后的直觉是什么？"为什么从一个已经训练过的模型的权重出发，可以帮助解决一个新问题？在第3章第一次讨论卷积网络时，我们看到了卷积如何学习从不同角度寻找边缘。卷积还可以学习寻找颜色或颜色变化、锐化或模糊图像等。所有这些方法都对基于图像的问题非常有用。因此，预训练之所以有效，关键在于卷积学习在大数据集上检测的内容，很可能与我们希望在任何其他基于图像的问题中检测的内容相同。如果这些对CNN学习如何检测通常是有用的，那么CNN可能会从更多而非更少的数据中学到更多知识。因此，来自更大数据集的预训练网络应该已经学会了寻找我们关心的模式类型，以及最终的nn.Linear层只需要学习如何将这些模式组合成决策。从头开始训练则需要同时学习模式以及如何从中做出分类决策。

当要迁移的源数据集大于目标数据集时，迁移学习通常效果最佳，因为你需要足够的数据，这样才能比在你关心的数据上从头开始训练更有优势。还有一个因素是，源数据与要处理的目标域的相关程度。如果数据足够相关，源模型学习得很好的内容(因为它有更多的数据)更有可能在目标数据上重复使用。图13.5描述了这种平衡行为。

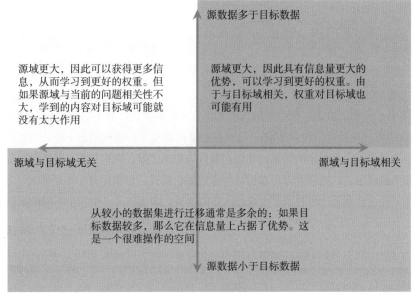

图13.5 源数据集和目标数据集大小和相关性之间的权衡。右上角是最佳位置，而左上角是次优位置，并不总是有效。下半部分是进行有效迁移学习的难点

幸运的是，几乎所有大型图像数据集都具有足够的相关性，足以将我们置于图13.5的右上角：像素相关性的结构非常强大且具有普遍性，而这一点最容易通过网络的第一层实现可视化。因为第一个卷积层接收图像的红色、绿色和蓝色通道，所以可以将每个滤波器视为一个图像，并绘制成图，看看它在寻找什么。接下来先对预训练模型这样做，看看它的起点是什么。首先，需要从第一卷积层获取滤波器的权重。对于ResNet，这被定义为conv1层：

```
filters_pretrained = model_pretrained.conv1.weight.data.cpu().numpy()
```

获取第一个卷积滤波器权重，将其移到
CPU，并将其转换为NumPy张量

现在，filter_pretrained对象便拥有了模型使用的权重的副本。因为ResNet-18的第一层有64个滤波器，并期望输入3个通道(红色、绿色和蓝色)，而64个滤波器的宽度和高度分别为7×7，所以它的形状为(64, 3, 7, 7)。由于要绘制这些图像，因此首先要将滤波器归一化到[0, 1]范围内，这是因为Matplotlib希望将彩色图像归一化到[0, 1]范围内：

```
filters_pretrained = filters_pretrained-np.min(filters_pretrained)
filters_pretrained = filters_pretrained/np.max(filters_pretrained)
```

移位，使所有内容都
在[0, 最大值]范围内

重新缩放，使所有内
容都在[0, 1]范围内

Matplotlib也希望图像格式为(*W*, *H*, *C*)，但PyTorch使用(*C*, *W*, *H*)。为了解决这个问题，可将通道维度(1，因为维度0有滤波器的数量)移到最后一个位置(-1)，以符合Matplotlib的预期：

```
filters_pretrained = np.moveaxis(filters_pretrained, 1, -1)
```

权重形状为(#Filters, *C*, *W*, *H*)，但Matplotlib
希望形状为(*W*, *H*, *C*)，因此要移动通道维度

2. 查看滤波器

接下来，绘制滤波器。你会发现其中有许多共同的模式，如不同角度和频率的白/黑边缘(一条白线和一条黑线，与多条线)。这些黑白滤波器就像边缘检测器一样，可以检测到不同角度的边缘和不同重复率的图案。你还会看到一些滤波器，它们只有一种颜色，如蓝色、红色、紫色或绿色。这些滤波器可以检测特定的颜色模式。如果你有一个足够大、足够多样的训练集，往往会在第一个卷积层中看到这样的结果，即使这是一个完全不同的问题：

取sqrt(#items)制作一个正方形的图像网格

```
i_max = int(round(np.sqrt(filters_pretrained.shape[0])))
j_max = int(np.floor(filters_pretrained.shape[0]/
    float(i_max)))
f, axarr = plt.subplots(i_max,j_max,
    figsize=(10,10))
```

按#的行数分隔

制作用于绘制图像的网格

```
for i in range(i_max):              ←── 每行
    for j in range(j_max):          ←── 每列
    indx = i*j_max+j                ←── 滤波器中的索引

    axarr[i,j].imshow(filters_pretrained[indx,:])    ←── 绘制特定滤波器
    axarr[i,j].set_axis_off()       ←── 关闭编号轴以避免混乱
```

"死亡"神经元没有检测到任何东西。这种情况时有发生。也许我们不需要像最初选择的那样多的滤波器

彩色边缘检测器

滤波器检测不同的单一颜色，可能在网络的更高层次进行组合

不同角度和频率的边缘检测器

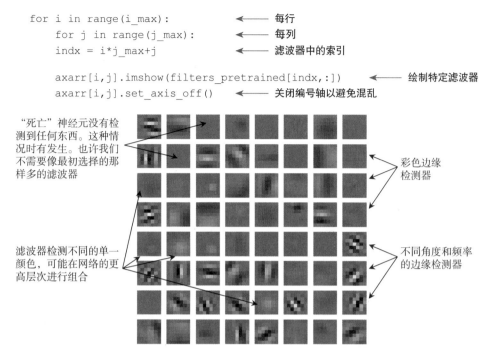

不过，我们曾通过ImageNet的100万张训练图像实现过这一目标。我们现在大约只有2万张训练图像，相比之前要少得多。如果在这些数据上从头开始学习滤波器，会发生什么呢？先来看看训练过的模型，就会知道了。这里使用的代码与之前的相同，但将其封装在一个名为visualizeFilters的函数中，该函数接收要可视化的张量。传入从头开始训练的原始模型中的第一个conv1滤波器，然后就能看到滤波器的结果了：

本章开头训练的模型中的滤波器

```
filters_catdog = model.conv1.weight.data.cpu().numpy()    ←──┐
visualizeFilters(filters_catdog)    ←── 绘制结果
```

边缘检测器？

彩色探测器？

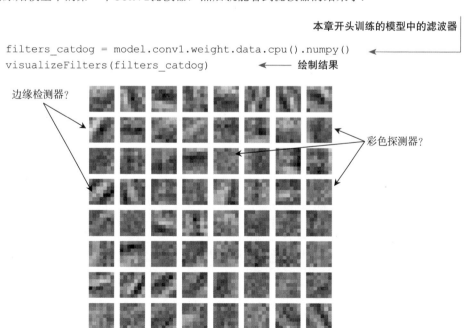

经过预训练的ResNet-18具有良好、清晰的滤波器，很容易看出每个滤波器都学会了检测什么。在这里，滤波器看似包含了噪声。可以看到一些黑/白边缘检测滤波器形成的迹象，但它们也受到了颜色信息的污染。这意味着，用于检测边缘的滤波器将对没有边缘但颜色正确的输入项产生部分影响，这可能会导致出现后续问题。

一般来说，判断一个模型的好坏，不应该看滤波器的外观，而应该看模型在现实的、多样的测试数据上的表现。在这种情况下，我们知道好的滤波器在RGB图像模型的第一层通常是什么样的，因此可以进行合理的比较。这些滤波器看起来不太好。

但是，滤波器的不同并不意味着它们总是更差。要判断这一点，需要训练预训练的网络，并比较测试数据的准确率。如果预训练的模型准确率更高，那么初始卷积滤波器的质量可能是其性能更差的一个有效解释。

13.2.2　预处理预训练的ResNet

既然对为什么要使用预训练网络有了一些了解，那就来训练一个新的网络，看看它是否更好吧。至关重要的是，要让输入数据符合预训练模型的预期。特别是torchvision.models中的ImageNet模型对每个输入颜色通道使用了零平均值和单位方差($\mu=0$, $\sigma=1$)的归一化。所使用的特定系数来自ImageNet，因此可以快速定义一个新模块，以便在将其传入到预训练网络之前对输入进行归一化处理。

警告：如果要通过预训练的网络使用迁移学习，则必须确保数据的预处理与最初训练模型的方式相匹配。否则，模型将无法得到最初预期的结果，权重也将变得毫无意义。所使用的预处理并不总是有详细的文档记录，这可能会让人恼火，但这也是一个需要注意的关键细节。

下一个代码块将进行归一化。完成所有工作的整个模型作为baseModel传入，我们用一个模块对其进行封装，预先对输入进行归一化处理。这种归一化由ResNet最初的训练方式指定，这里使用requires_grad=False，这样归一化就不会在训练过程中改变：

```
class NormalizeInput(nn.Module):
    def __init__(self, baseModel):
        """
        baseModel: the original ResNet model that needs to have its inputs
        ➥pre-processed
        """
        super(NormalizeInput, self).__init__()
        self.baseModel = baseModel          ◄── 要使用的模型。需要首
                                                 先对其输入进行归一化
        self.mean = nn.Parameter(torch.tensor(
        ➥[0.485, 0.456, 0.406]).view(1,3,1,1),  ◄──
        ➥requires_grad=False)                        用于ImageNet归一化的
        self.std = nn.Parameter(torch.tensor(        平均值和标准差。只需
        ➥[0.229, 0.224, 0.225]).view(1,3,1,1),  ◄──  接受这些大家都在使用
        ➥requires_grad=False)                        的"神奇"数字
```

requires_grad=False：不希望这些值在训练期间发生变化

```
def forward(self, input):
    input = (input-self.mean)/self.std    ←———  归一化输入，然后将其
    return self.baseModel(input)          ←———  输入到要使用的模型中
```

警告：你在网上看到的许多代码都对该归一化步骤进行了硬编码，或者将其硬编码到数据加载器中。这两种方法我都不喜欢。归一化是在ImageNet上进行预训练的网络所特有的操作。这意味着它不是数据的一部分，因此它不应该是`Dataset`类中使用的转换的一部分。如果想切换到其他内容，就可能不希望使用相同的归一化。我更倾向于将归一化作为模型的一部分，因为这正是这些归一化值的本质！在这一点上我似乎是少数派，所以在阅读其他人的代码时一定要注意。

这个`NormalizeInput`类用于在**PyTorch**中对预训练的ResNet模型进行归一化。在此可以用这个归一化模块封装预训练模型，以获得正确的行为。这样，我们对数据进行格式化的方式就不会与预训练权重所期望的结果不匹配。我喜欢使用这种方法，因为它将针对这种情况的预处理特性封装到了自己的类中。如果想改用不同的模型，或用自己的转换增强数据加载器，也可以这样做，这样便不必担心必须进行特定于模型的预处理，因为特定于模型的处理是模型的一部分。在这里，只需一行代码就能实现，该行代码将预训练模型与这一特定的归一化操作进行了封装：

```
model_pretrained = NormalizeInput(model_pretrained)
```

我们的模型预处理符合预训练模型的预期，最后便可以开始训练网络了。训练主要有两种方法，下面将依次进行讨论。

13.2.3　热启动训练

目前，已经有了一个被设置为正确预处理数据的预训练模型，且有了新的数据。最简单的方法就是调用带有`model_pretrained`参数的`train_network`，看看会发生什么。下面的代码将训练这个模型，检查结果即可知它的表现如何。我们称这些结果为`warmstart_results`，因为这种迁移学习的方法被称为热启动(warm start)：

```
warmstart_results = train_network(model_pretrained, loss, train_loader,
➡epochs=10, device=device, test_loader=test_loader, score_funcs={\Accuracy':
➡accuracy_score})
```

值得注意的一点是，热启动和迁移学习并不是同义词。使用热启动训练任何模型，是指使用任意一组初始权重值 Θ_{init}，你期望这些初始权重值比使用默认随机值更接近你想要的解决方案。热启动是一种常见的优化方法，而迁移学习并不会是出现热启动的唯一情况。因此，如果有人告诉你他们在使用热启动，并不一定意味着他们正在进行任何形式的迁移学习。简言之，热启动只是意味着你有一组初始权重，而你认为这组权重比随机权重更好。恰巧，迁移学习的一种方法就是通过这种热启动策略来实现的。

迁移学习之外的热启动

热启动在迁移学习之外的一个常见应用是使用线性模型的超参数优化。由于线性模型通常使用精确的解算器进行训练(你会收敛到一个真正的答案),因此其运行时间部分取决于过程开始时使用的值。当训练10个以上的模型,每个模型都使用不同的正则化惩罚 λ 时,使用一个 λ 值的模型的解可能与使用一个稍微不同的 $\lambda + \epsilon$ 值的解类似。由于无论起点如何,都会得出正确答案 $\lambda + \epsilon$,因此可以使用之前找到的 λ 解进行热启动。

这种技术在Lasso正则化模型和支持向量机中非常流行,因为它们的训练成本较高,并且需要进行超参数搜索才能获得较好的结果。这就是使用scikit的 `LassoCV` 类等工具的结果(http://mng.bz/nrB8)。

由于我们的热权重来自针对另一个问题训练的模型,因此权重就是我们将原有领域的知识迁移到新领域的方法。这种方法的另一个名称是微调:即有一个通用的好方法,想根据具体问题对其稍作调整。

通过调用带有预训练权重的 `train network` 函数,便可以进行轻微的调整,因为梯度下降会改变网络的每个权重,以尽量减少损失。当绘制结果来检验这是否是一个好主意时,准确率会出现巨大的差异。热启动不仅达到了更高的准确率,还是在一个迭代周期后达到了更高的准确率。这意味着,如果不训练10个迭代周期,整个过程就能快10倍。显然,我们事先并不知道这一点,但这说明了使用预训练的优势。其收敛速度更快,通常能得到更好的解:

```
sns.lineplot(x='epoch', y='test Accuracy', data=normal_results,
➥label='Regular')
sns.lineplot(x='epoch', y='test Accuracy', data=warmstart_results,
➥label='Warm')
```

```
[24]: <AxesSubplot:xlabel='epoch', ylabel='test Accuracy'>
```

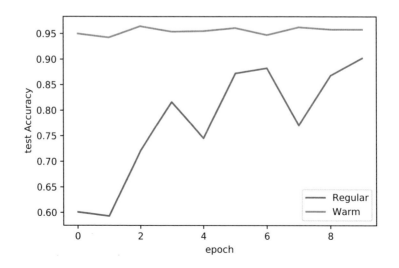

迁移学习能在较短的时间内获得较高的准确率，因此是解决新问题最有用的工具之一。还可以通过比较微调前后的权重，直观地了解热启动有多有用。下面的代码再次调用了visualizeFilters来查看ResNet-18模型微调后的卷积滤波器。这些滤波器与我们开始使用的滤波器基本相同，这很好地说明了它们确实是针对许多问题的通用滤波器。如果不是这样，SGD会对它们进行更多的修改，以提高其准确率：

```
filters_catdog_finetuned = model_pretrained.baseModel.    ◄──── 微调热启动模型
⮕conv1.weight.data.cpu().numpy()                                 后抓取滤波器
visualizeFilters(filters_catdog_finetuned)    ◄──── 绘制滤波器，看起来与预训练
                                                    模型的初始滤波器非常相似
```

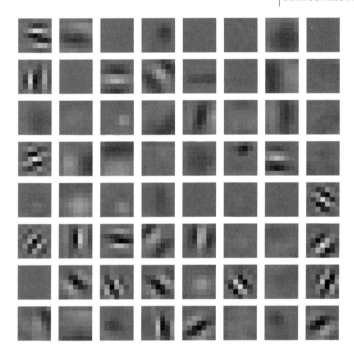

13.2.4　使用冻结权重进行训练

在这种情况下，还有另一种称为权重冻结或使用冻结权重的迁移学习方法。权重冻结是指不改变层的参数/系数。梯度仍然会在层中计算和反向传播，但是在进行梯度更新时，不做任何改变，就像将学习率设置为 $\eta=0$ 一样。

对网络的所有层都使用权重冻结是不可能的，那就意味着没有什么可训练的了！只有在至少调整模型的部分参数时，训练才有意义。一种常见的方法是冻结所有卷积和归一化层的权重，只改变全连接层的权重。这种做法隐含的假设是，从原始域学习到的滤波器与在这个新域上学习到的滤波器一样好，甚至更好。

为此，首先将模型中每个参数的requires_grad标志设置为False。这样，在

反向传播之后，没有参数会保存梯度，因此优化器在执行更新步长时不会发生任何变化。冻结整个模型后，我们将替换模型的全连接层，默认情况下，该层的 `requires_grad=True`。我们希望这样做，因为新的全连接层是唯一要调整的层。然后，就可以像使用热启动方法那样构建和训练模型了。以下代码会执行冻结过程，然后训练模型：

停止所有参数的梯度更新！

```python
model_frozen = torchvision.models.resnet18(pretrained=True)
for param in model_frozen.parameters():
    param.requires_grad = False
```

默认情况下，新 fc 层的 requires_grad＝True

```python
model_frozen.fc = nn.Linear(model_frozen.fc.in_features, 2)
model_frozen = NormalizeInput(model_frozen)

frozen_transfer_results = train_network(model_frozen, loss, train_loader,
    epochs=10, device=device, test_loader=test_loader,
    score_funcs={'Accuracy': accuracy_score})
```

接下来绘制结果。冻结模型的结果非常稳定。这是有道理的，因为它没有调整那么多的参数。它的表现比热启动方法稍差，但仍比从零开始训练的方法好得多：

```python
sns.lineplot(x='epoch', y='test Accuracy', data=normal_results,
    label='Regular')
sns.lineplot(x='epoch', y='test Accuracy', data=warmstart_results,
    label='Warm Start')
sns.lineplot(x='epoch', y='test Accuracy', data=frozen_transfer_results,
    label='Frozen')
```

[27]: <AxesSubplot:xlabel='epoch', ylabel='test Accuracy'>

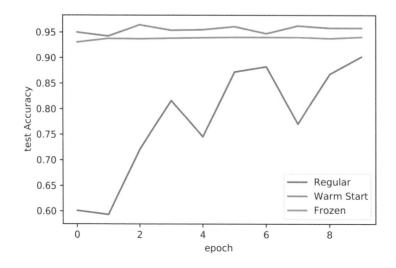

那么，热权重和冻结权重哪个更具优势呢？这里似乎有一个微小的权衡：热权重更准确，但冻结权重更稳定。这是事实，但并不能说明全部情况。欲知详情，请继续阅读：13.3节将讨论影响权衡的主要因素——数据集大小。

13.3　用较少的标签学习

到目前为止，我们将热启动和冻结权重作为进行迁移学习的两种主要方法。这些都是在实践中进行迁移学习的最常见、最成功的方法。但什么时候应该采用哪种方法呢？你可以两种方法都试一试，看看哪种方法最有效，但是当训练数据极少时，冻结权重会有特别的优势。

为什么会这样呢？想象一下，一个理想的参数集 Θ^* 在某个问题上效果最佳[1]。能否找到任何参数集 Θ 取决于能获得多少数据(和计算资源)。一种简化的思考方式是，你对真实参数的估计是对它们的一种有噪声的看法：

$$\underset{\text{你的最佳猜测}}{\Theta} = \underset{\text{真实}}{\Theta^*} + \underset{\text{噪声}}{\epsilon}$$

拥有的数据越多，构建的模型就越好，且 $\epsilon \to 0$。如果没有数据，只能随机选择答案，因为只能随机挑选 Θ，所以 $\epsilon \to \infty$。显然，训练数据 N 的大小会影响估计参数的准确程度。

另一个因素是有多少参数。想象一下，如果有1,000个随机人群身高的数据点。从这个包含1,000人的样本中，大概率可以非常准确地估计出一般人的平均身高和身高标准差。但是，如果想记录一万亿种不同的参数，例如DNA与身高、体重、头发颜色、健康、疾病、左撇子/右撇子、说双关语的倾向等这些因素以及它们之间可能具有的相互作用，应该怎么办呢？相互影响的因素太多了，而从1,000个人中得到每个问题的准确答案的概率将是极低的。参数 D 的数量是影响模型估计结果的一个因素。我们可以粗略地说：

你对模型参数的最佳猜测等于参数的最佳可能解加上一些噪声，这些噪声会因参数增多而增大(变得更糟)，但会因数据增多而减小(变得更容易)。

$$\theta = \theta^* + \frac{\epsilon \cdot D}{N}$$

1　这通常被描述为有一个可以神奇地提供完美解的神谕。

这是一种非常粗略的直观形式。解的质量、特征数量D和数据点数量N之间并不存在真正的线性关系。关键是要说明，如果没有足够的数据N，而参数D又太多，就无法学习到一个好的模型。

这可以有助于理解何时使用热权重，何时使用冻结权重。当冻结权重时，它们就不再是可以修改的参数，这有效地减少了式中的D项，从而更好地估计其余参数。这也是冻结方法比热方法更稳定的原因；因为减少了参数D的数量，从而抑制了噪声因素。

当标签数据较少时，这一点尤为重要。为了说明这一点，可以模拟使用猫狗分类器的情况，随机抽取一小部分数据用于训练：两倍于批量大小，总共256张训练图像。通常情况下，这部分数据太少，无法从头开始学习任何类型的CNN：

```
train_data_small, _ = torch.utils.data.random_split(
    train_data, (B*2,len(train_data)-B*2))              ◀—— 小数据集=2*批量大小
train_loader_small = DataLoader(train_data_small,
    batch_size=B, shuffle=True)                         ◀—— 为这个小数据集制作加载器
```

现在，有了一个小得多的数据集。可以使用所有三种方法来训练模型：从头开始、使用热启动和使用冻结权重。第一批结果显示，热启动比冻结权重的效果稍好。如果理解是正确的，那么在这种情况下，冻结权重应该比热启动的效果更好。为了测试这一点，接下来分别对这些选项进行训练：

```
model = torchvision.models.resnet18()                   ◀—— 1. 从头开始训练
model.fc = nn.Linear(model.fc.in_features, 2)

normal_small_results = train_network(model, loss, train_loader_small,
    epochs=10, device=device, test_loader=test_loader,
    score_funcs={'Accuracy': accuracy_score})

model = torchvision.models.resnet18(pretrained=True)    ◀—— 2. 训练热模型
model.fc = nn.Linear(model.fc.in_features, 2)           ◀—— 进行一些手术
model = NormalizeInput(model)

warmstart_small_results = train_network(model, loss, train_loader_small,
    epochs=10, device=device, test_loader=test_loader,
    score_funcs={'Accuracy': accuracy_score})

model = torchvision.models.resnet18(pretrained=True)    ◀—— 3. 用冻结权重进行训练

for param in model.parameters():       ◀—— 停止所有参数的梯度更新
    param.requires_grad = False

model.fc = nn.Linear(model.fc.in_features, 2)  ◀——  默认情况下，新fc层的
                                                     requires_grad=True

model = NormalizeInput(model)
```

```
frozen_transfer_small_results = train_network(model, loss,
  train_loader_small, epochs=10, device=device, test_loader=test_loader,
  score_funcs={'Accuracy': accuracy_score})
```

注意，我们没有改变这三个选项的任何代码。它们在机制上的运行方式与以前相同；唯一的区别在于为每个模型提供的数据有多少。接下来将绘制结果，可以看到所产生的巨大的影响，这与对参数计数D和数据集大小N如何影响热权重和冻结权重学习的理解相匹配：

```
sns.lineplot(x='epoch', y='test Accuracy', data=normal_small_results,
  label='Regular')
sns.lineplot(x='epoch', y='test Accuracy', data=warmstart_small_results,
  label='Warm Start')
sns.lineplot(x='epoch', y='test Accuracy', data=frozen_transfer_small_results,
  label='Frozen')
```

[30]: <AxesSubplot:xlabel='epoch', ylabel='test Accuracy'>

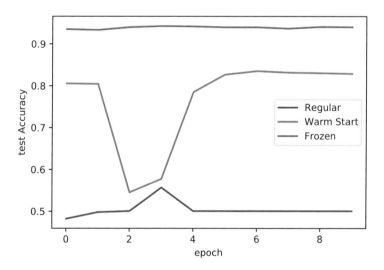

结果存在巨大的差异。从头开始训练的效果仍然最差，在测试集上的准确率勉强超过50%。使用热启动则会好一些，准确率约为80%；但使用冻结卷积层的效果最好，准确率达到约91%，几乎与在20,000个样本上训练的结果一样好。因此，当训练数据非常有限时，冻结方法是最好的，但其进一步改进的能力也有限。这就是热启动的优势所在；如果有足够的标签数据(但仍然不是太多)，热模型就能领先于冻结模型。

注意：如果你正在从事基于计算机视觉的在职工作，我建议你从预训练的模型开始训练。这种方法非常有效，如果你想使用当前工具并构建产品，那么从头开始训练模型的理由就很有限了。从头开始训练一个模型是值得的，这可以确认是否存在一个罕见的问题，即预训练不起作用，但除此之外，预训练模型还会让你的工作更轻松。如果能用预训练的模型构建一个可行的解，那么最终可以构建一个数据收集和标记过程，从而建立自己的大型语料库，以帮助改进工作；但这是一笔不小的投资。预训练可帮助你获得第一个可行的解，而无须支付高昂的成本。

虽然没有在这里展示，但你也可以在热启动和冻结启动之间取得平衡。正如前面提到的，计算机视觉任务的第一个卷积层倾向于学习滤波器，这些滤波器通常对解决各种问题都有用。随着网络的深入，滤波器会变得更加专业。在深度模型中，最后的卷积滤波器往往只对手头的特定任务有用。

你可以利用这一点，冻结网络的初始层，但允许后面的层作为热启动进行更改。这种混合方法需要经过反复试验，根据原始模型(即哪个版本的ResNet或其他架构)、训练数据的多少以及新的目标域数据，来选择停止冻结权重的深度。在使用预训练的网络时，冻结或不冻结不同层的调整基本上成为修改模型的新方法，因为你无法向已经存在的网络中添加更多的神经元或层。这不会总是产生巨大的差异，因此很多人都会跳过这一环节，专注于设计更多/更好的数据增强流程，以获得更高的时间回报。

13.4 文本预训练

使用预训练网络进行迁移学习能否取得成功，取决于能否学习到广泛适用的鲁棒特征/模式。直到现在，这种方法在自然语言处理(Natural Language Processing，NLP)相关任务中都仍未取得成功。多亏了我们在第12章中学到的transformer等新模型，这种情况才终于开始改变。

尤其是基于transformer的算法系列，大大提高了人们在文本问题上得到的结果质量。这些预训练模型中的第一个被称为BERT[1](是的，以芝麻街中的人物伯特命名)。若要调整预训练的BERT模型，可以重新使用第12章中的AG News数据集(加载`torchtext`、`tokenizer`和Vocab对象以及`text_transform`和相关的`label_transform`)，并分别调用AG News `train_dataset_text`和`test_dataset_text`的训练集和测试集。

唯一真正的变化是，我们创建了一个只有256个标签项的小型语料库。利用有限的训练数据进行学习是迁移学习获得最大回报的方式，也有助于这些示例快速运行：

```
train_data_text_small, _ = torch.utils.data.random_split(
    train_dataset_text, (256,len(train_dataset_text)-256))
```
← 划分一个小数据集

现在，以第12章中的GRU模型为基准进行训练。在整个数据集上，GRU的准确率为

---

1 J. Devlin, M.-W. Chang, K. Lee, 和K. Toutanova, "BERT: Pre-training of deep bidirectional transformers for language understanding," *Proceedings of the 2019 Conference of the North American Chapter of the Association for Computational Linguistics: Human Language Technologies, Volume 1 (Long and Short Papers)*, pp. 4171-4186, 2019.

92%。由于标签集较小，准确率可能会有所下降。下面的代码块重复使用了第12章中的
pad_batch函数来训练相同的GRU模型，但我们只有256个标签示例：

```
embed_dim = 128
gru = nn.Sequential(
    nn.Embedding(VOCAB_SIZE, embed_dim),          ←—— (B, T) -> (B, T, D)
    nn.GRU(embed_dim, embed_dim, num_layers=3,
    ↪batch_first=True, bidirectional=True),  ←— (B, T, D) -> ( (B, T, D) , (S, B, D) )

    LastTimeStep(rnn_layers=3, bidirectional=True),  ←——  将RNN输出减少
                                                          到一项(B, 2*D)

    nn.Linear(embed_dim*2, NUN_CLASS),   ←——
)
                            (B, D) -> (B, classes)


train_text_loader = DataLoader(train_data_text_small,
↪batch_size=32, shuffle=True, collate_fn=pad_batch) ←—
test_text_loader = DataLoader(test_dataset_text, batch_size=32,
↪collate_fn=pad_batch)                             使用collate_fn创建
                                                    训练和测试加载器
gru_results = train_network(gru, nn.CrossEntropyLoss(),
↪train_text_loader, test_loader=test_text_loader,
↪device=device, epochs=10,
↪score_funcs={'Accuracy': accuracy_score})   ←——  训练基准GRU模型
```

13.4.1　带有Hugging Face库的transformer

我们的基准GRU经过训练，代表了将要使用的典型方法。我们为迁移学习版本创建了
一个冻结的BERT模型，以获得该预训练文本模型的优势。首先需要实现一个包含一些预训
练的架构。幸运的是，Hugging Face(https://huggingface.co/transformers)库已迅速成为研究人
员放置BERT最新、最棒扩展的事实上的工具和仓库。要安装它，请运行以下命令：

```
!pip install transformers
```

我们将使用一个名为DistilBERT[1]的模型，它是BERT模型的一个版本，已简化为一个
包含更少参数的小型网络。这只是为了让示例运行得更快，因为transformer模型的计算成
本一般都很高。BERT类型模型成功的部分原因在于使用数十个GPU在数百吉字节的数据
上训练大型模型。与RNN相比，transformer能从更多层次和更大数据集中持续获益，并在
多个GPU上实现高度并行化，这也是transformer如此强大的部分原因。但对于今天的许多
人和团队来说，从头开始训练一个transformer/BERT模型的投资实在是太大了。transformer
能够用于迁移学习，这也是transformer与我们这些没有10多个GPU可用的人息息相关的原
因之一。

1　V. Sanh, L. Debut, J. Chaumond, 和T. Wolf，"DistilBERT, a distilled version of BERT : smaller, faster,
cheaper and lighter,"ArXiv e-prints, pp. 2-6, 2019, https://arxiv.org/abs/1910.01108.

由于使用预训练的BERT模型正迅速流行起来，因此模型附带了一个方便的`from_pretrained`函数，该函数可以使用不同的字符串，用于指定在不同设置下训练的BERT模型。例如，一个模型可能接受过区分大小写输入的训练，另一个模型接受的则是不区分大小写输入的训练。官方文件(https://huggingface.co/transformers/model_doc/distilbert.html)介绍了哪些选项可用。这里使用不区分大小写的方法，因为数据较少(更少的案例意味着更少的参数，在小数据集中的性能更好)：

初始化**tokenizer**(将字符串转换为输入张量)和模型(将输入张量转换为输出张量)　　　　　　　　　　　　加载**DistilBert**类

```
from transformers import DistilBertTokenizer, DistilBertModel
tokenizer = DistilBertTokenizer.from_pretrained('distilbert-base-uncased')
bert_model = DistilBertModel.from_pretrained('distilbert-base-uncased')
```

注意，上述代码不仅有`bert_model`，还有一个新的`tokenizer`。这样，就可以使用与原始BERT训练相同的编码过程，将新字符串转换为BERT的输入。不能在不同模型之间混合和匹配`tokenizer`。这类似于在预训练的 ResNet-18模型中使用特定的归一化平均值和标准差。需要按照与原始域相同的处理方式对新目标域模型的初始输入进行处理。`tokenizer`对象将原始字符串作为输入，并以相同的方式执行原始模型训练时使用的所有预处理操作，从而使工作变得更加轻松。

为BERT模型实现`collate_fn`的策略与GRU模型非常相似。我们不调用`text_transform`，而是在原始字符串上调用Hugging Face提供的`tokenizer`。特别是，有一个`batch_encode_plus`函数可以接收字符串列表，并将其转换为一批数据，以便处理(如果需要，还可以使用掩码)。只需添加参数`return_tensors='pt'`，让Hugging Face知晓需要使用PyTorch张量(它也支持TensorFlow)以及`padding=True`标志，这样较短的句子就会被填充为等长：

已更改：不要使用旧的**text_transform**；获取原始文本

```
def huggingface_batch(batch):
    """
    Pad items in the batch to the length of the longest item in the batch.
    Also, re-order so that the values are returned (input, label)
    """
    labels = [label_transform(z[0]) for z in batch]    ◀── 前三行与之前相同
    texts = [z[1] for z in batch]

    texts = tokenizer.batch_encode_plus(texts,    ◀── 新：Hugging Face
        return_tensors='pt', padding=True)['input_ids']    编码了一批字符串
```

```
    x, y = texts, torch.tensor(labels, dtype=torch.int64)
    return x, y
train_text_bert_loader = DataLoader(
    train_data_text_small, batch_size=32, shuffle=True,
    collate_fn=huggingface_batch)
test_text_bert_loader = DataLoader(test_dataset_text, batch_size=32,
    collate_fn=huggingface_batch)
```

← 回到旧代码：将它们叠加起来并返回张量

← 使用新的**collage_fn**创建数据加载器

13.4.2　无梯度的冻结权重

最后，需要训练带有冻结权重的BERT模型。由于输出包含填充，因此需要定义一个Module类来计算填充的掩码，并根据需要使用它。BERT提供了一个形状为(B, T, D)的输出张量，需要将其缩减为(B, D)以进行分类预测。第10章中的getMaskByFill函数提供了填充掩码，支持重复使用注意力层，仅对有效(未填充)的标记进行平均。可以通过bert_model.config.dim变量访问BERT使用的隐藏神经元D的数量。Hugging Face中的每个模型都有一个.config变量，其中包含有关模型配置的各种信息。

我们还借此机会展示了冻结权重的另一种方法。可以使用with torch.no_grad():上下文来代替手动为每个参数设置requires_grad=False。它具有相同的效果，为任何需要的反向传播计算梯度，但请立即忘记它们，因此在梯度更新时不会使用它们。如果想让冻结具有自适应能力，或者想让代码更明确地表明在部分代码中不使用梯度，这样做就很方便。这种方法的缺点是，很难实现混合了热层和冻结层的模型。

代码如下：

```
class BertBasedClassifier(nn.Module):
```
← 用于**BERT**模型冻结训练的新类

```
    def __init__(self, bert_model, classes):
        """
        bert_model: the BERT-based classification model to use as a frozen
            initial layer of the network
        classes: the number of output neurons/target classes for this
            classifier.
        """
        super(BertBasedClassifier, self).__init__()
        self.bert_model = bert_model
        self.attn = AttentionAvg(
            AdditiveAttentionScore(
            bert_model.config.dim))
        self.fc1 = nn.Linear(bert_model.config.dim,
            bert_model.config.dim)
        self.pred = nn.Linear(bert_model.config.dim, classes)
```

注意力形状缩小为(B, D)

进行少量特征提取

从**BERT**中得到了一个形状为(B, T, D)的张量，因此定义了一些自己的层，以便从(B, T, D)得到形状为$(B, classes)$的预测

对类进行预测 →

```
def forward(self, input):
    mask = getMaskByFill(input)          ←── 输入为(B, T)
    with torch.no_grad():                ←── 使用no_grad()进行冻结
        x = self.bert_model(input)[0]
```
Hugging Face返回一个元组,因此请将其解包!
(B, T, D)

计算平均嵌入

```
    cntxt = x.sum(dim=1)/(mask.sum(dim=1).unsqueeze(1)+1e-5)   ←──
    x = self.attn(x, cntxt, mask)        ←── 应用注意力
    x = F.relu(self.fc1(x))              ←── 做出预测并返回
    return self.pred(x)
```

```
bertClassifier = BertBasedClassifier(bert_model, NUN_CLASS)   ←── 构建分类器
bert_results = train_network(bertClassifier, nn.CrossEntropyLoss(),
    train_text_bert_loader, test_loader=test_text_bert_loader,
    device=device, epochs=10, score_funcs={'Accuracy': accuracy_score})
```

与之前一样,可以使用方便的 `train_network` 函数来训练这个基于BERT的分类器:

```
sns.lineplot(x='epoch', y='test Accuracy', data=gru_results,
    label='Regular-GRU')
sns.lineplot(x='epoch', y='test Accuracy', data=bert_results,
    label='Frozen-BERT')
```

`[41]:` <AxesSubplot:xlabel='epoch', ylabel='test Accuracy'>

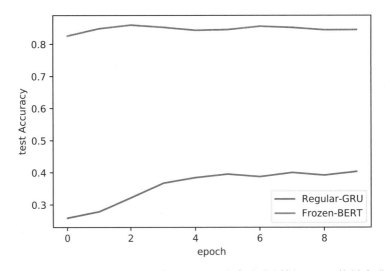

通过观察结果,可以看到GRU正在学习,但速度非常缓慢。GRU的最高准确率约为40%,还不到它在完整训练集上所能达到的92%的一半。冻结BERT模型的准确率约为84%,这是一个显著的进步。不过,代价也更高。正如前面提到的,BERT类型的模型往往非常庞大,因此计算成本很高。训练和应用BERT分类器的速度只有GRU的十分之一左右。

从模型准确率的角度来看，这显然是一场净胜利，因为GRU本身永远无法达到84%的准确率。不过，基于BERT的模型在实际应用中可能会过于缓慢。这取决于可用的资源和当前问题的具体情况。

这是一个需要注意的重要权衡，在使用预训练方法时，这种情况并不少见。从本质上讲，我们希望使用预训练的模型，因为它已经在更大的数据集上训练过了，但这也意味着模型变得更大，以最大限度地提高准确率。

根据我的个人经验，我发现预训练transformer往往会在为问题建立标注数据集时开始失去优势。尽管经过预训练的CNN几乎总是优于那些从头开始训练的CNN，但我经常发现，对于transformer来说，结果并不是那么明显和一致。它们有时更好，有时更差。与Lasso惩罚逻辑回归等非深度方法相比，情况尤其如此，后者在许多文本数据集上的表现都非常有竞争力。

尽管如此，使用预训练模型处理文本数据现在仍然是一种可能采用的方法。随着时间的推移，它很可能会有所改进，在训练样本很少的情况下，它是一个强大的工具。请将它留在你的工具箱里，但如果你有基于文本的问题，可以探索使用其他方法。

13.5 练习

请尝试在本书的Manning出版社在线平台上分享和讨论你的解决方案(https://liveproject.manning.com/project/945)。提交完答案后，你便能够看到其他读者提交的解决方案，并看到作者评选的最佳方案。

1. 使用dir命令探索PyTorch resnet18模型的子组件，并编写自己的函数def warmFrozenResnet18(num_frozen)，该函数仅冻结网络中的第一个num_frozen卷积层。

2. 使用warmFrozenResnet18函数，探索当使用$N=256$，$N=1024$和$N=8,192$个标签的训练样本时，热层与冻结层之间的权衡。

3. 重复前两个练习，但改用MobileNet类。

4. 回到第8章，第8章训练了Faster R-CNN来检测MNIST数字的位置。实现预训练的主干网络作为MNIST分类器，然后使用预训练的主干网络来训练Faster R-CNN。在一些图像上测试结果，并描述结果中存在的任何差异。注意：如果将主干网络分为两个部分，训练会更容易：一部分是较大的仅包含卷积层和池化的特征处理子网络，另一部分是预测子网络，用于进行类别标签最终的池化(可选)、展平化和预测。这样，你就可以只将特征处理子网络用于Faster R-CNN。

5. 当你有大量数据，但其中大部分数据是无标签数据时，可以使用自动编码器进行无监督预训练。针对猫和狗的问题编写一个去噪自动编码器，并在整个数据集上进行训练，然后使用编码器部分作为分类器的热启动。你可以将编码器特征视为处理主干网络，然后在上面添加一个预测子网络。

6. Hugging Face有一些特殊的分类，可以更方便地使用预训练模型。请查看Distil-BertForSequenceClassification类的文档，并用Hugging Face API的内置方法替换AG News数据集上使用的方法。两者相比如何？

13.6   小结

- 可以重复使用在一个数据集上训练过的网络的权重，将其应用于新的数据集，并对网络的最后一层进行手术，以使其与问题相匹配，从而实现知识迁移。
- 在训练过程中，预训练模型的权重可以是热权重(允许改变)或冻结权重(保持不变)，从而在数据较多或较少时分别带来不同的好处。
- 当标签数据很少时，迁移学习的优势最大。
- 针对卷积网络和计算机视觉问题的预训练非常有效，针对文本问题的预训练也有用，但由于模型大小和计算时间的不同，需要进行更多的权衡。
- 针对文本问题的预训练最好使用在大型语料库中训练过的transformer类型模型。

第14章

高级构件

本章内容
- 使用抗锯齿池化提高平移不变性
- 利用改进的残差连接加快收敛速度
- 通过混合数据防止过拟合

　　到目前为止，本书中的练习都是围绕在最短的计算时间内学习到真正的技术而设计。但是，当处理实际问题时，往往需要数百个迭代周期和比迄今为止训练的模型更深入的模型，而且与本书中的示例相比，还必须处理更大的输入。

　　在处理这些较大的数据集时，有时需要使用额外的工具才能获得最佳结果。本章将介绍研究人员为改进深度学习模型而开发的一些最新、最棒的技术；这些技术通常在对大型数据集进行多次迭代训练时效果最佳。我们将重点关注那些简单、实用、有效且易于实现的方法。这些更先进的技术往往无法在较小的模型上或像本书介绍的大部分内容那样只训练10到20个迭代周期就能充分获益。在实践中，这些技术在训练100到300个迭代周期时会取得最好结果。我设计了一些实验来展示其在相对较短时间内具有的一些好处，但你应该期待在更大的问题上获得更显著的好处。

　　本章将介绍三种方法，你可以放心地将它们应用于几乎任何模型中，并获得切实的改进。抗锯齿池化改进了我们一直使用的池化操作，使其更适合几乎所有CNN应用。这种池化可以更好地处理图像内容中的微小变化，从而提高准确率。接下来，我们将研究一种名为ReZero的最新残差连接方法，它允许网络在决定何时以及如何使用跳跃连接时更具灵活性。因此，它们更准确，收敛迭代周期更短，同时学习速度更快。最后，我们将介绍一种构建损失函数的新方法：MixUp，它是通过减少过拟合来改善几乎所有神经网络结果的方法的基础。

14.1　池化问题

池化是CNN的早期组成部分，多年来变化最小。正如第3章所讨论的，池化层可以帮助赋予模型具有平移不变性：当向上/向下或向左/向右移动图像内容时，它们会产生相同或相似的答案。它们还能增加后续层的感受野，让每个卷积层都能同时查看更多的输入，获得更多的上下文。尽管CNN无处不在，但几十年来，一个小缺陷却一直困扰着CNN，直到最近人们才注意到这个问题，并设计出了一个简单的解决方案。问题的关键在于，单纯的池化会丢失比必要信息更多的信息，并因此引入噪声。接下来通过一个示例来演示这种信息丢失是如何发生的，然后再讨论解决方案，并开发一个新的池化层来解决这个问题。

在问题演示过程中，会从维基百科下载一张斑马的图片[1]。这是一幅斑马图，这一点很重要，稍后你就会看到。以下代码从给定的URL下载图像，并将其转换为Python图像库(Python Imaging Library，PIL)图像：

```
import requests
from PIL import Image
from io import BytesIO

url = "https://upload.wikimedia.org/wikipedia/
➥commons/9/9c/Zebra_in_Mikumi.JPG"
from urllib.request import urlopen
response = requests.get(url)
img = Image.open(BytesIO(response.content))
```

现在，将图像的最短尺寸调整为1,000像素，并裁剪出中间的内容。这一步的主要目的是修改代码，以便以后可以自己尝试转换不同的图像。ToTensor变换将PIL图像转换为适当的PyTorch张量，并将其值缩放到[0, 1]范围内：

```
to_tensor = transforms.ToTensor()          ◄─── 将PIL图像转换为PyTorch张量
resize = torchvision.transforms.Resize(1000)    ◄─── 将最小尺寸调整为1,000像素
crop = torchvision.transforms.CenterCrop((1000, 1000)) ◄─┐
  img_tensor_big = to_tensor(crop(resize(img)))           │
                              裁剪出中间的1,000像素×1,000像素 ─┘
组合所有三个转换步骤以转换图像
```

接下来，使用一个简单的ToPILImage应用程序就能将图像转换回原始PIL图像对象。Jupyter Notebook足够智能，可以自动显示这些图像，你应该能在图像中看到两只斑

---

[1]　图片由Sajjad Fazel提供，详见https://commons.wikimedia.org/wiki/User:SajjadF。

马。注意，虽然背景内容模糊且失焦，但斑马画面却清晰明了。它们的皮毛和黑白条纹清晰可见，包括脸上更密集的条纹：

```
to_img = transforms.ToPILImage()
to_img(img_tensor_big)
```

现在，使用最大池化技术将图像缩小1/4。将图像缩小1/4而非1/2，从而加剧产生了池化问题。下面的代码会进行池化处理，然后打印图像，查看哪些地方肯定不对劲：

```
shrink_factor = 4                      ←——— 要执行多少次池化
img_tensor_small = F.max_pool2d(img_tensor_big,
   (shrink_factor,shrink_factor))      ←——— 应用池化
to_img(img_tensor_small)               ←——— 生成的图像
```

虽然背景看起来还不错，但斑马的条纹上有许多像素化的图案，这通常被称为锯齿

(jaggies)。在黑白条纹更密集的地方，锯齿现象会变得更严重。在斑马的臀部附近，锯齿很明显，但还不算可怕；胸部的瑕疵则令人心烦意乱；脸部看起来严重混乱，缺乏原始照片中的任何细节。

这个问题被称为锯齿(alising)。简化的解释是，当试图在一个较小的空间内采样精细、详细的信息时，就会出现锯齿现象。这里强调"采样"一词，是因为当从一个较大的表示中选择精确值来填充一个较小的表示时，就会出现锯齿现象。这意味着许多不同的输入都可能产生相同的块状锯齿，而且越是试图缩小输入，问题就越严重。

来看一个简单示例，看看锯齿是如何发生的。图14.1显示了三种不同的一维模式。第一个图案中的黑白色块是固定的，一个接一个地交替出现。第二个图案中的图块是两个一组，第三个图案中的图块是一对相邻的白色图块。尽管模式不同，但简单的最大池化却能得到相同的输出结果。

这不太好。但这是个问题吗？我们已经建立了几个看起来运行良好的CNN，几十年来人们一直在使用最大池化。也许这不是什么大问题，除非想构建斑马探测器。虽然我们的CNN可以正常工作，但锯齿问题确实存在，而且每当在架构中添加另一个池化层时，锯齿问题就会变得更加严重。通过了解为什么会出现锯齿问题，可以积累必要的知识，从而了解如何解决这个问题。

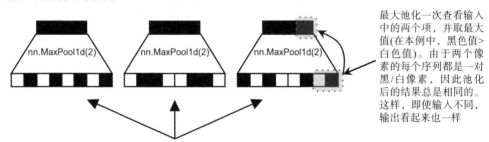

最大池化一次查看输入中的两个项，并取最大值(在本例中，黑色值>白色值)。由于两个像素的每个序列都是一对黑/白像素，因此池化后的结果总是相同的。这样，即使输入不同，输出看起来也一样

三种不同的黑白像素输入模式进入MaxPool1d层。每种模式都不相同，我们希望结果能显示它们之间存在的某种差异

图14.1　锯齿问题如何导致信息丢失的示例。三个不同的输入进入最大池化层，但得到了三个相同的输出。这是一个极端的情况，但却说明了基本问题

14.1.1　锯齿损害了平移不变性

与MNIST相比，CIFAR-10数据集的复杂性更高，因此这里将使用CIFAR-10数据集来说明为什么会出现锯齿问题。CIFAR图像的高度和宽度均为32像素×32像素，但通过对图像进行随机裁剪，我们选择了一个24像素×24像素的较小图像块。(当使用较小的子图像时，通常的做法是使用随机裁剪进行训练，以获得更多的多样性，并将中心裁剪应用于测试集，以获得一致的结果。)这样，就可以在上/下或左/右最多八个像素的移动中测试CNN，以了解平移图像内容对CNN预测的影响。池化本应能提高平移不变性(即，即使上下左右移动也能得到相同的结果)，但这里将展示锯齿是如何阻止我们获得全部好处的。

注意：对于128像素×128像素或更大的图像，在比原始图像尺寸略小的裁剪上进行训练是一种相当普遍的做法。这样做可以为模型的输入提供额外的多样性，避免了在训练的多个迭代周期中多次显示完全相同的图像，并使模型更加真实(数据很少是完全居中的)。对于32像素×32像素这么小的图像，通常不会这样做，因为其包含的内容太少了，但这里需要这样做，是为了有像素可以移动。

下一个代码块使用我们描述的子图像设置CIFAR-10。在训练过程中，我们使用随机的24像素×24像素裁剪，并创建同一测试集的两个不同版本。一般来说，测试应该是确定性的，如果做同样的事情，就希望得到同样的结果。如果用相同的权重运行相同的模型，每次得到的测试结果都不一样，那就很难确定模型的改变是否带来了任何改进。为了使测试具有确定性，测试加载器会进行中心裁剪，因此每次测试的图像都一样。但我们还想看看不同方向移动时得到的一些结果，因此又制作了第二个版本，它将返回原始的32像素×32像素图像：可以手动裁剪这些图像，以观察移动如何改变模型的预测结果：

```python
B = 128
epochs = 30

train_transform = transforms.Compose(        # ← 训练转换：随机裁剪到PyTorch张量
    [
        transforms.RandomCrop((24,24)),
        transforms.ToTensor(),
    ])
test_transform = transforms.Compose(          # ← 测试转换：将中心裁剪为PyTorch张量
    [
        transforms.CenterCrop((24,24)),
        transforms.ToTensor(),
    ])

trainset = torchvision.datasets.CIFAR10(root='./data', train=True,
    download=True, transform=train_transform)
train_loader = torch.utils.data.DataLoader(trainset, batch_size=B,
    shuffle=True, num_workers=2)
testset_nocrop = torchvision.datasets.CIFAR10(      # ← 测试集版本包含32像素×32
    root='./data', train=False, download=True,      #   像素的完整图像，因此可以
    transform=transforms.ToTensor())                #   测试特定裁剪

testset = torchvision.datasets.CIFAR10(root='./data', train=False,
    download=True, transform=test_transform)        # ← 评估期间使用的测试加
                                                    #   载器是确定性中心裁剪
test_loader = torch.utils.data.DataLoader(testset,
    batch_size=B, shuffle=False, num_workers=2)
cifar10_classes = ('plane', 'car', 'bird', 'cat',   # ← 将类索引映射回CIFAR-10
    'deer', 'dog', 'frog', 'horse', 'ship', 'truck')  #   的原始名称
```

接下来查看随机裁剪后的数据是什么样的。下面的代码从训练集中选取同一张图片四次，然后将其与类别标签一起绘制出来。每选取一次，图像都会平移一点，从而增加了额外的复杂性。

```
f, axarr = plt.subplots(1,4, figsize=(20,10))      ◀—— 生成1像素 × 4像素网格
for i in range(4):
    x, y = trainset[30]      ◀—— 从训练集中抓取特定项(我喜欢飞机)
    axarr[i].imshow(x.numpy().transpose(1,2,0))
    axarr[i].text(0.0, 0.5,cifar10_classes[y].upper(),
      ➡dict(size=30, color='black'))
```

按照NumPy和Matplotlib喜欢的 **(W, H, C)** 形状对图像重新排序

在角落中显示类名的绘图

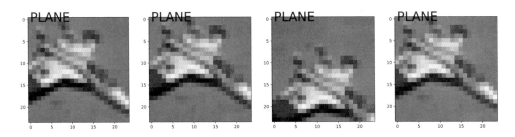

现在，使用卷积和据称存在缺陷的最大池化来训练一个简单的网络。这里只使用了两轮最大池化，与斑马示例中使用的池化次数相同。这足以证明即使在输入非斑马图像时，池化也会出现问题。总的来说，池化次数越多，问题越严重。在这段代码中，以及在本章中，添加了第6章中值得信赖的CosineAnnealingLR调度器。它有助于最大化池化结果，并支持仅用30个迭代周期就能显示一些通常要经过100个迭代周期的训练后才能看到的行为(这并不意味着不应该在实际生产问题上执行100个迭代周期的训练，只是为了可以以这种方式更快地展示这种行为)。代码如下：

```
C = 3      ◀—— 输入通道数
h = 16      ◀—— 隐藏层中的通道数
filter_size = 3
pooling_rounds = 2

def cnnLayer(in_size, out_size, filter_size):      ◀—— 曾多次使用过的辅助函数
    return nn.Sequential(
        nn.Conv2d(in_size, out_size, filter_size, padding=filter_size//2),
        nn.BatchNorm2d(out_size),
        nn.ReLU())

normal_CNN = nn.Sequential(      ◀—— 一个常规的CNN，由两个CNN
    cnnLayer(C, h, filter_size),         层组成的块被最大池化隔开
    cnnLayer(h, h, filter_size),
```

```
    nn.MaxPool2d(2),
    cnnLayer(h, h, filter_size),
    cnnLayer(h, h, filter_size),
    nn.MaxPool2d(2),
    cnnLayer(h, h, filter_size),
    cnnLayer(h, h, filter_size),
    nn.Flatten(),
    nn.Linear(h*(24//(2**pooling_rounds))**2,
    ➥len(cifar10_classes))
)
```

$$\#通道 \cdot \left(\frac{24像素}{2^{池化轮数}} \right)^2 = 最终层的输入数量$$

```
loss = nn.CrossEntropyLoss()
```

使用学习率调度
器设置优化器，
以最大化性能

```
optimizer = torch.optim.AdamW(normal_CNN.parameters())
scheduler = torch.optim.lr_scheduler.CosineAnnealingLR(optimizer, epochs)

normal_results = train_network(normal_CNN, loss,
```

◄── 照常训练模型

```
➥train_loader, epochs=epochs, device=device,
➥test_loader=test_loader, optimizer=optimizer,
➥lr_schedule=scheduler,
➥score_funcs={'Accuracy': accuracy_score})
```

到此模型训练结束，看来没有任何问题。准确率随着训练的每个迭代周期有规律地提高，这很正常，也很好。这个数据集比MNIST更具挑战性，因此获得74.35%的准确率是合理的。当查看同一图像的不同版本时，问题就出现了：

```
sns.lineplot(x='epoch', y='test Accuracy',
➥data=normal_results, label='Regular')
```

[13]: <AxesSubplot:xlabel='epoch', ylabel='test Accuracy'>

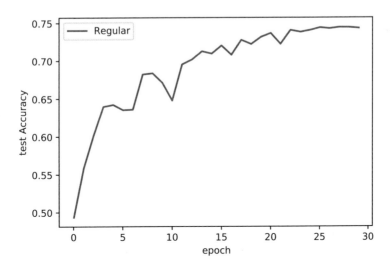

下面的代码从测试集中获取一张完整的32像素×32像素图像，并对所有64张可能的24像素×24像素子图像进行预测。预测是通过传入网络的x_crop变量完成的，得出预测正确类的概率是通过prob_y计算的：

```
test_img_id = 213                              ←——  要抓取的测试图像
x, y = testset_nocrop[test_img_id]             ←——  获取原始的32像素×32像素图像
offset_predictions = []                        ←——  保存每个24像素×24像素子图像的预测
normal_CNN = normal_CNN.eval()
for i in range(8):              ←——  用于上/下移位
    for j in range(8):         ←——  用于左/右移位

        x_crop = x[:,i:i+24, j:j+24].to(device)      ←——  抓取裁剪的图像
        with torch.no_grad():
            prob_y = F.softmax(normal_CNN(     ←┐ 对图像进行分类，并得
            ➥x_crop.unsqueeze(0)), dim=-1)      │ 出预测正确类的概率
            ➥.cpu().numpy()[0,y]
            offset_predictions.append((x_crop, prob_y))    ←——  保存结果分数
```

接着绘制所有64张图像，并在每张图像上方显示模型预测正确类的概率。从外观上看，这些图像几乎完全相同，因为它们都是相同原始输入的子图像。应该对所有这些图像进行相似的预测，因为它们本质上是相同的：

```
f, axarr = plt.subplots(8,8, figsize=(10,10))   ←——  8像素×8像素图像网格
for i in range(8):              ←——  对于每行
    pos = 0                     ←——  跟踪正在访问的特定移位


    for x, score in offset_predictions[i*8:][:8]:    ←┐ 抓取接下来的八
                                                      │ 个图像以填充列
在左上角打印预测正确类的概率
        axarr[i, pos].imshow(x.cpu().numpy().transpose(1,2,0))   ←┐
        axarr[i, pos].text(0.0, 0.5,                              │
        ➥str(round(score,2)),                            绘制24像素×24像
        ➥dict(size=20, color='green'))                   素子图像
        pos += 1                ←——  移到下一个图像位置
```

能看出问题所在吗？虽然模型总是正确的(这一次)，但它的置信度可能会发生巨大变化，从34.84%波动到99.48%的置信度都有可能认为图像是一辆卡车。这就是最大池化的问题所在：它实际上不是平移不变的。如果它是不变的，就能为每张图片得到相同的置信度分数。你可以尝试更改test_img_id变量，看看其他测试图像是否也会出现这种情况。现在我们知道，最大池化并不能提供良好的平移不变性；失败的程度比想象的要大得多。

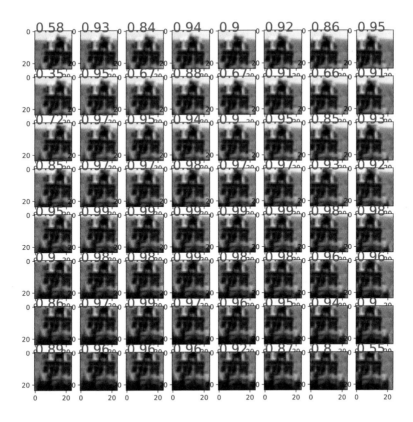

14.1.2　通过模糊实现抗锯齿

如果不只选择最大值，就可以构建一个更好的池化版本。还记得在第4章中，使用手工卷积来模糊输入吗？模糊的效果是混合相邻位置之间的信息。如果首先进行一些模糊处理来混合信息，就可以使用池化来区分通常会导致出现锯齿的模式。接着来了解一下模糊处理如何帮助构建一个更好的池化操作，这种池化操作可以有效地解决锯齿问题，并可直接替代最大池化。

图14.2显示了如何对图14.1中显示的相同一维序列进行模糊处理。请记住，当使用标准最大池化时，这些模式最初都会产生相同的输出。在这种情况下，我们仍将使用最大池化，但将使用stride=1(带填充)，因此输出与输入的大小相同。这样，就得到了一种新的表示，可以返回每个可能池化的局部区域的最大值。

常规最大池化处理会获取每个其他最大值，因为使用2作为输入，则表示要将每个维度缩小1/2。取而代之的是，我们取各组最大值的平均值来选择最终的表示。对于最左边的示例，这对输出没有影响。但它确实改变了另外两个示例：中间示例的输出现在有了黑色和灰色模式，与白色单元格较多的位置相对应。这使得能够更好地区分这些相似的模式，并减少出现的锯齿问题。

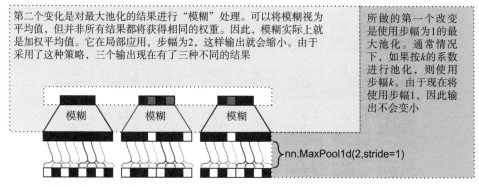

同样，有三个不同的输入，每个输入都有不同的
黑白像素模式

图14.2　最大池化的一种方法，有助于减少锯齿：也称为抗锯齿。首先，使用步幅为1的最大池
　　　　化，以获得与输入具有相同大小的输出。然后，应用步幅为2的模糊内核/卷积，将输出缩小到
　　　　所需的大小，并保持最大池化的行为，但支持描绘三个输出来自三个不同的输入。这种方法比
　　　　简单的最大池化方法能捕获更多的信息

我们需要一个能进行模糊处理的函数。正如第3章中所见，使用具有正确内核的卷积
函数可以实现模糊处理。应该选择哪一个函数呢？Richard Zhang展示了如何解决这个问
题[1]，他使用了一个比池化大小稍大的二项式滤波器。二项式滤波器将大部分权重放在中
心，并降低距离较远的项的权重，这样模糊就会集中在当前位置的项，而不是位于较远位
置的项上。对于尺寸为k的一维滤波器，第i个二项式滤波器值等于

$$\text{filter}_i = \frac{\binom{i}{k}}{2^i}$$

下面列出了$k=2$到$k=7$对应的滤波器值。最大值始终位于中间，并且值向边缘递减。
结果是一个加权平均值，它着重强调滤波器当前位置的值，然后慢慢地减少到距离更远的
项。这就是产生模糊效果的原因，它将帮助解决锯齿问题：

$k=2$:					1		1			
$k=3$:				1		2		1			
$k=4$:			1		3		3		1		
$k=5$:		1		4		6		4		1	
$k=6$:	1		5		10		10		5		1
$k=7$: 1	6		15		20		15		6		1

幸运的是，这种模式符合所谓的二项分布(除以所有k值的总和后，其和等于1.0)，这
在SciPy库中能很方便地实现。因此，可以使用它来实现一个新的BlurLayer。给它一个
输入选项D，即输入数据的维数(一维、二维或三维)；一个kernel_size，用于告知二项

1　R. Zhang, "Making convolutional networks shift-invariant again," in *Proceedings of the 36th International Conference on Machine Learning*, vol. 97, pp. 7324-7334), 2019.

式滤波器内核的宽度；以及一个控制输入数据的缩小程度的stride。kernel_size和stride的作用与卷积层相同。

代码如下：

```
class BlurLayer(nn.Module):
    def __init__(self, kernel_size=5, stride=2, D=2):
        """
        kernel_size: how wide should the blurring be
        stride: how much should the output shrink by
        D: how many dimensions in the input. D=1, D=2, or D=3 for tensors of
        shapes (B, C, W), (B, C, W, H), (B, C, W, H, Z) respectively.
        """
        super(BlurLayer, self).__init__()

        base_1d = scipy.stats.binom.pmf(list(range(
            kernel_size)), kernel_size, p=0.5)

        if D <= 0 or D > 3:
            raise Exception()

        if D >= 1:
            z = base_1d

        if D >= 2:
            z = base_1d[:,None]*z[None,:]

        if D >= 3:
            z = base_1d[:,None,None]*z

        self.weight = nn.Parameter(torch.tensor(z,
            dtype=torch.float32).unsqueeze(0),
            requires_grad=False)
        self.stride = stride

    def forward(self, x):
        C = x.size(1)
        ks = self.weight.size(0)

        if len(self.weight.shape)-1 == 1:
            return F.conv1d(x, torch.stack(
                [self.weight]*C), stride=self.stride,
                groups=C, padding=ks//self.stride)
        elif len(self.weight.shape)-1 == 2:
            return F.conv2d(x, torch.stack(
                [self.weight]*C), stride=self.stride,
                groups=C, padding=ks//self.stride)
        elif len(self.weight.shape)-1 == 3:
            return F.conv3d(x, torch.stack(
```

生成一维二项式分布。计算所有k值的归一化**filter_i**值

z是一维滤波器

D的选项无效

这样很好

二维滤波器可以通过将两个一维滤波器相乘来实现

可以通过将二维版本与一维版本相乘来制作三维滤波器

应用滤波器是一个卷积，因此将滤波器作为参数保存在这一层中。因为不希望**requires_grad**发生变化，所以有**requires_grad=False**

有多少个通道？

内部滤波器有多宽？

groups参数用于将单个滤波器应用于每个通道，因为我们没有像常规卷积层那样的多个滤波器

所有三个调用都是相同的：只需要知道要调用哪个conv函数

```
⮡[self.weight]*C), stride=self.stride,
⮡groups=C, padding=ks//self.stride)
else:
    raise Exception() ◄
```
永远不希望碰到该行
代码：如果碰到了，
就知道存在bug

有了这个BlurLayer，就可以实现讨论过的用于解决最大池化锯齿问题的策略。首先，在原始斑马图像上尝试一下，看看它是否有效。再次调用max_pool2d，但将步幅设置为1，这样图像就不会变小。然后，创建一个BlurLayer，使内核大小等于或大于想要缩小的系数。这意味着，如果希望以z的系数进行池化，那么模糊滤波器的内核大小就应该大于等于z，即kernel_size≥z。然后将BlurLayer的步幅设置为希望收缩的大小：

应用步幅为1的最大池化

```
tmp = F.max_pool2d(img_tensor_big, (shrink_factor,shrink_factor), ◄
⮡stride=1, padding=shrink_factor//2)
img_tensor_small_better = BlurLayer(kernel_size=int(1.5*shrink_factor), ◄
⮡stride=shrink_factor)(tmp.unsqueeze(0))
```
模糊最大池化结果

```
to_img(img_tensor_small_better.squeeze())          ◄─── 显示结果
```

斑马的形象更加清晰。斑马身上不再布满丑陋的锯齿(虽然仍有一些斑块，但数量远不及原图)。观察斑马的鬃毛或脸部，很难判断条纹图案的密集程度，但至少看起来很平滑。此外，之前很难看出斑马脸上的图案与斑马胸前和前腿上的图案有什么区别，块状输出让人很难分辨出发生了什么。使用抗锯齿技术后，可以看出脸部的细节非常精细，图案也很密集，而躯干上的图案角度变化较大。

值得注意的还有背景中的草和树。这两张照片中的树木看起来很相似，因为它们在原始图像中是失焦的：实际上它们经过了预先模糊处理。前景中的草看起来与原始池化图像略有不同，这也是因为新方法对图像进行了抗锯齿处理。

14.1.3　应用抗锯齿池化

既然已经证明了最大池化存在问题，就可以创建一个新的MaxPool2dAA(AA代表抗锯齿)来代替原来的nn.MaxPool2d。第一个参数是想要池化的程度，就像在原图中一样。此外还加入了一个ratio参数，用于控制模糊滤波器应该比收缩比率大多少。这里将其设置为1.7的合理默认值。通过这种方式，如果希望滤波器以更大的数量进行池化，代码就会自动选择更大的滤波器进行模糊处理：

```
class MaxPool2dAA(nn.Module):
    def __init__(self, kernel_size=2, ratio=1.7):
        """
        kernel_size: how much to pool by
        ratio: how much larger the blurring filter should be than the
        ⇒pooling size
        """
        super(MaxPool2dAA, self).__init__()

        blur_ks = int(ratio*kernel_size)          ◀—— 为模糊设置稍大的滤波器
        self.blur = BlurLayer(kernel_size=blur_ks,  ◀—— 创建模糊内核
        ⇒stride=kernel_size, D=2)
        self.kernel_size = kernel_size          ◀—— 存储池化大小

    def forward(self, x):                         ┌── 应用步幅为
        ks = self.kernel_size                     │   1的池化
        tmp = F.max_pool2d(x, ks, stride=1, padding=ks//2) ◀┘
        return self.blur(tmp)                     ◀—— 模糊结果
```

接下来，定义第一个网络中的aaPool_CNN模型，只不过将每个池化操作都替换成了新的抗锯齿版本。其余的训练代码则完全相同：

```
aaPool_CNN = nn.Sequential(     ◀── 架构与往常相同，但用抗
    cnnLayer(C, h, filter_size),    锯齿版本替代了池化
    cnnLayer(h, h, filter_size),
    MaxPool2dAA(2),
    cnnLayer(h, h, filter_size),
    cnnLayer(h, h, filter_size),
    MaxPool2dAA(2),
    cnnLayer(h, h, filter_size),
    cnnLayer(h, h, filter_size),
    nn.Flatten(),
```

```
        nn.Linear((24//(2**pooling_rounds))**2*h, len(cifar10_classes))
    )

optimizer = torch.optim.AdamW(aaPool_CNN.parameters())
scheduler = torch.optim.lr_scheduler.CosineAnnealingLR(optimizer, epochs)

aaPool_results = train_network(aaPool_CNN, loss, train_loader,
➥epochs=epochs, device=device, test_loader=test_loader,
➥optimizer=optimizer, lr_schedule=scheduler,
➥score_funcs={'Accuracy': accuracy_score})
```

查看训练结果时可以发现，抗锯齿模型几乎总是优于常规版本的网络。这两个模型的层数和需要学习的参数数量相同，因此这种影响完全是由于改变了池化操作造成的：

```
sns.lineplot(x='epoch', y='test Accuracy', data=normal_results,
➥label='Regular')
sns.lineplot(x='epoch', y='test Accuracy', data=aaPool_results,
➥label='Anti-Alias Pooling')
```

[22]: <AxesSubplot:xlabel='epoch', ylabel='test Accuracy'>

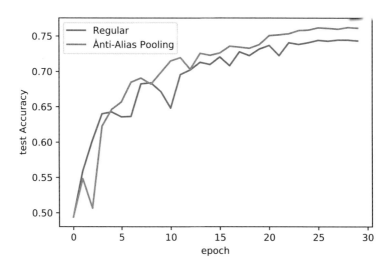

新的aaPool_CNN可以更快地收敛到更好的解：它在30个迭代周期后能达到76.14999999999999%的准确率。仅凭这一点，就有理由用这种方法替代常规的池化方法。但还不知道它是否解决了平移问题。

接着继续查看图像的移动如何改变对新模型的预测。下面的代码对测试集中的test_img_id执行了相同的测试，计算了模型对所有64种可能移动方式的正确类别的置信度。然后，在y轴上绘制预测正确类的概率；在x轴上显示移动了多少像素。理想情况下，应该会在绘图上看到一条垂直的实线，表明模型始终返回相同的结果：

```
x, y = testset_nocrop[test_img_id]        ←── 获取原始的32像素 × 32像素图像
offset_predictions_aa = []                ←── 保存每个24像素 × 24像素子图像的预测
aaPool_CNN = aaPool_CNN.eval()

for i in range(8):                ←── 用于上/下移位
    for j in range(8):            ←── 用于左/右移位

        x_crop = x[:,i:i+24, j:j+24].to(device)   ←── 抓取裁剪的图像
        with torch.no_grad():                       ┐ 对图像进行分类并获得
            prob_y = F.softmax(aaPool_CNN(          ┘ 预测，正确类的概率
            ➥x_crop.unsqueeze(0)), dim=-1)
            ➥.cpu().numpy()[0,y]
            offset_predictions_aa.append((x_crop, prob_y))  ←─┐ 保存结
                                                              ┘ 果分数
sns.lineplot(x=list(range(8*8)), y=[val for img,val in offset_predictions],
➥label='Regular')
ax = sns.lineplot(x=list(range(8*8)), y=[val for img,val in
➥offset_predictions_aa], label='Anti-Alias Pooling')
ax.set(xlabel='Pixel shifts',
➥ylabel='Predicted probability of correct class')
```

[23]: [Text(0.5, 0, 'Pixel shifts'),
    Text(0, 0.5, 'Predicted probability of correct class')]

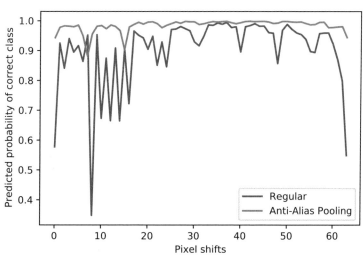

在该图中，aaPool_CNN的表现要好得多。虽然它没有完美解决锯齿问题，但返回的预测比原始模型更加一致。如果尝试更改test_img_id，就会发现情况通常是这样，但并非总是如此。如果训练了更多的迭代周期，如100个迭代周期，那么aaPool_CNN预测结果的一致性就会继续提高，而原始的CNN则会一直存在锯齿问题。

　　注意：当处理平移不变性之类的特定问题时，结果有时可能会以不直观的方式得到改善。也许原始模型预测正确类的概率在60%到95%之间波动，但新模型却能稳定地返回40%的预测正确类概率。这意味着原始模型在该样本上更准确，但新模型更一致。这种情况有可能发生，但迫使我们做出改变的信念是，在大多数情况下，更高的一致性和对平移的鲁棒性应该与更好的结果相关联。

　　当使用步幅≥2的卷积或平均池化时，也会出现这些锯齿问题。nn.AvgPool2d层可以用BlurLayer代替，以减少影响。固定步幅卷积(即stride=s)的方式与固定最大池化的方式相同：将卷积的原始步幅替换为stride=1，应用任何归一化和激活函数，然后以具有kernel_size=s的BlurLayer结束。

　　这种修复最大池化的方法发明于2019年，并发表在顶级会议的论文集中。如果你读到这里，觉得自己已经理解了，那么恭喜你——你现在可以理解并进行前沿的深度学习研究了！

14.2　改进后的残差块

　　接下来的两种技术需要应用于更复杂的网络和问题才能充分发挥其优势。这里仍然使用CIFAR-10来展示它们的一些改进，但它们在更大、更具挑战性的问题上更为成功。这里将从改进的残差块开始介绍，我们已在第6章首次提到了残差块。残差策略一般如下式所示：

$$h = \mathrm{ReLU}(x + F(x))$$

其中$F(\cdot)$表示重复两次的卷积、归一化和激活函数的小序列。这就在网络中创建了跳跃连接，从而更容易学习深层网络。这些更深层次的网络往往也能更快地收敛，并获得更高质量的解决方案。

　　残差连接并没有什么特别的问题。正如之前提到的，它们非常有效，并已被应用于许多其他架构(如U-Net和transformer)。但只需对其稍作调整，它们就能以良好的直观逻辑持续改进结果。

　　一种名为ReZero[1]的技术可以进一步改进残差方法，使其收敛得更快并获得更好的解决方案。这种方法非常简单易行，而且很容易集成到残差块的定义中。其原理是，路径$F(x)$是有噪声的，可能会给计算增加不必要的复杂性，至少在早期是这样。宁可让网络从简单开始，然后根据解决问题的需要逐步引入复杂性。这就好比一次构建一个解决方案，而非一次构建所有解决方案。

　　这种方法通过使用以下公式实现，其中α是网络学到的参数，但在训练开始时初始化为$\alpha=0$：

$$h = x + \alpha \cdot \mathrm{ReLU}(F(x))$$

1　T. Bachlechner et al.，"ReZero is all you need: fast convergence at large depth，" https://arxiv.org/abs/2003.04887, 2020.

因为 $\alpha = 0$，所以一开始得到的是简化网络 $h = x$。这对输入没有任何影响。如果所有的层都是这样的，那还不如不存在，因为没有任何改动，所以即使去掉它们，也会得到相同的答案。但在梯度下降过程中，α 的值发生了变化，ReLU$(F(x))$ 的内部项突然被激活，并开始对解做出贡献。网络可通过改变 α 的大小(正或负)来关注原始值 x，进而选择对该内部项中非线性操作的重视程度。α 越大，网络使用 $F(\cdot)$ 中的计算就越多。

14.2.1 有效深度

ReZero的优势很微妙，因此在实现它之前，先要对公式进行注释并对其进行更详细的说明。ReZero残差公式如下：

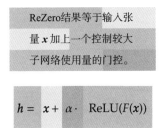

$$h = x + \alpha \cdot \text{ReLU}(F(x))$$

在训练开始时设置 $\alpha = 0$，而非一个随机值，这一点至关重要。如果 $\alpha = 0$，就会得到 $h = x$，这是最简单的函数，因为它什么都不做。这有什么用呢？先来研究一下图14.3中 ReZero创建的架构，以了解这有什么好处。乍一看，它似乎与常规的残差连接非常相似。

ReZero架构：

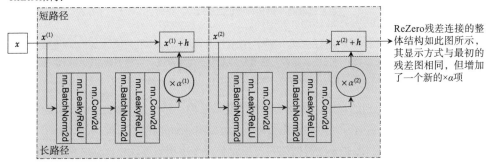

图14.3 ReZero的两层网络架构。位于顶部的短路径可以方便地将梯度流向各层，而位于底部的长路径则完成所有繁重的工作。我们不是简单地将长路径的子网络结果加回去，而是先将它们乘以 α，然后再加回去

巧妙之处在于，这种架构在一开始并不起任何作用。由于一开始就将 α 值设置为 $\alpha = 0$，因此子网络实际上都消失了，只剩下一个线性架构，如图14.4所示。这是我们能创建的最简单的架构之一，这意味着初始学习速度会非常快，因为有效参数的总数已降到最低。

但随着训练的进行，梯度下降过程可能会改变 α 值。一旦 α 发生变化，子网络 $F(x)$ 就会开始发挥作用。因此，该方法一开始是一个线性模型(所有 $\alpha = 0$ 且什么都不做)，但随着时间的推移会慢慢变得越来越复杂。其影响如图14.5所示。

训练开始时的有效结构：

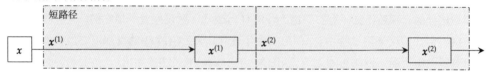

由于进行了初始化，即$\alpha=0$，因此在开始训练时，有效的结构是没有隐藏层的，因为修改操作已被清零。这就减少了参数的有效数量，使初始学习变得更容易

图14.4　ReZero在开始训练两层网络时的行为。顶部的短路径形成了一个单一的线性层（$x^{(1)}=x^{(2)}$），因为没有向其中添加任何内容。长路径中的子网络实际上已经消失了，因为它们的贡献被乘以$\alpha=0$

训练迭代后的有效结构：

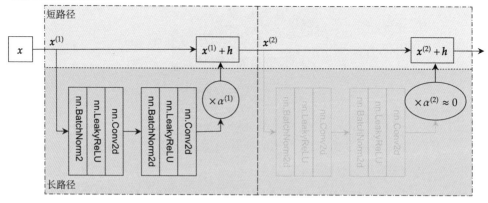

经过多个迭代周期训练后，得到了最终的"有效"结构。每个残差块的α值都可能学习到不同的值，从而决定何时开始对解做出贡献。这也意味着alpha的值可能仍然接近零，因此它实际上并不存在。ReZero允许网络自行决定使用多少层残差块以及何时使用它们

图14.5　经过多次迭代周期训练的ReZero架构。随着模型的训练，该架构可以学会独立改变每个α，慢慢地将隐藏层添加回网络中。这样，它就能逐渐学会使用深度，并根据数据选择所需的总有效深度。在这种情况下，ReZero发现它只需要使用其中一层；对于第二层，它学会了保持$\alpha\approx0$

经过几个迭代周期的训练，得到了最终的有效结构。每个残差块的α值都可能学习到不同的值，从而决定何时开始对解做出贡献。这也意味着alpha的值可能仍然接近零，因此它实际上并不存在。ReZero支持网络自行决定使用多少层残差块以及何时使用它们。它可以选择不将任何α值设置为接近零，这也没有问题。有时，从较小的层数开始学习如何使用所有层数，并随着时间的推移不断增加复杂度，会更加容易，ReZero允许这样做。

14.2.2　实现ReZero

这就是ReZero技巧的秘密所在！最初的发现者具备更多的数学知识，能从理论上说明为什么它会有帮助，但我们可以专注于实现它。改进后的残差块将这种变化作为一种选择。把函数$F(\cdot)$分离到nn.Sequential模块中，如果ReZero标志设置为True，就将self.alpha作为可以学习的网络参数。与之前学习过的原始残差连接一样，当通道数或步幅发生变化时，也会使用一个shortcut对象，以便使用1×1卷积使形状匹配：

```
class ResidualBlock(nn.Module):
    def __init__(self, in_channels, channels, kernel_size=3, stride=1,
    ➥activation=nn.ReLU(), ReZero=True):
        """
        in_channels: how many channels come into this residual block
        channels: the number of output channels for this residual block
        kernel_size: the size of the filters to use in this residual block
        stride: the stride of the convolutions in this block. Larger
        ➥strides will shrink the output.
        activation: what activation function to use
        ReZero: whether or not ReZero style initializations should be used.
        """

        super().__init__()

        self.activation = activation
        pad = (kernel_size-1)//2          ◄——— 要填充多少才能保持W/H不变
        filter_size = (kernel_size,kernel_size)


        self.F = nn.Sequential(           ◄——— 应用两轮层的复杂网络分支
            nn.Conv2d(in_channels, channels, filter_size,
            ➥padding=pad, bias=False),
            nn.BatchNorm2d(channels),
            activation,
            nn.Conv2d(channels, channels, filter_size, padding=pad,
            ➥stride=stride, bias=False),
            nn.BatchNorm2d(channels),
        )
                              如果不使用ReZero，Alpha是一个浮点
                              数；如果使用ReZero，则是一个参数
        self.alpha = 1.0 ◄—
        if ReZero:
            self.alpha = nn.Parameter(torch.tensor([0.0]),
            ➥requires_grad=True)

                              shortcut是识别函数。它将输入作为输
                              出返回，除非通道数或步幅有变化，
                              否则F的输出会有不同的形状：在本
                              例中，我们使shortcut成为1×1卷积，
                              作为投影来改变其形状
        self.shortcut = nn.Identity() ◄—

        if in_channels != channels or stride != 1:
            self.shortcut = nn.Sequential(
                nn.Conv2d(in_channels, channels, 1, padding=0,
                ➥stride=stride, bias=False),
                nn.BatchNorm2d(channels),
            )
```

```
def forward(self, x):
    f_x = self.F(x)              ←── 根据需要计算F(x)和x的结果
    x = self.shortcut(x)

    if isinstance(self.alpha,nn.Parameter):   ←── ReZero
        return x + self.alpha * self.activation(f_x)
    else:                                      ←── 常规残差块
        return self.activation(x + f_x)
```

这是一个简单的改动，不妨试试看。首先，为CIFAR-10训练一个相对较深的网络。下面的模块包含28个残差块，每个残差块包含2层卷积，总共有56个卷积层。这比本书中介绍的大多数网络要深得多，这是因为需要快速运行示例，以便更改它们。但ReZero的优势在于能够学习极深的网络。如果你愿意，可以将其增加到数千个隐藏的层，它仍然可以学习。

代码如下：

使用ReZero方法训练新的残差网络

使用步幅卷积层来代替池化。这样就能保持跳跃连接的完整性，而无需增加额外代码

```
resnetReZero_cifar10 = nn.Sequential( ←──
    ResidualBlock(C, h, ReZero=True),
    *[ResidualBlock(h, h, ReZero=True) for _ in range(6)],
    ResidualBlock(h, 2*h, ReZero=True, stride=2), ←──
    *[ResidualBlock(2*h, 2*h, ReZero=True) for _ in range(6)],
    ResidualBlock(2*h, 4*h, ReZero=True, stride=2),
    *[ResidualBlock(4*h, 4*h, ReZero=True) for _ in range(6)],
    ResidualBlock(4*h, 4*h, ReZero=True, stride=2),
    *[ResidualBlock(4*h, 4*h, ReZero=True) for _ in range(6)],
    nn.AdaptiveAvgPool2d(1),
    nn.Flatten(),
    nn.Linear(4*h, len(cifar10_classes)), ←──
)
```

我们使用了自适应池化(adaptive pooling)，将其降至1×1，这样就更容易计算最终层的输入数量

```
optimizer = torch.optim.AdamW(resnetReZero_cifar10.parameters())
scheduler = torch.optim.lr_scheduler.CosineAnnealingLR(optimizer, epochs)
resnetReZero_results = train_network(resnetReZero_cifar10, loss,
➡train_loader, epochs=epochs, device=device, test_loader=test_loader,
➡optimizer=optimizer, lr_schedule=scheduler,
➡score_funcs={'Accuracy': accuracy_score})
```

这训练了ReZero模型。接下来，重复训练相同的网络，但设置ReZero=False，以生成更标准的残差网络进行比较。这两个网络之间的唯一区别在于，α作为一个起始值为0的参数，进行了简单的乘法运算。这里将跳过代码，因为除了ReZero标志不同，其他部分保持不变。

接下来绘制结果。这两种残差网络的性能都明显优于简单方法，这也是我们期望的。

你可能会发现，ReZero在第一个迭代周期的表现比其他选项要差：它的初始行为与线性模型相同，因为所有子网络都被$\alpha=0$所阻塞。但随着训练的进行，ReZero开始更快地收敛到解，在具有大数据集或100多层的情况下，通常只需一半的迭代周期。由于我们的网络规模仍小于正常规模，因此看不到可能存在的巨大差异。但是，使用更多的参数，就会发现两种方法之间的差异会随着网络的更加深入而越发明显。

代码如下：

```
sns.lineplot(x='epoch', y='test Accuracy', data=normal_results,
    label='Regular')
sns.lineplot(x='epoch', y='test Accuracy', data=resnet_results,
    label='ResNet')
sns.lineplot(x='epoch', y='test Accuracy', data=resnetReZero_results,
    label='ResNet ReZero')
```

[27]: <AxesSubplot:xlabel='epoch', ylabel='test Accuracy'>

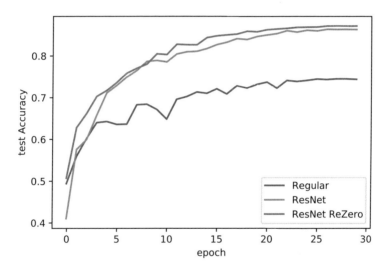

ReZero方法可用于残差网络式架构之外的领域。原论文作者在https://github.com/majumderb/rezero上共享了代码，因此你可以使用他们的ReZero增强型transformer来改进基于transformer的模型训练。这一点尤为重要，因为transformer的训练需要花费很长时间，而且通常需要使用更复杂的学习率调度器技巧才能最大限度地提高其性能。ReZero技术有助于最大限度地降低这种复杂性。我个人使用ReZero方法取得了很大成功，它是一种简单、易于添加的方法，几乎不费吹灰之力就能让训练变得更快、更好。

14.3　混合训练减少过拟合

我们学习的最后一种方法有助于减少过拟合。假设有两个输入x_i和x_j，对应的标签

是 y_i 和 y_j。如果 $f(\cdot)$ 是神经网络，ℓ 是损失函数，则通常采用以下方式计算损失：

$$\text{总损失} = \underbrace{\ell(f(\boldsymbol{x}_i), y_i)}_{\text{第一个数据点的损失}} + \underbrace{\ell(f(\boldsymbol{x}_j), y_j)}_{\text{第二个数据点的损失}}$$

到目前为止，这种方法一直很有效，但有时模型会学习过拟合数据。大多数正则化方法都涉及对网络本身施加惩罚。例如，丢弃会改变网络的权重，随机强制某些权重为零，这样网络就不能依赖于存在的某个特定神经元来做出决策。

MixUp[1] 采用了一种不同的方法。它不改变或惩罚网络，而是改变损失函数和输入。这样，可以改变激励机制(模型总是试图将损失最小化)而非给模型设置障碍。给定两个输入 $\boldsymbol{x}_i$ 和 $\boldsymbol{x}_j$，将它们混合成一个新的输入 $\tilde{\boldsymbol{x}}$，并加上一个新标签 $\tilde{y}$。具体方法是随机取值 $\lambda \in [0, 1]$ 并对两个输入值进行加权平均：

$$\tilde{\boldsymbol{x}} = \lambda \boldsymbol{x}_i + (1 - \lambda)\boldsymbol{x}_j$$
$$\tilde{y} = \lambda y_i + (1 - \lambda)y_j$$

用这种方式写公式一开始感觉很奇怪。将两个图像平均在一起，并将平均后的图像输入网络？如果一幅图像是猫的概率为75%，是斑马的概率为25%，那么答案就应该是75%的概率为猫，25%的概率为斑马，这是有道理的，但如何处理平均标签呢？在实践中，要做的是在数学上等价的操作，同时使用 y_i 和 y_j 这两个标签和新的输入 $\tilde{x}$。我们的损失计算公式为：

$$\text{mixup总损失} = \lambda \cdot \ell(f(\tilde{\boldsymbol{x}}), y_i) + (1 - \lambda) \cdot \ell(f(\tilde{\boldsymbol{x}}), y_j)$$

因此，我们有一个输入 $\tilde{\boldsymbol{x}}$，它是 y_i 和 y_j 之间的加权平均值，取这两个可能预测之间的加权损失。这会让我们对如何在实践中实现MixUp损失有直观的认识。

接下来用图14.6所示的例子来深入研究这个问题。我们有logits：它是softmax函数将对数转化为概率之前的神经网络输出。然后根据这些对数计算出softmax结果。如果正确的类是类0，那么它的对数值并不需要比其他类的对数值大很多，就能获得很高的置信度。但是，softmax从不分配100%的概率，因此数据点的损失永远不会为零。因此，模型会不断获得微小但持续的激励，将0类的对数值推高，从而将正确类的预测分数不断推高。这可能会将模型推到不切实际的高分，从而使softmax结果略有增加。

Logits	Softmax 结果	
[5, −2, −1]	[0.9966 … , 0.0009, 0.0025]	首先，模型学习到一个很好的预测(logits)，它映射出得到正确类的高概率
[9, −2, −1]	[0.99994 … , 0.00002, 0.00005]	
[19, −2, −1]	[0.999999997 … , 0.00 … , 0.00 …]	

但该模型希望降低损失。方法之一就是不断提高正确类的logits值。为了达到这个"最后一英里"的目标，模型开始过拟合

图14.6　常规损失如何导致过拟合的示例，鼓励模型做出越来越自信的预测，因为这样才能降低损失。分数永远不会为零，因为正确类的预测分数永远不会达到1.0，所以总是可以将对数推得更高

1　H. Zhang et al.，"Mixup: beyond empirical risk minimization，" ICLR, 2018.

如图14.7所示，MixUp可以帮助模型学会调整其预测，只在有理由相信的范围内进行预测，而不是全盘相信。它就像一个赌博网站，允许用户对某个事件进行押注。你会因为事件更有可能发生就给出100万赔1的赔率，你希望赔率反映出现实的假设，即你有多大可能性赢。

$$\begin{array}{cc} \text{Logits} & \text{Softmax 结果} \\ \begin{bmatrix} \downarrow & & \uparrow \\ 5, & -2, & -1 \end{bmatrix} & \begin{bmatrix} \underbrace{0.9966\ldots}_{\text{高于0.99\%，推低}}, & 0.0009, & \underbrace{0.0025}_{\text{低于1\%，推高}} \end{bmatrix} \end{array}$$

如果对99%的0类和1%的2类进行混合，就可以避免过度自信（"YOLO ALL IN ON BLACK"）和强制索引0处的logit值过高。相反，模型会尽量平衡其对两个类的预测程度，以分别达到99%和1%的预测准确率目标。这就迫使模型通过降低($\downarrow$)索引0处的logit和提高($\uparrow$)索引2处的logit来适度预测

图14.7　在MixUp模式中，预测过高的动机并不存在。相反，模型会根据两个不同类中被选中的数量努力达到预测准确率目标百分比。MixUp会混合标签和输入，因此每个类都会有一个与MixUp百分比λ成比例的信号

如果有一个λ%的混合，则模型需要学习预测具体的λ%和$(1-\lambda)$%以最大化其分数(最小化损失)。因此，模型没有动机对任何预测全盘接受。

14.3.1　选择混合率

唯一需要决定的是如何选择λ。需要在[0, 1]的范围内选取平均值，但不一定要在这个范围内均匀选取λ。当实际使用网络$f(\cdot)$时，图像将不会混合。它们会是常规图像，因此我们希望使用大量$\lambda\approx0$和$\lambda\approx1$进行训练，因为这两种情况对应的是无混合。如果从[0, 1]中对λ进行均匀采样，这种情况就不太可能发生。λ接近极限值也没关系，因为它仍然会限制所有行为，并惩罚过度自信的预测。

我们使用所谓的β分布。β分布通常有两个参数a和b，我们用$\lambda\sim\text{Beta}(a, b)$来表示从该分布中抽取的样本。如果$a=b$，那么$\beta$分布是对称的。如果该值为$a=b<1$，则分布呈U形，$\lambda\approx0$和$\lambda\approx1$的可能性较大，$\lambda\approx1/2$的可能性较小。这正是我们想要的结果，因此该模型在测试时擅长对干净的输入进行预测，但经过训练后，它对于具有轻微的噪声值和偶尔出现的非常大的噪声值的预测也更加鲁棒。

Hongyi Zhang等人的论文建议使用$\alpha\in[0.1, 0.4]$的值，并将两个β参数设置为该值$(a=b=\alpha)$。下面这段SciPy代码显示了这种分布的样子。x轴为λ值，y轴为概率密度函数(Probability Density Function，PDF)，给出了每个λ值出现的相对概率：

```
range_01 = np.arange(100)[1:]/100        ← 沿x轴绘制100步
for alpha in [0.1, 0.2, 0.3, 0.4]:        ← 要演示的四个超参数值

    plt.plot(range_01, scipy.stats.beta(alpha, alpha).  ← 绘制每个选项的β分布
    ➥pdf(range_01), lw=2, ls='-', alpha=0.5, f
    ➥label=r'$_='+str(alpha)+"$")
plt.xlabel(r"$λ _ Beta(α,α)$")
```

```
plt.ylabel(r"PDF")
plt.legend()
```

[28]: <matplotlib.legend.Legend at 0x7fb37a70f590>

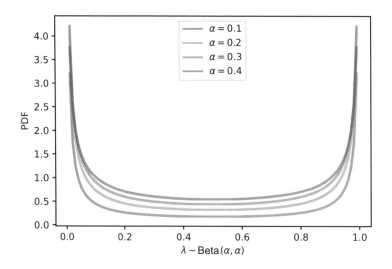

14.3.2   实现MixUp

现在已经了解了MixUp的数学形式以及如何对λ进行采样。下面谈谈实现策略。首先
需要损失函数，我们称之为 ℓ_M。要实现这个函数，我们需要使用的网络处理混合数据 $\tilde{x}$ 时
得出的预测 $\hat{y}$ (即， $\hat{y} = f(\tilde{x}))$ 将是第一个输入。真实标签 y 由其他三个组成部分组成：原始
标签 y_i、 y_j 和混合值 λ。使用原始损失函数 $\ell(\cdot,\cdot)$ ，可以将其写为

混合损失包括   模型的预测

以及混合在一起的两个数据点的标签，以及发生混合的百分比。

它等于预测第一个原始标签的损失 λ% 加上预测第二个原始标签的
损失 (1−λ)%。

$$\ell_M \Big(\ \hat{y}, \quad \underbrace{y_i, y_j, \lambda}_{"y"} \ \Big) = \lambda \cdot \ell(\hat{y}, y_i) + \ (1-\lambda) \cdot \ell(\hat{y}, y_j)$$

使用该公式可以将 $\hat{y}$ 视为正常输出/预测，将 y_i、 y_j、 λ视为标签tuple。所以我们定
义了一个接收 $\hat{y}$ 和 y 的MixupLoss函数。如果 y 是Python tuple，就知道需要计算Mixup损
失 ℓ_M；而如果它是一个正常张量，则计算原始损失函数 ℓ：

```
class MixupLoss(nn.Module):
    def __init__(self, base_loss=nn.CrossEntropyLoss()):
        """
        base_loss: the original loss function to use as a sub-component of
```

```
👉Mixup, or to use at test time to see how well we are doing.
"""
super(MixupLoss, self).__init__()
self.loss = base_loss

def forward(self, y_hat, y):
    if isinstance(y, tuple):          ←——— 应该进行MixUp

        if len(y) != 3:                        应该有一个由y_i、y_j和
            raise Exception()                  lambda组成的元组
        y_i, y_j, lambda_ = y      ←——— 元组被分解为其组件
        return lambda_ * self.loss(y_hat, y_i) +
    👉(1 - lambda_) * self.loss(y_hat, y_j)

return self.loss(y_hat, y)  ←——— 否则，y是正常张量和正常标签
                                集！按正常方式计算
```

现在有了一个损失函数，它可以接收一批常规数据，并给出常规损失。但在训练时，需要提供一个y_i、y_j、λ元组来触发MixUp损失，而且需要以某种方式创建一批混合输入$\tilde{x}$。具体来说，需要获得一批B数据点$x_1, x_2, ..., x_B$与标签$y_1, y_2, ..., y_B$，并将它们与一批新数据混合，以创建$\tilde{x}_1, \tilde{x}_2, ..., \tilde{x}_B$，这似乎需要对加载器进行复杂的更改。

我们只需对一批数据进行混洗，并将混洗后的数据作为一批新数据，而不是重新获取一批新数据。图14.8显示了这种组织方式的高级摘要。如果只需一批数据，可以更改collate_fn来修改批量。这种混洗排序的常见数学符号是$\pi(i)=i'$，其中$\pi(\cdot)$是一个函数，表示对数据的打乱(即随机混洗)。

例如，假设有一批$B=4$的项。值为

$$x_{\pi(1)}, x_{\pi(2)}, x_{\pi(3)}$$

可以给出其中任何一种可能的3！=6个排序：

$$x_1, x_2, x_3$$
$$x_1, x_3, x_2$$
$$x_2, x_3, x_1$$
$$x_2, x_1, x_3$$
$$x_3, x_2, x_1$$
$$x_3, x_1, x_2$$

函数torch.randperm(B)将提供一个长度为B的数组，该数组为随机排列$\pi(\cdot)$。通过对每批数据进行随机重新排序，可以使用数据加载器DataLoader的collate_fn来改变批量的训练数据，并对相同数据进行随机分组。数据点与自身配对的可能性极小，如果数据点与自身配对，那么这个过程只会暂时退化为常规的训练。因此，会得到一批新的训练数据：

$$新批量数据\, \widetilde{\boldsymbol{X}} = \lambda \cdot \begin{bmatrix} \boldsymbol{x}_1 \\ \boldsymbol{x}_2 \\ \vdots \\ \boldsymbol{x}_B \end{bmatrix} + (1 - \lambda) \cdot \begin{bmatrix} \boldsymbol{x}_{\pi(1)} \\ \boldsymbol{x}_{\pi(2)} \\ \vdots \\ x_{\pi(B)} \end{bmatrix}$$

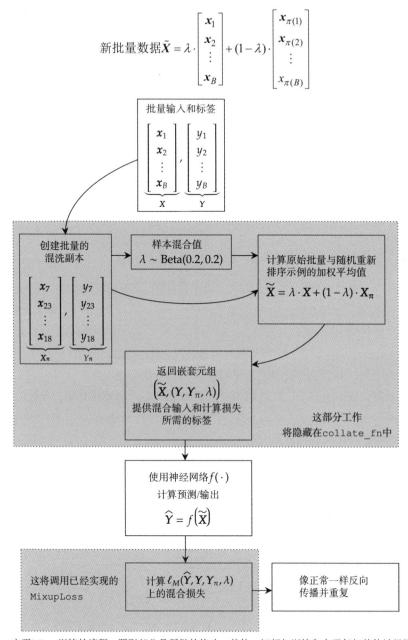

图14.8 实现Mixup训练的流程。阴影部分是所做的修改。其他一切都与训练和实现任何其他神经网络相同

一旦批量被更改并包含混合训练实例 $\widetilde{\boldsymbol{X}}$ 的集合,就可以返回标签的元组y:

$$元组标签\ y = \left(\begin{bmatrix} y_1 \\ y_2 \\ \vdots \\ y_B \end{bmatrix}, \begin{bmatrix} y_{\pi(1)} \\ y_{\pi(2)} \\ \vdots \\ y_{\pi(B)} \end{bmatrix}, \lambda \right)$$

现在，可以将MixupCollator定义为特殊的collate_fn。它采用了一个collate_fn，即用户可以指定的改变批量创建方式的方法。MixupCollator还负责为每个批量采样一个新的值λ，因此它需要将变量α作为第二个参数，以控制混合的强度。我们提供了合理的默认值，这些值以常规方式对批量进行采样，处于混合强度的中间范围：

```python
from torch.utils.data.dataloader import default_collate

class MixupCollator(object):
    def __init__(self, alpha=0.25, base_collate=default_collate):
        """
        alpha: how aggressive the data mixing is: recommended to be
in [0.1, 0.4], but could be in [0, 1]
        base_collate: how to take a list of datapoints and convert them
into one larger batch. By default uses the same default as
PyTorch's DataLoader class.
        """
        self.alpha = alpha
        self.base_collate = base_collate
    def __call__(self, batch):
        x, y = self.base_collate(batch)
        lambda_ = np.random.beta(self.alpha, self.alpha)
        B = x.size(0)
        shuffled_order = torch.randperm(B)

        x_tilde = lambda_ * x + (1 - lambda_) * x[shuffled_order, :]

        y_i, y_j = y, y[shuffled_order]
        return x_tilde, (y_i, y_j, lambda_)
```

> 对要使用的lambda值进行采样。注意结尾的"_"，因为lambda是Python中的关键字

> 创建随机混洗顺序pi

> 批量数据以列表形式输入。将其转换为实际的一批数据

> 计算输入数据的混合版本

> 获取标签

> 返回由两个项组成的元组：输入数据和MixupLoss需要的由三个项组成的另一个元组

有了这两个类，便可以轻松地将MixUp方法融入几乎任何模型中。我们需要使用collate_fn=MixupCollator()构建一个新的训练加载器，并将MixupLoss()传递给train_network函数作为要使用的损失函数。所有其他代码都和以前一样运行，但添加了MixUp训练：

> 使用MixupCollator的新数据加载器代替数据加载器

```python
train_loader_mixup = torch.utils.data.DataLoader(trainset, batch_size=B,
num_workers=2, shuffle=True, collate_fn=MixupCollator())

resnetReZero_cifar10.apply(weight_reset)

optimizer = torch.optim.AdamW(
resnetReZero_cifar10.parameters())
```

> 出于惰性，也重置了权重

> 优化器和调度器保持不变

```
scheduler = torch.optim.lr_scheduler.CosineAnnealingLR(optimizer, epochs)

resnetReZero_mixup_results = train_network(resnetReZero_cifar10,
    MixupLoss(loss), train_loader_mixup, epochs=epochs,
    device=device, test_loader=test_loader,
    optimizer=optimizer, lr_schedule=scheduler,
    score_funcs={'Accuracy': accuracy_score}
```

由于正在使用MixUp进行训练，因此使用新的MixupLoss来弥补常规损失

如果绘制准确率，就会发现ResNet ReZero模型与MixUp的结合进一步提高了收敛速度，最终准确率为88.12%：

```
sns.lineplot(x='epoch', y='test Accuracy', data=normal_results,
    label='Regular')
sns.lineplot(x='epoch', y='test Accuracy', data=resnet_results,
    label='ResNet')
sns.lineplot(x='epoch', y='test Accuracy', data=resnetReZero_results,
    label='ResNet ReZero')
sns.lineplot(x='epoch', y='test Accuracy', data=resnetReZero_mixup_results,
    label='ResNet ReZero + MixUp')
```

[32]: <AxesSubplot:xlabel='epoch', ylabel='test Accuracy'>

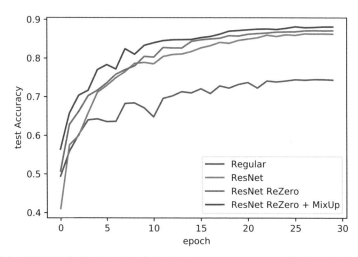

从结果与时间的函数关系来看，我们发现ReZero和MixUp方法只是运行时间的递增。仅使用ResNet方法建立更深层次的模型是计算成本的主要来源。因此，如果你正在构建一个更深入的网络，这两种方法都很容易添加，并能提高模型的准确率。

警告： 本章讲解的前两种方法几乎都能放心使用。MixUp有时会影响准确率，但通常会有不错的改进，因此值得尝试一次使用或不使用MixUp的新架构，以查看它在解决问题时效果如何。MixUp在应用于transformer和RNN等方面也比较棘手，尽管其扩展功能会有所帮助(但代码会比较难看)。为简单起见，我现在坚持使用标准的MixUp，但我知道，如果需要的话，还可以查看它的扩展功能。

这些方法的唯一缺点是，通常只有在使用更大的模型时，或者当因网络具有复杂性而面临过拟合的风险时，才能突显它们的好处。如果这些方法降低了准确率，那么很有可能需要加深网络和/或拓宽层，这样它们才能发挥作用。

14.4　练习

请尝试在本书的Manning出版社在线平台上分享和讨论你的解决方案(https://liveproject.manning.com/project/945)。提交完答案后，你便能够看到其他读者提交的解决方案，并看到作者评选的最佳方案。

1. 我们研究了一个特定示例中CIFAR-10图像平移(移位)概率的变化。相反，计算原始CNN和抗锯齿版本中所有CIFAR-10测试集的类别概率变化的中值偏差(即对每张图像计算64个概率值和这些概率的标准差。计算每个图像对应的值，并取中值)。结果是否如你所料，抗锯齿会降低概率变化的中值？

2. 根据本章的描述，实现抗锯齿版本的步幅卷积和平均池化。然后，用标准和抗锯齿版本的步幅卷积和平均池化实现新的卷积网络，取代最大池化。试使用与`MaxPool2dAA`相同的CIFAR-10示例自行测试它们。

3. 实现第6章中瓶颈类的ReZero版本和全连接残差块的ReZero版本。在CIFAR-100上测试这两个版本，看看它们与非ReZero版本的同类方法相比有何不同。

4. 我们的ReZero残差网络在其定义的每个部分之间有六个残差层块。请尝试用18个块同时训练ReZero和常规残差块。每种方法的性能有何变化？

5. 为ReZero残差网络实现抗锯齿版本的步幅卷积，并在CIFAR-10上进行训练。这对准确率和收敛性有何影响？

6. **挑战**：论文"Manifold mixup: better representations by interpolating hidden states"[1]描述了一种改进版的mixup，它在随机选择的网络隐藏层而非输入层进行混合。请尝试自己实现，并在CIFAR-10和CIFAR-100上进行测试。提示：为网络定义一个自定义模块，并使用`ModuleList`来存储候选混合方法的层序列(即不需要将所有可能的隐藏层都作为选项)，这将更容易实现。

14.5　小结

- 使用原始池化时会出现锯齿问题，它会干扰模型的平移不变性。
- 加入模糊操作有助于减轻锯齿问题，进而有助于提高模型的准确率。
- 在残差块的子网络中添加一种门控α，使模型有机会随着时间的推移增加复杂性，

1　V. Verma et al., *Proceedings of the 36th International Conference on Machine Learning*, vol. 97, pp. 6438-6447, 2019.

进而提高收敛速度，使模型收敛到更精确的解。

- 当交叉熵和其他损失对预测类别过于自信时，它们就会过拟合。

- MixUp通过惩罚过度自信的预测来惩罚这些预测，迫使模型学习如何对冲其赌注。

- 抗锯齿池化、ReZero残差和MixUp非常有用，可以同时使用，但在大型数据集上进行100多个迭代周期的训练时，它们的优势最为明显。

附录A

设置 Colab

本书中的所有代码都是使用Python 3作为Jupyter Notebook编写的。虽然可以使用Anaconda(www.Anaconda.com/products/individual)在自己的计算机上设置Jupyter和软件库，但本书采用的方法是使用谷歌的Colab服务(https://colab.research.google.com)。Google Colab预装了所有所需的软件库，并在有限的时间内提供免费的GPU。这足以支持你立即着手学习，而不需要在计算设置上投入数百或数千美元。本附录将介绍如何使用Google Colab进行设置；我鼓励你购买专业版，目前每月只需几美元。这不是赞助商的推荐——我没有回扣，我也从未为谷歌工作过。这只是我喜欢的一款产品，我认为它能让深度学习变得更容易。

创建Colab会话

访问https://colab.research.google.com/notebooks/intro.ipynb，系统会提供一个默认的入门笔记，如图A.1所示。单击右上角的Sign In按钮，登录Colab，这样就可以保存所做工作并使用GPU。

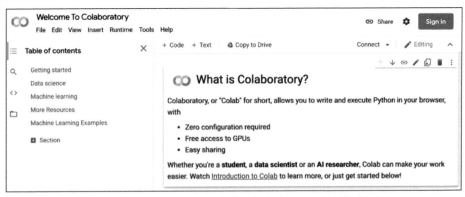

图A.1　第一次进入Colab时看到的第一个界面。Sign In按钮位于右上角

单击Sign In按钮后，即可进入谷歌的标准登录界面(见图A.2)。如果你有谷歌账户，便可以用该账户登录；如果没有，单击Create Account按钮，系统将引导你完成账户创建过程。

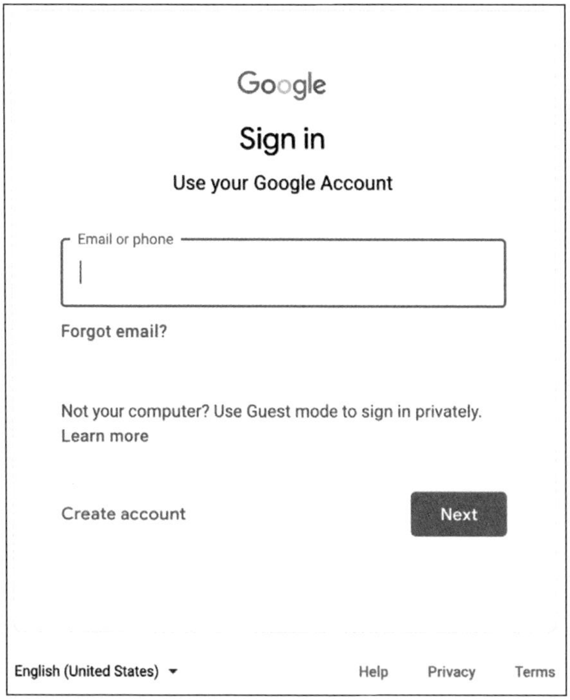

图A.2　Colab在谷歌的标准登录页面。使用你当前的Google账户(如果有的话)，或单击Create Account按钮，系统将会引导你创建账户

登录后，将回到图A.1中所示的第一个界面。如果你对Colab和Jupyter不熟悉，可以将Colab展示的第一个笔记当作一个迷你教程来学习。

1. 添加GPU

接下来继续谈谈免费的GPU。Colab不保证为你提供GPU，默认情况下也不提供GPU。你必须在笔记本上安装GPU。要使用Colab访问GPU，请从网页顶部的菜单中选择Runtime|Change Runtime Type命令(见图A.3)。

在下一个窗口中，Hardware Accelerator列表提供了None、GPU和TPU选项，如图A.4所示。None选项表示仅使用CPU，是默认选项。GPU和TPU在现有CPU的基础上增加了资源。GPU和TPU都被称为协处理器，可提供更专业的功能。目前，PyTorch对TPU的支持还很新，因此我建议选择GPU选项(就像我在本书中所做的)。这样做会重新启动笔记本(你会丢失所有已经完成的工作，因此应尽早完成)，重启后的笔记本应该带有GPU，可以随时使用。

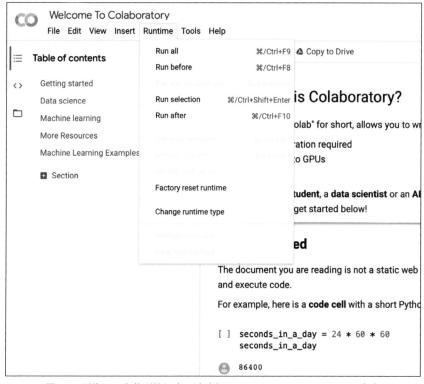

图A.3　要将GPU安装到笔记本，请选择Runtime | Change Runtime Type命令

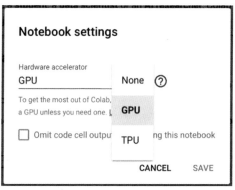

图A.4　None选项意味着仅有CPU。其他两个选项也都有CPU。选择GPU选项将GPU添加到笔记本

　　GPU是昂贵且需求旺盛的商品，因此不可能无限制地获得这种GPU。虽然没有公开的方式，但当前对GPU的需求以及你个人使用GPU的数量将影响你获得的GPU的质量。Colab有一个优先级队列系统，用于平衡每个人的资源。如果需求量非常大，你可能无法在申请时获得GPU。如果你无法获得GPU(或速度达不到你的要求)，请等待几个小时(也可能是一天，这取决于你的使用情况和Colab的需求)，然后重试。

　　正如我前面提到的，虽然这不是必需的，但我还是建议你注册Colab Pro，让工作更轻松(https://colab.research.google.com/signup)。专业版并没有从根本上改变Colab的工作方式，但它能支持你在使用Colab时获得更高的GPU访问优先级和更长的运行时间。Colab Pro每月仅需10美元：对于便携式GPU访问来说，这是一笔相当划算的交易，而且比购买新硬件要便宜得多。根据我的经验，Colab Pro总是能让我顺利获得GPU。

2. 测试GPU

单击Notebook Settings窗口中的Save按钮，就可以在Colab会话中访问Nvidia GPU！可以通过运行以下命令来再次检查：

```
!nvidia-smi
```

! 是Jupyter Notebook的一个特殊功能。它不运行Python代码，而是在主机的命令行上运行代码。nvidia-smi是一个程序，能为你提供计算机中运行的所有GPU及其当前使用情况的信息。我运行了这个命令，得到的输出如图A.5所示，显示我使用的是配备7.6 GB内存的Tesla P4。运行这个命令时，你可能会得到不同的结果，这没关系。

```
+-----------------------------------------------------------------------------+
| NVIDIA-SMI 440.82       Driver Version: 418.67       CUDA Version: 10.1      |
|-------------------------------+----------------------+----------------------+
| GPU  Name        Persistence-M| Bus-Id        Disp.A | Volatile Uncorr. ECC |
| Fan  Temp  Perf  Pwr:Usage/Cap|         Memory-Usage | GPU-Util  Compute M. |
|===============================+======================+======================|
|   0  Tesla P4            Off  | 00000000:00:04.0 Off |                    0 |
| N/A   32C    P8     7W /  75W |      0MiB /  7611MiB |      0%      Default |
+-------------------------------+----------------------+----------------------+

+-----------------------------------------------------------------------------+
| Processes:                                                       GPU Memory |
|  GPU       PID   Type   Process name                             Usage      |
|=============================================================================|
|  No running processes found                                                 |
+-----------------------------------------------------------------------------+
```

图A.5   nvidia-smi命令输出示例。如果看到与此类似的内容，则说明一切准备就绪，可以开始使用了

这就是使用Colab运行代码所需做的全部准备工作。它预装了大多数机器学习库，随时可以使用。例如，本书使用seaborn和Matplotlib来轻松绘制/可视化结果，使用NumPy来加载初始数据并处理数组，使用panda来检查结果。tqdm库是另一个有用的实用程序，它可以轻松访问进度条，并显示预计完成时间，如图A.6所示。

图A.6   本书中的训练代码会为每次调用创建这样的进度条。这很有用，因为训练神经网络可能需要花费一段时间，通过此可以判断还剩下多长时间。还剩5分钟？喝杯咖啡吧。还剩一小时？再读一章精彩的书吧，书中有一个戴着帽子、穿着很酷的男人，他在书中娓娓道来如何学习智慧

只需导入这些库，就可以使用它们了。有时，你可能需要安装一个软件包，这可以使用标准的pip命令来完成，使用的技巧与!相同。书中会在需要时显示该命令。我提到的所有库都是机器学习从业者工具箱中的常用工具，在深入学习本书之前，你至少应该对它们有所了解。